中 国 国 家 标 准 汇 编

2009 年修订-22

中国标准出版社　编

中 国 标 准 出 版 社

北　京

图书在版编目（CIP）数据

中国国家标准汇编：2009年修订.22/中国标准出版社编.—北京：中国标准出版社，2010

ISBN 978-7-5066-6076-1

Ⅰ.①中… Ⅱ.①中… Ⅲ.①国家标准-汇编-中国-2009 Ⅳ.①T-652.1

中国版本图书馆CIP数据核字（2010）第171223号

中国标准出版社出版发行
北京复兴门外三里河北街16号
邮政编码：100045
网址 www.spc.net.cn
电话：68523946 68517548
中国标准出版社秦皇岛印刷厂印刷
各地新华书店经销

*

开本 880×1230 1/16 印张 40.25 字数 1 200 千字
2010年10月第一版 2010年10月第一次印刷

*

定价 220.00 元

ISBN 978-7-5066-6076-1

出 版 说 明

1.《中国国家标准汇编》是一部大型综合性国家标准全集。自1983年起，按国家标准顺序号以精装本、平装本两种装帧形式陆续分册汇编出版。它在一定程度上反映了我国建国以来标准化事业发展的基本情况和主要成就，是各级标准化管理机构，工矿企事业单位，农林牧副渔系统，科研、设计、教学等部门必不可少的工具书。

2.《中国国家标准汇编》收入我国每年正式发布的全部国家标准，分为“制定”卷和“修订”卷两种编辑版本。

“制定”卷收入上一年度我国发布的、新制定的国家标准，顺延前年度标准编号分成若干分册，封面和书脊上注明“20××年制定”字样及分册号，分册号一直连续。各分册中的标准是按照标准编号顺序连续排列的，如有标准顺序号缺号的，除特殊情况注明外，暂为空号。

“修订”卷收入上一年度我国发布的、修订的国家标准，视篇幅分设若干分册，但与“制定”卷分册号无关联，仅在封面和书脊上注明“20××年修订-1，-2，-3，……”字样。“修订”卷各分册中的标准，仍按标准编号顺序排列（但不连续）；如有遗漏的，均在当年最后一分册中补齐。需提请读者注意的是，个别非顺延前年度标准编号的新制定的国家标准没有收入在“制定”卷中，而是收入在“修订”卷中。

读者配套购买《中国国家标准汇编》“制定”卷和“修订”卷则可收齐上一年度我国制定和修订的全部国家标准。

3. 由于读者需求的变化，自1996年起，《中国国家标准汇编》仅出版精装本。

4. 2009年我国制修订国家标准共3 158项。本分册为“2009年修订-22”，收入新制修订的国家标准30项。

中国标准出版社

2010年8月

目　　录

ICS 01.040.25;25.080.99
J 59

GB

中华人民共和国国家标准

GB/T 14896.1—2009
代替 GB/T 14896.1—1994

特种加工机床 术语 第1部分:基本术语

Non-traditional machines—Terminology—Part 1:Basic terminology

2009-04-02 发布 2009-11-01 实施

中华人民共和国国家质量监督检验检疫总局
中国国家标准化管理委员会 发布

前 言

GB/T 14896《特种加工机床 术语》分为 14 个部分：

——第 1 部分：基本术语；
——第 2 部分：电火花加工机床；
——第 3 部分：电解加工机床；
——第 4 部分：超声加工机床；
——第 5 部分：复合加工机床；
——第 6 部分：其他特种加工机床；
——第 7 部分：快速成形机床；
——第 8 部分：电熔爆加工机床；
——第 9 部分：激光加工机床；
——第 10 部分：电子束加工机床；
——第 11 部分：离子束加工机床；
——第 12 部分：等离子弧加工机床；
——第 13 部分：射流加工机床；
——第 14 部分：磨粒流加工机床。

本部分为 GB/T 14896 的第 1 部分。

本部分代替 GB/T 14896.1—1994《特种加工机床 术语 基本术语》。

本部分与 GB/T 14896.1—1994 相比，主要变化如下：

——将标准名称“基本术语”改为“第 1 部分：基本术语”；
——将“主题内容与适用范围”改为“范围”，并对内容进行了修改；
——删除了原第 2 章“引用标准”；
——原第 3 章修改为第 2 章，补充、删除了一些机床名称。原“放电加工机床”改为“电火花加工机床”；
——增加了第 3 章“机床参数”和第 4 章“机床主要零部件”；
——原第 4 章改为第 5 章，补充、删除了一些加工方法。原“放电加工”更改为“电火花加工”；
——原各章的部分定义内容进行了补充或修改；
——中、英文索引进行了重新调整，并增加了法、俄、德、日文索引。

请注意本部分的某些内容有可能涉及专利。本部分的发布机构不应承担识别这些专利的责任。

本部分由中国机械工业联合会提出。

本部分由全国特种加工机床标准化技术委员会（SAC/TC 161）归口。

本部分起草单位：哈尔滨工业大学、苏州电加工机床研究所、中国机械工程学会特种加工分会。

本部分主要起草人：白基成、刘晋春、于志三、叶军、陈德忠、王应、傅初森。

本部分所代替标准的历次版本发布情况为：

——GB/T 14896.1—1994。

特种加工机床　术语
第1部分：基本术语

1　范围

GB/T 14896的本部分规定了特种加工机床的机床名称、机床参数、机床主要零部件和加工方法的基本术语及其定义。

本部分适用于各类特种加工机床（包括设备）。

2　机床名称

2.1

特种加工机床

en　**non-traditional machines (NTM)**

fr　**machines d' usinage non-traditionnel**

ru　**станки для электрофизической и електрохимической обработки**；нетрадионные обрабатывающие станки

de　**inkonventionellen Bearbeitungsmaschinen**

ja　特殊加工機械

用非传统加工方法加工工件的机床。

2.2

电火花加工机床

en　**electro-discharge machines**；electrical-discharge machines

fr　**machines d'usinage par électro-érosion**

ru　**электроэрозионные станки**；электроискровые станки

de　**Funkenerosionsmaschinen**

ja　放電加工機

用电火花加工方法加工工件的特种加工机床。

2.3

电解加工机床

en　**electrochemical machines**；electrolytic machines

fr　**machines d'usinage électrochimique**

ru　**электрохимические станки**

de　**elektrochemischen Bearbeitungsmaschinen**

ja　電解加工機

用电解加工方法加工工件的特种加工机床。

2.4

超声加工机床

en　**ultrasonic machines**；supersonic machines

fr　**machines d'usinage par ultra-son**

ru **улътразвуковые станки**

de **Ultraschall-Bearbeitungsmaschinen**

ja 超音波加工機

用超声加工方法加工工件的特种加工机床。

2.5

快速成形机床

en **rapid prototyping machines**

fr **machines de formage rapide**

ru **быстроформ ообразовающие станки**

de **Maschinen für Schnellprototyp**

ja ラピッド プロトタイピング マシン

用逐层离散、堆积的方法实现工件成形的特种加工机床。

2.6

电熔爆加工机床

en **electric melting explosion machine**

fr **machines d'usinage par électrofonte-explosion**

ru **электроплавильный взрывный обработывающий станок**

de **elektrischen Schmelz-und Explosionmaschinen**

ja 電融爆加工機

用电熔爆加工方法加工工件的特种加工机床。

2.7

激光加工机床

en **laser beam machines**

fr **machines d'usinage par laser**

ru **лазерные технологические установки**；лазерные обраватывающие стаки

de **Laserstrahl-Bearbeitungsmaschinen**；Laserstrahl-maschinen

ja レーザ加工機

用激光加工方法加工工件的特种加工机床。

2.8

电子束加工机床

en **electron beam machines**

fr **machines d'usinage par faisceaux d'électrons**

ru **электроннлучевые технологические установки**

de **Elektronenstrahl-Bearbeitungsmaschinen**

ja 電子ビーム加工機

用电子束加工方法加工工件的特种加工机床。

2.9

离子束加工机床

en **ion beam machines**

fr **machines d'usinage par faisceaux d'ions**

ru **ионно-лучевые технологические установки**

de **Ionenstrahl-Bearbeitungsmaschinen**

ja イオンビーム加工機

用离子束加工方法加工工件的特种加工机床。

2.10

等离子弧加工机床

en **plasma arc machines**

fr **machines d'usinage arc plasmique**

ru **плазменные дуговые обабатывающие установки**

de **Plasmabogen-Bearbeitungsmaschinen**

ja プラズマアーク加工機

用等离子弧加工方法加工工件的特种加工机床。

2.11

射流加工机床

en **jet machines**

fr **machines d'usinage par jet**

ru **станки для обработки струйным течением**

de **Bearbeitungsmaschinen mit Flüssigkeitsrahl**

ja 噴射加工機

用射流加工方法加工工件的特种加工机床。

2.12

磨粒流加工机床

en **abrasive flow machines**

fr **machines d'usinage par abrasives**

ru **станки абразиным течением**

de **Bearbeitungsmaschinen mit Schleifmittelen**

ja 研磨材工作機

用磨粒流加工方法加工工件的特种加工机床。

2.13

复合加工机床

en **combined machining machines**

fr **machines d'usinage combine**

ru **конбинированые станки обработки**

de **Kombinationswerkzeugmaschinen**

ja 複合工作機

用复合加工方法加工工件的特种加工机床。

2.14

专用特种加工机床

en **special purpose non-traditional machines**

fr **machines d'usinage spécial non-traditional**

ru **специальные станки для электроэрной и элктрохимической обработки**

de **spezielen inkoventionellen Bearbeitungsmaschinen**

ja 特種用途特殊加工機

专为加工某一类特定工件所使用的特种加工机床。

2.15

数控特种加工机床

en **numerically controlled non-traditional machines**

fr　**machines d'usinage non-traditional à commande numérique**

ru　**станки для электроэрной и элктрохимической обработки с числовым програвным управлянием**

de　**inkonventionellen Bearbeitungsmaschinen mit numerischen Sterung**

ja　数值制御特殊加工機

用数控系统控制加工过程的特种加工机床。

3　机床参数

3.1

主参数

en　**main parameters**

fr　**maître paramètre**

ru　**главные параметры**

de　**Hauptparameters**

ja　メインパラメータ

机床参数中反映加工能力的最主要的一个或二个参数。

3.2

基本参数

en　**basic parameters**

fr　**base paramètre**

ru　**основные параметры**

de　**Baseparameters**

ja　基本パラメータ

机床参数中反映基本性能的一些重要参数。

3.3

工作台面宽度

en　**width of working surface of table**

fr　**lagéur de la surface de table**

ru　**ширина стола**

de　**Tischaufspannflächebreite**

ja　テーブル幅

工作台工作面的宽度。

3.4

工作台面长度

en　**length of working surface of table**

fr　**longueur de la surface de table**

ru　**длина рабочей поверхности стола**

de　**Tischaufspannflächelänge**

ja　テーブル長さ

工作台工作面的长度。

3.5

工作台面直径

en　**diameter of working surface of table**

fr **diamètre de la surface de table**

ru **диаметр рабочей поверхности стола**

de **Tischaufspannflächedurschmesser**

ja テーブル径

圆工作台工作面的直径。

3.6

行程

en **travel**

fr **course**

ru **ход**

de **Hub**

ja 行程；ストローク

运动部件移动的最大距离。

3.7

工作台行程

en **travel of table**

fr **course de la table**

ru **ход стола**

de **Tischweg**

ja テーブル行程；テーブルストローク

工作台可移动的最大距离。

3.8

工作台回转角

en **swivel angle of table**

fr **angle pivotant de la table**

ru **уголь поворот а стола**

de **Drehwinkel des Tisches**

ja テーブル回転角

工作台可回转的最大角度。

3.9

工作台承载量

en **table carrying capacity**

fr **masse de chargement de la table**

ru **грузоподъёмкость стола**

de **Tischbelastung**

ja テーブル積載質量

工作台允许承载的最大质量。

3.10

进给速度

en **feed speed**

fr **vitesse d'avance**

ru **скорость подачи**

de **Geschwidigkeit des Vorschübs**；Vorschübgeschwidigkeit

ja 送り速度

单位时间内进给运动的位移量。

3.11

进给分辨率

en **feed resolution**

fr **advance résolution**；résolution d'advance

ru **разложение подачи**

de **Vorschübs-Auflösung**

ja 送り分解率

进给运动可以控制的最小位移增量。

3.12

机床质量

en **machine mass**

fr **masse de la machine**

ru **масса станки**

de **Masse der Werkzeugmaschine**

ja 機械の質量

不包括独立的电气系统、工作液系统及特殊附件等，机床的净质量。

3.13

机床外形尺寸

en **machine overall dimension**

fr **encombrement de la machine**

ru **габаритные размеры станки**

de **Maschinenaußenmasse**

ja 機械外形寸法

不包括独立的电气系统、工作液系统及特殊附件等，在机床运动部件处于行程中间位置时机床的最大轮廓尺寸。

3.14

机床额定功率

en **rated power of machines**

fr **puissauce de la machine**

ru **номинальная мощность станки**

de **Maschinennormalleistung**

ja 機械パワー

机床上全部耗能部件所消耗的电功率之和。

4 机床主要零部件

4.1

床身

en **bed**

fr **banc**

ru **станина**

de **Bett**

ja　本体

机床用于支承和联接若干零部件，并可带有导轨或具有导轨安装面的基础零件。

4.2

底座

en　**base**

fr　**base**

ru　**базик**；база колонны

de　**Grundplatte**

ja　ベット

机床用于支承和联接若干零部件的基础零件。

4.3

导轨

en　**slideway**

fr　**guidage**

ru　**напаравуляющие**

de　**Richtungsfürung**

ja　ガイド

引导部件沿一定方向运动的零件。

4.3.1

滑动导轨

en　**sliding slideway**

fr　**guidage de glissière**

ru　**скользяющие направляющие**

de　**Gleit-Richtungsfürung**

ja　スライドガイド

接触面为滑动摩擦副的导轨。

4.3.2

滚动导轨

en　**rolling slideway**

fr　**guidage de rouler**

ru　**роликовые направляющие**

de　**Rollen-Richtungsfürung**

ja　ロールガイド

接触面为滚动摩擦副的导轨。

4.3.3

移置导轨

en　**transport slideway**

fr　**translassible guidage**

ru　**перемещаюие направляющие**

de　**Verschiebungsrichtungsfürung**

ja 転送ガイド

仅用于调整部件相对位置时引导部件移动的导轨。

4.3.4

静压导轨

en **static slideway**

fr **guidage par statistique pression**

ru **направляющие со статическим давлением**

de **Richtungsfürung mit statischen Druck**

ja 静圧ガイド

具有一定压力的气体或液体输入到导轨副间，形成承载油（气）膜的导轨。

4.4

工作台

en **table**；work table

fr **table**

ru **рабочий стол**

de **Arbeitstisch**；Werkstükspantisch

ja テーブル

具有或能形成工作平面，用于直接或间接装夹工件或工具的零部件。

4.4.1

固定工作台

en **fixed table**

fr **fix table**

ru **не подвижный стол**

de **feststehnd Arbeitstisch**

ja 固定テーブル

不能运动的工作台。

4.4.2

十字工作台

en **cross slide table**

fr **glissé table de croix**

ru **кроссный скользяющий стол**

de **Querfeldeinlaufarbeitstisch**

ja クロステーブル

可进行相互垂直的两个方向移动的工作台。

4.4.3

垂直工作台

en **vertical table**

fr **table verticale**

ru **вертикальный стол**

de **vertikal Arbeistisch**

ja 垂直テーブル

可进行与水平面垂直移动的工作台。

4.4.4

回转工作台

en **rotating table**

fr **plateau rotative**

ru **поворотный стол**

de **drehbar Arbeistisch**

ja 回転テーブル

可进行回转运动的工作台。

4.5

丝杠副

en **lead-screw pair**

fr **couple de vis-mêre**

ru **витовая пара**

de **Schrauben-Paar**

ja 送りねじ；ねじ軸；ナット

由丝杠与螺母组合而成，通常将旋转运动变为直线运动的螺旋传动部件。

4.5.1

滚珠丝杠副

en **ball screw pair**

fr **couple de vis à billes**

ru **качающая пара винта**

de **Rollenschaubenpaar**

ja ボールねじ

丝杠与螺母间以滚珠为滚动体的丝杠副。

4.6

立柱

en **column**

fr **montant**

ru **стойка**

de **Ständer**

ja コラム

机床用于支承和联接若干部件，并可带有导轨的直立柱状零件。

4.7

滑座

en **slider**

fr **chariot**

ru **салазки станины**

de **Schlitten**

ja スライダ

有关零部件可在其顶部移动（或回转），底部具有导轨，可在相配零部件上移动的零（部）件。

4.8

滑板

en **slide**

fr **coulisseau**

ru **салазки**

de **Schlitten-Platte**

ja スライダ

顶部与有关零部件联接，底面具有导轨，可在相配零部件上移动的零（部）件。

4.9

横梁

en **rail**

fr **traverse**

ru **брус балки**

de **Querbalken**

ja クロスレート；ビーム；はり

装在立柱上，带有水平导轨的部件。一般还可沿立柱导轨作垂直方向移动。

4.10

顶梁

en **topbeam**

fr **traverse fixe**

ru **верхняя балка**

de **Oberbalken**

ja トップビーム

联接两立柱顶部的零件。

4.11

进给机构

en **feed mechanism**

fr **mécanisme d'avance**

ru **механизм подачи**

de **Vorschubsmechanismus**

ja 送り機構

手动或自动控制进给运动的机构。

4.12

工作液循环过滤装置

en **fluid circulating and filtring device**

fr **équipment circulaire et flitre pour usinage fluide**

ru **устройство для цилкуляции и фильтрации рабочей жидкости**

de **Zirkulär-filtriereinrichtung für die Arbeitsflussigkeit**

ja 加工液過濾装置

工作液循环净化的装置。

5 加工方法

5.1

特种加工

en **non-traditional machining（NTM）**

fr **usinage non- tradionaliste**

ru **нетрадиционная обработка**

de **inkonventionelle Bearbeitung**

ja 特殊加工

主要利用电、磁、声、光、热、液、化学等能量单独或复合对材料进行去除、堆积、变形、改性、镀覆等的非传统加工方法。

5.2

电火花加工

en **electro-discharge machining（EDM）**

fr **usinage par décharge électrique**

ru **элетроразрядная облаботка**

de **elektrische Entladungsbearbeitung**

ja 放電加工

在一定的介质中，通过工件和工具电极间脉冲火花放电，使工件材料熔化、气化而被去除或在工件表面进行材料沉积的加工方法。

5.3

电解加工

en **electrochemical machining（ECM）**；electrolytic machining

fr **usinage électrochimique**；usinage électrolytique

ru **электрохимические обработка**

de **elektrochemischen Bearbeitung**

ja 電解加工

利用电化学阳极溶解的原理去除工件材料的加工方法。

5.4

超声加工

en **ultrasonic machining（USM）**

fr **usinage par ultra-son**

ru **ультразвуковая обработка**

de **Ultraschall-Bearbeitung**

ja 超音波加工

在超声振动的作用下，通过磨料冲击和液体的空化作用去除工件材料，以及利用超声振动使材料相互连接的加工方法。

5.5

快速成形

en **rapid prototyping（RP）**

fr **formage rapide**

ru **быстрое формирование**

de **Schnellformelung**

ja ラピッド プロトタイピング

采用逐层离散、堆积的原理实现工件成形的加工方法。

5.6

电熔爆加工

en **electric melting explosion machining（EMEM）**

fr **usinage par électrofonte-explosion**

ru **электроплавильная взрывная Обработка**

de **elektrische Schmelze und Exposion Fertigung**

ja 電融爆加工

主要利用电弧放电所产生的能量使工件材料从基体熔爆剥离的加工方法。

5.7

激光加工

en **laser beam machining（LBM）**

fr **usinage par laser**

ru **лазерная обработка**

de **Laserbearbeitung**；Laserstrahlbearbeitung

ja レーザ加工

利用高能量密度的激光束使工件材料被去除、变形、改性、沉积、连接的加工方法。

5.8

电子束加工

en **electron beam machining（EBM）**

fr **usinage par faisceau d'électrons**

ru **электронно-лучевая обработка**

de **Elektronenstrahl-Bearbeitung**

ja 電子ビーム加工

利用高能量密度的高速电子流，在一定真空度的加工舱中使工件材料被去除、变形、改性、沉积、连接的加工方法。

5.9

离子束加工

en **ion beam machining（IBM）**

fr **usinage par faisceaux d'ions**

ru **ионно-лучевая обработка**

de **Ionenstrahl-Bearbeitung**

ja イオンビーム加工

利用高能量密度的高速离子流，在一定真空度的加工舱中对工件材料进行去除或改性的加工方法。

5.10

等离子弧加工

en **plasma arc machining（PAM）**

fr **usinage par arc plasmique**

ru **плазминная дуговая обработка**

de **Peasmabogen-Bearbeitung**

ja プラズマアーク加工

利用高温、高速的等离子弧使工件材料熔化、气化并被吹离基体，从而使工件材料去除；或利用等离子弧进行材料改性、涂覆的加工方法。

5.11

射流加工

en **jet machining（JM）**

fr **usinage par jet**

ru **обработка струйным течением**

de **Strahlbearbeitung**

ja 噴射加工；ジエツト加工

利用高压液体射流或混有微细磨料的高压气体或液体射流去除材料的加工方法。

5.12

磨粒流加工（挤压珩磨）

en **abrasive honing machining（AHM）**

fr **pierrage par jet abrasive**

ru **абразивное хонинование**

de **Schleifkorn-Bearbeitung**

ja 研磨材加工；ホーニング

在压力作用下，使黏、弹性磨料往复通过被加工表面以降低表面粗糙度值的加工方法。

5.13

复合加工

en **combined machining（CM）**

fr **usinage combiné**

ru **комбинированная обработка**

de **Kombinationsbearbeitung**

ja 複合加工

将两种或两种以上不同加工方法（原理）同时使用的加工方法。

中 文 索 引

英 文 索 引

法 文 索 引

M

P

R

T

U

V

俄 文 索 引

А

Б

В

Г

Д

З

И

К

Л

М

Н

О

П

Р

С

德文索引

A

B

D

E

F

G

H

I

日 文 索 引

ICS 01.040.25;25.080.99
J 59

中华人民共和国国家标准

GB/T 14896.2—2009
代替 GB/T 14896.2—1994

特种加工机床　术语
第2部分:电火花加工机床

Non-traditional machines—Terminology—
Part 2:Electro-discharge machines

2009-04-02 发布　　　　2009-11-01 实施

中华人民共和国国家质量监督检验检疫总局
中国国家标准化管理委员会　发布

前　言

GB/T 14896《特种加工机床　术语》分为 14 个部分：

——第 1 部分：基本术语；

——第 2 部分：电火花加工机床；

——第 3 部分：电解加工机床；

——第 4 部分：超声加工机床；

——第 5 部分：复合加工机床；

——第 6 部分：其他特种加工机床；

——第 7 部分：快速成形机床；

——第 8 部分：电熔爆加工机床；

——第 9 部分：激光加工机床；

——第 10 部分：电子束加工机床；

——第 11 部分：离子束加工机床；

——第 12 部分：等离子弧加工机床；

——第 13 部分：射流加工机床；

——第 14 部分：磨粒流加工机床。

本部分为 GB/T 14896 的第 2 部分。

本部分代替 GB/T 14896.2—1994《特种加工机床　术语　放电加工机床》。

本部分与 GB/T 14896.2—1994 相比，主要变化如下：

——将标准名称“放电加工机床”修改为“第 2 部分：电火花加工机床”；

——将“主题内容与适用范围”修改为“范围”，并对内容进行了修改；

——修改了第 2 章、第 4 章、第 5 章的标题；对各章的部分定义内容进行了修改；

——第 2 章增加了“引导语”，引用标准做了调整；

——第 3 章补充、删除了部分机床名称。原“电火花穿孔机”改为“电火花小孔高速加工机床”，原“电火花表面强化机”改为“电火花强化机”；

——第 4 章补充、删除了部分机床参数。原“主轴伺服行程”改为“主轴行程”，原“最高材料去除率”、“最高切割速度”分别改为“材料去除率”、“切割速度”，原“最大切割厚度”、“最大切割斜度”分别改为“切割厚度”、“切割斜度”；

——第 5 章补充、删除了部分机床主要零部件。原“电极丝导向器”改为“导向器”；

——第 6 章补充、删除了部分加工方法。将原“电火花成形”改为“电火花成形加工”，原“电火花穿孔”改为“电火花小孔高速加工”，原“电火花线切割”改为“电火花线切割加工”；

——中、英文索引进行了重新调整，并增加了法、俄、德、日文索引。

请注意本部分的某些内容有可能涉及专利。本部分的发布机构不应承担识别这些专利的责任。

本部分由中国机械工业联合会提出。

本部分由全国特种加工机床标准化技术委员会（SAC/TC 161）归口。

本部分起草单位：哈尔滨工业大学、苏州电加工机床研究所、中国机械工程学会特种加工分会。

本部分主要起草人：刘晋春、于志三、叶军、陈德忠、白基成、王应、傅初森。

本部分所代替标准的历次版本发布情况为：

——GB/T 14896.2—1994。

特种加工机床 术语

第2部分：电火花加工机床

1 范围

GB/T 14896 的本部分规定了电火花加工机床的机床名称、机床参数和性能、机床主要零部件和加工方法的术语及其定义。

本部分适用于各种电火花加工机床（包括设备）。

2 规范性引用文件

下列文件中的条款通过 GB/T 14896 的本部分的引用而成为本部分的条款。凡是注日期的引用文件，其随后所有的修改单（不包括勘误的内容）或修订版均不适用于本部分，然而，鼓励根据本部分达成协议的各方研究是否可使用这些文件的最新版本。凡是不注日期的引用文件，其最新版本适用于本部分。

GB/T 14896.1—2009 特种加工机床 术语 第1部分：基本术语

3 机床名称

3.1

电火花加工机床

en **electro-discharge machines**；electrical-discharge machines

fr **machines d'usinage par électro-érosion**

ru **электроэрозионные станки**；электроискровые станки

de **Funkenerosionsmaschinen**

ja 放電加工機

用电火花加工方法加工工件的特种加工机床。

3.2

电火花成形机床

en **sinking electro-discharge machines**；die sinking electro-discharge machines

fr **machines de formation par electro-érosion**

ru **электроэрозионные формообразованные станки**；электроэрозионные копировально-прошивочиные станки

de **Funkenerosions-Senkenmaschinen**

ja 形彫り放電加工機

用电火花成形加工方法加工型腔、型体、型孔、型面的电火花加工机床。

3.3

电火花轮胎模加工机床

en **tire mould fancylay electro-discharge machines**

fr **machines d'usinage moudle de pneu par électro-érosion** ru **элекктроэрозионые станки для обработки шини**

de **Reifen-Funkenerosionsmaschinen**

ja タイヤ成形型（ゴム型）用放電加工機；タイヤ金型模様放電加工機

用电火花成形加工方法加工轮胎模花纹的电火花加工机床。

3.4

电火花展成加工机床

en **electrical-discharge generating machines**

fr **machines d'électro-érosion par génération**

ru **электроэрозионые станки методом обкатывания**

de **funkenerosiven Abwälzungsmaschinen**

ja 放電創成加工機

用展成方法进行电火花加工的电火花加工机床。

3.5

电火花线切割机床

en **wire electrical-discharge machines**

fr **machines de découpage par électro-érosion à fil électrode**

ru **электроэрозионные вырезные станки провочным электродом**

de **Drahterodiermaschinen**

ja ワイヤ放電加工機

以金属丝作工具电极对工件进行切割加工的电火花加工机床。

3.5.1

单向走丝电火花线切割机床

en **unidirectional travelling wire electrical-discharge machines**

fr **machines de découpage par électro-érosion à`fil électrode à`traverser le fil directement**

ru **одноходныеперемотанные электроэлозионные вырезныестанки провочным электродом**

de **Drahterodiermaschinen in einer Richtung**

ja 一方向巻き取り式ワイヤ；一方向走行式放電加工機

电极丝始终沿一个方向运行的电火花线切割机床。

3.5.2

往复走丝电火花线切割机床

en **reciprocating travelling wire electrical-discharge machines**

fr **machines de découpage par électro-érosion à`fil électrode pendulairement à traverser le fil**

ru **обратные перемотанные электроэозионныевырезные станки проворочным электродом**

de **Drahterodiermaschinen in beiderseitiger Richtung**

ja 往復巻取り式ワイヤ；往復走行式放電加工機

电极丝作往复循环运行的电火花线切割机床。

3.6

电火花小孔高速加工机床

en **small hole high speed drilling electro-discharge machines**

fr **machines d'rapide usinage de percag par électro-érosion**

ru **лектроэрозионные станки для быстро прошивания маленьких отверстии** de **Sneelfunkenerosions-Feinbohrmaschinen**

ja 細穴高速放電加工機

进行小孔高速加工的电火花加工机床。

3.7

电火花微孔加工机床

en **micro-hole drilling electro-discharge machines**

fr **machines d' usinage de microcage par électro-érosion**

ru **станки для обработки микроотверстии**

de **Funkenerosions-Mikrolochmaschinen**

ja 微細穴放電加工機

进行微孔加工的电火花加工机床。

3.8

电火花磨床

en **electrical-discharge grinding machines**

fr **machines à rektifier par électro-érosion**

ru **электроэрозионные станки для шлифования;** электроэрозионные шлифовальные станки

de **Funkenerosion-Schleifmaschine**

ja 放電研削加工機

进行电火花磨削的电火花加工机床。

3.8.1

电火花小孔磨床

en **small hole electrical-discharge grinding machines**

fr **machines de découpage par électro-érosion**

ru **электроэрозионные стаки для шлифования мелких отверстии**

de **Funkenerosion-Kleinlochscheifmaschine**

ja 小穴放電研削加工機

磨削小孔内表面的电火花磨床。

3.8.2

电火花内圆磨床

en **internal cylindrical electrical-discharge grinding machines**

fr **machines de reotification interieure électro-érosion**

ru **электроэрозионые станки для шлифования вунутриных кругных поверхностей**

de **Funkenerosion-Innerschleifmaschinen**

ja 円筒内面放電研削加工機

磨削内圆的电火花磨床。

3.8.3

电火花外圆磨床

en **external cylindrical electrical-discharge grinding machines**

fr **machines de reotification extélieeure électro-érosion**

ru **электроэрозионые станки для шлифования наружных кругных поверхностей**

de **Funkenerosion-Außerschleifmaschinen**

ja 円筒外面放電研削加工機

磨削外圆的电火花磨床。

3.8.4

电火花工具磨床

en **tools electrical-discharge grinding machines**

fr **machines de instrument reotification par électro-érosion**

ru **электроэрозионые станки для шлифования инструментов**

de **Funkenerosion-Istrumentschleifmaschinen**

ja 工具放電研削加工機

磨削工具的电火花磨床。

3.8.5

电火花成形磨床

en **electrical-discharge contour grinding machines**

fr **machines à formation reotification par électro-érosion**

ru **электроэрозионые станки для контурного шлифования**

de **Funkenerosion-Konturschleifmaschinen**

ja 放電成形研削加工機

进行成形磨削的电火花磨床。

3.8.6

电火花金刚石砂轮修整机床

en **diamond grinding wheel dressing electrical-discharge machines**

fr **machines de reotification diamentmeule par électro-érosion**

ru **электроэрозионые станки для исправления алмазних шлифовальних кругоов**

de **Funkenerosionmaschinen für Korrektür des diamontschleifrads**

ja ダイヤモンド砥石ドレッシング放電加工機

进行金属结合剂金刚石砂轮修整的电火花磨床。

3.9

电火花铣床

en **electrical-discharge milling machines**

fr **fraiseuse machines par électro-érosion**

ru **электроэрозионые фрезерные станки**

de **Funkenerosion-Fräsmaschinen**

ja 走査放電加工機

用电火花铣削方法进行加工的电火花加工机床。

3.10

电火花轧辊毛化机床

en **electro-discharge roller texturing machines**

fr **machines de rude rectification rouleau par électro-érosion**

ru **электроэрозионые станки для шероховатого шлифования каток**

de **Funkenerosion-Walzeschleifmaschinen**

ja ロールダル放電加工機；放電ダル加工機

用以使轧辊表面毛化的电火花加工机床。

3.11

电火花强化机

en **electrical-discharge intensifying machines**

fr　équipment à enforeir des piéces

ru　электроискровые упрочно установки

de　Funkenerosionsverfestigungsanlage

ja　放電硬化機

用电火花表面强化原理进行工件表面改性的电火花加工设备。

4　机床参数和性能

机床通用的参数术语见 GB/T 14896.1—2009。

4.1

主轴头行程

en　**work head stroke**

fr　**course de la téte de travail**

ru　**ход перемешения рабочей головки**

de　**Arbeitskopfweg**

ja　ワークヘッド移動距離

主轴头移动的最大距离。

4.2

主轴行程

en　**quill stroke**

fr　**course asservie de la bloche**

ru　**ход сервоуправленного перемешения инструметальнойголовки**

de　**Spindelservohub**

ja　主軸サーボストローク

主轴移动的最大距离。

4.3

主轴承载能力

en　**quill carrying capacity**

fr　**cargement accptée de la broche**

ru　**грузоподёмкость шпинделя**

de　**Spindelbelastung**

ja　主軸荷重能力

主轴在正常伺服进给运动的情况下所能承受的最大质量，是工具电极（有时为工件）、夹头和附件等的质量之和。

4.4

工作液槽尺寸

en　**work tank dimensions**

fr　**dimensions du bac de travail**

ru　**размеры рабочей ваны**

de　**Arbeitsbehälterabmessungen**

ja　加工槽内面寸法

工作液槽的内腔尺寸。

4.5

最大安装高度

en　**maximum fixing height**

fr **hauteur maximale d'usinage**

ru **наибольшая высота установка**

de **glößte Austellungshöhe**

ja 最大取り付け高さ

电极安装板下端面到工作台台面的最大距离。

4.6

走丝速度

en **wire travelling speed**

fr **vitesse traversiere du fil**

ru **скорость ремешения проволочного электрода**

de **Draht-Laufgeschwindigkeit**

ja ワイヤ電極走行速度

电极丝沿其轴线运动的速度。

4.7

材料去除率

en **material removal rate**

fr **enlèvement des matériaux**

ru **производительность удаления материалов**；скорость съема

de **Material-Abfragrate**

ja 加工速度

单位时间内从工件上去除材料的体积(mm^3/min)或质量(g/min)。

4.8

切割速度

en **cutting rate**

fr **vitesse d'écoupage**

ru **вырезная производительность**

de **Schneidgeschwindigkeit**

ja 面積加工速度

电火花线切割加工中，在单位时间内所切割的工件面积（mm^2/min)。

4.9

切割厚度

en **cutting thickness**

fr **épaisseur découpage**

ru **торшина вырезания**

de **Schneiddicke**

ja 加工厚さ

电火花线切割加工中，所切割的工件的厚度。

4.10

切割斜度

en **inclination in taper cutting**

fr **inclinaison de découpage**

ru **наклон разрезания**

de **Schneidneigung**

ja　加工テーパ角

电火花线切割加工中，电极丝轴线与工作台平面法线之间的锐夹角。

4.11

最大加工电流

en　**maximum working current**

fr　**courant d'usinage maximal**

ru　**максимальная сила тока обработки**

de　**größte Arbeitstrom**

ja　最大加工電流

可选用的能连续稳定工作的平均加工电流的最大值。

4.12

电极损耗

en　**electrode wear**

fr　**usure d'électrode**

ru　**иснос электрода**

de　**Verlust des Elektrodes**

ja　電極消耗

电火花加工时，工具电极的体积（或质量或长度或直径）损耗量。

4.12.1

电极相对损耗；电极损耗率

en　**relative electrode wear ratio**

fr　**usure relative d'électrode**

ru　**относительный износ электродов**

de　**relativer Verlust des Elektrodes**

ja　電極消耗率

电火花成形加工时，工具电极的损耗量（体积或质量或长度）与同一时间内从工件上去除的材料量（体积或质量或深度）之百分比。

4.12.2

电极丝直径损耗

en　**diameter wear of wire electrode**

fr　**diamètre usure d'fil-électrode**

ru　**иснос диаметра проволки**

de　**Verlust des Elektrodes-Durschmesser**

ja　ワイヤ直径消耗

电火花线切割加工时，切割一定的面积时电极丝直径的损耗量。

4.13

电极丝偏移量

en　**wire offset**

fr　**compensation d'fil-électrode**

ru　**величина перемещния электродпроволки**

de　**Verschbung des Drahtelectrodes**

ja　ワイヤオフセット

电火花线切割加工过程中，由于电极丝径向尺寸和放电间隙的存在，电极丝轴线偏移工件设计尺寸的量。

4.14

偏移量补偿

en **wire offset compensation**

fr **déplacement-compensation**

ru **комписация пемещения**

de **Kompensation der Verschiebung**

ja オフセット

电火花线切割加工过程中，以工件设计尺寸为基准对电极丝偏移量所进行的补偿。

4.15

放电间隙

en **discharge gap**

fr **espace de décharge**

ru **разрядный промежуток**

de **Entladestreke**；Funkenspalt

ja 放電ギャップ；放電間隙

工件与工具电极之间为维持正常放电加工所需的距离。

4.16

侧向间隙

en **overcut gap**

fr **distance d'étincelage latérale**

ru **боковой промежуток**；боковой зазор

de **seitlicher Arbeitspalt**

ja 側面間隙

加工过程中工件与工具电极侧面之间的距离。

4.17

电极丝张力

en **wire tention**

fr **tension de fil**

ru **сила натяжения пароволки**

de **Spannung der Drahtelektrode**

ja ワイヤ張力

电火花线切割加工过程中电极丝的张紧力。

4.18

抬刀

en **electrode jump motion**

fr **palpitation d'électrode**

ru **пульсация элетрода**

de **Pulsierung der Elektrode**

ja ジャンプ

电火花成形加工中电极的回退运动。

4.18.1

抬刀速度

en **electrode retracting speed**

fr **vitesse de électrodpalpitation**

ru **скорость пульсация элетрода**

de **Geschwindigkeit der Elektrodpulsierung**

ja ジャンプ速度

电火花成形加工中电极回退运动的速度。

4.18.2

定时抬刀

en **periodical jump of electrode**

fr **periodique palpitation de électrode**

ru **периодическая пульсация элетрода**

de **periodische Pulsierung der Elektrode**

ja 定時ジャンプ

电火花成形加工中电极按设定时间周期性地抬刀。

4.19

脉冲宽度

en **pulse duration**

fr **durée de l'impulsion**

ru **длительность пульса**

de **Impulsdauer**

ja バルス幅

加到电极间隙两端的电压脉冲开通时刻到关断时刻之间的持续时间。

4.20

脉冲间隔

en **interpulse interval**；off time

fr **intervalle des impulsions**

ru **интервал между импульсаьи**

de **Pausendauer**；**Impulspause**

ja バルス休止時間

加到电极间隙两端电压脉冲的关断时间。

4.21

放电持续时间

en **discharge time**；discharge duration

fr **temps de décharge**

ru **длительность разряда**

de **Entladeverhältnis**

ja 放電時間

介质击穿后，间隙中通过放电电流的时间。

4.22

击穿延时

en **ignition delay**

fr **délai d'amorcage**

ru **время опоздания пробоя**

de **Zündverzögerungszeit**

ja 放電遅れ時間

从间隙两端施加脉冲电压起，至介质击穿之间的时间。

4.23

放电电压

en **discharge voltage**

fr **tension de décharge**

ru **напряжение при разряде**

de **Entlade spannung**

ja 放電電圧

介质击穿后，通过放电电流时间隙两端的瞬时电压。

4.24

间隙电压

en **gap voltage**

fr **tension interélectrode**

ru **междуэлектродное напражение**

de **Elektrodenspanung**

ja 極間電圧

正常加工时间隙两端电压的算术平均值。

4.25

加工电流

en **working current**; machining current

fr **courant de travail**

ru **рабочий ток**

de **Arbeitsstrom**

ja 加工電流

通过加工间隙的电流的算术平均值。

4.26

放电峰值电流

en **discharge peak current**; pulse peak current

fr **valeur de crête du courant de décharge**

ru **амплитудное значение разряяядного тока**

de **Entladungsspitzenstrom**

ja 放電電流ピーク

放电电流的最大值。

5 机床主要零部件

机床通用的零部件术语见 GB/T 14896.1—2009。

5.1

主轴

en **quill**

fr **broche**

ru **шпиндель**

de **Pinole**

ja クイル；ピンドル

可承载工具电极或工件沿轴向移动或作伺服进给运动的部件。

5.2

主轴头

en **work head**

fr **tète de travail**

ru **инструминтальная головка**

de **Arbeitskopf**

ja 加工ヘッド

支承、驱动主轴的部件。

5.3

主轴伺服进给装置

en **quill servo feed unit**

fr **servomécanisme d'avance de la bloche**

ru **установка шпендельнго сервопривода подачи**

de **Servovorschub-Zufuhrvorrichtung für Pinolen**

ja 主軸サーボ送り装置

使工件和工具电极在加工过程中保持合适的放电间隙的主轴自动进给控制装置。

5.4

工作液槽

en **work tank**

fr **bac de travail**

ru **рабочая ванна**

de **Arbeitsbehälter**

ja 加工槽

盛放工作液以使工件和工具电极得以浸没在其中而进行加工的容器。

5.5

工作液箱

en **dielectric reservoir**

fr **réservoir de diélectrique**

ru **резервуар рабочей жидкости**

de **Behälter für Arbeitsflüssigkeit**

ja 加工液タンク

工作液循环过滤系统中用以贮存工作液的容器。

5.6

过滤装置

en **filtering device**

fr **équipement pour filtre**

ru **фильтрующее устройство**

de **Filtriereinrichtung**

ja 加工液の過装置

对工作液进行过滤的装置。

5.7

工作液冷却装置

en **dielectric cooling device**

fr **equipement réfrigérant d'usinage fluide**

ru **охладительное устройтельство**

de **Kühlungseinrichung**

ja 加工液冷却装置

加工过程中使工作液温度降低的装置。

5.8

工作液电导率控制装置

en **working fluid conductivity control device**

fr **contrôle equipement de conductbilité électrique d'usinage fluide**

ru **управляющее устройство проводимости рабочей жидкости**

de **Leitfähigkeitssteuerngsrichtung für Arbeitsflussigkeit**

ja 加工液電氣伝導率制御装置

加工过程中使工作液的电导率保持在设定范围内的装置。

5.9

工作液恒温装置

en **working fluid temperature control device**

fr **thermocontro^ler equipement d'usinage fluide**

ru **устройçтво для упрявления температура рабочей жидкости**

de **Temperatursteuerungsrichtung für Arbeitsflussigkeit**

ja 加工液恒温装置

加工过程中使工作液温度保持在设定范围内的装置。

5.10

旋转轴

en **rotating spindle**

fr **rotatoire broche**

ru **вращательный шпиндель**

de **drehende Spendel**

ja 回転軸

能够使工具电极或工件进行旋转、分度的轴。

5.11

电极

en **electrodes**

fr **électrodes**

ru **электроды**

de **Elektroden**

ja 電極

用以对工件进行电火花加工的工具。

5.12

电极安装板

en **electrode mounting platen**

fr **porte-électrode**

ru **плита крепления эктрода**

de **Werkzeugträger**

ja 取付平板；プラテン

固定在主轴端面并在其上安装电极或各种电极夹头的平板。

5.13

电极夹头

en **electrode holder**

fr **porte-électrode**

ru **держатель инструмент-электрода**

de **Elektrodenhalter**

ja 工具電極ホルタダ

装夹工具电极的装置。

5.14

平动头

en **orbiting head**

fr **tête de translasion orbitale**

ru **орбитальная головка**

de **der sich im Fläche bewegender Kopf**

ja 遊星運動軸

可使工具电极作平动加工的装置。

5.15

工作液杯；油杯

en **dielectric cup**

fr **boite diélectrique**

ru **коробка для подачи и отвода рабочей жидкости**

de **Kanne für Arbeitsflüssigkeit**

ja 加工液ガマ

设置在电火花成形机床工作台上，借以从工件上的通孔向加工部位供应清洁工作液的装置。

5.16

电极自动交换装置

en **automatic electrodes exchange device**

fr **automatique échangeur equipement des électrodes**

ru **устройство для авутоматическкой смены электрудоы**

de **Automatischwechselnungsrichtung für Elektroden**

ja 電極自動交換装置

主轴上的电极与电极库中的电极能实现自动交换的装置。

5.17

线架；丝架

en **wire guide arm**

fr **palier de fil électrode**

ru **рамка проволочного электрода**

de **Führungsrahmen**；Dratfürung

ja ワイヤ電極ガイド·フレーム

电火花线切割机床中，用以支承电极丝导向器的组件，可分为上线架和下线架。

5.18

走丝装置；运丝装置

en **wire-travelling unit**

fr **dispositif traversable du fil**

ru **устройство для перемешения проволочного электрода**

de **Drahtangetriebener Mechanismus**

ja **ワイヤ走行装置**；ワイヤ巻き取り装置

电火花线切割加工中用以使电极丝在加工过程中按一定速度、张力、路径，沿其自身轴线方向运动的装置。

5.19

贮丝筒

en **wire winding drum**

fr **rouleau du fil**

ru **барабан для перемотки проволоки**

de **Drahttrommel**

ja **ワイヤ巻き筒**

往复走丝电火花线切割机床中，用以卷绕和贮存电极丝，并带动丝运行的筒状组件。

5.20

导向器

en **guide**

fr **guide-fil**

ru **направляющая поволока**

de **Führung**

ja **ワイヤ電極ガイド**

对电极丝或电极管进行导向的零件。

5.21

导轮

en **guide wheel**

fr **galet à guider**

ru **направуляющий ролик**

de **Drahtangetriebener Furhrungsrad**; Leitrad; Leitrolle

ja **ガイド·ホイール**

用于电极丝导向的轮状零件。

5.22

张力轮

en **tension wheel**；tension roller

fr **rouleau de tendeur**

ru **натяжный ролик проволки**

de **Drahtspannrad**

ja **張力輪**

用于张紧电极丝的轮状零件。

5.23

压轮

en **pressuring wheel**

fr **pression roue**

ru **нажимный ролик**

de **Drükenrad**

ja 圧輪

用于压紧电极丝的轮状零件。

5.24

过渡轮

en **transition wheel**

fr **transition roue**

ru **перходный лорик**

de **Übergangsrad**

ja 中間軸；ガイド輪

用于改变电极丝运动方向的轮状零件。

5.25

导电块

en **feeder contact**

fr **contact de feeder**；brosse

ru **контакт для подачи тока**

de **Speisekontakt**

ja 給電子

用以向电极丝馈电的零件。

5.26

喷嘴

en **nozzle**

fr **gicleur**

ru **сопло**

de **Düse**

ja ノズル

向加工部位喷射工作液的零件。

5.27

自动穿丝机构

en **automatic wire threading mechanism**

fr **organe du passage du fil automatique**

ru **автоматический проволока-вдевающий механизм**

de **automatischer Drahtspeisungsmechanismus**

ja ワイヤ電極自動結線機構

能自动实现电极丝穿丝的装置。

5.28

脉冲电源

en **pulse power supply**

fr **générateur à implusions**

ru **импульсный генoратор**

de **Impuls-Generator**

ja パルス電源

向工件和工具电极间的加工间隙提供脉冲放电能量的电气装置。

5.29

电火花加工数控系统

en **numerical control systems for electro-discharge machining（NC-EDM）**

fr **numérique contrôle systée de érosion par éntincelage**

ru **ситема числового программного управления для электроэрозионой обработки**

de **numerisches Steuerungssystem für Elektrofunkenbearbeitung**

ja 放電加工 NC システム

用于电火花加工的、以数字信息为指令的控制系统。

6 加工方法

6.1

电火花加工

en **electro-discharge machining（EDM）**

fr **usinage par décharge électrique**

ru **элетроразрядная облаботка**；элетроэрозионая облаботка

de **elektrische Entladungsbearbeitung**

ja 放電加工

在一定的介质中，通过工件和工具电极间脉冲火花放电，使工件材料熔化、气化而被去除或在工件表面进行材料沉积的加工方法。

6.2

电火花成形加工

en **sinking electro-discharge machining （SEDM）**

fr **formation par électro-érosion**

ru **электроэрозионная формообразованная обработка**

de **funkenerosive Senken**

ja 形彫り放電加工

采用成形工具电极的电火花加工。

6.3

电火花展成加工

en **electro-discharge generating machining**

fr **usinage de génération par électro-érosion**

ru **электроэрозионны обкат**

de **Elektrofunkenbearbeitung nach dem Erzeugungsverfahren**

ja 創成放電加工

利用工具电极与工件之间作相对应的展成运动实现工件成形的电火花加工。

6.4

电火花包络加工

en **electro-discharge enveloping machining**

fr **usinage d'envelope par électro-érosion**

ru **электроэрозионны охваченная обработка**

de **Entladungsbearbeitung Shüllen Bearbeitung**

ja エンバロ-プ放電加工

由工具电极对工件作数控运动时的轨迹包络生成加工表面的电火花加工。

6.5

电火花小孔高速加工

en **small hole high speed electro-discharge drilling**

fr **grande vitesse usinage par électro-érosion de petit trou**

ru **электроэрозионная скоростная обработка маленких отверстии**

de **schnelle Elektrofunkenbearbeitung des Kleinlochs**

ja 細穴高速放電加工

利用中空的管状电极，并施加高压内冲液进行的小孔电火花加工。

6.6

电火花磨削加工

en **electro-discharge grinding**

fr **rectification par électro-érosion**

ru **электроэрозионное шлифование**

de **Funkenerosives-Schleifen**

ja 放電研削加工

工件和工具电极按类似机械磨削方式作相对运动的电火花加工。

6.7

电火花线切割加工

en **wire electrical-discharge machining（WEDM）**

fr **découpage par électro-érosion à fil électrode**

ru **электроэрозионное вырезание проволочным электродом**

de **Funkenerosives Schleiden mit Draht;**Drahterodieren；Drahtschneiden

ja ワイヤ放電加工

用沿着自身轴线方向运行的电极丝作工具电极，对工件进行切割的电火花加工。

6.8

电火花铣削加工

en **electrical-discharge milling**

fr **électro-érosion fraiser**

ru **электроэрозионое фрезирование**

de **Funkenerosion-Fäsen**

ja 走査放電加工；形状創成放電加工；創成放電加工

用棒状或管状电极按类似机械铣削方式进行逐点（面）整体成形的电火花加工。

6.9

电火花表面强化

en **electrical-discharge surface intensifying**

fr **procéde à enforcir les surfaces des pièces**

ru **электроискровое упрочнение**

de **Funkenerosions-Oberflächenvberfestigung;**funkenerosive Härtung ja　放電硬化

改变金属基体表层特性，从而提高工件表面的硬度、强度和耐磨性的电火花加工。

6.10

电火花轧辊毛化加工

en　**electrical-discharge roller texturing machining**

fr　**d'usinage surface rude rectification de rectification rouleau par électro-érosion**

ru　**элетроэрозионая обработка для шероховатой поверхности шлифования каток**

de　**Funkenerosion-Walzebearbeitung für Rauheit**

ja　ロールダル放電加工；放電ダル加工

在轧辊表面形成具有电火花放电特征、分布均匀的凹坑，且表面形态可控的电火花加工。

6.11

负极性加工；反极性加工

en　**reversed polarity machining**

fr　**usinage en polarité inverse**

ru　**элетроэрозионая обработка с обратной плярностью**

de　**Elektroerosion mit negativen Polarität**

ja　逆極性加工

工具电极与电源正极相接，工件与电源负极相接的电火花加工。

6.12

正极性加工

en　**normal polarity machining**

fr　**usinage en polarité normal**

ru　**элетроэрозионая обработка с прямой плярностью**

de　**Elektroerosion mit normalen Polarität**

ja　正極性加工

工具电极与电源负极相接，工件与电源正极相接的电火花加工。

中 文 索 引

英 文 索 引

A

C

D

E

法 文 索 引

A

B

C

D

E

F

G

H

I

M

N

O

P

R

S

T

U

V

俄 文 索 引

М

Н

О

П

Р

С

德 文 索 引

A

B

D

E

日 文 索 引

ICS 01.040.25;25.080.99
J 59

中华人民共和国国家标准

GB/T 14896.3—2009
代替 GB/T 14896.3—1994

特种加工机床　术语
第3部分:电解加工机床

Non-traditional machines—Terminology—
Part 3:Electrochemical machines

2009-04-02 发布　　　　2009-11-01 实施

中华人民共和国国家质量监督检验检疫总局
中国国家标准化管理委员会　发布

前　言

GB/T 14896《特种加工机床　术语》分为14个部分：

——第1部分：基本术语；

——第2部分：电火花加工机床；

——第3部分：电解加工机床；

——第4部分：超声加工机床；

——第5部分：复合加工机床；

——第6部分：其他特种加工机床；

——第7部分：快速成形机床；

——第8部分：电熔爆加工机床；

——第9部分：激光加工机床；

——第10部分：电子束加工机床；

——第11部分：离子束加工机床；

——第12部分：等离子弧加工机床；

——第13部分：射流加工机床；

——第14部分：磨粒流加工机床。

本部分为GB/T 14896的第3部分。

本部分代替GB/T 14896.3—1994《特种加工机床　术语　电解加工机床》。

本部分与GB/T 14896.3—1994相比，主要变化如下：

——将标准名称“电解加工机床”改为“第3部分：电解加工机床”；

——将“主题内容与适用范围”修改为“范围”，并对内容进行了修改；

——修改了第2章、第5章的标题；对各章的部分定义内容进行了修改补充；

——第2章增加了“引导语”，引用标准做了调整；

——第3章补充、删除了部分机床名称。原“电解叶片成形机”改为“电解叶片成形机床”，原“电解穿孔机”改为“电解小孔加工机床”，原“电解圆锯床”改为“电解圆盘阴极切割机床”，原“电解带锯床”改为“电解带状阴极切割机床”；

——第4章补充、删除了部分机床参数。原“阴极安装板尺寸”改为“阴极安装尺寸”；

——第6章补充、删除了部分加工方法。原“电解穿孔”改为“电解小孔加工”，原“脉冲电解抛光”改为“脉冲电流电解抛光”；

——中、英文索引进行了重新调整，并增加了法、俄、德、日文索引。

请注意本部分的某些内容有可能涉及专利。本部分的发布机构不应承担识别这些专利的责任。

本部分由中国机械工业联合会提出。

本部分由全国特种加工机床标准化技术委员会（SAC/TC 161）归口。

本部分起草单位：南京航空航天大学、合肥工业大学、苏州电加工机床研究所、中国机械工程学会特种加工分会。

本部分主要起草人：云乃彰、陈远龙、于志三、王应、傅初森。

本部分所代替标准的历次版本发布情况为：

——GB/T 14896.3—1994。

特种加工机床　术语

第3部分：电解加工机床

1　范围

GB/T 14896的本部分规定了电解加工机床的机床名称、机床参数、机床主要零部件和加工方法的术语及其定义。

本部分适用于各种电解加工机床（包括设备）。

2　规范性引用文件

下列文件中的条款通过 GB/T 14896 的本部分的引用而成为本部分的条款。凡是注日期的引用文件，其随后所有的修改单（不包括勘误的内容）或修订版均不适用于本部分，然而，鼓励根据本部分达成协议的各方研究是否可使用这些文件的最新版本。凡是不注日期的引用文件，其最新版本适用于本部分。

GB/T 14896.1—2009　特种加工机床　术语　第1部分：基本术语

3　机床名称

3.1

电解加工机床

en　**electrochemical machines**；electrolytic machines

fr　**machines d'usinage électrochimique**；machines d'usinage électrolytique

ru　**электрохимические станки**

de　**elektrochemischen Bearbeitungsmaschinen**

ja　**電解加工機**

用电解加工方法加工工件的特种加工机床。

3.2

电解成形机床

en　**electrochemical forming machines**

fr　**machines de formation électrochimique**

ru　**электрохимические формированные станки**

de　**elektrochemischen Proflmaschinen**

ja　**電解形彫りヒ加工機**

用电解成形方法加工型腔、型面和型孔等的电解加工机床。

3.2.1

立式电解成形机床

en　**vertical electrochemical forming machines**

fr　**machines verticale d'enfoncage électrochimique**

ru **вертикальные электрохимические копировально-прошивочные станки**

de **vertikalen elektrochemischen Formgebungsmaschinen**

ja 立型電解形彫り加工機

工件和工具阴极沿铅垂方向作相对进给运动的电解成形机床。

3.2.2

卧式电解成形机床

en **horizontal electrochemical forming machines**

fr **machines horizontale d'enfoncage électrochimique**

ru **горизонтальные электрохимические копировально-прошивочные станки**

de **waagerecht-elektrochemischen-Formgebungsmschinen**

ja 横型電解型彫り加工機

工件和工具阴极沿水平方向作相对进给运动的电解成形机床。

3.2.3

电解叶片成形机床

en **blade electrochemical forming machines**

fr **machines d'enfoncage électrochimique de I'aube**

ru **электрохимические формообразованные станки для обработки лопаток**

de **elektrochemischen Schaufel-Profilmaschinen**

ja 羽根型彫り電解加工機

主要用于加工叶片型面的电解成形机床。

3.2.4

电解膛线加工机床

en **rifle of artillery tube electrochemical forming machines**

fr **machines d'usinage interne spirale par électrochimique**

ru **внутривинтовые электрохемическиестанки**; электрохемические станки для обработки внутриного вита

de **elektrochemischen Maschinen für innere Gewindefertigung**

ja 電解旋条加工；電解タッビッグ加工

主要用于加工枪、炮膛线等的电解成形机床。

3.2.5

电解小孔加工机床

en **small hole electrochemical machines**

fr **machines de percage électrochimique**

ru **электрохимические прошивочные станки**

de **elektrochemischen Feinbohrmaschinen**

ja 細穴電解加工機

主要用于小孔加工的电解成形机床。

3.3

电解切割机床

en **electrochemical cutting machines**

fr **machines de decoupage électrochimique**

ru **электрохимические вырезные станки**

de **elektrochemischen Schneidmaschine**

ja **電解切断機**

用电解切割方法加工工件的电解加工机床。

3.3.1

电解线切割机床

en **electrochemical wire cutting machines**

fr **machines de decoupage électrochimique à fil électrode**

ru **электрохимические вырезные станки пров-олочным злектродом**

de **elektrochemischen-Drahtschneider**

ja **ワイヤカツト電解加工機**

用线状工具阴极切割工件的电解切割机床。

3.3.2

电解圆盘阴极切割机床

en **electrochemical disk cutting machines**

fr **machines électrochimique à scie circulaire**

ru **электрохимические круглые пилорамы**

de **elektrochemischen Kreissagemaschinen**

ja **電解円板のこ盤**

用圆形金属盘作工具阴极切割工件的电解切割机床。

3.3.3

电解带状阴极切割机床

en **electrochemical band cutting machines**

fr **machines électrochimique à scie à ruban**

ru **электрохимические ленточные пилорамы**

de **elektrochemischen Bandsagemaschinen**

ja **電解のこバンド盤**

用环状金属带作工具阴极切割工件的电解切割机床。

3.4

电解车床

en **electrochemical turning machines**

fr **tour électrochimique**

ru **электрохимические токарные станки**

de **elektrochemischen Drehmaschinen**

ja **電解旋盤**

用于电解车削的电解加工机床。

3.5

电解去毛刺机床

en **electrochemical deburring machines**

fr **machines d'ébavurage électrochimique**

ru **электрохимические станки для удаления заусенцев**

de **elektrochemischen Entgratmaschinen**

ja 電解ばり取り機

用于电解去毛刺或倒角的电解加工机床。

3.6

电解抛光机床

en **electrochemical polishing machines**

fr **polissoirs électrochimiques**

ru **электрохимические полировочные станки**

de **elektrochemischen Poliermaschinen**

ja 電解研磨加工機

用来改善工件表面粗糙度的电解加工机床。

3.6.1

电解外圆抛光机床

en **external cylindrical electrochemical polishing machines**

fr **machines d'extétieure ronde électrochimique polissage**

ru **электрохимические станки для полировки внешной порхности**

de **elektrochemischen Poliermaschinen**

ja 円筒外面電解研磨機

用于工件外圆表面抛光的电解抛光机床。

3.6.2

电解内圆抛光机床

en **internal cylindrical electrochemical polishing machines**

fr **machines d'intérieure ronde électrochimique polissage**

ru **электрохимические станки для полировки внутриной порхности**

de **elektrochemischen Innenrundpolierungsmaschinen**

ja 円筒内面電解研磨機

用于工件内圆表面抛光的电解抛光机床。

3.7

电解刻印机床

en **electrochemical marking machines**

fr **machines électrochimiques à marquer**

ru **электрохимические маркированные станки**

de **elektrochemischen Markiermaschinen**

ja 電解刻印機；電解彫刻機

用于电解刻印的电解加工机床。

3.7.1

电解平面刻印机床

en **electrochemical plane marking machines**

fr machines électrochimiques à marquer les surfaces planes
ru электрохимические маркированные станки на плоскости
de elektrochemischen Planmarkiermaschinen
ja 平面電解刻印機；平面電解彫刻機
在工件平面上刻印字符或图案等的电解刻印机床。

3.7.2

电解柱面刻印机床
en electrochemical cylindrical marking machines
fr machines électrochimiques à marquer les surfaces cylindriques
ru электрохимические маркированные станки на цилиндрической поверхности
de elektrochemischen Rundmarkiermaschinen
ja 円筒電解彫刻機
在工件柱面上刻印字符或图案等的电解刻印机床。

3.8

电液束穿孔机床
en stream electrochemical drilling machines
fr machines de percage électrochimique par jet
ru электрохимические прошивочные станки струйным течением
de elektrochemischen Feinbohrmaschinen mit Flüssigkeitsstrahl
ja 流射電解穴めけ加工機
用电液束加工方法穿孔的电解加工机床。

3.9

电解展成加工机床
en electrochemical generating machines
fr machines d'électrochimiquie par génération
ru электрохимические станки методом обкатывания
de elektrochemischen Abwälzungsmaschinen
ja 創成電解加工機
按展成原理加工工件的电解加工机床。

4 机床参数

机床通用的参数术语见 GB/T 14896.1—2009。

4.1

主轴行程
en ram stroke of spindle
fr course de la broche
ru ход шпинделя
de Vorschubweg der Harptwelle
ja ワークヘッド移動距離
主轴沿其轴向可移动的最大距离。

4.2

主轴承载能力
en ram loading capacity

fr **capacite maximale chargée par la broche**
ru **грузоподъёмкостъ шпинделя**
de **Belastungsfähigkeit der Hauptwelle**
ja 主軸荷重能力；主軸積載荷垂
主轴在正常进给的情况下所能承载的最大作用力。

4.3

主轴进给速度
en **ram feed rate**
fr **vitesse d'avance de la broche**
ru **скорость подачи шпинделя**
de **Vorschubgeschwindigkeit der Hauptwelle**
ja 主轴送り速度
主轴带动工具阴极向工件进给的速度。

4.4

阴极安装尺寸
en **cathode mounting platen dimensions**
fr **dimensions de plaque pour mouter cathodes**
ru **размер закреплённой пластинки катода**
de **Dimension der Katode-Montageplitte**
ja 陰極座寸法
阴极安装板上用以联接工具阴极部位的尺寸。

4.5

工作箱尺寸
en **work tank dimensions**
fr **dimensions intérieure du bac**
ru **размер разбочего резервуар**
de **Dimension des Werkstanks**
ja 加工槽内面寸法
工作箱的内腔尺寸。

5 机床主要零部件

机床通用的零部件术语见 GB/T 14896.1—2009。

5.1

主轴进给控制装置
en **ram feed unit**
fr **dispositif d'avance de la broche**
ru **установка шпинделъной подачи**
de **Hauptwellenvorschubwerk**
ja 主轴送り装置
使装有工具阴极的主轴以一定的控制模式向工件进给的装置。

5.2

阴极安装板
en **cathode mounting platen**
fr **plaque pour monter cathode**

ru **закреплённая пластинка катода；** плита крепления катода

de **Katode-Montageplatte**

ja **陰極绝缘板**

主轴端部用以安装工具阴极的零件。

5.3

工作箱

en **work tank**

fr **bae de travail**

ru **рабочий бак**

de **Werkstank**

ja **加工槽**

防止电解液飞溅并在其中进行电解加工的部件。

5.4

电解液供给系统

en **electrolyte system**

fr **système électrolytique**

ru **система электролиты**

de **Elektrolyt-System**

ja **電解液系统**

向加工区供给电解液的装置。

5.5

电解液槽

en **electrolyte reservoir**

fr **resérvoir électrolytique**

ru **ванна электролиты**

de **Elektrolytreservoir**

ja **電解液槽**

用于贮存电解液的容器。

5.6

电解液净化装置

en **electrolyte purification system**

fr **dispositif à traiter l'électrolyte**

ru **установка чиститеЛЬного электролита**

de **Behandlungsanlage für die Elektrolytlösung**

ja **電解液ろ過装置**

对电解液进行净化处理的装置。

5.7

气液混合腔

en **mixing chamber for gas with electrolyte**

fr **chambre mixte**

ru **газ-жидкая смешанная полость**

de **Mischungskammer fur Gas mit Flussigkeit**

ja **気液混合室**

混气电解加工时用以使气体和电解液均匀混合的装置。

5.8

电解加工电源

en **power supply for electrochemical machine**

fr **source de usinage électrochimique**

ru **источник для электрохимической обработки**

de **Stromquelle für elektrochemischen Bearbeitung**

ja **電解加工電源**

向工件和工具阴极间的加工间隙提供金属电化学溶解能量的电气装置。

5.8.1

直流电解加工电源

en **direct current power supply for electrochemical machine**

fr **source de courrant continu électrochimique**

ru **источник постаяного тока для электрохимической обработки**

de **Gleichstromquelle für elektrochemischen Bearbeitung**

ja 直流電解加工電源

以直流方式向工件和工具阴极间的加工间隙提供金属电化学溶解能量的电气装置。

5.8.2

脉冲电流电解加工电源

en **pulse current power supply for electrochemical machine**

fr **source de courrant pulsatoire électrochimique**

ru **источник импольсного тока для электрохимической обработки**

de **Impulsstromgenerator für elektrochemischen Bearbeitung**

ja パルス式電解加工電源

以脉冲电流方式向工件和工具阴极间的加工间隙提供金属电化学溶解能量的电气装置。

5.9

短路保护系统

en **protective system for short-circuit**

fr **protecteur de court-circuit**

ru **система защиты от короткого замыкания**

de **Kurzschlußschutzanlage**

ja 短路保護装置

能自动防止工件与工具阴极发生短路及烧伤的装置。

5.10

汇流排

en **busbar**

fr **courant électrique planche**

ru **ткопроводяющие плиты**

de **Stromleitungsplätte**

ja バスバー

用来电气连接电解加工电源与工具阴极及工件的铜排或铝排。

6 加工方法

6.1

电解加工

en **electrochemical machining**；electrolytic machining

fr **usinage électrochimique**；usinage électrolytique

ru **электрохимические обработка**

de **elektrochemischen Bearbeitung**

ja **電解加工**

利用电化学阳极溶解的原理去除工件材料的加工方法。

6.2

混气电解加工

en **gas-mixed electrochemical machining**

fr **usinage électrochimique avec l'air mixte**

ru **смешанная газовая электрохимическая обработка**

de **elektrochemischen Bearbeitung mit Gasmischung**

ja **混気電解加工**

在电解液中均匀混入一定量的气体，借助所形成的气液两相流提高加工稳定性和精度的电解加工。

6.3

电液束加工

en **stream electrochemical machining**

fr **usinage électrochimique par jet**

ru **электрохимическая обработка струйным течением**

de **elektrolytische Bearbeitung mit Flüssigkeitsstrahl**

ja **流射電解加工**

将细小的电解液束流从内含有阴极的喷嘴射向加工点对工件穿孔的电解加工。

6.4

电解成形

en **electrochemical forming**

fr **formation électrochimique**

ru **электрохимические формирование**

de **elektrochemischen Formen**

ja **電解成形**

用成形工具阴极加工型腔、型面或型孔的电解加工。

6.5

电解切割

en **electrochemical cutting**

fr **découpage électrochimique**

ru **электрохимическое разрезание**

de **elektrochemischen Schneidung**

ja **電解切断**

以线状、带状、盘状工具阴极对工件进行切割及在工件上开槽的电解加工。

6.6

电解车削

en electrochemical turning

fr tournage électrochimique

ru электрохимический токарь

de elektrochemischen Drehung；Drehen

ja 電解旋削

用块状工具阴极加工旋转体工件的电解加工。

6.7

电解去毛刺

en electrochemical deburring

fr ébavurage électrochimique

ru электрохимическое удаление заусенцев

de elektrochemischen Entgraten

ja 電解ばり取り

去除工件上的毛刺或进行倒角的电解加工。

6.8

电解抛光

en electrochemical polishing

fr polissage électrochimique

ru электрохимическое полирование

de elektrochemischen Polierung

ja 電解研磨

以改善工件表面粗糙度为目的的电解加工。

6.8.1

直流电流电解抛光

en direct current electrochemical polishing

fr polissage électrochimique par courant continu

ru электрохимическое полирование постаяным током

de elektrochemischen Polierung mit Gleichstrom

ja 直流電解研磨

用直流电流进行的电解抛光。

6.8.2

脉冲电流电解抛光

en pulse current electrochemical polishing

fr polissage électrochimique par courant pulsatoire

ru импульсное электрохимическое полирование

de elektrochemischen Polierung mit Stoβstrom

ja パルス電解研磨

用脉冲电流进行的电解抛光。

6.9

电解刻印

en electrochemical marking

fr **marquage électrochimique**

ru **электрохимическое маркирование**

de **elektrochemischen Markieren**

ja **電解刻印**

在工件上刻印字符、图案等的电解加工。

6.10

电解套形加工

en **electrochemical trepanning**

fr **usinage trépassage électrochimique**

ru **электрохимическое прорезание; электрохимическая прорезка**

de **elektrochemischen Kernbohren**

ja **電解輪郭くり抜き加工**

采用一定形状的内空阴极使工件外表面成形的电解加工。

6.11

电解展成加工

en **electrochemical generating machining**

fr **usinage de gènération par électrochimique**

ru **электрохимическая обыкатывающая обработка**

de **elektrochemischen Abwälzungsbearbeitung**

ja **創成電解加工**

利用工具阴极与工件之间作相对应的展成运动，以实现工件整体成形的电解加工。

6.12

电解包络加工

en **electrochemical enveloping machining**

fr **usinage d'enveloppe par électrochimique**

ru **электрохимические охваченная обработка**

de **elektrochemischen shüllen Bearbeitung**

ja **エンバロープ電解加工**

由工具阴极对工件作数控运动时的轨迹包络生成加工表面的电解加工。

6.13

光刻电解加工

en **photoetching electrochemical machining**

fr **d'usinage photogravure-électrochimiquie**

ru **фотографэрозионая электрохимическая обработка**

de **photographerosion-elektrochemische Bearbeitung**

ja **フォトエッチング式電解加工**

利用光刻法制得的掩模板对工件进行的选区电解加工。

6.14

电解擦削加工

en **electrochemical burnishing machining**

fr **usinage par électrochimiquie friction**

ru **обратка электрхимическим трением**

de **elektrochemischen Reibungsbearbeitung**

ja 電解やすり仕上げ加工；電解砥粒研磨

利用擦削阴极对工件定域、定量材料去除或光整的电解加工。

6.15

微细电解加工

en **micro electrochemical machining**

fr **micro-usinage par électrochimiquie**

ru **микроэлектрохимическая обработка**

de **mikroelektrochemische Bearbeitung**

ja 微細電解加工

应用于微细加工范畴的电解加工。

中 文 索 引

英 文 索 引

法文索引

俄 文 索 引

Т

У

Ф

Х

Э

德 文 索 引

B

D

E

日 文 索 引

ICS 01.040.25;25.080.99
J 59

中华人民共和国国家标准

GB/T 14896.4—2009
代替 GB/T 14896.4—1994

特种加工机床 术语 第4部分:超声加工机床

Non-traditional machines—Terminology—Part 4:Ultrasonic machines

2009-04-02 发布 2009-11-01 实施

中华人民共和国国家质量监督检验检疫总局
中国国家标准化管理委员会 发布

前 言

GB/T 14896《特种加工机床　术语》分为 14 个部分：
——第 1 部分：基本术语；
——第 2 部分：电火花加工机床；
——第 3 部分：电解加工机床；
——第 4 部分：超声加工机床；
——第 5 部分：复合加工机床；
——第 6 部分：其他特种加工机床；
——第 7 部分：快速成形机床；
——第 8 部分：电熔爆加工机床；
——第 9 部分：激光加工机床；
——第 10 部分：电子束加工机床；
——第 11 部分：离子束加工机床；
——第 12 部分：等离子弧加工机床；
——第 13 部分：射流加工机床；
——第 14 部分：磨粒流加工机床。

本部分为 GB/T 14896 的第 4 部分。

本部分代替 GB/T 14896.4—1994《特种加工机床　术语　超声加工机床》。

本部分与 GB/T 14896.4—1994 相比，主要变化如下：
——将标准名称“超声加工机床”改为“第 4 部分：超声加工机床”；
——将“主题内容与适用范围”修改为“范围”，并对内容进行了修改；
——修改了第 2 章、第 5 章的标题；对各章的部分定义内容进行了修改补充；
——第 2 章增加了“引导语”，引用标准做了调整；
——第 3 章补充、删除了部分机床名称。原“超声穿孔机”改为“超声孔加工机床”；
——第 5 章补充、删除了部分机床主要零部件。原“超声电源”改为“超声发生器”；
——中、英文索引进行了重新调整，并增加了法、俄、德、日文索引。

请注意本部分的某些内容有可能涉及专利。本部分的发布机构不应承担识别这些专利的责任。

本部分由中国机械工业联合会提出。

本部分由全国特种加工机床标准化技术委员会（SAC/TC 161）归口。

本部分起草单位：哈尔滨工业大学、苏州电加工机床研究所、中国机械工程学会特种加工分会。

本部分主要起草人：刘晋春、于志三、白基成、王应、傅初森。

本部分所代替标准的历次版本发布情况为：
——GB/T 14896.4—1994。

特种加工机床 术语

第 4 部分：超声加工机床

1 范围

GB/T 14896 的本部分规定了超声加工机床的机床名称、机床参数、机床主要零部件和加工方法的术语及其定义。

本部分适用于各种超声加工机床（包括设备）。

2 规范性引用文件

下列文件中的条款通过 GB/T 14896 的本部分的引用而成为本部分的条款。凡是注日期的引用文件，其随后所有的修改单（不包括勘误的内容）或修订版均不适用于本部分，然而，鼓励根据本部分达成协议的各方研究是否可使用这些文件的最新版本。凡是不注日期的引用文件，其最新版本适用于本部分。

GB/T 14896.1—2009 特种加工机床 术语 第 1 部分：基本术语

3 机床名称

3.1

超声加工机床

en **ultrasonic machines**；supersonic machines

fr **machines d' usinage par ultra-son**

ru **ультразвуковые станки**

de **Ultraschall-Bearbeitungsmaschinen**

ja 超音波加工機

用超声加工方法加工工件的特种加工机床。

3.2

超声抛光机

en **ultrasonic polishing machines**

fr **machines d'usinage polissoirs par ultra-son**

ru **ультразвуквые полированные станки**

de **Ultraschallpoliermaschinen**

ja 超音波研磨機

用于工件表面抛光的超声加工设备。

3.3

超声研磨机床

en **ultrasonic lapping machines**

fr **machines de rodage par ultr-son**

ru **станки для ультразвукой доводки**

de **Ultraschall-Läppenmaschinen**

ja 超音波研削加工機

用超声研磨方法对工件表面进行精整加工的超声加工机床。

3.4

超声切片机床

en **ultrasonic slicing machines**

fr **machines à couper ultra-son**

ru **ультразвуковые отрезные станки**

de **Ultraschallschneidemaschinen**

ja 超音波切断機

用于材料切片的超声加工机床。

3.5

超声去毛刺机

en **ultrasonic deburring machines**

fr **machines à ébavurer par ultra-son**

ru **ультразвуковые станки для удалиния заусенцев**

de **Ultraschallentgratmaschinen**

ja 超音波バリ取り盤

用于工件去毛刺的超声加工设备。

3.6

超声成形机床

en **ultrasonic sinking machines**

fr **machines de formationpar ultrason**

ru **ультразвуковые копировально-прошивочные станки**

de **Ultraschall-Senkmaschinen**

ja 超音波成形機

用超声成形方法加工工件的超声加工机床。

3.6.1

超声型腔加工机床

en **ultrasonic forming machines**

fr **machines d' enfonçage par ultra-son**

ru **ультраэвуковые объёмные копировальные станки**

de **Ultraschallformgebungsmaschinen**

ja 超音波形彫り加工機

主要用于型腔加工的超声成形机床。

3.6.2

超声孔加工机床

en **ultrasonic perforating machines**

fr **machines de perçage par ultra-son**

ru **ультраэвуковые прошивочные станки**

de **Ultraschallperforiermaschinen**

ja 超音波穴あけ加工機

用于加工孔的超声成形机床。

3.7

超声刻印机床

en **ultrasonic marking machines**

fr **machines de marquage par ultra-son**

ru **ультразвуковые маркировочные станки**

de **Ultraschallmarkierungsmaschinen**

ja 超音波彫刻機

用于工件表面刻印的超声加工机床。

3.8

超声焊接机

en **ultrasonic welding machines**

fr **machines de soudure par ultrasonique**

ru **оборудования для ультразвуковой сварки**

de **Ultraschallschweißmaschinen**

ja 超音波溶接機

用于工件焊接的超声加工设备。

4 机床参数

机床通用的参数术语见 GB/T 14896.1—2009。

4.1

超声电功率

en **output of ultrasonic generator**

fr **puissance du générateur ultrason**

ru **мощность ультразвуквого генератора**

de **Ausgangsleistung des Ultraschallgenerators**

ja 超音波振動出力

超声电源的额定输出功率。

4.2

超声电源工作频率

en **working freqency of ultrasonic generator**

fr **fréquence de travail du ultrasonique**

ru **роаботая частоа ультразвукогоо генератора**

de **Arbeisfrequenz des Ultraschallgenerators**

ja 超音波振動周波数

超声电源的输出频率。

4.3

工具振幅

en **vibration amplitude of tool**

fr **amplitude desvibrations d'outil**

ru **вибрационная амплитуда инструмента**

de **Vibrationsamplitude des Werkzeugs**

ja **工具振動振幅**

加工时工具端面超声振动的幅度。

4.4

工具静压力

en **static load on the tool**

fr **force statique de l'outil**

ru **статическая сила на инструменте**

de **statischer Druk auf dem Werkzeug**

ja **工具静的荷重**

超声加工过程中工具和工件间的静压力。

4.5

磨料液浓度

en **abrasive concentration of slurry**

fr **concentration en abrasifs du suspension**

ru **абразивнаяконцентрация суспезии**

de **Schleifstoffkonzentration der Suspension**

ja **スラリー中の砥粒濃度**

磨料悬浮液的质量百分数或体积百分数。

5 机床主要零部件

机床通用的零部件术语见 GB/T 14896.1—2009。

5.1

超声电源；超声发生器

en **ultrasonic generator**

fr **générateur ultrasonique**

ru **ультроазвуковый генератор**

de **Ultraschallgenerators**

ja **超音波振動発生器**

产生超声频振荡的电气装置。

5.2

超声换能器

en **ultrasonic transducer**

fr **transductoeur ultrasonique**

ru **ультразвуковой преобразователь**

de **Ultraschallenergiewandler**

ja **超音波トワンスエーサ**

将超声频电振荡转换成超声频机械振动的器件。

5.2.1

压电陶瓷换能器

en **piezoelectric ceramic transducer**

fr **transforateur en céramique de piézoélectrique**

ru **пёзокерамиквой ультразвуковой рпеобразователь**

de **pezoelektrische keramische Transduktor**

ja **電歪振動子**；セラッミクス変換素子

以压电陶瓷晶片为核心元件，把电振荡转换成机械振动的器件。

5.2.2

磁致伸缩换能器

en **magnetostriction transducer**

fr **transformateur de magnetstriction**

ru **магнитострикционный ультразвуковой преобразователь**

de **Magnetostrictionenergiewandler**

ja **磁歪振動子**

以磁致伸缩材料为核心元件，把电振荡转换成机械振动的器件。

5.3

变幅杆

en **concentrator**；amplitude transformer

fr **concentrateur**

ru **концентратор**

de **Konzentratorstange**；Amplitudentransformator；Konustrichter

ja コンセントレータ；振動ホーン

将超声换能器产生的机械振动的振幅扩大的变截面杆件。

6 加工方法

6.1

超声加工

en **ultrasonic machining (USM)**；supersonic machining

fr **usinage par ultra-son**

ru **ультразвуковая обработка**

de **Ultraschall-Bearbeitung**

ja **超音波加工**

在超声振动的作用下，通过磨料冲击和液体的空化作用去除工件材料，以及利用超声振动使材料相互连接的加工方法。

6.2

超声抛光

en **ultrasonic polishing**

fr **polissage par ultra-son**

ru **ультразвуковое полирование**

de **Ultraschallpolieren**

ja **超音波ポリシング**

用超声抛光工具，借助超声振动对工件表面进行抛磨，以改善工件表面粗糙度的超声加工。

6.3

超声研磨

en **ultrasonic lapping（USL）**

fr **lapping ultrasonique**；rodage ultrasonique

ru **ультразвуковая притирка**；ультразвуковое притирание；ультразвуковая доводка

de **Ultraschallläppen**

ja 超音波ラツプ仕上げ

对工件表面进行研磨的超声加工。

6.4

超声切片

en **ultrasonic slicing**

fr **coupage par ultra-son**

ru **ультразвуковая отрезка**

de **Ultraschallschneiden**

ja 超音波切断

将材料切成薄片的超声加工。

6.5

超声去毛刺

en **ultrasonic deburring**

fr **éb ravurage par ultra-son**

ru **ультразвуковое удаление заусенецов**

de **Ultraschallformentgraten**

ja 超音波パリ取り

用以去除工件上的毛刺的超声加工。

6.6

超声成形

en **ultrasonic sinking**

fr **formation par ultra-son**

ru **ультразвуковое копирвальное прошивание**

de **Ultraschallsenkenn**；Ultraschallgravierung

ja 超音波形彫り加工

加工型腔、型体、型孔等的超声加工。

6.7

超声刻印

en **ultrasonic marking**

fr **marquage par ultra-son**

ru **ультразвуковая маркировка**

de **Ultraschallmarkierung**

ja 超音波マーキング、超音波形彫り加工

在工件上刻印字符和图案等的超声加工。

6.8

超声旋转加工

en **rotary ultrasonic machining**

fr **usinage rotatif par ultra-son**

ru **ультразвуковая вращательная（алмазная）обработка**

de **rotierende Ultraschallbearbeitung**

ja 超音波ロータリ加工

加工时，超声工具或工件作高速旋转的超声加工。

6.9

超声套形

en **ultrasonic trepanning**；trepanning USM（TUSM）；ultrasonic coring

fr **trépassage ultrasonique**；tréppanage ultrasonique

ru **ультразвуковая вырезка**

de **Ultraschallkernbohren**

ja 超音波式打抜き加工

用空心工具套取工件的超声加工。

6.10

超声展成加工

en **ultrasonic generating**；generating USM（GUSM）；ultrasonic enveloping machining

fr **génération ultrasonique**

ru **ультразвуцковое обкатывание**

de **Ultraschallwalzfräsen**

ja 超音波創成加工

利用工具和工件之间的相对展成运动进行的超声加工。

6.11

超声焊接

en **ultrasonic welding**

fr **soudure ultrasonique**

ru **ультразвуцковая сварка**

de **Ultraschallschweiß**

ja 超音波溶接

利用超声振动将工件连接起来的超声加工。

中 文 索 引

英 文 索 引

V

法文索引

俄 文 索 引

A

B

K

M

O

П

P

C

У

德 文 索 引

A

K

M

P

R

S

U

日文索引

ICS 25.080.99
J 59

中华人民共和国国家标准

GB/T 14896.8—2009

特种加工机床　术语
第8部分：电熔爆加工机床

Non-traditional machines—Terminology—
Part 8: Electric melting explosion machines

2009-04-02 发布　　2009-11-01 实施

中华人民共和国国家质量监督检验检疫总局
中国国家标准化管理委员会　发布

前　言

GB/T 14896《特种加工机床　术语》分为14个部分：

——第1部分：基本术语；

——第2部分：电火花加工机床；

——第3部分：电解加工机床；

——第4部分：超声加工机床；

——第5部分：复合加工机床；

——第6部分：其他特种加工机床；

——第7部分：快速成形机床；

——第8部分：电熔爆加工机床；

——第9部分：激光加工机床；

——第10部分：电子束加工机床；

——第11部分：离子束加工机床；

——第12部分：等离子弧加工机床；

——第13部分：射流加工机床；

——第14部分：磨粒流加工机床。

本部分为GB/T 14896的第8部分。

请注意本部分的某些内容有可能涉及专利。本部分的发布机构不应承担识别这些专利的责任。

本部分由中国机械工业联合会提出。

本部分由全国特种加工机床标准化技术委员会（SAC/TC 161）归口。

本部分起草单位：南通电熔爆股份有限公司、苏州电加工机床研究所、中国机械工程学会特种加工分会。

本部分主要起草人：孙大椿、于志三、叶良才、王应、傅初森。

本部分为首次发布。

特种加工机床　术语
第8部分：电熔爆加工机床

1　范围

GB/T 14896 的本部分规定了电熔爆加工机床的机床名称、机床参数、机床主要零部件和加工方法的术语及其定义。

本部分适用于各种电熔爆加工机床（包括设备）。

2　规范性引用文件

下列文件中的条款通过 GB/T 14896 的本部分的引用而成为本部分的条款。凡是注日期的引用文件，其随后所有的修改单（不包括勘误的内容）或修订版均不适用于本部分，然而，鼓励根据本部分达成协议的各方研究是否可使用这些文件的最新版本。凡是不注日期的引用文件，其最新版本适用于本部分。

GB/T 14896.1—2009　特种加工机床　术语　第1部分：基本术语

3　机床名称

3.1

电熔爆加工机床

en　**electric melting explosion machines**

fr　**machines d'usinage électro fonte-explosion**

ru　**электроплавильный взрывный обработывающий станок**

de　**elektrischen Schmelz-Explosionmaschinen**

ja　**電融爆加工機**

采用电熔爆加工方法加工工件的特种加工机床。

3.2

电熔爆外圆加工机床

en　**external cylindrical electric melting explosion machines**

fr　**machines d'usinage extétieure ronde électro-fonte-explosion**

ru　**электроплавильный взрывный станок для обработки наружной окружности**

de　**elektrischen Schmelz-Explosionmaschinen für äußeren Kreisesbearbeitung**

ja　**電融爆円筒外面加工機**

主要用电极轮加工工件外圆表面的电熔爆加工机床。

3.3

电熔爆内圆加工机床

en　**internal cylindrical electric melting explosion machines**

fr　**machines d'usinage intérieure ronde électro-fonte-explosion**

ru　**электроплавильный взрывный станок для обработки внутренней окружности** de **elektrischen Schmelz-Explosionmaschinen für inneren Kreisesbearbeitung**

ja **電融爆内面加工機**

主要用电极轮加工工件内圆表面的电熔爆加工机床。

3.4

电熔爆平面加工机床

en **surface electric melting explosion machines**

fr **machines d'usinage les surface planes électro-fonte-explosion**

ru **электроплавильный взрывный станок для обработки плоскости**

de **elektrischen Schmelz-Explosionmaschinen für Flächebearbeitung**

ja **電融爆平面加工機**

主要用电极轮加工工件平面的电熔爆加工机床。

3.5

电熔爆端面加工机床

en **frontal electric melting explosion machines**

fr **machines d'usinage les frontale électro-fonte-explosion**

ru **электроплавильные взрывные станки для торцевой обработки**

de **elektrischen Schmelz-Explosionmaschinen des Kolbensbeenden**

ja **電融爆正面加工機**

主要用电极轮加工工件端面的电熔爆加工机床。

3.6

电熔爆型槽加工机床

en **groove electric melting explosion machines**

fr **machines d'usinage les coulisse électro-fonte-explosion**

ru **электроплавильные взрывные станки для обработки желобов**

de **elektrischen Schmelz-Explosionmaschinen der Nutarbeitung**

ja **電融爆みぞ加工機**

主要用电极轮加工工件型槽的电熔爆加工机床。

3.7

电熔爆切割机床

en **electric melting explosion cutting machines**

fr **machines d'usinage les couper électro-fonte-explosion**

ru **электроплавильный взрывный отрезной станок**

de **elektrischen Schmelz-Explosionmaschinen für Schnittarbeitung**

ja **電融爆カッティング盤**

用电极轮对工件进行切割的电熔爆加工机床。

3.8

电熔爆成形机床

en **electric melting explosion forming working machines**

fr **machines d'usinage les forage électro-fonte-explosion**

ru **электроплавильные взрывные фасонные станки**

de **elektrischen Schmelz-Explosionmaschinen für Formierung**

ja **電融爆成形加工機**

主要用成形电极轮对工件进行成形加工的电熔爆加工机床。

3.9

电熔爆组合加工机床

en **electric melting explosion combine machines**

fr **machines d'usinage les composé électro-fonte-explosion**

ru **электроплавильные взрывные комбинированные станки**

de **elektrischen Schmelz-Explosionmaschinen für Kombinationbearbeitung**

ja 電融爆組合せ加工機

用多个电极轮，或与机械加工相结合的方式对工件进行组合加工的电熔爆加工机床。

4 机床参数

机床通用的参数术语见 GB/T 14896.1—2009。

4.1

最大加工外圆直径

en **maximum machining outer diameter**

fr **dehors diamètre maximal d'usinage**

ru **максимальный внешный диаметр обработки**

de **maximale Bearbeitungsaussseredurchmesser**

ja 最大加工直径

机床可加工工件的最大外圆直径尺寸。

4.2

最大加工内圆直径

en **maximum machining inner diameter**

fr **diamètre maximal de l'alésage d'usinage**

ru **максимальный внутреный диаметр обработки**

de **Maximale Bearbeitungsinneredurchmesser**；inneren Durchmesserbearbeitetung

ja 内面最大加工直径

机床可加工工件的最大内圆直径尺寸。

4.3

最大加工长度

en **maximum machining length**

fr **longueur maximale d'usinage**

ru **максимальная длина обработки**

de **maximale Bearbeitungslänge**

ja 最大加工長さ

机床可加工工件的最大长度尺寸。

4.4

最大加工深度

en **maximum machining depth**

fr **profondeur maximale d'usinage**

ru **максимальная глубина обработки**

de **maximale Bearbeitungstiefe**

ja 最大加工深さ

机床可加工工件的最大内腔深度尺寸。

4.5

最大工件直径

en **maximum workpiece diameter**

fr **maximal piéce diamétre**

ru **максимальный диаметр детали**

de **maximale Werkstückdurchmesser**

ja **最大工作物直径**

允许装夹工件的最大外径尺寸。

4.6

最大工件长度

en **maximum workpiece length**

fr **maximal piéce longueur**

ru **максимальная длина детали**

de **maximale Werkstücklänge**

ja **最大工作物長さ**

允许装夹工件的最大长度尺寸。

4.7

最大工件宽度

en **maximum workpiece width**

fr **maximal piéce largeur**

ru **максимальная ширина детали**

de **maximale Werkstückbreite**

ja **最大工作物幅**

允许装夹工件的最大宽度尺寸。

4.8

最大工件高度；最大工件厚度

en **maximum workpiece hight**；maximum workpiece thickness

fr **maximal piéce hauteur**；maximal piéce épaisseur

ru **максимальная высота(толщина) детали**；максимальная толщина детали

de **maximale Werkstückshöhe**；maximale Werkstücksdicke

ja **最大工作物高さ**；最大工作物厚み

允许装夹工件的最大高度（厚度）尺寸。

4.9

材料去除率

en **melting explosion material rate**

fr **enlévement de matiére**

ru **плавильный взрывный коэфициент ударения материала**

de **Schmelz-Explosionabtragrate**

ja **融爆率**

单位时间内去除工件材料的质量（g/min）。

4.10

额定加工电流

en **rating work current**

fr　**courant nominal de travail**

ru　**норма рабочего тока**

de　**Arbeitstrom-Bewertung**

ja　レーテットエ作電流

长时间加工时允许使用的最大加工电流。

4.11

加工电流

en　**melting explosion current**

fr　**effectif courant**

ru　**плавильный взрывный ток**

de　**Schmelz-Explosionstrom**

ja　融爆電流

通过加工间隙的电流算术平均值。

4.12

额定加工电压

en　**rating work voltage**

fr　**nominal voltage de travail**

ru　**норма рабочего напряжения**

de　**Arbeitspannung-Bewertung**

ja　レーテットエ作電圧

加工时允许使用的最大电压。

4.13

加工电压

en　**electric melting explosion voltage**

fr　**voltage de travail**

ru　**электро-плавильно-взрывное напряжение**

de　**Elektroschmelz-Explosionspannung**

ja　融爆電圧

通过放电电流时，间隙两端的电压算术平均值。

4.14

最大电极轮直径

en　**electric wheel diameter**

fr　**électrode roue diamétre**

ru　**диаметр электродколеса**

de　**elektrode Raddurchmesser**

ja　電ホイール直径

允许装夹的最大电极轮直径。

4.15

主轴额定转速

en　**spindle rotating speed**

fr　**broche pirotant vélocité**

ru　**скорость врещения шпинделя**

de **drehende Geschwindigkeit der Spindel**

ja 主軸回転速度

主轴允许的最大转速。

4.16

电极轮额定转速

en **power head rotating speed**

fr **électrode pirotant vélocite**

ru **скорость вращения силовой головки**

de **drehende Geschwindigkeit des Elektrodrads**

ja 動力台回転速度

电极轮允许的最大转速。

4.17

工件最大质量

en **maximum workpiece mass**

fr **maximale pièce masse**

ru **максимальная масса детали**

de **maximale Werkstückmasse**

ja 工作物最大質量

允许承载工件的最大质量。

5 机床主要零部件

机床通用的零部件术语见 GB/T 14896.1—2009。

5.1

前床身

en **front bed**

fr **front lit**

ru **передняя станина**

de **vorderes Bett**

ja フロントベット

用于支承和联接主轴箱等若干部件，并带有导轨（或可安装导轨）的基础零件。

5.2

后床身

en **back bed**

fr **derriere lit**

ru **задняя станина**

de **rückseitiges Bett**

ja バックベット

用于支承和联接动力头等若干部件，并带有导轨（或可安装导轨）的基础零件。

5.3

电极轮

en **electric wheel**

fr **électrode roue**

ru **электроколесо**

de **elektrischer Rad**

ja 電ホイール

用于对工件进行电熔爆加工的轮状工具电极。

5.4

主轴

en **spindle**

fr **bloche**

ru **шпиндель**

de **Spindel**

ja 主軸

带动电极轮或工件旋转的轴。

5.5

主轴箱

en **head stock**

fr **bloche cuffre**

ru **коробка шпинделя**

de **Maschine-Kopf**

ja 主軸台

装有主轴的箱形部件。

5.6

动力头

en **power head**

fr **force tête**

ru **силовая головка**

de **Energie-Kopf**

ja 動力台

带动电极轮回转运动的部件。

5.7

尾座

en **tail stock**

fr **queue support**

ru **хвостовая станина**

de **Endstückvorrat**

ja 心押し台

配合主轴箱支承工件或工具的部件。

5.8

转台

en **rotating table**

fr **plateau rotative**

ru **поворотный стол**

de **Drehtisch**

ja 回転テーブル

用于直接或间接装夹工件或工具的旋转工作平台。

5.9

滚轮架

en **supporting roller**

fr **roue support**

ru **роликовой держатель**

de **stützende Rolle**

ja サポーティングローラー

径向支承旋转工件的辅助装置。

5.10

渣箱

en **dregs box**

fr **dépôt coffre**

ru **шлаковый ящик**

de **Rückstandkastenb**

ja かす箱

集存加工中产生渣屑的箱体。

5.11

工作液系统

en **work fluid system**

fr **systéme de fluide d'usinage**

ru **система рабочей жидкости**

de **Arbeitsflüssigkeit-System**

ja 工作液システム

加工时贮存和供给工作液的装置。

5.12

整机防护罩

en **bulk shield**

fr **défensive housse**

ru **защитный кожух целого станка**

de **Massenschild**

ja バルクシールド

主要用于防止工作液及熔爆物的飞溅，以及降低加工噪声的防护装置。

5.13

空气净化器

en **gas cleaner**

fr **aérienne purgeur**

ru **воздушный очиститель**

de **Gasreinigungsmittel**

ja ガスクリーナー

将加工时所产生的烟雾和蒸气进行净化的装置。

5.14

馈电部件

en **electric component**

fr électrification élément
ru электропроводящий узел
de elektrischer Bestandteil
ja 電気部品
向工件或电极轮馈电的部件。

6 加工方法

6.1

电熔爆加工

en **electric melting explosion machining**
fr **d'usinage électro-fonte-explosion**
ru **электроплавильная взрывная Обработка**
de **elektrische Schmelze-exposion Bearbeitung**
ja **電融爆加工**

主要利用电弧放电所产生的能量使工件材料从基体熔爆剥离的加工方法。

6.2

单电极轮加工

en **single electric wheel machining**
fr **d'usinage par singulier électrde roue**
ru **обработка одноэлектродколецом**
de **eine elektrische Radfertigung**
ja シングル電ホイール加工

仅用单个电极轮对工件进行加工的电熔爆加工。

6.3

多电极轮加工

en **multiple electric wheels machining**
fr **d'usinage par mutilatéral électrde roue**
ru **обработка многоэлектроколесом**
de **multielektrodische Radbearbeitung**
ja マルチ電ホイール加工

用二个或二个以上电极轮对工件进行加工的电熔爆加工。

6.4

电熔爆组合加工

en **electric melting explosion combine machining**
fr **composé usinage par électrofonte-explosion**
ru **комбинированная электро-плавильная взрывная обработка**
de **zusammengesetzte elektrische Schmelz-Exposionbearbeitung**
ja 複合加工

用多个电极轮或与机械加工相结合的方式对工件进行加工的电熔爆加工。

中 文 索 引

英 文 索 引

法 文 索 引

A

B

C

D

E

F

L

M

俄 文 索 引

В

Д

З

К

М

Н

О

П

Р

С

Х

Ш

Э

德 文 索 引

A

D

E

G

I

M

日 文 索 引

ICS 23.040.70
G 42

中华人民共和国国家标准

GB/T 14905—2009/ISO 8033:2006
代替 GB/T 14905—1994

橡胶和塑料软管 各层间粘合强度的测定

Rubber and plastics hoses—Determination of adhesion between components

(ISO 8033:2006,IDT)

2009-06-15 发布　　　　2010-02-01 实施

中华人民共和国国家质量监督检验检疫总局
中国国家标准化管理委员会　发布

前言

本标准等同采用国际标准 ISO 8033:2006《橡胶和塑料软管——各层间粘合强度的测定》(英文版)。

本标准等同翻译 ISO 8033:2006。

为了便于使用,本标准还作了以下编辑性修改:

a) “本国际标准”一词改为“本标准”;

b) 用小数点“.”代替国际标准中作为小数点的逗号“,”;

c) 删除国际标准中的目录及前言。

本标准代替 GB/T 14905—1994《橡胶和塑料软管 各层间粘合强度的测定》。

本标准与 GB/T 14905—1994 的主要变化如下:

——增加了对外覆层和外贴层、内衬层和镶衬层之间粘合强度的测定(本版的第 3 章、表 1、第 8 章);

——增加了“8 型”试样(本版的第 5 章、表 1);

——试样调节的时间由“3 h”改为“16 h”(本版的 5.4)。

本标准由中国石油和化学工业协会提出。

本标准由全国橡胶与橡胶制品标准化技术委员会软管分技术委员会(SAC/TC 35/SC 1)归口。

本标准起草单位:杭州中策橡胶有限公司永固分厂、沈阳第四橡胶(厂)有限公司、平顶山市矿益胶管制品有限责任公司、山东美晨汽车部件有限公司、埃迪亚(沈阳)橡胶制品有限公司。

本标准主要起草人:赵利荣、于利波、梁西正、宋艳平、李玉平。

本标准所代替标准的历次版本发布情况为:

——GB/T 14905—1994。

橡胶和塑料软管
各层间粘合强度的测定

1 范围

软管各层间充分的粘合是软管在使用期间能否良好工作的基础。本标准规定了软管内衬层和增强层、外覆层和增强层、增强层间、外覆层和外贴层(位于外覆层之外起保护作用的薄层)以及内衬层和镶衬层(位于内衬层之内起降低流体对内衬层渗透作用的薄层)之间的粘合强度的测定方法。本标准包含所有尺寸的软管并包含以下型别的软管结构。

——机织织物;

——编织织物;

——针织织物;

——圆织织物;

——织物缠绕;

——帘子布;

——钢丝编织;

——钢丝缠绕;

——螺旋线支撑。

2 规范性引用文件

下列文件中的条款通过本标准的引用而成为本标准的条款。凡是注日期的引用文件,其随后所有的修改单(不包括勘误的内容)或修订版均不适用于本标准。然而,鼓励根据本标准达成协议的各方研究是否可使用这些文件的最新版本。凡是不注日期的引用文件,其最新版本适用于本标准。

GB/T 2941 橡胶物理试验方法试样制备和调节通用程序(GB/T 2941—2006,ISO 23529:2004,IDT)

GB/T 12833 橡胶和塑料 撕裂强度和粘合强度测定中的多峰曲线分析(GB/T 12833—2008,ISO 6133:1998,IDT)

GB/T 17200—2008 橡胶塑料拉力、压力和弯曲试验机(恒速驱动) 技术规范(ISO 5893:2002,IDT)

3 原理

在规定条件下,用标准尺寸的试样测定内衬层和增强层,外覆层和增强层,各增强层间,外覆层和外贴层以及内衬层和镶衬层之间的粘合强度。

4 试验仪器

试验机需要具有以下特征:

4.1 试验机

试验机由动力驱动,装配有适用的测力计及自动记录装置,在试验过程中可保持移动端的移动速度充分恒定。试验机应符合 GB/T 17200—2008 中的 0.5 级或 1 级要求。

应使用无惯性测力计。

4.2 夹具

夹具应具有夹持试样不滑动的能力。

建议使用自紧式夹具。

对于条状试样,应采取预防措施以保持条状试样在试验过程中处于夹具夹持面相平行的平面内,例如可用适当的重物固定在试样的自由端或将一块涂有聚四氟乙烯(PTFE)之类低摩擦材料的支撑板安装到无驱动夹持器上。

4.3 芯轴

在对环形试样(6 型和 8 型),应提供在试样中贴紧滑动的芯轴。该芯轴应能安装在机器的转动机头上,从而使芯轴在试验过程中能自由转动。

5 试样

5.1 试样的型别

5.1.1 概述

规定了 8 个型别的试样,包含各类软管的结构及各种标准内径尺寸(见图 1～图 8)。

单位为毫米

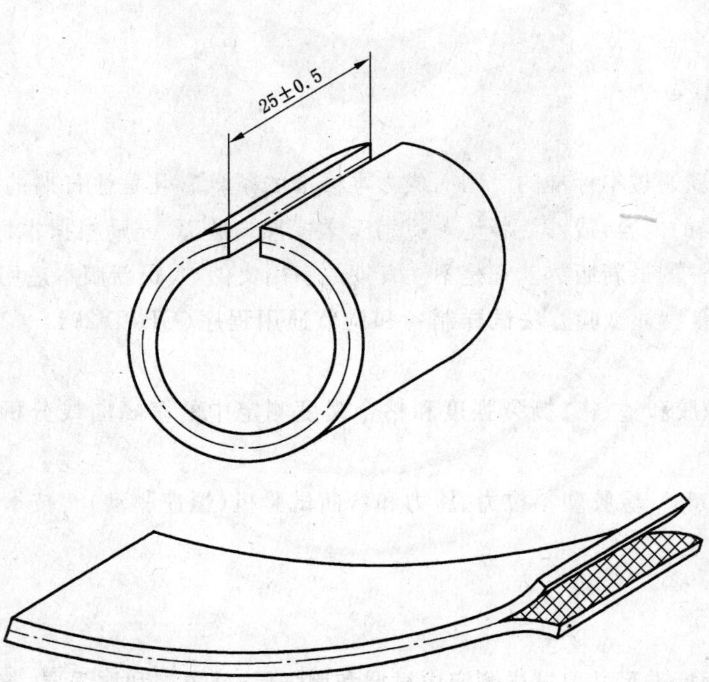

图 1 1型试样

单位为毫米

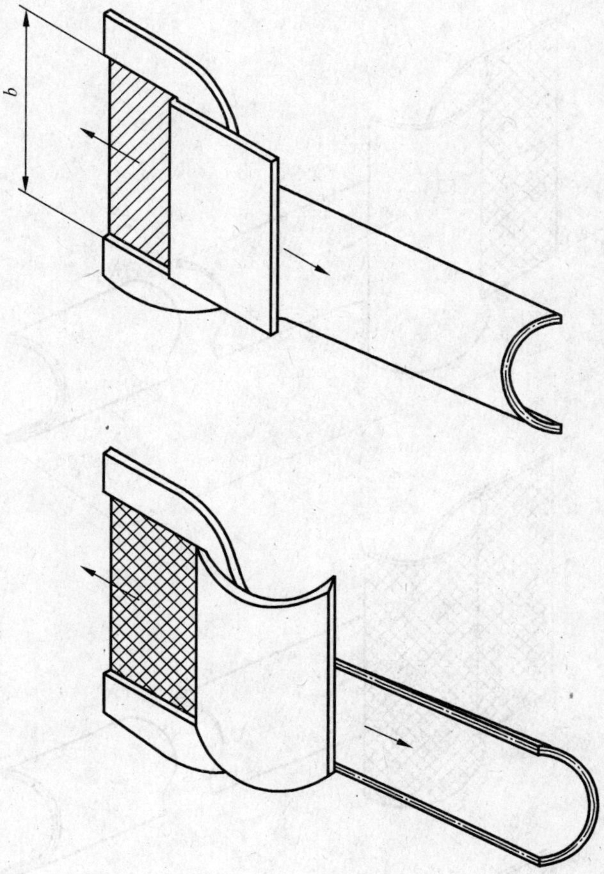

b=25±0.5 或 10±0.5 或 5±0.2

图 2　2 型试样

单位为毫米

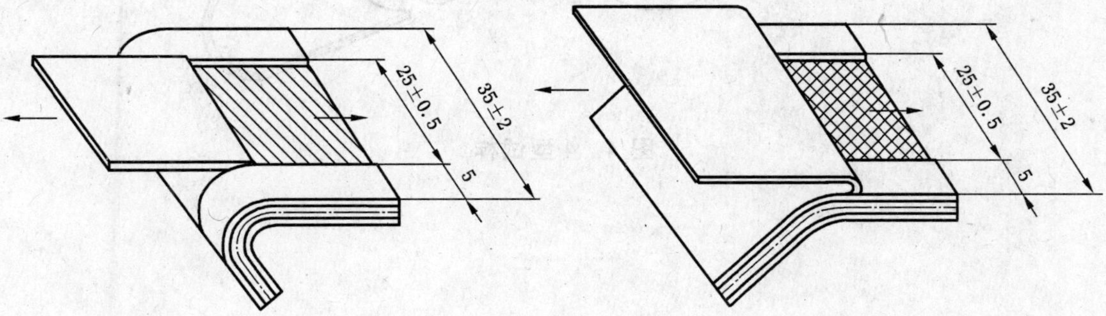

图 3　3 型试样

单位为毫米

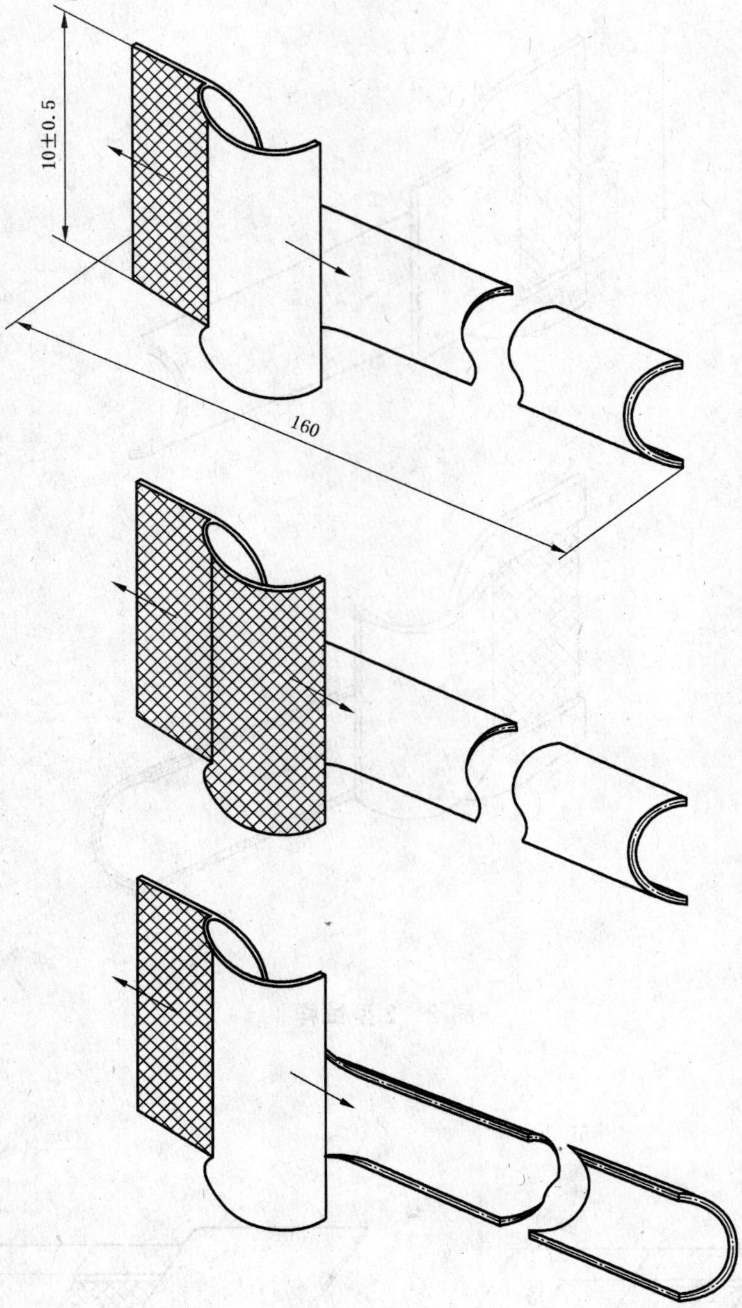

图 4　4型试样

单位为毫米

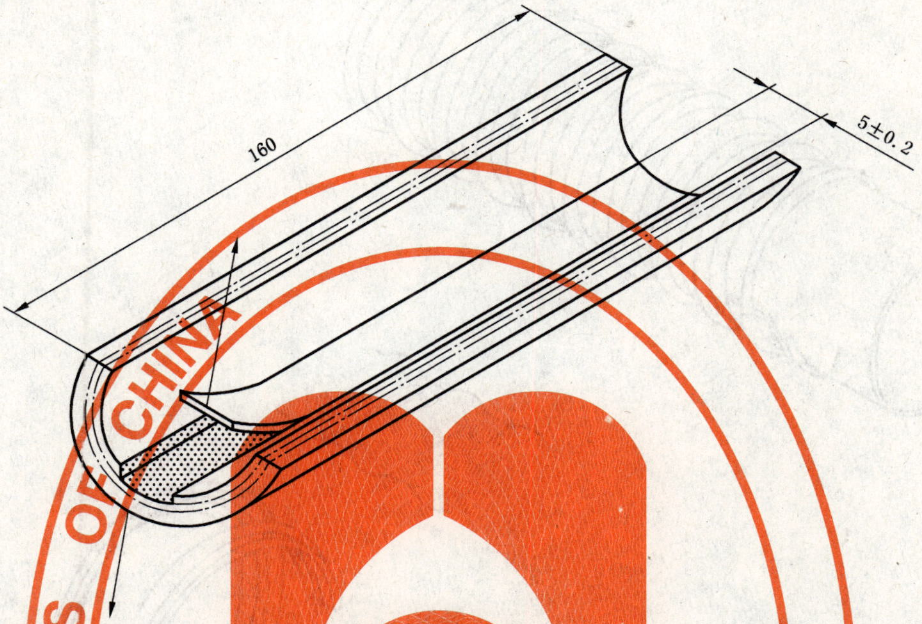

图 5　5 型试样

单位为毫米

图 6　6 型试样

单位为毫米

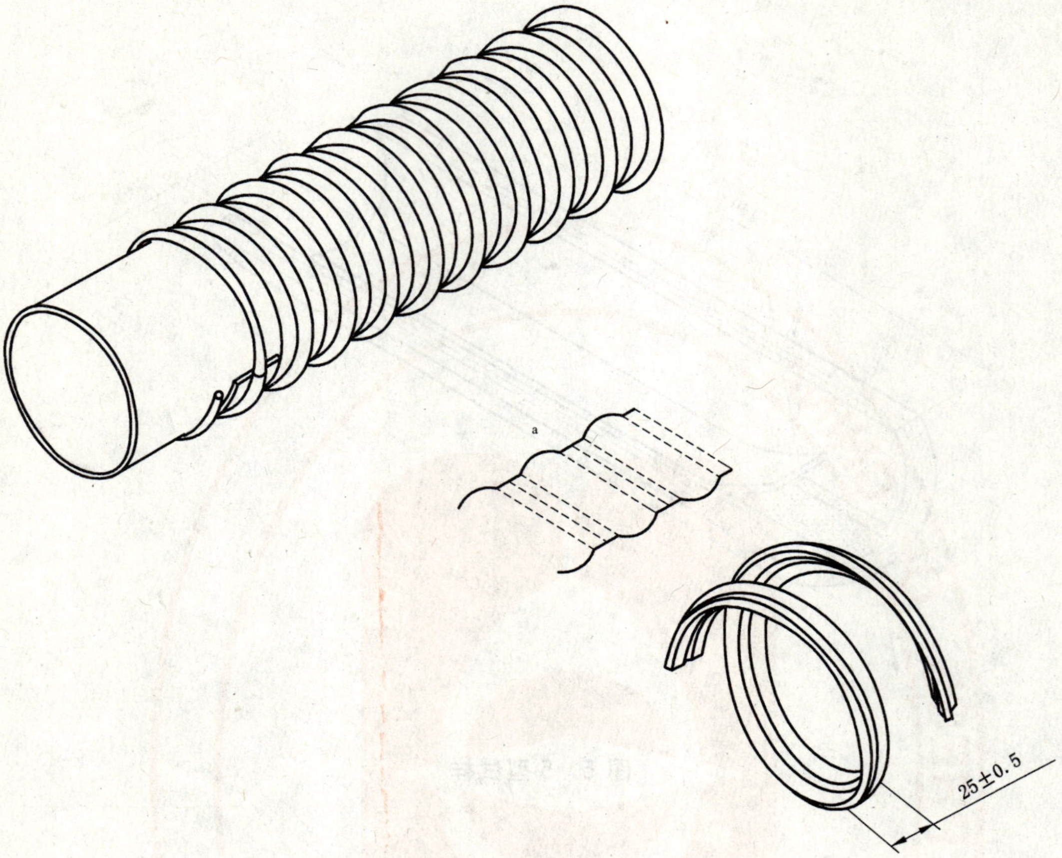

a 切割。

图 7　7 型试样

单位为毫米

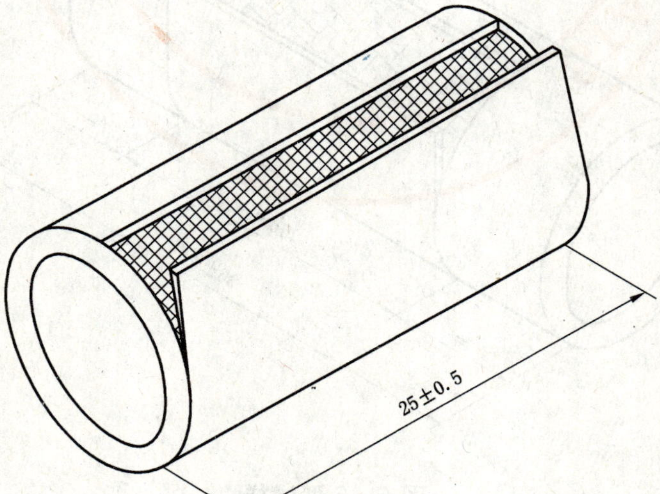

图 8　8 型试样

5.1.2　1型

条状,从软管上切取一个 25 mm±0.5 mm 宽的环状试样,然后横向切开形成条状。

5.1.3　2型

条状,160 mm 长×软管半周长。

5.1.4　3型

条状,从软管上切取一个 35 mm±2 mm 宽的环状试样,然后横向切开形成条状。

5.1.5　4型

条状,160 mm 长×软管半周长或 10 mm,两者中取小者。

5.1.6　5型

条状,160 mm 长×软管半周长。

5.1.7　6型

环状,35 mm±2 mm 宽。

5.1.8　7型

条状,沿增强层螺线方向切取 25 mm±0.5 mm 宽,或尽可能以最大宽度切取。

5.1.9　8型

环状,25 mm±0.5 mm 宽。

5.2　试样的选择

除特定的产品标准或相关各方另有协定外,应从表1中选择试样的型别。不同的试样和(或)结构相同而直径不同的软管得到的结果不可比。

表1　试样的选择

软管结构	所粘合的层	软管公称内径尺寸 d/mm		
		$d \leqslant 20$	$20 < d \leqslant 50$	$50 < d$
机织织物 编织织物 针织织物 圆织织物	内衬层和增强层	4型或8型	1型或8型	1型或8型
	增强层间	4型或8型	1型或8型	1型或8型
	外覆层和增强层	4型或8型	1型或8型	1型或8型
织物缠绕 帘子布	内衬层和增强层	2型,6型或8型	3型,6型或8型	3型,6型或8型
	增强层间	2型[a],6型或8型	2型,3型[a],6型或8型	3型[a],6型或8型
	外覆层和增强层	2型,6型或8型	3型,6型或8型	3型,6型或8型
钢丝编织 钢丝缠绕	内衬层和增强层	5型[b]	5型	5型
	增强层间	—[c]	—[c]	—[c]
	外覆层和增强层	2型,6型或8型	2型,6型或8型	2型,6型或8型
螺旋线支撑软管	内衬层和增强层	7型	7型	7型
	增强层间	7型	7型	7型
	外覆层和增强层	7型	7型	7型
所有结构	内衬层和镶衬层	2型,4型,5型或8型	2型,4型,5型或8型	2型,4型,5型或8型
	外覆层和外贴层	2型,4型,5型或8型	2型,4型,5型或8型	2型,4型,5型或8型

[a] 如果因纱线的损坏难以获得清晰的分离界面而影响测定粘合强度,应在报告中注明。

[b] 当内径尺寸小于 12.5 mm 时,因试样宽度不足,试验不可行。

[c] 由于钢丝编织缠绕层剥离时会导致钢丝散开而无法进行测试,而且在任何情况下所得的结果均明显受弯曲钢丝所需的力的影响。

5.3 试样制备

5.3.1 概述

试样的制备应采用不因切割刀片的作用而产生高温的方法。

应打磨调整试样的厚度，从而使分离面与夹具的牵引轴尽可能靠近。

含有杂质、起泡或裂纹的试样不应用于本试验。

5.3.2 1型

以与软管轴向成直角的方式从软管上切取一个 25 mm±0.5 mm 宽的环。将该环横向切开，并展开形成条状。

剥开一层至足够长度，以保证该剥开端被夹在试验机的夹具上(见图 1)。

因热积累可能导致性能退化的情况下，应使用 2 型，3 型，5 型或 6 型试样。

5.3.3 2型

将适当长度的软管沿轴向切成两半。取出其中一半，根据试样宽度沿轴向平行切两刀，间隔为 25 mm±0.5 mm、10 mm±0.5 mm 或 5 mm±0.2 mm。注意不应切透纱线。

剥开一层至足够长度，以保证该剥开端被夹在试验机的夹具上(见图 2)。

5.3.4 3型

以与软管轴向成直角的方式从软管上切取一个 35 mm±2 mm 宽的环。将该环横向切开，并展开形成条状。

在条状试样上平行切两刀，间隔 25 mm±0.5 mm，注意不应切透纱线。

剥开一层至足够长度，以保证该剥开端被夹在试验机的夹具上(见图 3)。

5.3.5 4型

将适当长度的软管沿轴向切成两半。取出其中一半，切成 10 mm±0.5 mm 宽的条状试样，如果宽度小于 10 mm，则尽可能取最大宽度。

剥开一层至足够长度，以保证该剥开端被夹在试验机的夹具上(见图 4)。

5.3.6 5型

将适当长度的软管沿轴向切成两半。用双刃刀具，在其中的一半的内衬层的中心位置纵向切割宽为 5 mm±0.2 mm 的条状试样，并剥开试样的一端形成卷边。

剥开一层至足够长度，以保证该剥开端被夹在试验机的夹具上(见图 5)。

5.3.7 6型

以与软管轴向成直角的方式从软管上切取一个 35 mm±2 mm 宽的环。在位于试样外覆层的中间位置圆周切透外覆层两刀，间距为 25 mm±0.5 mm。横向切透该 25 mm 宽的外覆层，并剥开刀口的一侧形成卷边(见图 6)。

注：当从软管上切取环形试样时，推荐在切割试样之前，在软管内插入木棍或类似物体。

5.3.8 7型

在软管壁上通过沿增强层螺旋线方向切透整个软管厚度而获得一个长条，并修剪成 160 mm 长、25 mm±0.5 mm 宽的试样，如果宽度小于 25 mm，则尽可能取最大宽度。

剥开一层至足够长度，以保证该剥开端被夹在试验机的夹具上(见图 7)。

注：此为可选性试验，适用于大长度螺旋线支撑软管。不适用于制造成带有特殊端部的、埋入式管头软管等。不适用于带有专用端头的、装配管接头等的一定长度的软管。本试验仅适用于各个螺线间距大于 10 mm 的情况。

5.3.9 8型

从软管的直角处到其纵轴间切取一个 25 mm±0.5 mm 宽的环形试样。横向切开该 25 mm 宽的外覆层，并剥开刀口的一侧形成卷边(见图 8)。

注：当从软管上切取环形试样时，推荐在切割试样之前，在管内插入木棍或类似物体。

5.4 试样的调节

所有试验都不应在软管制造后的 24 h 内进行。试验前，试样应在标准温度和湿度(见 GB/T 2941)

下至少调节 16 h;这段之间可作为制造后的 24 h 中的一部分。

5.5 硫化和试验的时间间隔

对于用于对比的评价,试验宜尽可能在产品制成后的相同时间间隔进行。对于样品制造和试验之间的时间,应遵循 GB/T 2941 的规定。

6 程序

6.1 准备

待试验的每一界面应使用一个单独的试样。

6.2 试样的装配

从调节环境中取出试样,并测量试样的实际宽度。对于 1 型、2 型、3 型、4 型、5 型和 7 型试样,将其剥开端夹在试验机的夹具上。对于 6 型和 8 型试样,将试样置于芯轴(4.3)上,将剥开端夹在夹具上。进行调整,使张力均匀分布并且在试验过程中试样不发生扭曲现象。将试样夹在夹具上时,使条状试样的剥离角度约为 180°,环状试样剥离角度约为 90°。

重要的是保证拉力作用于剥离面内。

6.3 试验速度

动力驱动夹具移动速率应能提供给 50 mm/min±5 mm/min(1 型~7 型试样)或者 25 mm/min±2.5 mm/min(8 型试样)的层剥离速率。

6.4 测量

启动试验机并记录剥离至少 100 mm 长度所需的力,单位为 N。如果试样长度小于 100 mm 则记录剥离的最大距离所需的力。

如果剥离发生在其他位置,例如在试样的任一层内部出现剥离,应注明该失效并记录此时的力。

7 结果表示

从自动记录仪上得到的曲线表示层间剥离时力的变化。

按照 GB/T 12833 的规定用相应的方法,从曲线图中测定力的峰值的中位数。将力的峰值的中位数除以试样的有效宽度,得到的值为粘合强度,用 kN/m 表示。

8 试验报告

试验报告应包含以下内容:

a) 软管的型别和公称内径;

b) 生产日期以及批号或相关信息;

c) 生产方法和增强层详细信息;

d) 本标准的编号,即:GB/T 14905—2009;

e) 所使用试样的型号;

f) 试验速度;

g) 如果适用,内衬层和增强层之间的粘合强度,以 kN/m 表示;

h) 如果适用,增强层间的粘合强度,以 kN/m 表示,注明试验发生的困难(见表 1,脚注 a);

i) 如果适用,外覆层和增强层之间的粘合强度,以 kN/m 表示;

j) 如果适用,外覆层和外贴层,以及内衬层和镶衬层之间的粘合强度,以 kN/m 表示;

k) 试验日期。

ICS 35.040
A 24

中华人民共和国国家标准

GB/T 14946.1—2009
代替 GB/T 14946—2002

全国干部、人事管理信息系统 指标体系与数据结构 第1部分:指标体系分类与代码

Indicator system and data structure of national cadre and personnel management information system—Part 1:Classification and code of indicators

2009-10-15 发布

2009-12-01 实施

中华人民共和国国家质量监督检验检疫总局
中国国家标准化管理委员会 发布

前言

GB/T 14946《全国干部、人事管理信息系统指标体系与数据结构》分为两个部分：

——第1部分：指标体系分类与代码；

——第2部分：数据结构。

本部分为GB/T 14946的第1部分，代替GB/T 14946—2002《全国干部、人事管理信息系统指标体系分类与代码》。

本部分与GB/T 14946—2002相比，变化如下：

——在表1中，增加了“A09　级别变动情况”等5个中类，增加了152个小类。上述增加的类目均用*号标识。删除了9个小类。

——将“指标项名称”中的“时间”改为“日期”，如“A0141　参加工作时间”改为“A0141　参加工作日期”。

——附录A的“指标项补充编码”由原来的82项增至122项。

本部分的附录A为规范性附录。

本部分由国家质量监督检验检疫总局提出。

本部分起草单位：中国标准化研究院、中共中央组织部信息管理中心、人力资源和社会保障部信息中心。

本部分主要起草人：张爱、赵艳华、刘长生、刘晓沙、戴北、戴瑞敏、张铭、刘植婷、邢立强。

本部分所代替标准的历次版本发布情况为：

——GB/T 14946—1994、GB/T 14946—2002。

全国干部、人事管理信息系统 指标体系与数据结构 第1部分:指标体系分类与代码

1 范围

GB/T 14946的本部分规定了全国干部(含公务员)、人事管理信息系统的指标体系、分类代码和指标项说明。

本部分适用于全国各地区、各部门干部(含公务员)、人事管理信息系统的建立,人员的各项管理及系统间的信息交换。

2 规范性引用文件

下列文件中的条款通过GB/T 14946的本部分的引用而成为本部分的条款。凡是注日期的引用文件,其随后所有的修改单(不包括勘误的内容)或修订版均不适用于本部分,然而,鼓励根据本部分达成协议的各方研究是否可使用这些文件的最新版本。凡是不注日期的引用文件,其最新版本适用于本部分。

GB/T 2260 中华人民共和国行政区划代码

GB/T 2261.1 个人基本信息分类与代码 第1部分:人的性别代码

GB/T 2261.2 个人基本信息分类与代码 第2部分:婚姻状况代码

GB/T 2261.3 个人基本信息分类与代码 第3部分:健康状况代码

GB/T 2261.4 个人基本信息分类与代码 第4部分:从业状况(个人身份)代码

GB/T 2659 世界各国和地区名称代码(GB/T 2659—2000,eqv ISO 3166-1:1997)

GB/T 3304 中国各民族名称的罗马字母拼写法和代码

GB/T 4658 学历代码

GB/T 4754 国民经济行业分类

GB/T 4761 家庭关系代码

GB/T 4762 政治面貌代码

GB/T 4880.1 语种名称代码 第1部分:2字母代码(GB/T 4880.1—2005,ISO 639-1:2002,MOD)

GB/T 6565 职业分类与代码

GB/T 6864 中华人民共和国学位代码

GB/T 6865 语种熟练程度代码

GB/T 7408 数据元和交换格式 信息交换 日期和时间表示法(GB/T 7408—2005,ISO 8601:2000,IDT)

GB/T 8561 专业技术职务代码

GB/T 8563.1 奖励、纪律处分信息分类与代码 第1部分:奖励代码

GB/T 8563.2 奖励、纪律处分信息分类与代码 第2部分:荣誉称号和荣誉奖章代码

GB/T 8563.3 奖励、纪律处分信息分类与代码 第3部分:纪律处分代码

GB/T 10301 出国目的代码

GB 11643　公民身份号码

GB 11714　全国组织机构代码编制规则

GB/T 12402　经济类型分类与代码

GB/T 12403　干部职务名称代码

GB/T 12404　单位隶属关系代码

GB/T 12405　单位增员减员代码

GB/T 12407　职务级别代码

GB/T 13745　学科分类与代码

GB/T 16835　高等学校本科、专科专业名称代码

3　指标体系的设计与分类原则

3.1　GB/T 14946 的本部分根据现行干部、人事管理工作的需求，结合现有国家标准和规范，确定全国干部、人事管理信息系统使用的指标体系。

3.2　本部分根据管理功能和对象，将指标体系分为个人信息和单位信息两大类。两大类中相同部分的指标项说明不重复出现。

4　指标项分类编码方法

本部分采用线分类法分大类、中类、小类三层。代码长度为五位字母数字混合码。代码结构如图 1 所示：

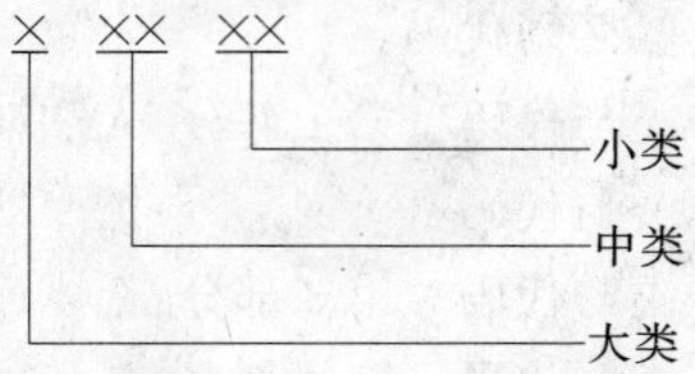

图 1

大类用字母表示，A 个人信息，B 单位信息。

中类用两位数字表示。采用顺序编码方法。

例如：A01 基本情况

A02　录聘情况

B01　单位自然情况

B04　单位机构情况

小类用两位数字表示，采用顺序编码方法。

例如：A01 基本情况

A0101　姓名

A0102　外文姓名

A0104　曾用名

A0107　性别

⋮

A04　学历及学位

A0405　学历

A0406　学历证书号

中类、小类之间代码之间留有一定空位，以便于扩展。

5 全国干部、人事管理信息系统指标体系分类与代码

5.1 指标项分类代码见表1，指标项分类代码及指标项说明见表2。

5.2 指标项补充编码见附录A。

表1 指标项分类代码表

代码	指标项名称	代码	指标项名称
A 个人信息		A0215	录(聘)用来源
A01	**基本情况**	A0220	录聘日期
A0101	姓名	* A0225	进入公务员、干部队伍方式
* A0102	外文姓名	* A0230	进入公务员、干部队伍日期
A0104	曾用名	* A0234	批准录用部门
A0107	性别	* A0237	批准录用日期
A0111	出生日期	* A0241	录用部门
A0112	国籍	* A0244	录用职位
A0114	籍贯	* A0247	公共科目笔试成绩
A0117	出生地	* A0251	面试成绩
A0121	民族	* A0254	综合成绩
A0124	健康状况		
A0127	婚姻状况	**A04**	**学历及学位**
A0131	个人身份	A0405	学历
* A0137	家庭住址	A0406	学历证书号
* A0138	住宅电话	A0410	所学专业类别
A0141	参加工作日期	A0415	入学日期
* A0142	工作单位通信地址	A0420	学习形式
A0144	进入本系统工作日期	A0425	学制
* A0146	电子邮箱	A0430	毕(肄)业日期
A0147	现身份起始日期	A0435	学校(单位)名称
* A0148	移动电话	A0440	学位
A0151	连续工龄	A0443	学位证书号
A0155	组织机构用人类别	A0445	学位授予日期
A0161	职业类别	* A0449	教育类别
A0164	从事专业	A0450	学位授予国家(地区)
A0167	享受待遇级别	A0455	学位授予单位
A0171	户籍所在地		
A0177	公民身份号码	**A06**	**试用情况**
A0181	港澳台侨属标识	A0605	试用类别
A0182	特殊项标识	A0610	试用起始日期
* A0184	专长	A0615	试用终止日期
* A0185	爱好	A0620	试用期满考核结论
* A0187	有效证件类别	A0625	转正日期
* A0188	证件号码		
* A0194	退出现役军人(武警)标识	**A07**	**行政、党派职务**
* A0197	参照公务员法管理标识	A0701	职务类别
* A0198	离岗退养标识	A0702	职务属性
		A0704	职务名称
A02	**录聘情况**	A0707	任职日期
A0205	进入方式	* A0708	决定或批准任职的日期
A0210	录(聘)标识	A0711	任职机构

表 1（续）

代　　码	指标项名称	代　　码	指标项名称
A0714	任职方式	A1035	聘任单位
A0717	任职原因	A1040	聘任情况
A0721	任职文号	A1045	有何专长
A0722	在下一级任职年限		
A0727	职位分类	**A13**	**国家职业资格**
A0731	任职批准单位	A1305	职业（专业、工种）资格名称
A0734	任职变动类别	* A1307	职业（专业、工种）资格证书编号
A0737	当前任职状态	A1310	取得职业（专业、工种）资格的日期
A0741	职务排序	* A1311	职业（专业、工种）名称
A0744	主管或从事工作	* A1312	理论知识考核成绩
A0747	免职日期	* A1313	操作技能考核成绩
A0751	免职方式	* A1314	评定（复核）成绩
A0754	免职原因类别	A1315	职业（专业、工种）资格证书核发单位名称
A0757	免职文号		
A0761	免职批准单位		
A0764	职务生效日期	**A16**	**流动情况**
A0767	职务序号	* A1601	进入本单位类别
A0770	降职原因	* A1602	进入本单位日期
		* A1603	调出本单位类别
A08	**公务员交流**	A1605	进出状态
A0805	担任职务类别	* A1606	调出本单位日期
* A0806	交流去向	A1610	流动类别
* A0807	交流方式	A1613	调动状态
* A0809	交流原因	A1615	流动前个人社会身份
A0810	交流类别	A1620	流动日期
A0815	交流情况	A1625	流动原因
A0820	交流日期	A1630	来往何单位
A0830	交流任职情况	A1635	流动方向
A0835	回避原因	A1640	辞职去向
A0840	回避日期	* A1642	辞职原因
		A1645	辞退原因
* **A09**	**级别变动情况**	* A1646	批准日期
* A0901	级别		
* A0904	确定级别日期		
* A0907	晋级原因	**A17**	**岗位变化情况**
* A0911	降级原因	A1705	岗位变化分类
* A0914	因处分延长晋级标识	A1710	上岗方式
* A0917	延长晋级时间	A1715	上岗日期
		A1720	人员分流日期
A10	**专业技术职务**	A1725	人员分流去向
A1005	专业技术任职资格		
A1010	取得资格途径	**A19**	**简历**
A1013	资格审批单位	A1905	起始日期
A1015	取得资格日期	A1910	终止日期
A1020	聘任专业技术职务名称	A1915	所在单位
A1025	聘任起始日期	A1920	从事工作或担任职务
A1030	聘任终止日期	A1925	证明人

表 1（续）

代　　码	指标项名称	代　　码	指标项名称
A22	**政治面貌及党籍情况**	**A34**	**语言能力**
A2205	政治面貌	A3405	语种
A2210	参加组织日期	A3410	语种熟练程度
A2215	参加党派时所在单位	A3415	掌握语种水平的级别
A2220	介绍人		
A2225	转正日期	**A37**	**培训、进修**
A2230	异常类别	A3705	培训、进修性质
A2235	异常原因	A3710	学习方式
		* A3711	培训、进修离岗状态
A25	**组织考察(考核)**	A3715	学习起始日期
A2505	考察(考核)类别	A3720	学习终止日期
A2510	考察(考核)日期	A3725	总学时
A2515	考察(考核)意见	A3730	学习内容
A2520	考察(考核)结果	A3735	培训、进修班名称
A2525	考察(考核)组织及考察人	A3740	培训、进修主办单位名称
A2530	未参加考核原因	A3745	主办单位性质
		A3750	在学单位
A26	**奖励情况**	A3755	从学单位类别
A2605	奖励名称	A3760	培训、进修结果
A2610	奖励原因	A3765	培训、进修类别
A2615	奖励批准机关名称	* A3771	培训、进修起始日期
A2620	荣誉称号名称	* A3772	培训、进修结束日期
A2625	奖励批准日期	* A3774	出国(出境)培训、进修标识
A2630	荣誉称号授予单位	* A3777	公务员培训情况
* A2635	授予荣誉称号级别	* A3780	学习成绩
A27	**处分情况**	**A40**	**出国(出境)情况**
A2705	处分名称	A4005	出国(出境)日期
A2710	处分原因	A4010	出国(出境)目的
A2715	处分批准日期	A4015	所去国家(地区)
A2720	处分批准机关名称	A4020	所去单位
A2725	处分撤消日期	A4025	派出单位
A2730	监察机关直接给予的标识	A4030	团组名称
		A4035	经费来源
* **A29**	**公务员登记子集**	A4040	审批单位
* A2901	公务员登记标识	A4045	审批日期
* A2909	列入公务员法实施范围管理类别标识	A4050	审批文号
		A4055	回国日期
		A4060	异常情况
A31	**参与重要历史活动**	**A43**	**专业技术工作**
A3105	参与重要政治历史活动名称	A4305	项目名称
A3110	参与重要政治历史活动层次	A4310	项目学科领域
A3115	参与重要政治历史活动时个人身份	A4315	项目类别
		A4320	项目下达单位名称
A3120	参与重要政治历史活动时个人职务	A4325	下达单位级别
		A4330	项目起始日期

表1(续)

代码	指标项名称	代码	指标项名称
A4335	项目截止日期	A5510	工资类别
A4340	在项目中担任角色	A5512	工资变动类型
A4345	项目效益	A5515	工资变动原因
		A5520	工资变动依据文件
A45	**主要论文及著作情况**	A5525	增减级数
A4505	论文、著作标识	A5527	增减档数
A4510	发表日期	A5530	变动数额
A4515	论著名称	A5532	级别工资变动数额
A4520	所属学科专业类别	A5533	职务工资变动数额
A4525	论著出版机构	A5535	变动后工资级别
* A4530	论文、著作中担任角色	A5537	变动后工资档次
		A5540	变动后标准工资额
A46	**专业技术成果**	A5545	调资起薪日期
A4605	成果名称	A5550	批准文件
A4610	成果类别		
A4615	成果水平	**A58/59**	**工资**
A4620	鉴定单位	A5805	工资合计
* A4622	成果采用情况	A5820	职务工资档次
		A5825	工资级别
A47	**参加学术团体情况**	A5830	基础工资
A4705	学术团体名称	* A5832	年薪酬
A4710	学术团体层次	A5835	职务工资
* A4713	担任学术团体职务名称	A5840	级别工资
A4715	参加日期	A5845	工龄工资
A4720	担任日期	A5850	试用期工资
A4725	任职年限	A5855	津贴或补贴
		A5860	教龄、护龄津贴
A49	**专业技术工作获奖**	A5865	伙食补贴
A4905	获奖日期	A5870	地区附加津贴
A4910	获奖项目名称	A5875	边远艰苦地区津贴
A4915	奖励名称	A5880	奖金
* A4920	获奖项目中担任角色	A5885	工资标准类型
A4925	授奖单位	A5890	职员工资等级
		A5895	职务工资标准
A51	**培养研究生情况**	A5900	工人技术等级工资
A5105	培养研究生类别	A5905	工人岗位津贴
A5110	培养研究生数量	* A5910	人员工资类别
A5115	起始日期	* A5911	工改前基本工资总额
A5120	终止日期	* A5912	薪级
		* A5913	公务员职务工资额
A52	**专利情况**	* A5915	公务员级别工资额
A5205	获专利日期	* A5917	公务员工资级别
A5210	获专利名称	* A5921	公务员工资档次
A5215	专利号	* A5923	机关工人岗位工资档次
A5220	专利批准国别	* A5925	机关技术工人技术等级
		* A5927	机关技术工人级别工资额
A55	**工资变动情况**	* A5928	机关普通工人级别工资额
A5505	工资变动批准日期		

表 1（续）

代　码	指标项名称	代　码	指标项名称
* A5929	公务员套改年限	* A6014	失业保险个人缴费金额
* A5930	公务员任职年限	* A6021	参加基本医疗保险标识
* A5931	机关技术(普通)工人套改年限	* A6022	基本医疗保险个人缴费费率
* A5932	机关技术工人任技术等级(职务)年限	* A6023	基本医疗保险个人缴费基数
		* A6024	基本医疗保险个人缴费金额
* A5933	事业单位管理人员套改年限		
* A5934	事业单位管理人员任职年限	**A61**	**保险福利**
* A5935	事业单位管理人员岗位等级	A6105	保险福利费合计
* A5936	事业单位专业技术人员套改年限	A6110	丧葬抚恤救济费
* A5937	事业单位专业技术人员任职年限	A6115	职工生活困难补助费
* A5938	事业单位专业技术人员岗位等级	A6120	托儿补助费
* A5939	事业单位技术工人套改年限	A6125	计划生育补贴
* A5940	事业单位技术工人任职年限	A6130	冬季取暖补贴
* A5941	事业单位技术工人岗位等级	A6199	其他保险福利费
* A5942	事业单位普通工人套改年限		
* A5943	公务员地区附加津贴	**A64**	**离休退休情况**
* A5944	公务员艰苦边远地区津贴	A6405	离退类别
* A5945	公务员岗位津贴	A6410	离退日期
* A5946	事业单位岗位工资	A6415	享受离退待遇类别
* A5947	事业单位薪级工资	A6420	离退休费支付单位名称
* A5948	事业单位绩效工资	A6423	离退休费
* A5949	事业单位艰苦边远地区津贴	A6425	离退后管理单位名称
* A5950	事业单位特殊岗位津贴	A6430	异地安置
* A5951	津补贴类型	A6435	返聘情况
* A5952	津补贴形式		
* A5953	津补贴类别	**A67**	**后备干部**
* A5961	艰苦边远地区津贴类别	A6705	呈报单位
* A5962	未计工龄在校学习日期	A6710	呈报日期
* A5963	年度考核不计考核等次或不称职(不合格)的年限	A6715	培养目标
		A6720	培养措施
* A5970	工改保留补贴	A6725	使用情况
* A5971	在京中央国家机关补贴		
* A5972	住房补贴	**A70**	**专家情况**
* A5973	医疗补贴	A7005	专业技术人才类别
* A5974	通讯补贴	A7010	批准单位名称
* A5975	津贴总额	A7015	批准单位级别
* A5976	奖金总额	A7020	专家称号批准日期
A5999	其他收入	A7025	享受待遇
* **A60**	**社会保险**	**A73**	**来华定居工作的专家、学者**
* A6001	参加基本养老保险标识	A7305	来华工作的专家定居日期
* A6002	基本养老保险个人缴费费率	A7310	来自国家(地区)
* A6003	基本养老保险个人缴费基数	A7315	来自境外单位
* A6004	基本养老保险个人缴费金额	A7320	境外职称
* A6011	参加失业保险标识		
* A6012	失业保险个人缴费费率	**A76**	**军队转业干部**
* A6013	失业保险个人缴费基数	A7605	入伍地

表 1（续）

代　　码	指标项名称
A7610	入伍日期
A7615	批准转业日期
* A7616	转业年份
A7620	批准转业单位
A7625	退出现役时职务(级别)
A7630	转业前在军队军衔
A7635	转业前在军队级别
A7640	转业前在军队专业技术等级
A7645	转业前工资等级
A7650	预备役登记情况
A79	**家庭成员及社会关系**
A7905	姓名
* A7907	国籍
* A7908	民族
A7910	与本人的关系
A7915	出生日期
A7920	工作单位及职务
A7925	政治面貌
A7930	夫妻两地分居日期
A85	**人事档案管理**
A8505	档案编号
A8510	档案类别
A8515	档案转入日期
A8520	档案来处
A8525	档案转出日期
A8530	档案去处
A8535	档案管理单位
* **A90**	**衔称**
* A9001	衔称
* A9003	授(晋)衔日期
* A9005	衔称终止日期
B	**单位信息**
B01	**单位自然情况**
B0105	单位名称
B0110	组织机构代码
B0115	单位邮政编码
B0120	单位地址
B0125	单位电话号码
B0140	单位所在政区
B0145	单位隶属关系
B0150	单位级别
B0155	主管单位名称
B0160	单位性质类别
B0165	经济类型
B0170	单位所属行业
* B0172	法人单位标识
B0175	企业规模
B0176	所属部门
B0177	附属关系
B0178	单位驻在国家
* B0183	控制(控股)情况
* B0195	参照公务员法管理标识
B04	**单位机构情况**
B0405	批准成立日期
B0410	批准成立文号
B0415	批准编制日期
B0420	批准编制文号
B0425	批准编制单位
B0430	内设机构数
B0435	内设机构名称
B0440	内设机构级别
B0445	撤销日期
B0450	批准撤销文号
B0455	撤销批准单位
B0460	拨款形式
B07/08	**人员编制**
B0705	编制总数
B0710	实有人数
B0715	缺(超)编人数
B0720	行政编制数
B0725	事业编制数
B0730	企业编制数
B0735	社团编制数
B0740	单位领导职数
B0745	单位非领导职数
B0750	内设机构领导职数
B0755	内设机构非领导职数
B0760	业务人员编制数
B0765	工勤人员编制数
B0770	使用全额拨款人数
B0775	使用差额拨款人数
B0780	使用自筹资金人数
* B0790	内设第一级机构领导职数
* B0793	内设第一级机构领导同级非领导职务职数
* B0797	登记人员数
* B0798	暂缓登记人员数
* B0801	成立日期(参公)
* B0802	设立机构的批准文件号(参公)

表 1（续）

代　　码	指标项名称	代　　码	指标项名称
* B0803	编制数(参公)	**B22**	**教育培训**
* B0804	主要职能(参公)	B2205	教育经费
* B0805	申请日期(参公)	B2210	教育基地数
* B0806	审批日期(参公)	B2215	派出留学生人数
* B0807	申请文号(参公)	B2220	归国留学生人数
* B0808	审批文号(参公)		
* B0809	法律法规授权情况(参公)	**B25/26**	**工资管理**
		B2501	工资区类别
B10	**人员基本结构**	B2504	各类工资区人数
B1005	期末职工人数	B2507	工资总额
B1010	职工平均人数	B2511	固定职工工资总额
* B1018	正式职工人数	B2514	合同制职工工资总额
B1035	干部人数	B2517	临时工工资总额
B1040	工人人数	B2521	其他从业人员劳动报酬
B1045	行政管理人员数	B2524	年度工资总额增减
B1050	专业技术人员数	B2527	增人增资
B1060	长期病休人员数	B2531	转正定级增资
B1065	带工资学习一年以上人员数	B2534	工龄、护龄、教龄津贴增长
		B2537	国家统一安排的新增工资项目的
B13	**职务结构**		增资额
B1305	省部级及相当者人数	B2541	上年增资项目的增资额
B1310	副省部级及相当者人数	B2544	翘尾工资
B1315	司局级及相当者人数	B2547	晋职晋级增资
B1320	副司局级及相当者人数	B2551	增加奖金额
B1325	处级及相当者人数	B2554	减人减资
B1330	副处级及相当者人数	B2557	掉尾工资
B1335	科级及相当者人数	B2561	减补员工资差
B1340	副科级及相当者人数	B2564	超编单位工资核减
B1345	科员、办事员及其他人员	B2567	工资总额计划
B1350	高级专业技术职务人数	B2571	支取工资人数
B1355	中级专业技术职务人数	B2574	支取工资总额
B1360	初级专业技术职务人数	B2577	季度工资总额余额
B1365	未评聘专业技术职务人员数	B2581	年度工资总额余额
		B2584	年工资总额
B16	**国家职业资格(工人技术等级)结构**	B2587	年工资总额净增数
B1605	初级技术工人数	B2591	年人均工资
B1610	中级技术工人数	B2594	工资总额构成百分比
B1615	高级技术工人数	B2597	职工平均工资
B1620	技师人数	B2601	职工平均工资指数
B1625	高级技师人数	B2604	职工平均实际工资
B1630	未聘人员数	B2607	职工平均实际工资指数
		B2611	最低工资标准
B19	**人员流动情况**	B2614	最高工资标准
B1905	各种原因流动人数	B2617	工资等级系数
B1910	各种流向人数	B2621	工资级差
B1915	人员增加来源	B2624	参加调资人数
B1920	人员减少去向	B2627	升(降)级人数

表 1（续）

代　　码	指标项名称	代　　码	指标项名称
B2631	升级面	* B2833	工伤保险单位缴费基数
B2634	月增资额	* B2834	工伤保险单位缴费金额
B2637	月人均增资额	* B2841	参加生育保险标识
B2641	增资总额	* B2842	生育保险单位缴费费率
B2644	补发工资	* B2843	生育保险单位缴费基数
		* B2844	生育保险单位缴费金额
* **B28**	**社会保险**		
* B2801	参加基本养老保险标识		
* B2802	基本养老保险单位缴费费率	**B29**	**保险福利**
* B2803	基本养老保险单位缴费基数	B2905	职工福利费用
* B2804	基本养老保险单位缴费金额	B2910	职工福利费用细目
* B2811	参加失业保险标识	B2915	离退人员保险福利费用
* B2812	失业保险单位缴费费率	B2920	离退人员保险福利费用细目
* B2813	失业保险单位缴费基数		
* B2814	失业保险单位缴费金额	**B32**	**离退情况**
* B2821	参加基本医疗保险标识	B3205	离休人数
* B2822	基本医疗保险单位缴费费率	B3210	退休人数
* B2823	基本医疗保险单位缴费基数	B3215	领取定期生活费的退职人数
* B2824	基本医疗保险单位缴费金额	B3220	离休费在最低标准的人数
* B2831	参加工伤保险标识	B3225	退休费在最低标准的人数
* B2832	工伤保险单位缴费费率	B3230	生活不能自理者人数

表 2　指标项分类名称和代码及指标项说明表

指标项名称和代码		指标项说明
A	**个人信息**	
A01	基本情况	
A0101	姓名	在公安户籍管理部门登记注册、人事档案中记载的、正在使用的本人姓名全称
* A0102	外文姓名	本人的外文姓名全称
A0104	曾用名	本人曾正式使用过的姓名
A0107	性别	本人的基本生理特征。见 GB/T 2261.1
A0111	出生日期	本人在公安户籍管理部门登记注册的、在人事档案中记载并经组织、干部、人事部门确认的出生年月日。见 GB/T 7408
A0112	国籍	本人所属国籍的名称
A0114	籍贯	本人祖居所在地的当前国家政区名称。见 GB/T 2260
A0117	出生地	本人出生时所在地的当前国家政区名称。见 GB/T 2260
A0121	民族	本人归属的、国家认可的、在公安户籍管理部门登记注册的民族。见 GB/T 3304
A0124	健康状况	本人身体基本状况及能适应工作的程度。见 GB/T 2261.3
A0127	婚姻状况	本人当前婚姻状况。见 GB/T 2261.2
A0131	个人身份	本人按人员管理规定划分的个人身份。见 GB/T 2261.4
* A0137	家庭住址	本人家庭住宅所在的具体地址
* A0138	住宅电话	本人现居住地点的电话号码
A0141	参加工作日期	经组织、干部、人事、劳动部门审定的本人参加工作起始日期。见 GB/T 7408
* A0142	工作单位通信地址	本人现工作单位所在的通信地址

表 2（续）

指标项名称和代码		指标项说明
A0144	进入本系统工作日期	进入本系统工作的实际报到日期，以人事部门记载为准。见 GB/T 7408
* A0146	电子邮箱	本人的电子邮箱地址
A0147	现身份起始日期	经劳动、人事部门批准取得现身份的具体日期，自批准之日计算。见 GB/T 7408
* A0148	移动电话	本人使用移动通讯的电话号码
A0151	连续工龄	职工在企业、事业、国家机关连续工作并以工资收入作为全部或主要生活来源的工作时间。具体详见国家现行有关工龄计算规定
A0155	劳动合同制用工形式	用人单位依据现行法律规定，与劳动者通过签订劳动合同确定劳动关系，明确双方权利和义务的用人形式。见附录 A. 51
A0161	职业类别	在业人口本人所从事工作的种类。见 GB/T 6565
A0164	从事专业	本人目前以主要时间和精力从事工作的专业名称或任职所属的专业领域。见 GB/T 16835
A0167	享受待遇级别	经某级党委、政府及其组织、干部人事管理部门批准享受的各种待遇级别，包括政治待遇或生活待遇。见 GB/T 12407
A0171	户籍所在地	本人户籍所在地的当前国家政区名称。见 GB/T 2260
A0177	公民身份号码	公安机关对(公民)居民给出的唯一的、终身不变的法定号码。见 GB 11643
A0181	港澳台侨属标识	本人或直系亲属是港澳台侨属，见附录 A. 2
A0182	特殊项标识	本人是人大代表、政协委员、学部委员等情况。见附录 A. 40
* A0184	专长	本人从事专业外的业务专长
* A0185	爱好	本人的业余爱好
* A0187	有效证件类别	本人持有的有效证件的类别。见附录 A. 84
* A0188	证件号码	本人持有的有效证件的号码
* A0194	退出现役军人(武警)标识	本人退出现役军人(武警)的标识。见附录 A. 88
* A0197	参照公务员法管理标识	本人是否参照公务员法管理。见附录 A. 89
* A0198	离岗退养标识	本人是否是离岗退养。见附录 A. 89
A02	**录聘情况**	
A0205	进入方式	本人进入公务员、干部队伍的方式。如考试录用，国家统一分配，招聘等。见附录 A. 38
A0210	录(聘)标识	公务员、干部队伍录用或聘用状况。见附录 A. 38
A0215	录(聘)用来源	进入公务员、干部队伍前本人的社会身份。见 GB/T 12405、GB/T 2261. 4
A0220	录聘日期	本人进入公务员、干部队伍的具体日期。见 GB/T 7408
* A0225	进入公务员、干部队伍方式	本人进入公务员、干部队伍的方式。见附录 A. 90
* A0230	进入公务员、干部队伍日期	本人进入公务员队伍的时间。见 GB/T 7408
* A0234	批准录用部门	批准本人录用公务员主管部门的名称
* A0237	批准录用日期	主管部门批准本人录用公务员的时间
* A0241	录用部门	本人被录用的部门名称
* A0244	录用职位	本人被录用时的职位名称。见 GB/T 12403、GB/T 8561
* A0247	公共科目笔试成绩	本人参加公务员考试录用公共科目笔试的成绩
* A0251	面试成绩	本人参加公务员考试录用的面试成绩
* A0254	综合成绩	本人参加公务员考试录用的综合成绩

表 2（续）

指标项名称和代码		指标项说明
A04	**学历及学位**	
A0405	学历	由国家认可的本人在国内、外各类教育机构接受正式教育并取得学历证书的学习经历名称。见 GB/T 4658
A0406	学历证书号	取得学历证书号码
A0410	所学专业类别	本人取得学历所学专业的分类。见 GB/T 16835
A0415	入学日期	本人取得学历学习的起始日期。见 GB/T 7408
A0420	学习形式	取得学历学习的形式。见附录 A.3
A0425	学制	接受学历教育在校学习完成学业的规定年限
A0430	毕(肄)业日期	本人完成学历教育并获得证书的日期。见 GB/T 7408
A0435	学校(单位)名称	本人接受该阶段教育并获得有关证书时的学校、院系或单位名称
A0440	学位	本人完成一定学历教育后所取得的学位名称。见 GB/T 6864
A0443	学位证书号	取得学位证书的号码
A0445	学位授予日期	本人取得的学位证书的签发日期。见 GB/T 7408
* A0449	教育类别	本人接受教育的学历类别的标识。见附录 A.91
A0450	学位授予国家(地区)	授予学位单位的所在国家或地区名称。见 GB/T 2659
A0455	学位授予单位	授予本人学位的单位名称
A06	**试用情况**	
A0605	试用类别	根据录取情况划分的试用类别。如:试用、录用等。见附录 A.67
A0610	试用起始日期	试用的起始日期。见 GB/T 7408
A0615	试用终止日期	试用的截止日期。见 GB/T 7408
A0620	试用期满考核结论	试用结束时,用人单位对被试用人在试用期间工作情况考核结果。见附录 A.19
A0625	转正日期	公务员、干部在试用一年之后的批准转正日期。见 GB/T 7408
A07	**行政、党派职务**	
A0701	职务类别	所担任职务的类型,划分为党内职务、行政职务、其他党派职务、社会团体职务。见附录 A.53
A0702	职务属性	担任领导职务或非领导职务的情况。见附录 A.69
A0704	职务名称	本人担任职务的具体名称。见 GB/T 12403、GB/T 8561
A0707	任职日期	由某级党委、国家行政机关及其组织、人事管理部门正式任命通知日期,或由某级人民代表大会(或人大常委会)、某级政协及人民团体会议选举通过及决定职务的生效日期。见 GB/T 7408
* A0708	决定或批准任职的日期	由具有法定管理权限机关签发的文件确定的本人任职日期或由会议决定本人任职日期。见 GB/T 7408
A0711	任职机构	与本人所任职务相对应的工作机构及工作机构部门名称
A0714	任职方式	本人担任职务被任用的方式。见附录 A.4
A0717	任职原因	本人任职原因的类别。见附录 A.5
A0721	任职文号	按干部管理权限,由某级党委、国家行政机关及其组织、人事管理部门、人大常委会、政协或人民团体会议决定颁发的职务任命书或公告的文件编号
A0722	在下一级任职年限	本人担任下一级职务的任职年限。见附录 A.68
A0727	职位分类	所任职务类别。见附录 A.6

表 2（续）

指标项名称和代码		指标项说明
A0731	任职批准单位	批准任职并签发任职通知的组织机构名称
A0734	任职变动类别	本人当前新任的职务与原任职务的相对变动的类别划分。见附录 A.7、A.92
A0737	当前任职状态	表示本人是否任职或不任职。见附录 A.8
A0741	职务排序	领导干部在领导班子内排列的顺序号
A0744	主管或从事工作	本人主管、从事工作的范围
A0747	免职日期	按干部管理权限，由某级党委、国家行政机关及其组织、人事管理部门、人大常委会或人民团体会议批准免去职务生效日期。见 GB/T 7408
A0751	免职方式	免除干部职务的具体方式。见附录 A.9
A0754	免职原因类别	本人免职原因的类别。见附录 A.10
A0757	免职文号	按干部管理权限，由某级党委、国家行政机关及其组织、人事管理部门、人大常委会或人民团体会议决定颁发的职务免职书或公告的文件编号
A0761	免职批准单位	批准免职并签发免职通知的组织机构名称
A0764	职务生效日期	该职务经过某级人民代表大会选举通过或经过某级人大常委会讨论通过的任命生效日期。见 GB/T 7408
A0767	职务序号	个人在多职务情况下按重要程度排序
A0770	降职原因	指公务员、干部因考核不合格，或不能胜任现职工作等情况，而被降职的原因。见附录 A.10
A08	**公务员交流**	
A0805	担任职务类别	公务员交流时所担任职务的类型，划分为党内职务、行政职务、其他党派职务、社会团体职务。见附录 A.53
* A0806	交流去向	本人交流任职的去向。见附录 A.93
* A0807	交流方式	本人交流任职的方式。见附录 A.70
* A0809	交流原因	本人交流任职的原因。见附录 A.94
A0810	交流类别	公务员实行交流制度。交流类别分为调任、转任、轮换和挂职锻炼。见附录 A.15
A0815	交流情况	公务员交流方向。如：地区之间、部门之间、中央与地方之间等。见附录 A.71
A0820	交流日期	公务员交流的起始日期。见 GB/T 7408
A0830	交流任职情况	本人交流任职的情况。见附录 A.80
A0835	回避原因	公务员因何故回避。见附录 A.73
A0840	回避日期	公务员回避的起始日期。见 GB/T 7408
*** A09**	**级别变动情况**	
* A0901	级别	本人现任职务的等级。见 GB/T 12407
* A0904	确定级别日期	本人现任职务等级确定的日期。见 GB/T 7408
* A0907	晋级原因	本人晋级的原因。见附录 A.124
* A0911	降级原因	本人降级的原因。见附录 A.125
* A0914	因处分延长晋级标识	本人是否因处分而延长晋级。见附录 A.89
* A0917	延长晋级时间	本人延长晋级的时间。见附录 A.126

表 2（续）

指标项名称和代码		指标项说明
A10	**专业技术职务**	
A1005	专业技术任职资格	本人由专业技术职务任职资格评审委员会评审并正式批准或参加国家统一专业技术职务资格考试合格而取得的专业技术职务资格名称。见 GB/T 8561
A1010	取得资格途径	本人取得专业技术职务任职资格的途径。见附录 A.11
A1013	资格审批单位	专业技术人员取得专业技术资格的审批单位名称
A1015	取得资格日期	本人取得专业技术职务任职资格的正式批准日期，以资格证书为准。见 GB/T 7408
A1020	聘任专业技术职务名称	正式聘任的专业技术职务名称。见 GB/T 8561
A1025	聘任起始日期	专业技术职务聘任通知和聘书所认定的聘任开始日期。见 GB/T 7408
A1030	聘任终止日期	专业技术职务聘任通知和聘书所认定的聘任结束日期。见 GB/T 7408
A1035	聘任单位	聘任专业技术职务的具体单位名称
A1040	聘任情况	见附录 A.12
A1045	有何专长	专业技术人员在从事本专业内的特有专长
A13	**国家职业资格**	
A1305	职业(专业、工种)资格名称	国家职业资格证书所载明的等级和名称。工人技术等级职业资格。见附录 A.13
* A1307	职业(专业、工种)资格证书编号	职业(专业、工种)资格证书上所记载的证书编码
A1310	取得职业(专业、工种)资格的日期	国家职业资格证书上记载的发证日期。见 GB/T 7408
* A1311	职业(专业、工种)名称	职业资格证书上所记载的职业(专业、工种)名称
* A1312	理论知识考核成绩	职业(专业、工种)资格证书上所记载的理论知识考核成绩
* A1313	操作技能考核成绩	职业资格证书上所记载的操作技能考核成绩
* A1314	评定(复核)成绩	职业资格证书上所记载的评定(复核)成绩
A1315	职业(专业、工种) 资格证书核发单位名称	国家职业资格证书上所记载的发证机关名称
A16	**流动情况**	
* A1601	进入本单位类别	本人进入现工作单位的类别。见 GB/T 12405
* A1602	进入本单位日期	由本单位人事管理部门认定的本人进入本单位工作的日期。见 GB/T 7408
* A1603	调出本单位类别	本人调出或离开本单位的情况分类。见 GB/T 12405
A1605	进出状态	进入或离开本单位。见附录 A.14
* A1606	调出本单位日期	由组织、干部、人事、劳动部门签发的本人调出、退职、除名等文件的日期或者因其他原因实际离开的日期。见 GB/T 7408
A1610	流动类别	分为国家统一分配、调动、招收录用情况等。见 GB/T 12405、附录 A.15
A1613	调动状态	本人调动时是由工作需要组织调动，还是由个人申请调动的情况。见附录 A.42
A1615	流动前个人社会身份	流动前的个人身份。见 GB/T 2261.4
A1620	流动日期	进入本单位实际报到日期，或离开本单位日期。见 GB/T 7408
A1625	流动原因	调入或调出本单位原因。见附录 A.16

表 2（续）

指标项名称和代码		指标项说明
A1630	来往何单位	调入职工原单位名称或调出职工去往单位名称
A1635	流动方向	流动时人员的去向。见附录 A.64
A1640	辞职去向	本人正式办理辞职手续后，所到工作单位的性质或出国出境的情况。见附录 A.76
* A1642	辞职原因	本人本次辞去职务的原因类别。见附录 A.10
A1645	辞退原因	本人该次被辞退的原因。见附录 A.77
* A1646	批准日期	具有法定管理权限的机关批准本人该次辞职(辞退)的日期。见 GB/T 7408
A17	**岗位变化情况**	
A1705	岗位变化分类	岗位变化的分类情况。见附录 A.79
A1710	上岗方式	上岗的形式，如：选拔或竞聘上岗。见附录 A.78
A1715	上岗日期	上岗时的起始日期。见 GB/T 7408
A1720	人员分流日期	机构改革时，人员分流的起始日期。见 GB/T 7408
A1725	人员分流去向	人员分流的去向。见附录 A.74
A19	**简历**	
A1905	起始日期	在某一单位(部门)工作的开始日期。见 GB/T 7408
A1910	终止日期	在某一单位(部门)工作的结束日期。见 GB/T 7408
A1915	所在单位	在某一日期内具体工作单位的名称
A1920	从事工作或担任职务	在某一单位(部门)工作(学习)期间所从事的工作或担任的职务
A1925	证明人	能够证明本人在某单位从事学习、工作及担任某种职务的人员姓名
A22	**政治面貌及党籍情况**	
A2205	政治面貌	本人当前的政治身份。见 GB/T 4762
A2210	参加组织日期	本人参加该组织按照章程规定的起始日期。见 GB/T 7408
A2215	参加党派时所在单位	参加党派时所在的工作单位名称
A2220	介绍人	介绍本人参加党派的人员姓名
A2225	转正日期	按照该党派章程规定批准其转正日期。见 GB/T 7408
A2230	异常类别	在党的历史上出现的入团转党、重新入党、自动脱党等特殊情况的类别。见附录 A.17
A2235	异常原因	不能按期转正或登记的原因
A25	**组织考察(考核)**	
A2505	考察(考核)类别	考察(考核)的不同类别。见附录 A.18
A2510	考察(考核)日期	由组织、干部、人事部门组派的考察组对干部进行考察(考核)的日期。见 GB/T 7408
A2515	考察(考核)意见	由组织、干部、人事部门组派的考察组对被考察人的德、才、勤、绩诸方面的评价意见
A2520	考察(考核)结果	经考核委员会或考核小组审核后，由部门负责人确定的考核等次。见附录 A.19
A2525	考察(考核)组织及考察人	由组织、人事部门组派的考察组名称及直接参与考核的考察组成员姓名。确定考察等级的部门负责人姓名
A2530	未参加考核原因	本人未参加年度考核的原由。见附录 A.66

表 2(续)

指标项名称和代码		指标项说明
A26	**奖励情况**	
A2605	奖励名称	党和国家某级组织授予本人的奖励及荣誉称号的名称。见 GB/T 8563.1
A2610	奖励原因	本人因何种业绩成就受到党和国家某级组织授予的奖励。见附录 A.23
A2615	奖励批准机关名称	批准授予奖励的某级组织机构的名称
A2620	荣誉称号名称	受到党和国家某级组织授予本人的荣誉称号的名称。见 GB/T 8563.2
A2625	奖励批准日期	党和国家某级组织批准授予本人奖励的日期。见 GB/T 7408
A2630	荣誉称号授予单位	授予荣誉称号的某级组织机构的名称
* A2635	授予荣誉称号级别	党和国家某级组织授予本人的荣誉称号的级别。见 GB/T 8563.2
A27	**处分情况**	
A2705	处分名称	党和国家某级组织给予本人处分的名称。见 GB/T 8563.3
A2710	处分原因	因何种过失、错误受到党和国家某级组织给予本人的处罚。见附录 A.23
A2715	处分批准日期	党和国家某级组织批准给予本人该处分的日期。见 GB/T 7408
A2720	处分批准机关名称	批准给予本人该处分的组织机关名称
A2725	处分撤消日期	撤销本人该处分的日期。见 GB/T 7408
A2730	监察机关直接给予的标识	对触犯刑律的犯罪行为,由监察机关直接给予的处罚。见附录 A.72
* **A29**	**公务员登记子集**	
* A2901	公务员登记标识	公务员登记情况的标识。见附录 A.95
* A2909	列入公务员法实施范围管理类别标识	本人列入公务员法实施范围管理的标识。见附录 A.96
A31	**参与重要历史活动**	
A3105	参与重要政治历史活动名称	个人参与历史活动事件的名称。如长征、八一南昌起义、八七会议等。见附录 A.97
A3110	参与重要政治历史活动层次	个人参与历史活动的重大影响范围,分为全国、省、地、县。见附录 A.98
A3115	参与重要政治历史活动时个人身份	参与某重要政治历史活动或历史事件时个人的身份:代表、观察员等
A3120	参与重要政治历史活动时个人职务	参与重要政治历史活动过程或参与重要政治历史事件时个人所担任的实际职务名称
A34	**语言能力**	
A3405	语种	本人掌握某一外国语及本国民族语言的语种名称。见 GB/T 4880.1
A3410	语种熟练程度	本人掌握该语种的熟练程度。见 GB/T 6865
A3415	掌握语种水平的级别	本人掌握语种并经过国家教育部门组织的考试取得的外语水平级别。见附录 A.55
A37	**培训、进修**	
A3705	培训、进修性质	本人参加工作后接受的非学历教育。见附录 A.24

表 2（续）

指标项名称和代码		指标项说明
A3710	学习方式	学习所采取的方式。见附录 A.25
* A3711	培训、进修离岗状态	本人参加培训或进修时脱产（离岗）的状况。见附录 A.25
A3715	学习起始日期	实际学习的起始日期。见 GB/T 7408
A3720	学习终止日期	实际学习的终止日期。见 GB/T 7408
A3725	总学时	实际学习的累计学时（按小时计算）
A3730	学习内容	实际学习的主要专业
A3735	培训、进修班名称	接受培训、进修所参加的培训班名称
A3740	培训、进修主办单位名称	本人参加培训或进修的主办单位名称
A3745	主办单位性质	学习培训时所在教育部门的单位性质。见附录 A.26
A3750	在学单位	本人学习培训时所在的教育部门或单位的名称
A3755	从学单位类别	本人从学单位的类别划分。见附录 A.26
A3760	培训、进修结果	培训、进修后的学习成绩和结业状况。见附录 A.27
A3765	培训、进修类别	本人参加工作后接受的培训、进修等类别。见附录 A.43
* A3771	培训、进修起始日期	本人参加培训或进修的实际开始日期。见 GB/T 7408
* A3772	培训、进修结束日期	本人参加培训或进修的实际结束日期。见 GB/T 7408
* A3774	出国（出境）培训、进修标识	本人参加出国（出境）培训的标识。见附录 A.89
* A3777	公务员培训情况	公务员培训的内容简要
* A3780	学习成绩	公务员参加培训学习的成绩
A40	**出国（出境）情况**	
A4005	出国（出境）日期	出国离境日期。见 GB/T 7408
A4010	出国（出境）目的	因何原因出国（境）。见 GB/T 10301
A4015	所去国家（地区）	出国时所去国家、地区的名称。见 GB/T 2659
A4020	所去单位	出国时所去单位名称
A4025	派出单位	送本人出国学习、工作的单位名称
A4030	团组名称	出国工作或学习派出团组的具体名称
A4035	经费来源	提供出国经费来源类别。见附录 A.28
A4040	审批单位	批准出国出境并签发审批文件的上级主管部门名称
A4045	审批日期	批准出国出境并签发审批文件的具体日期。见 GB/T 7408
A4050	审批文号	批准本人出国学习工作的单位签发的批准文件编号
A4055	回国日期	回国入境日期。见 GB/T 7408
A4060	异常情况	不能按时回国情况说明
A43	**专业技术工作**	
A4305	项目名称	由任务书、合同书或其他文件确定的本人从事研究、技术、专业工作任务、课题、项目的名称
A4310	项目学科领域	从事的专业技术工作任务、课题、项目的学科领域。见 GB/T 13745
A4315	项目类别	按专业技术工作任务、课题、项目的重要程度确定的本人参加的项目的分类。见附录 A.29
A4320	项目下达单位名称	下达任务或批准该项目立项的单位名称
A4325	下达单位级别	项目批准单位的级别。见附录 A.54
A4330	项目起始日期	专业技术工作任务、课题、项目的开始日期。见 GB/T 7408
A4335	项目截止日期	本专业技术工作任务、课题、项目的结束日期。见 GB/T 7408
A4340	在项目中担任角色	本人在专业技术工作任务、课题、项目中所负责任和所起的实际作用。见附录 A.30

表 2（续）

指标项名称和代码		指标项说明
A4345	项目效益	该专业技术工作任务、项目、课题正式推广后所产生的经济效益和社会效益
A45	**主要论文及著作情况**	
A4505	论文、著作标识	本人发表论文或著作的标识。见附录 A.44
A4510	发表日期	本人发表或出版本论著的日期。见 GB/T 7408
A4515	论著名称	本人发表或出版的论著名称
A4520	所属学科专业类别	本人发表论文、著作所属的学科类别。见 GB/T 13745
A4525	论著出版机构	发表本人独立完成或参与的该论著的出版机构名称或刊物名称
* A4530	论文、著作中担任角色	本人的论文、著作为独立或合作完成的情况。见附录 A.45
A46	**专业技术成果**	
A4605	成果名称	经科技主管部门认定，并在科技成果证书上记载的本人参与的该项科学技术成果名称
A4610	成果类别	科学技术成果表现形式的类别
A4615	成果水平	经鉴定、评审认定的本人参与的该项科学技术成果先进程度。见附录 A.31
A4620	鉴定单位	对成果进行鉴定的组织单位的名称
* A4622	成果采用情况	本人所获科技成果被采用的情况
A47	**参加学术团体情况**	
A4705	学术团体名称	本人参加学术团体的名称。
A4710	学术团体层次	本人参加学术团体的组织层次。见附录 A.46
* A4713	担任学术团体职务名称	本人在参加学术团体组织中所担任的职务名称。见 GB/T 12403。
A4715	参加日期	本人参加学术团体的具体日期。见 GB/T 7408
A4720	担任日期	本人在学术团体所担任的具体日期。见 GB/T 8561
A4725	任职年限	本人在学术团体担任职务的年限
A49	**专业技术工作获奖**	
A4905	获奖日期	获得奖励的批准日期。见 GB/T 7408
A4910	获奖项目名称	获得奖励的专业技术工作任务、课题、项目的名称
A4915	奖励名称	获得奖励的名称及等级。见 GB/T 8563.1
* A4920	获奖项目中担任角色	本人在获奖的专业技术工作项目中所起的实际作用和所负的责任。见附录 A.30
A4925	授奖单位	授予奖励的单位名称
A51	**培养研究生情况**	
A5105	培养研究生类别	本人培训研究生的状况，如博士生、硕士生类别等。见附录 A.47
A5110	培养研究生数量	本人培训研究生的数量。
A5115	起始日期	本人培训研究生的起始日期。见 GB/T 7408
A5120	终止日期	本人培训研究生的终止日期。见 GB/T 7408
A52	**专利情况**	
A5205	获专利日期	专利证书签发的日期。见 GB/T 7408

表 2（续）

指标项名称和代码		指标项说明
A5210	获专利名称	专利通知书签发的专利名称
A5215	专利号	本人获取的该专利证书签发的专利号
A5220	专利批准国别	本人获得专利的批准国家名称。见 GB/T 2659
A55	**工资变动情况**	
A5505	工资变动批准日期	上级主管部门批准变动工资的日期。见 GB/T 7408
A5510	工资类别	按目前国家规定的划分标准，分为机关、事业、企业工资。见附录 A.57
A5512	工资变动类型	本人工资变动的所属类型。见附录 A.83
A5515	工资变动原因	见附录 A.32
A5520	工资变动依据文件	变动工资时所依据的上级单位的发文文号
A5525	增减级数	工资增加或减少的级差数
A5527	增减档数	工资增加或减少的档差数
A5530	变动数额	工资增加或减少的数额差
A5532	级别工资变动数额	本人级别工资变动的数额
A5533	职务工资变动数额	本人职务工资变动的数额
A5535	变动后工资级别	工资变动后的级别。见附录 A.58
A5537	变动后工资档次	本人工资调整或变动后的工资档次。见附录 A.59
A5540	变动后标准工资额	工资变动后的标准工资额
A5545	调资起薪日期	按文件规定调整工资执行日期。见 GB/T 7408
A5550	批准文件	
A58/59	**工资**	
A5805	工资合计	职工在一定时期内直接从单位领取的劳动报酬总额
A5820	职务工资档次	表示公务员、担任职务的工资档次。见附录 A.59
A5825	工资级别	表示公务员担任职务所对应的工资级别。见附录 A.58
A5830	基础工资	公务员职级工资中有基础工资额
*A5832	年薪酬	本人全年的薪酬数额
A5835	职务工资	公务员担任的职务所对应的职务工资额
A5840	级别工资	按公务员担任的职务及任职年限所对应的级别工资额
A5850	试用期工资	公务员、干部被录用后一年试用期内的工资额
A5855	津贴或补贴	为补偿职工特殊或额外的劳动消耗和因其他特殊原因支付给职工的津贴额，以及为了保证职工工资水平不受物价影响支付给职工的物价补贴额
A5860	教龄、护龄津贴	本人从事教师或护士职业的教龄、护龄津贴额
A5865	伙食补贴	直接支付给个人的伙食补贴额
A5870	地区附加津贴	根据各地区经济发展水平和生活费用支出等因素，支付给个人的地区附加津贴额
A5875	边远艰苦地区津贴	根据不同地区的地域、海拔高度、气候以及当地津贴、物价等因素，支付给个人的边远艰苦地区津贴额
A5880	奖金	支付给职工的超额劳动报酬和增收节支的劳动报酬
A5885	工资标准类型	根据事业单位工作特点不同，其工作人员分别实行所对应的工资标准。如高教人员标准、科研人员标准、专业技术人员标准、工程技术人员标准等。见附录 A.48
A5890	职员工资等级	事业单位职员的工资等级。见附录 A.58
A5895	职务工资标准	事业单位职员按所担任职务对应的工资标准

表 2（续）

指标项名称和代码		指标项说明
A5900	工人技术等级工资	技术工人按技术水平高低和工作能力大小所得到的等级工资额
A5905	工人岗位津贴	技术工人按实际工作量和岗位的差别所得到的岗位津贴额
* A5910	人员工资类别	本人执行工资标准类别。见附录 A.57
* A5911	工改前基本工资总额	本人实行 2006 年工资套改制度前的基本工资总额
* A5912	薪级	事业单位根据工作人员工作表现、资历和所聘岗位等因素确定的薪级。见附录 A.100
* A5913	公务员职务工资额	公务员本人的职务工资额
* A5915	公务员级别工资额	公务员本人的级别工资额
* A5917	公务员工资级别	公务员本人的工资级别。见附录 A.101
* A5921	公务员工资档次	公务员本人的级别工资档次。见附录 A.102
* A5923	机关工人岗位工资档次	机关技术工人和普通工人岗位工资的档次。见附录 A.103
* A5925	机关技术工人技术等级	机关技术工人的技术等级。见附录 A.104
* A5927	机关技术工人级别工资额	机关技术工人岗位工资档次所对应的工资额
* A5928	机关普通工人级别工资额	机关普通工人岗位工资档次所对应的工资额
* A5929	公务员套改年限	公务员工作年限与不计算工龄的在校学习时间合并计算的年限。见附录 A.105
* A5930	公务员任职年限	公务员从正式任命现任职务当前起计算的年限。见附录 A.106
* A5931	机关技术(普通)工人套改年限	机关技术(普通)工人工作年限与不计算工龄的在校学习时间合并计算的年限。见附录 A.107
* A5932	机关技术工人任技术等级(职务)年限	机关技术工人从考评(聘任)技术等级(职务)当前起计算的年限。见附录 A.108
* A5933	事业单位管理人员套改年限	事业单位管理人员工作年限与不计算工龄的在校学习时间合并计算的年限。见附录 A.109
* A5934	事业单位管理人员任职年限	事业单位管理人员从聘用到现岗位当年起计算的年限。见附录 A.110
* A5935	事业单位管理人员岗位等级	事业单位管理人员的岗位等级。见附录 A.111
* A5936	事业单位专业技术人员套改年限	事业单位专业技术人员工作年限与不计算工龄的在校学习时间合并计算的年限。见附录 A.112
* A5937	事业单位专业技术人员任职年限	事业单位专业技术人员从聘用到现岗位当年起计算的年限。见附录 A.113
* A5938	事业单位专业技术人员岗位等级	事业单位专业技术人员的岗位等级。见附录 A.114
* A5939	事业单位技术工人套改年限	事业单位技术工人工作年限与不计算工龄的在校学习时间合并计算的年限。见附录 A.115
* A5940	事业单位技术工人任职年限	事业单位技术工人从聘用到现岗位当年起计算的年限。见附录 A.116
* A5941	事业单位技术工人岗位等级	事业单位技术工人的岗位等级。见附录 A.117
* A5942	事业单位普通工人套改年限	事业单位普通工人工作年限与不计算工龄的在校学习时间合并计算的年限。见附录 A.118
* A5943	公务员地区附加津贴	根据地区经济发展水平、物价发展水平等方面的差异确定的津贴额
* A5944	公务员艰苦边远地区津贴	根据自然地理环境、社会发展等方面的差异，对艰苦边远地区工作生活的机关工作人员给予的补偿
* A5945	公务员岗位津贴	在特殊岗位工作的机关工作人员，实行岗位津贴制度
* A5946	事业单位岗位工资	按本人所聘岗位对应岗位工资标准

表 2（续）

指标项名称和代码	指标项说明
* A5947 事业单位薪级工资	单位根据本人工作表现资历和所聘岗位等因素确定的薪级所对应薪级工资标准
* A5948 事业单位绩效工资	根据本人的实绩和贡献所取得的绩效工资额
* A5949 事业单位艰苦边远地区津贴	根据自然地理环境、社会发展等方面的差异，对在艰苦边远地区工作生活的工作人员给予适当补偿
* A5950 事业单位特殊岗位津贴	根据有关文件规定在单位苦、脏、累、险及其他特殊岗位工作的人员给予的特殊岗位津贴
* A5951 津补贴类型	给予津补贴的类型。见附录 A.119
* A5952 津补贴形式	给予津补贴的形式。见附录 A.120
* A5953 津补贴类别	给予津补贴的类别。见附录 A.121
* A5961 艰苦边远地区津贴类别	给予艰苦边远地区津贴的类别。见附录 A.122
* A5962 未计工龄在校学习日期	在国家承认学历的全日制大专以上院校未计算为工龄的学习时间
* A5963 年度考核不计考核等次或不称职(不合格)的年限	本人年度考核不计考核等次或不称职(不合格)的年限
* A5970 工改保留补贴	本人在 1993 年工资改革后保留的补贴数额
* A5971 在京中央国家机关补贴	在京中央国家机关工作人员按国管财字[1996]第 171 号规定执行的补贴
* A5972 住房补贴	本人的住房补贴
* A5973 医疗补贴	本人的医疗补贴
* A5974 通讯补贴	本人的通讯补贴数额
* A5975 津贴总额	本人的津贴总额
* A5976 奖金总额	本人的奖金总额
A5999 其他收入	上述之外的工资收入
*** A60 社会保险**	
* A6001 参加基本养老保险标识	见附录 A.89
* A6002 基本养老保险个人缴费费率	当地政府规定的参保职工和以个人身份参保人员缴纳基本养老保险费的比例，以小数方式表示
* A6003 基本养老保险个人缴费基数	社会保险经办机构核定的计算参保职工和以个人身份参保人员按月缴纳基本养老保险费所使用的基数
* A6004 基本养老保险个人缴费金额	用参保职工和以个人身份参保人员基本养老保险个人缴费基数乘以基本养老保险个人缴费费率计算出的按月应缴纳的基本养老保险费金额
* A6011 参加失业保险标识	见附录 A.89
* A6012 失业保险个人缴费费率	当地政府规定的参保职工缴纳失业保险费的比例，以小数方式表示
* A6013 失业保险个人缴费基数	社会保险经办机构核定的计算参保职工按月缴纳失业保险费所使用的基数
* A6014 失业保险个人缴费金额	用参保职工失业保险个人缴费基数乘以失业保险个人缴费费率计算出的按月应缴纳的失业保险费金额
* A6021 参加基本医疗保险标识	见附录 A.89
* A6022 基本医疗保险个人缴费费率	当地政府规定的参保职工缴纳基本医疗保险费的比例，以小数方式表示
* A6023 基本医疗保险个人缴费基数	社会保险经办机构核定的计算参保职工按月缴纳基本医疗保险费所使用的基数

表 2（续）

指标项名称和代码		指标项说明
* A6024	基本医疗保险个人缴费金额	用参保职工基本医疗保险个人缴费基数乘以基本医疗保险个人缴费费率计算出的按月应缴纳的基本医疗保险费金额
A61	**保险福利**	
A6105	保险福利费合计	单位在工资以外实际支付给职工和离休、退休、退职人员个人的劳动保险和福利费用的总数
A6110	丧葬抚恤救济费	职工死亡的丧葬费、丧葬补助费和所遗供养直系亲属的抚恤费、救济费、生活补助费以及供养直系亲属死亡时的丧葬补助费
A6115	职工生活困难补助费	单位对于因各种原因造成的生活困难的职工，在经济上给予临时的或定期的补助，以保证基本生活需要的一种福利
A6120	托儿补助费	发给职工子女入托的补助费
A6125	计划生育补贴	发给职工的独生子女补贴、保健费
A6130	冬季取暖补贴	按有关规定发给职工的冬季取暖补贴费
A6199	其他保险福利费	上述费用以外用于职工保险福利的支出，支付职工的暑期降温费和职工探亲路费
A64	**离休退休情况**	
A6405	离退类别	本人离休退休所属的类别。见附录 A.62
A6410	离退日期	经组织、干部、人事部门批准的本人离退日期。见 GB/T 7408
A6415	享受离退待遇类别	经组织、干部、人事部门批准，本人离退后，现享受待遇的类别划分。见附录 A.99
A6420	离退休费支付单位名称	离退后支付所需经费单位名称
A6423	离退休费	按国家有关规定发给离、退休人员的离退休费和生活补贴费
A6425	离退后管理单位名称	本人离退休后的具体管理单位名称
A6430	异地安置	离退后安置到异地生活的地点
A6435	返聘情况	离退人员当前是否被返聘
A67	**后备干部**	
A6705	呈报单位	向上级呈报后备干部的党组织名称
A6710	呈报日期	向上级呈报后备干部的具体日期。见 GB/T 7408
A6715	培养目标	后备干部拟培养做何级干部
A6720	培养措施	对后备干部采取的某种培养方式
A6725	使用情况	后备干部是否任用情况
A70	**专家情况**	
A7005	专业技术人才类别	本人获得的该专家称号的分类。见附录 A.63
A7010	批准单位名称	批准享受专家称号和待遇的组织机构名称
A7015	批准单位级别	批准享受专家称号和待遇的组织机构级别。见附录 A.54
A7020	专家称号批准日期	批准授予本人某类专家称号的日期。见 GB/T 7408
A7025	享受待遇	被评为专家后国家给予的待遇类别
A73	**来华定居工作的专家、学者**	
A7305	来华工作的专家定居日期	来华定居的入境日期。见 GB/T 7408
A7310	来自国家(地区)	回国定居工作前所在国家(地区)名称。见 GB/T 2659
A7315	来自境外单位	来华定居工作前在国(境)外的工作单位名称
A7320	境外职称	来华定居工作的专家在国(境)外担任的专业技术职称

表 2（续）

指标项名称和代码		指标项说明
A76	**军队转业干部**	
A7605	入伍地	参军的详细地点，填至县级。见 GB/T 2260
A7610	入伍日期	地方人武部门征兵办公室批准入伍的日期。见 GB/T 7408
A7615	批准转业日期	部队批准转业的日期。见 GB/T 7408
* A7616	转业年份	批准转业到地方的年份。见 GB/T 7408
A7620	批准转业单位	批准转业的师级或相当师级以上部队单位名称
A7625	退出现役时职务(级别)	转业前本人在军队的职务。见附录 A.86
A7630	转业前在军队军衔	转业前本人在军队的军衔。见附录 A.35
A7635	转业前在军队级别	转业前本人在军队时的职务级别。见附录 A.86
A7640	转业前在军队专业技术等级	转业前本人在军队的专业技术等级
A7645	转业前工资等级	转业前部队确定的工资等级
A7650	预备役登记情况	是否登记预备役
A79	**家庭成员及社会关系**	
A7905	姓名	家庭成员或社会关系的姓氏名称
* A7907	国籍	家庭成员所属国籍的名称
* A7908	民族	家庭成员归属的、国家认可的、在公安户籍管理部门登记注册的民族。见 GB/T 3304
A7910	与本人的关系	家庭现在主要成员或社会关系与本人的关系。见 GB/T 4761
A7915	出生日期	家庭成员出生日期。见 GB/T 7408
A7920	工作单位及职务	家庭成员及社会关系的工作单位及职务
A7925	政治面貌	家庭成员参加党派名称。见 GB/T 4762
A7930	夫妻两地分居日期	夫妻两地分居的起始日期。见 GB/T 7408
A85	**人事档案管理**	
A8505	档案编号	存档案部门为本人档案确定的管理编号
A8510	档案类别	人事档案的版本类型。见附录 A.36
A8515	档案转入日期	组织、干部、人事部门正式签收档案的日期。见 GB/T 7408
A8520	档案来处	转递该档案的组织、干部、人事部门名称
A8525	档案转出日期	组织、干部、人事部门将档案送交机要收发部门的日期。见 GB/T 7408
A8530	档案去处	组织、干部、人事部门转递档案的发往单位
A8535	档案管理单位	档案管理的组织机构
* A90	**衔称**	
* A9001	衔称	本人被批准授予某一衔称的名称。见附录 A.35
* A9003	授(晋)衔日期	授予、晋升本人衔称命令的颁发日期。见 GB/T 7408
* A9005	衔称终止日期	本人衔称终止日期。见 GB/T 7408
B	**单位信息**	
B01	**单位自然情况**	
B0105	单位名称	单位的全称
B0110	组织机构代码	由组织机构代码登记主管部门给机关和社会团体等颁发的在全国范围内唯一的、始终不变的法定代码。国家在统计上视同法人的单位，按统计部门赋予的代码填写。见 GB/T 11714
B0115	单位邮政编码	本单位或单位所在地的邮政编码

表 2（续）

指标项名称和代码		指标项说明
B0120	单位地址	本单位的详细通信地址
B0125	单位电话号码	本单位的电话总机号码及值班室电话号码
B0140	单位所在政区	本单位所在的(或注册地所在的)当前国家政区的行政区划代码。见 GB/T 2260
B0145	单位隶属关系	本单位按国家行政分级管理的系统隶属层次。见 GB/T 12404
B0150	单位级别	经机构编制管理部门批准的本单位的级别。见附录 A.54
B0155	主管单位名称	上级主管单位名称
B0160	单位性质类别	本单位性质类别的划分。见附录 A.56
B0165	经济类型	按单位所有制性质和经营方式划分的类别。见 GB/T 12402
B0170	单位所属行业	本单位所属的国民经济行业类别。见 GB/T 4754
*B0172	法人单位标识	本单位是否为法人单位的标识。见附录 A.89
B0175	企业规模	本单位的规模，仅限单位性质类别为企业的单位填写。见附录 A.37
B0176	所属部门	单位的按干部统计年报所属部门填写
B0177	附属关系	单位属于国务院直属局、部委管理的国家局以及委、厅下局的情况。见附录 A.49
B0178	单位驻在国家	单位所在国家。见 GB/T 2659
*B0183	控制(控股)情况	企业对股权控制的情况。见附录 A.87
*B0195	参照公务员法管理标识	本单位是否为参照公务员法管理的单位。见附录 A.89
B04	**单位机构情况**	
B0405	批准成立日期	本机构被批准的成立日期。见 GB/T 7408
B0410	批准成立文号	机构成立的正式批准文号
B0415	批准编制日期	由上级编制部门批准编制的日期。见 GB/T 7408
B0420	批准编制文号	批准编制的正式批准文件的文号
B0425	批准编制单位	批准编制的上级编制部门的单位名称
B0430	内设机构数	本单位内部下设一级的机构数
B0435	内设机构名称	本单位内部下设一级的机构名称
B0440	内设机构级别	本单位内部下设一级的机构级别。见附录 A.54
B0445	撤销日期	本机构被批准撤销日期。见 GB/T 7408
B0450	批准撤销文号	机构被撤销的正式批准文件文号
B0455	撤销批准单位	机构被撤销的批准单位
B0460	拨款形式	事业单位经费的来源形式，分为全额拨款、差额拨款和自收自支三种形式。见附录 A.50
B07/08	**人员编制**	
B0705	编制总数	由上级编制部门核定下达的人员编制数额
B0710	实有人数	本机构内占编制的实有人数
B0715	缺(超)编人数	本机构内空编或超编人数
B0720	行政编制数	编制主管部门批准的本单位(机构)的行政编制人数
B0725	事业编制数	编制主管部门批准的本单位(机构)的事业编制人数
B0730	企业编制数	由编制部门批准的企业编制人数
B0735	社团编制数	由编制部门批准的社团编制人数
B0740	单位领导职数	工作单位及其内设机构正副职领导编制数
B0745	单位非领导职数	工作单位正副职非领导编制数

表 2（续）

指标项名称和代码		指标项说明
B0750	内设机构领导职数	工作单位内设机构正副职领导职数
B0755	内设机构非领导职数	工作单位内设机构正副职非领导职数
B0760	业务人员编制数	本单位从事业务工作的各种人员编制数
B0765	工勤人员编制数	本单位工勤人员编制数
B0770	使用全额拨款人数	本单位使用由财政预算拨款的人数
B0775	使用差额拨款人数	事业单位使用的经费部分来源于财政预算拨款，部分来源于单位的经营、服务收入，使用这种拨款方式的人数
B0780	使用自筹资金人数	事业单位实行自收自支，所需经费全部由自己解决，使用这种经费管理方式的人数
* B0790	内设第一级机构领导职数	单位内设第一级机构正副职领导职数
* B0793	内设第一级机构领导同级非领导职务职数	单位内设第一级机构担任同级非领导职务的人员职数
* B0797	登记人员数	公务员登记人员的数目
* B0798	暂缓登记人员数	暂缓登记人员的数目
* B0801	成立日期(参公)	编制主管部门批准本单位成立的日期。见 GB/T 7408
* B0802	设立机构的批准文件号(参公)	编制主管部门批准本单位设立机构的文件号
* B0803	编制数(参公)	编制主管部门批准本单位的编制总数
* B0804	主要职能(参公)	编制主管部门批准本单位的只要职能
* B0805	申请日期(参公)	申请本单位成立的日期。见 GB/T 7408
* B0806	审批日期(参公)	编制主管部门批准本单位成立的日期。见 GB/T 7408
* B0807	申请文号(参公)	申请本单位成立的文件号
* B0808	审批文号(参公)	编制主管部门批准本单位成立的文件号
* B0809	法律法规授权情况(参公)	编制主管部门批准本单位成立法律法规授权的情况说明
B10	**人员基本结构**	
B1005	期末职工人数	报告期末最后一天的实有人数。不含已经招用但到期末尚未报到的人员和尚未用完的招工指标
B1010	职工平均人数	报告期内每天平均拥有的人数
* B1018	正式职工人数	指在机关、事业单位中，经国家有关部门分配、安排或批准招收录用的职工。包括原固定职工和使用期限在一年以上的合同制职工
B1035	干部人数	在领导、管理、专业技术、行政、党务等岗位上工作的人员
B1040	工人人数	在生产、流通、经营、服务、后勤保障等岗位上工作的人员
B1045	行政管理人员数	行政机关、事业、企业的单位领导和在各职能部门及所属机构，从事行政管理、生产管理、经济管理和政治工作的人员
B1050	专业技术人员数	经人事部门正式聘用并备案的具有专业技术职务或没有专业技术职务但实际从事专业技术工作的人员
B1060	长期病休人员数	病休 6 个月以上，脱离工作岗位的人员
B1065	带工资学习一年以上人员数	
B13	**职务结构**	
B1305	省部级及相当者人数	
B1310	副省部级及相当者人数	
B1315	司局级及相当者人数	
B1320	副司局级及相当者人数	
B1325	处级及相当者人数	

表 2（续）

指标项名称和代码		指标项说明
B1330	副处级及相当者人数	
B1335	科级及相当者人数	
B1340	副科级及相当者人数	
B1345	科员、办事员及其他人员	
B1350	高级专业技术职务人数	
B1355	中级专业技术职务人数	
B1360	初级专业技术职务人数	
B1365	未评聘专业技术职务人员数	
B16	**国家职业资格(工人技术等级)结构**	
B1605	初级技术工人数	
B1610	中级技术工人数	
B1615	高级技术工人数	
B1620	技师人数	
B1625	高级技师人数	
B1630	未聘人员数	
B19	**人员流动情况**	
B1905	各种原因流动人数	因各种原因离开现工作单位进行流动的人数
B1910	各种流向人数	工作调动的各种流向人数。流向通常有经济类型、区域、地区类别、单位性质、单位隶属关系等几种不同流向的划分方法
B1915	人员增加来源	新增固定职工和合同制职工以及由外省、自治区和直辖市调人的人数。见 GB/T 12405、附录 A.15
B1920	人员减少去向	在报告期内离开现工作单位，并不再由该单位支付工资的人员。见 GB/T 12405、附录 A.15
B22	**教育培训**	
B2205	教育经费	学习培训经费的数额
B2210	教育基地数	单位或部门设置的固定教学场所数
B2215	派出留学生人数	单位所派的留学人员总数
B2220	归国留学生人数	单位回国的留学人员总数
B25/26	**工资管理**	
B2501	工资区类别	以同一级工资水平来区分的地区类别。主要反映同级职工由于所在地区不同而存在的工资上的差异
B2504	各类工资区人数	
B2507	工资总额	单位在一定时期内直接支付给本单位全部职工的劳动报酬总额
B2511	固定职工工资总额	
B2514	合同制职工工资总额	
B2517	临时工工资总额	
B2521	其他从业人员劳动报酬	
B2524	年度工资总额增减	计划期与基期工资总额的差
B2527	增人增资	计划期内因增加职工而增加的工资
B2531	转正定级增资	计划期内因职工转正定级增加的工资
B2534	护龄、教龄津贴增长	工龄、护龄、教龄津贴计划期内与基期的差，包括因调整工龄、护龄、教龄津贴标准而增加的工资

表 2（续）

指标项名称和代码		指标项说明
B2537	国家统一安排的新增工资项目的增资额	计划期内因国家统一安排的新增工资项目而增加的工资额
B2541	上年增资项目的增资额	计划期中属于基期中的增资项目而增加的工资额
B2544	翘尾工资	亦称“工资自然增长”。指上年度由于各种原因而增加的工资，因在年中某个时间开始支付而不足 12 个月，到下一年度则需开足 12 个月而引起的工资支出的增长额
B2547	晋职晋级增资	计划期中因职工晋职晋级而增加的工资额
B2551	增加奖金额	计划期中与基期相比而增加的奖金
B2554	减人减资	计划期中因职工减员而减少的工资额
B2557	掉尾工资	上年度支出的工资总额中在下一年度自然消失的部分
B2561	减补员工资差	计划期内因职工自然减员补员所形成的工资差
B2564	超编单位工资核减	对人员超编的单位实行工资总额核减所减少的工资额
B2567	工资总额计划	计划期工资总额，即基期职工实际工资总额和计划期需要增加的工资总额二者之和
B2571	支取工资人数	职工工资计划中的支取工资人数
B2574	支取工资总额	职工工资计划中的支取工资总额
B2577	季度工资总额余额	计划期内各季度职工工资总额的余额
B2581	年度工资总额余额	计划期工资总额的年度余额
B2584	年工资总额	职工工资计划中工资总额年度计划数
B2587	年工资总额净增数	职工工资计划中，计划期与基期相比工资总额的差
B2591	年人均工资	职工工资计划中年度人均工资。由计划期职工工资除以同期职工平均人数得出
B2594	工资总额构成百分比	构成工资总额的各个部分占工资总额的比重
B2597	职工平均工资	企业、事业、机关等单位的职工在一定时期内平均每人所得的货币工资额。它表明一定时期职工工资收入的高低程度，是反映职工工资水平的主要指标。计算公式： $$职工平均工资=\frac{报告期实际支付的全部职工工资总额}{报告期全部职工平均人数}$$
B2601	职工平均工资指数	报告期平均工资与基期平均工资的比率，是反映不同时期职工货币工资水平变动情况的相对数。它表明报告期平均工资比基期平均工资提高或降低的程度。计算公式： $$职工平均工资指数=\frac{报告期职工平均工资}{基期职工平均工资}\times 100\%$$
B2604	职工平均实际工资	扣除物价变动因素后的职工平均工资。计算公式： $$职工平均实际工资=\frac{报告期职工平均工资}{报告期职工生活费价格指数}$$
B2607	职工平均实际工资指数	是反映职工实际工资的变动方向和变动程度的指数，表明职工实际工资水平提高或降低的程度。计算公式： $$职工平均实际工资指数=\frac{报告期职工平均工资指数}{报告期职工生活费价格指数}\times 100\%$$
B2611	最低工资标准	现行的各种工资标准中的起点工资标准

表 2（续）

指标项名称和代码		指标项说明
B2614	最高工资标准	现行的各种工资标准中的终点工资标准
B2617	工资等级系数	某一等级的工资标准和最低一级工资标准之比
B2621	工资级差	同一工资等级制度中，两个相邻工资等级之间工资标准相差的数额或幅度
B2624	参加调资人数	按有关文件规定参加调整工资的人员总数
B2627	升(降)级人数	按有关文件规定升(降)级工资的人数
B2631	升级面	升级人数占职工总数的百分比
B2634	月增资额	调整工资时月实际增资额。即：调整后标准工资与调整前标准工资的差
B2637	月人均增资额	
B2641	增资总额	
B2644	补发工资	根据有关文件所规定的起薪时间到实际执行时间所补发的增资额
* **B28**	**社会保险**	
* B2801	参加基本养老保险标识	见附录 A.89
* B2802	基本养老保险单位缴费费率	当地政府规定的用人单位缴纳基本养老保险费的比例，以小数方式表示
* B2803	基本养老保险单位缴费基数	社会保险经办机构核定的计算用人单位按月缴纳基本养老保险费所使用的基数
* B2804	基本养老保险单位缴费金额	以基本养老保险单位缴费基数乘以基本养老保险单位缴费费率计算出的按月应缴纳的基本养老保险费金额
* B2811	参加失业保险标识	见附录 A.89
* B2812	失业保险单位缴费费率	当地政府规定的用人单位缴纳失业保险费的比例，以小数方式表示
* B2813	失业保险单位缴费基数	社会保险经办机构核定的计算用人单位按月缴纳失业保险费所使用的基数
* B2814	失业保险单位缴费金额	以失业保险单位缴费基数乘以失业保险单位缴费费率计算出的按月应缴纳的失业保险费金额
* B2821	参加基本医疗保险标识	见附录 A.89
* B2822	基本医疗保险单位缴费费率	当地政府规定的用人单位缴纳基本医疗保险费的比例，以小数方式表示
* B2823	基本医疗保险单位缴费基数	社会保险经办机构核定的计算用人单位按月缴纳基本医疗保险费所使用的基数
* B2824	基本医疗保险单位缴费金额	以基本医疗保险单位缴费基数乘以基本医疗保险单位缴费费率计算出的按月应缴纳的基本医疗保险费金额
* B2831	参加工伤保险标识	见附录 A.89
* B2832	工伤保险单位缴费费率	当地政府规定的用人单位缴纳工伤保险费的比例，以小数方式表示
* B2833	工伤保险单位缴费基数	社会保险经办机构核定的计算用人单位按月缴纳工伤保险费所使用的基数
* B2834	工伤保险单位缴费金额	以工伤保险单位缴费基数乘以工伤保险单位缴费费率计算出的按月应缴纳的工伤保险费金额
* B2841	参加生育保险标识	见附录 A.89
* B2842	生育保险单位缴费费率	当地政府规定的用人单位缴纳生育保险费的比例，以小数方式表示

表 2（续）

指标项名称和代码		指标项说明
＊B2843	生育保险单位缴费基数	社会保险经办机构核定的计算用人单位按月缴纳生育保险费所使用的基数
＊B2844	生育保险单位缴费金额	以生育保险单位缴费基数乘以生育保险单位缴费费率计算出的按月应缴纳的生育保险费金额
B29	**保险福利**	
B2905	职工福利费用	企业、事业、机关单位在工资以外实际支付给职工和用于集体的劳动保险和福利费用的总称。保险福利费用的数据资料，应由各基层单位的财务部门负责提供。从企业来讲，保险福利费用不仅包括由职工福利基金支出的部分，而且还包括由企业营业外支出、企业基金或利润留成、工会文教费、企业管理费支出的部分；就预算单位而言，保险福利费用则包括由职工福利费、公务费、差额补助费等支出的部分。下列各项费用不包括在保险福利费用中： (1) 用于职工的劳动保护费用； (2) 由保险福利费用开支的医务人员的工资，集体福利机构工作人员和病伤休息满六个月以上人员的工资。因这部分人员的工资已统计在职工工资总额中
B2910	职工福利费用细目	见附录 A.34
B2915	离退人员保险福利费用	企业、事业、机关单位在工资以外实际支付给离休、退休、退职人员的保险福利费用总称
B2920	离退人员保险福利费用细目	见附录 A.34
B32	**离退情况**	
B3205	离休人数	在 1949 年 9 月 30 日以前参加革命工作，符合 1982 年国务院发布的《关于老干部离职休养的几项规定》的离休条件，实际离职休养的干部人数。包括：调到城镇集体所有制单位和其他各种所有制单位工作，保留全民所有制单位干部身份，已办理离休手续的人员；过去退休后改办离休待遇的人员。不包括建国前参加革命工作，退休前在工人岗位的退休工人和已死亡的人数
B3210	退休人数	全民所有制单位、城镇集体所有制单位和其他各种所有制已经退休的人员数。不包括已经死亡的人数和退休后改办手续转为离休干部的人数
B3215	领取定期生活费的退职人数	国有经济、城镇集体经济单位和其他各种经济类型单位中按照国家有关规定退职的人数
B3220	离休费在最低标准的人数	按国家有关规定领取最低档离休金的人数
B3225	退休费在最低标准的人数	按国家有关规定领取最低档退休金的人数
B3230	生活不能自理者人数	

附 录 A
（规范性附录）
指标项补充编码

A.1 个人身份代码

代码	名称	代码	名称
0	专业技术人员	5	国家公务员
1	工人	6	现役军人
2	农民	7	无业人员
3	学生	8	运动员
4	干部（职员）	9	其他

A.2 港澳台侨属标识代码

代码	名称	代码	名称
1	港澳同胞	3	海外侨胞
2	台湾同胞	4	外籍华人

A.3 学习形式代码

代码	名称	代码	名称
01	正规高等院校	08	研修班
02	高等教育自学考试	09	高等学校进修
03	夜大学	10	党校
04	职工大学	11	社会主义学院
05	电视大学	15	培训
06	业余大学	99	其他
07	函授		

A.4 任职方式代码

代码	名称	代码	名称
1	党委(党组)决定任职	4	聘用任职
2	行政命令任职	5	考试录用任职
3	会议选举任职	9	其他

A.5 任职原因代码

代码	名称	代码	名称
11	新录用人员试用期满合格定职	31	晋升任职
12	聘用干部任职	32	增加职务
21	从其他机关调入国家行政机关任职	33	转换职位
22	从国家行政机关调入其他机关任职	34	选举连任
23	从企、事业单位调入国家行政机关任职	35	选举任职
24	从国家行政机关调入企、事业单位任职	36	降低任职
25	从企、事业单位调入其他机关任职	41	挂职任职
26	从其他机关调入企、事业单位任职	99	因其他原因职务发生变化

A.6 职位分类代码

代　码	名　称	代　码	名　称
0100	国务院总理级	0810	处级副职,县级副职,副调研员:十级
0101	国务院总理:一级	0811	处级副职,县级副职,助理调研员:十一级
0200	国务院副总理,国务委员级	0900	科级正职,乡级正职,主任科员级
0202	国务院副总理,国务委员:二级	0909	科级正职,乡级正职,主任科员:九级
0203	国务院副总理,国务委员:三级	0910	科级正职,乡级正职,主任科员:十级
0300	部级正职,省级正职级	0911	科级正职,乡级正职,主任科员:十一级
0303	部级正职,省级正职:三级	0912	科级正职,乡级正职,主任科员:十二级
0304	部级正职,省级正职:四级	1000	科级副职,乡级副职,副主任科员级
0400	部级副职,省级副职级	1009	科级副职,乡级副职,副主任科员:九级
0404	部级副职,省级副职:四级	1010	科级副职,乡级副职,副主任科员:十级
0405	部级副职,省级副职:五级	1011	科级副职,乡级副职,副主任科员:十一级
0500	司级正职,厅级正职,巡视员级	1012	科级副职,乡级副职,副主任科员:十二级
0505	司级正职,厅级正职,巡视员:五级	1013	科级副职,乡级副职,副主任科员:十三级
0506	司级正职,厅级正职,巡视员:六级	1100	科员级
0507	司级正职,厅级正职,巡视员:七级	1109	科员:九级
0600	司级副职,厅级副职,副巡视员级	1110	科员:十级
0606	司级副职,厅级副职,副巡视员:六级	1111	科员:十一级
0607	司级副职,厅级副职,副巡视员:七级	1112	科员:十二级
0608	司级副职,厅级副职,副巡视员:八级	1113	科员:十三级
0700	处级正职,县级正职,调研员级	1114	科员:十四级
0707	处级正职,县级正职,调研员:七级	1200	办事员级
0708	处级正职,县级正职,调研员:八级	1210	办事员:十级
0709	处级正职,县级正职,调研员:九级	1211	办事员:十一级
0710	处级正职,县级正职,调研员:十级	1212	办事员:十二级
0800	处级副职,县级副职,副调研员级	1213	办事员:十三级
0808	处级副职,县级副职,副调研员:八级	1214	办事员:十四级
0809	处级副职,县级副职,副调研员:九级	1215	办事员:十五级

A.7 职务变动类别代码

代　码	名　称	代　码	名　称
11	新定职	36	保留原级别任职
21	按期逐级晋升	37	挂职
22	提前逐级晋升	38	平级转任
23	越一级晋升	41	免减兼职
24	越二级及二级以上晋升	42	全免现职
25	未免原职务、晋升新职务	43	免去挂职
31	同职连任	51	降一级任职
32	延长任职	52	降二级任职
33	平级增职	53	降三级任职
34	向下兼职	99	其他
35	平级调任		

A.8 当前任职状态代码

代码	名称	代码	名称
1	不在任	2	在任

A.9 免职方式代码

代码	名称	代码	名称
1	落选	4	届满
2	解聘	9	其他
3	罢免		

A.10 免职、辞职原因代码

代码	名称	代码	名称
1	自然免职类	31	因出国不归撤职
11	任新职免原职	32	因受处分撤职
12	离休免职	33	因故罢免
13	退休免职	34	因判刑撤销职务
14	到龄免职	3Z	其他原因撤职
15	届满免职	4	降职
16	单位撤销免职	41	因故停职
17	单位变更免职	42	因工作需要降职
18	挂职终止	43	因受处分降职
1A	去世	44	考核不称职降职
1B	牺牲	4Z	其他原因降职
1Z	其他自然免职	5	辞职
2	因故免职类	51	因公辞职
21	因病免职	52	自愿辞职
22	因离职学习免职	53	引咎辞职
23	因调出免职	54	责令辞职
2Z	其他因故免职	5Z	其他原因辞职
3	撤职类		

A.11 取得资格途径代码

代码	名称	代码	名称
1	评审	3	特批
2	考试	9	其他

A.12 聘任情况代码

代码	名称	代码	名称
1	聘任	3	缓聘
2	不聘	9	其他

A.13 国家职业资格(工人技术等级)代码

代码	名称	代码	名称
1	职业资格一级(高级技师)	4	职业资格四级(中级)
2	职业资格二级(技师)	5	职业资格五级(初级)
3	职业资格三级(高级)		

A.14 进出状态代码

代码	名称	代码	名称
1	进入本单位	3	内部变动
2	离开本单位		

A.15 流动类别代码

代码	名称	代码	名称
17	招收录用	34	挂职锻炼
18	招聘	35	职位轮岗
30	考试录用	36	回避
31	调任	86	辞职
32	转任	99	其他
33	轮换		

A.16 流动原因代码

代码	名称	代码	名称
01	支援国家重点建设项目	12	人员调整安置
02	加强国家重点建设部门	13	调整所学非所用
03	支援边远地区	21	解决夫妻分居
04	加强乡镇一级党政机关	22	照顾家庭困难
05	充实基层生产第一线	31	落实政策
11	机构调整	99	其他

A.17 政治面貌异常类别代码

代码	名称	代码	名称
01	入团转党	31	自动脱党
02	重新入党	32	除名
11	延期转正	33	取消预备党员资格
21	未予登记	34	开除党籍
22	暂缓登记	99	其他

A.18 考核类别代码

代码	名称	代码	名称
1	平时考核	3	特定考核
2	年度考核		

A.19 考核结论代码

代码	名称	代码	名称
1	优秀	4	不称职
2	称职	5	不确定考核等级
3	基本称职		

A.20 奖惩类别代码

代码	名称	代码	名称
1	奖励	3	处分
2	荣誉称号		

A.21 国家公务员奖励代码

代码	名称	代码	名称
1501	嘉奖	1504	一等功
1502	三等功	1505	授予荣誉称号
1503	二等功		

A.22 国家公务员纪律处分代码

代码	名称	代码	名称
61	警告	64	降级
62	记过	65	撤职
63	记大过	66	开除

A.23 奖惩原因代码

代码	名称	代码	名称
1	奖励原因	211	组织、参加反对党的理论、政策等集会、游行、示威活动
111	忠于职守,积极工作,成绩显著	212	组织、领导会道门或者邪教组织
112	遵守纪律,廉洁奉公,作风正派,办事公道,模范作用突出	213	挑拨民族关系制造事端或者参加民族分裂活动
121	在工作中有发明创造或者提出合理化建议,取得显著经济效益或者社会效益	22	违反组织、人事纪律的行为
122	为增进民族团结、维护社会稳定做出突出贡献	221	违反干部选拔任用规定
123	爱护公共财产,节约国家资财有突出成绩	222	违反民主集中制原则
131	防止或者消除事故有功,使国家和人民群众利益免受或者减少损失	223	下级党组织拒不执行上级党组织决定
		224	拒绝执行上级依法作出的决定和命令
132	在抢险、救灾等特定环境中奋不顾身,做出贡献	225	旷工或者因公外出、请假期满无正当理由逾期不归
133	同违法违纪行为作斗争有功绩	23	违反廉洁自律规定的行为
141	在对外交往中为国家争得荣誉和利益	231	非法占有非本人经管的国家、集体和个人财物
199	有其他突出功绩		
2	处分原因	232	占用公物归个人使用
21	违反政治纪律的行为	233	接受礼品馈赠不登记交公

续表

代码	名称	代码	名称
234	利用职务便利为他人谋取利益	284	违反劳动管理法律、法规
235	违反有关规定从事营利活动	285	隐匿、毁弃或非法开拆他人邮件、信件
24	贪污贿赂行为	286	干涉他人婚姻自由
241	侵吞、窃取、骗取或者以其他手段非法占有公共财物	287	诬告陷害他人
		29	严重违反社会主义道德的行为
242	索取或者收受他人财物	291	弄虚作假，骗取荣誉
243	向他人行贿	292	生活作风问题，造成不良影响
25	破坏社会主义经济秩序的行为	293	拒不承担抚养教育义务或者赡养义务
251	进行走私	294	国家财产和人民群众生命财产受到严重威胁时，能救而不救
252	挪用单位资金归个人使用或者借贷给他人		
253	违反规定经商办企业	2A	妨害社会管理秩序的行为
254	不履行法定纳税义务	2A1	进行色情活动
255	虚开、伪造、非法出售、购买增值税专用发票	2A6	违反规定吸食、注射毒品、精神药品等违禁品
26	违反财经纪律的行为		
261	隐瞒、截留、坐支应当上交国家的财政收入	2A7	侵犯公私财产
262	骗取国家财政拨款、退税款或者补贴	2A8	以营利为目的聚众赌博
263	不按规定核拨国家财政经费、资金	2A9	妨碍党和国家公务人员依法执行公务
264	个人借用公款超过六个月不还	2AA	扰乱和破坏生产、交通、工作
265	以个人名义存储公款	2AB	违反法规超计划生育
266	违反规定擅自开设银行帐户	2AC	包庇犯罪分子
267	违反规定为他人提供担保	2B	违反外事纪律的行为
268	造成国有资产流失	2B1	在对外交往中损害国家荣誉和利益
269	违反政府采购和招投标法律、法规	2Z	其他
27	失职、渎职的行为	2Z1	缺乏革命意志等
271	在工作中不履行或者不正确履行职责	2Z11	缺乏革命意志
272	强令他人履行非法定义务	2Z12	不履行党员义务
273	因工作不负责任致使所属人员叛逃	2Z13	不符合党员条件
274	丢失秘密文件资料或者泄露党和国家秘密	2Z2	“三不”党员
28	侵犯党员权利、公民权利的行为	2Z21	连续六个月不参加党的组织生活
281	对批评、检举、控告进行阻挠、压制等	2Z22	连续六个月不交纳党费
282	侵犯党员或公民的选举权、被选举权、表决权	2Z23	不做党所分配的工作
283	侵犯他人人身权利		

A.24 （教育）培训、进修性质代码

代码	名称	代码	名称
1	培训	2	进修

A.25 学习方式代码

代码	名称	代码	名称
1	全脱产（离岗）	3	不脱产（不离岗）
2	半脱产（半离岗）		

A.26 在学单位类别代码

代码	名称	代码	名称
1	全日制学校	6	机关
11	全日制小学	61	中央国家机关
12	全日制中学	62	省级机关
13	全日制中专	63	地、市级机关
14	全日制高等学校	64	县级机关
2	成人教育培训机构	65	乡、镇机关
21	职工大学	7	党校
22	职工夜大学	71	中央党校
24	业余大学	72	省委党校
25	函授学校	73	地、市委党校
26	刊授学校	74	县委党校
27	广播电视教学	75	乡、镇党校
28	自学考试	76	企业党校
2B	管理干部学院	77	高等院校党校
2C	干校	79	其他基层党校
2D	干训班	8	军队(武警)院校
2E	工训班	81	军队(武警)高等学校
2F	培训中心	82	军队(武警)中等专科学校
3	事业单位	83	军队(武警)党校
31	研究所(院)	84	军队(武警)科研机构
32	研究中心	85	军队(武警)医院
34	医院	9	其他
39	其他事业单位	91	中央社会主义学院
4	行政学院	92	省级社会主义学院
41	国家行政学院	93	地、市级社会主义学院
42	省行政学院	95	学会(协会)
49	其他行政学院(校)	99	其他
5	企业		

A.27 教育培训结果代码

代码	名称	代码	名称
1	毕业	3	未结业
2	结业	4	肄业

A.28 经费来源代码

代码	名称	代码	名称
1	国家出资	4	自费
2	单位出资	9	其他
3	外方资助		

A.29　科技项目类别代码

代　码	名　称	代　码	名　称
0	国际项目	21	省、部级重点项目
01	国际合作研究项目	29	省、部级其他项目
1	国家科技计划项目	3	地、市项目
11	863 计划项目	31	地、市级重点项目
12	国家科技支撑计划项目	39	地、市级其他项目
13	973 计划项目	6	军队项目
14	研究开发条件建设计划项目	61	全军项目
141	国家重点实验室计划项目	611	全军重点项目
142	国家重大科学工程项目	619	全军其他项目
143	国家工程技术研究中心项目	62	大军区、军兵种级项目
144	中央级科研院所科技基础性工作专项	621	大军区、军兵种级重点项目
145	中央级科研院所社会公益研究专项	629	大军区、军兵种级其他项目
146	国际合作重点项目	63	军级项目
147	国家软科学研究计划项目	631	军级重点项目
15	科技产业化环境建设项目	639	军级其他项目
151	星火计划项目	64	师级项目
152	火炬计划项目	641	师级重点项目
153	科技成果重点推广计划项目	649	师级其他项目
154	国家重点新产品计划项目	65	团级项目
155	科技型中小企业技术创新基金项目	651	团级重点项目
156	农业科技成果转化资金项目	659	团级其他项目
157	科技兴贸行动计划项目	7	合同项目
158	生产力促进中心项目	8	自选项目
159	科研院所技术开发研究专项资金项目	9	其他项目
2	省、部项目		

A.30　项目中担任角色代码

代　码	名　称	代　码	名　称
11	独立完成	42	主编
12	主持	43	副主编
13	主要参加	44	常务副主编
14	一般参加	45	分科主编
21	独著	46	分科副主编
22	独编著	51	编辑顾问
23	合著	52	责任编辑
24	合编著	53	编者
31	独译	61	责任校对
32	合译	62	主校
33	独译编	63	校阅
34	合译编	64	审校
35	译校	65	审定
36	译审	66	编审
41	独编	99	其他

A.31 成果水平代码

代码	名称	代码	名称
1	国际领先	5	省(部)先进
2	国际先进	6	军内先进
3	国内领先	9	一般水平
4	国内先进		

A.32 工资变动原因代码

代码	名称	代码	名称
01	普调升级	22	工资集体转制
02	正常升级	23	军人转业复退
03	奖励升级	24	调动工作
04	处分降级	31	工资改革
11	职务变动	32	提高工资标准
12	职称工资兑现	33	调整工资区
13	见习、临时工资	41	落实政策
14	定级工资	42	离退休
15	考工升级	99	其他
21	工资套改		

A.34 保险福利费用细目代码

代码	名称	代码	名称
01	职工丧葬抚恤救济费	53	退休金
02	职工生活困难补助	54	退职生活费
03	职工计划生育补贴	55	离退人员医疗卫生费
11	职工医疗卫生费	56	护理费
12	职工文体宣传费	57	生活补贴
13	职工集体福利事业补贴费	58	离休人员交通费补贴
14	职工集体福利设施费	59	离休人员丧葬抚恤救济费
16	职工冬季取暖补贴	60	离休人员冬季取暖补贴
19	职工个人其他保险福利费用	61	离休人员物价补贴
51	职工集体保险福利其他费用	99	离退人员保险福利其他费用
52	离休金		

A.35 军衔、警衔等代码

代码	名称	代码	名称
1.当前实行的			
1	军衔	132	上校
12	将官	133	中校
122	上将	134	少校
123	中将	14	尉官
124	少将	142	上尉
13	校官	143	中尉
131	大校	144	少尉

续表

代码	名称	代码	名称
15	士官	323	三级关务督察
151	六级士官	33	关务督办
152	五级士官	331	一级关务督办
153	四级士官	332	二级关务督办
154	三级士官	333	三级关务督办
155	二级士官	34	关务员
156	一级士官	341	一级关务员
17	士兵	342	二级关务员
171	上等兵	4	法官等级
172	列兵	40	首席大法官
18	学员衔	401	首席大法官
19	未授衔	41	大法官
2	警衔	411	一级大法官
20	总警监	412	二级大法官
201	总警监	42	高级法官
202	副总警监	421	一级高级法官
21	警监	422	二级高级法官
211	一级警监	423	三级高级法官
212	二级警监	424	四级高级法官
213	三级警监	43	法官
22	警督	431	一级法官
221	一级警督	432	二级法官
222	二级警督	433	三级法官
223	三级警督	434	四级法官
23	警司	435	五级法官
231	一级警司	5	检察官等级
232	二级警司	50	首席大检察官
233	三级警司	501	首席大检察官
24	警员	51	大检察官
241	一级警员	511	一级大检察官
242	二级警员	512	二级大检察官
3	海关关衔	52	高级检察官
30	海关总监	521	一级高级检察官
301	海关总监	522	二级高级检察官
302	海关副总监	523	三级高级检察官
31	关务监督	524	四级高级检察官
311	一级关务监督	53	检察官
312	二级关务监督	531	一级检察官
313	三级关务监督	532	二级检察官
32	关务督察	533	三级检察官
321	一级关务督察	534	四级检察官
322	二级关务督察	535	五级检察官
2.曾经实行的			
110	中华人民共和国大元帅	121	一级上将
111	中华人民共和国元帅	141	大尉
120	大将	145	准尉

A.36 人事档案版本类型代码

代码	名称	代码	名称
1	无档案	6	正本、副本
2	正本	7	正本、缩微胶片
3	副本	8	副本、缩微胶片
4	缩微胶片	9	其他
5	正本、副本、缩微胶片		

A.37 企业规模代码

代码	名称	代码	名称
1	大型企业	3	小型企业
2	中型企业		

A.38 录聘情况代码

代码	名称	代码	名称
1	聘用	4	军转安置
2	考试	5	招聘
3	国家统一分配	9	其他

A.39 进入跨地域标识代码

代码	名称	代码	名称
1	跨省(市)	3	跨县(市)
2	跨地(市)	9	其他

A.40 特殊项标识代码

代码	名称	代码	名称
10	全国人大代表	22	地(市)政协委员
11	省人大代表	23	县(市)政协委员
12	地(市)人大代表	30	学部委员
13	县(市)人大代表	41	中科院院士
20	全国政协委员	42	工程院院士
21	省政协委员	90	其他

A.41 降职原因代码

代码	名称	代码	名称
1	不称职	4	机构合并精减
2	本人要求降职	9	其他
3	不胜任现职		

A.42 调动状态代码

代码	名称	代码	名称
1	组织调动	9	其他
2	个人申请调动		

A.43 培训类别代码

代码	名称	代码	名称
1	初任培训(新录用人员培训)	4	在职培训
2	任职培训(晋升培训)	5	专业技术培训
3	专门业务培训	9	其他培训

A.44 论文、著作标识代码

代码	名称	代码	名称
1	论文	3	编译
2	著作		

A.45 备注代码

代码	名称	代码	名称
1	独立完成	2	合作完成

A.46 学术团体层次代码

代码	名称	代码	名称
1	国际学术团体	3	省市、部委级学术团体
2	国家级学术团体	4	地(市)级学术团体

A.47 培养研究生类别代码

代码	名称	代码	名称
1	博士生	3	研究生班
2	硕士生	9	其他

A.48 工资标准类型代码

代码	名称	代码	名称
01	高教、科研人员专业技术职务等级工资标准	10	图书、文物、博物专业人员专业技术职务等级工资标准
02	中小学教师专业技术职务等级工资标准	11	体育教练员专业技术职务等级工资标准
03	中专、技校教师专业技术职务等级工资标准	12	地质、测绘野外工程技术人员专业技术职务岗位工资标准
04	卫生技术人员专业技术职务等级工资标准	13	船员专业技术职务岗位工资标准
05	工程技术人员专业技术职务等级工资标准	14	艺术表演人员艺术结构工资标准
06	农业技术人员专业技术职务等级工资标准	15	体育运动员体育津贴、奖金标准
07	经济、会计、统计专业人员专业技术职务等级工资标准	16	行员等级工资标准
08	新闻、出版、广播电视专业人员专业技术职务等级工资标准	17	职员职务等级工资标准
09	翻译专业人员专业技术职务等级工资标准	18	技术工人技术等级工资标准
		19	普通工人等级工资标准

A.49 附属关系代码

代码	名称	代码	名称
1	国务院直属局	3	省、厅下局
2	部委管理的国家局	9	其他

A.50 拨款形式代码

代码	名称	代码	名称
1	全额拨款	3	自收自支
2	差额拨款		

A.51 劳动合同制用人形式代码

代码	名称	代码	名称
1	有固定合同期限的从业人员	3	以完成一定的工作为合同期限的从业人员
2	无固定合同期限的从业人员	9	其他劳动合同期限的从业人员

A.53 职务类别代码

代码	名称	代码	名称
1	党内职务	4	社会团体职务
2	行政职务	9	其他
3	民主党派职务		

A.54 单位级别代码

代码	名称	代码	名称
101	中央、国家级(正)	233	副兵团级
102	中央、国家级(副)	241	正军级
103	省、部级	243	副军级
104	副省、副部级	251	正师级
105	地、厅、司、局级	253	副师(正旅)级
106	副地、副厅、副司、副局级	261	正团(副旅)级
107	县、处级	263	副团级
108	副县、副处级	271	正营级
109	乡、科级	273	副营级
110	副乡、副科级	281	正连级
111	股级	283	副连级
180	大行政区(军政委员会)	290	排级
200	中央军委级	2A0	班级
210	解放军总部级	600	国际组织、机构
221	大军区正级	700	外国组织、机构
223	大军区副级	800	无级别
231	正兵团级	999	其他

A.55 掌握语种水平级别代码

代码	名称	代码	名称
1	一级	5	五级
2	二级	6	六级
3	三级	7	七级
4	四级	8	八级

A.56 单位性质代码

代码	名称	代码	名称
1	机关	144	政协部门党组
10	党委机关	145	政协部门的机关党委
101	党委班子(指中央、省、地、市、县、区、乡等党委班子)	146	政协部门内设机构
		149	政协机关内其他机构
102	党委部门	15	法检机关
105	党委部门的机关党委	151	法检班子(指中央、省、地、市、县、区等法检班子)
106	党委部门内设机构		
109	党的机关内其他机构	152	法检部门
11	党的纪检机关	153	法检部门党委
111	党的纪检班子(指中央、省、地、市、县、区等纪检班子)	154	法检部门党组
		155	法检部门的机关党委
112	党的纪检部门	156	法检部门内设机构
115	党的纪检部门的机关党委	159	法检机关内其他机构
116	党的纪检部门内设机构	16	人民团体机关
119	党的纪检机关内其他机构	161	人民团体班子
12	政府机关	162	人民团体部门
121	政府班子(指中央、省、地、市、县、区、乡等政府班子)	163	人民团体部门党委
		164	人民团体部门党组
122	政府部门	165	人民团体的机关党委
123	政府部门党委	166	人民团体部门内设机构
124	政府部门党组	169	人民团体机关内其他机构
125	政府部门的机关党委	17	民主党派机关
126	政府部门内设机构	171	民主党派班子
129	政府机关内其他机构	172	民主党派部门
13	人大机关	176	民主党派部门内设机构
131	人大班子(指中央、省、地、市、县、区等人大班子)	179	民主党派机关内其他机构
		19	其他机关
132	人大部门	4	事业单位
133	人大部门党委	401	全额拨款事业单位
134	人大部门党组	402	差额拨款事业单位
135	人大部门的机关党委	403	自收自支事业单位
136	人大部门内设机构	499	其他事业单位
139	人大机关内其他机构	5	企业
14	政协机关	511	国有企业
141	政协班子(指中央、省、市、县等政协班子)	512	国有联营企业
142	政协部门	521	集体企业
143	政协部门党委	522	集体联营企业

续表

代　码	名　称	代　码	名　称
531	私营独资企业	7	军队
532	私人合伙企业	70A	兵团以上机关
533	私营有限责任公司	70B	兵团以上机关附属单位
551	国有与集体联营企业	70C	军机关
552	国有与私人联营企业	70D	军机关附属单位
553	集体与私人联营企业	70E	师、团机关及附属单位
554	国有、集体与私人联营企业	70F	营以下部队
561	股份有限公司	70G	省军区系统
562	有限责任公司	70H	卫戍区、警备区系统
571	中外合资经营企业	70J	军队院校
572	中外合作经营企业	70K	军队医院、疗养院
573	外资企业	70L	后勤分部
581	与港、澳、台合资经营企业	70M	军队仓库
582	与港、澳、台合作经营企业	70N	军队科研机构
583	港、澳、台独资企业	70P	军队干休所
591	租赁企业	70Z	军队其他单位
599	其他企业	8	宗教团体
6	社会团体	9	其他单位
601	学术性社会团体	91	民办非企业
602	专业性社会团体	92	个体工商户
603	行业性社会团体	921	城镇个体工商户
604	联合性社会团体	922	乡镇个体工商户
699	其他社会团体	999	其他单位

A.57 工资类别代码

代　码	名　称	代　码	名　称
10	行政机关	24	普通工人
11	公务员	25	试用期行政管理人员
13	技术工人	26	见习期专业技术人员
14	普通工人	27	学徒期技术工人
15	试用期公务员	28	熟练期普通工人
17	学徒期技术工人	30	企业
18	熟练期普通工人	40	部队
20	事业单位	50	行员
21	职员	55	行员试用期
22	专业技术	60	运动员
23	技术工人	90	其他

A.58 工资级别代码

代　码	名　称	代　码	名　称	代　码	名　称
01	一级	06	六级	11	十一级
02	二级	07	七级	12	十二级
03	三级	08	八级	13	十三级
04	四级	09	九级	14	十四级
05	五级	10	十级	15	十五级

A.59 职务工资档次代码

代码	名称	代码	名称
01	一档	08	八档
02	二档	09	九档
03	三档	10	十档
04	四档	11	十一档
05	五档	12	十二档
06	六档	13	十三档
07	七档	14	十四档

A.61 主办单位性质代码

代码	名称	代码	名称
01	高等院校	09	军队院校
02	研究院所	10	管理干部学院
03	企业	21	国家行政学院
04	学术团体	23	地方行政学院
05	政府	25	各级党校
06	干校	99	其他培训机构
07	党校		

A.62 离休、退休类别代码

代码	名称	代码	名称
1	离休	7	工作年限满三十年退休
2	退休	8	距国家规定的退休年龄不足五年，且工作年限满二十年退休
3	退职		
4	因病退休	9	符合国家规定的可以提前退休的其他情形的
5	特殊工种退休		
6	工伤退休		

A.63 专家类别代码

代码	名称	代码	名称
1	国家级高层次专业技术人才	19	国家级其他高层次专业技术人才
11	中央直接掌握联系的高级专家	2	省部级专业技术人才
12	院士	21	省部级有突出贡献专家
121	中国科学院院士	29	省部级其他专业技术人才
122	中国工程院院士	3	地市级专业技术人才
123	外国科学院院士	31	地市级有突出贡献专家
124	社科学部委员	39	地市级其他专业技术人才
13	国家有突出贡献的中青年专家	4	县级专业技术人才
14	享受政府特殊津贴专家	41	县级有突出贡献专家
15	百千万人才工程一、二级人选	49	县级其他专业技术人才
16	长江学者奖励计划人选	5	解放军专业技术人才
17	百人计划人选	51	全军有突出贡献专家
18	国家级科学技术奖励二等奖及以上获得者	52	大军区级有突出贡献专家
		53	军级有突出贡献专家

续表

代码	名称	代码	名称
54	师级有突出贡献专家	92	留学回国专家
55	团级有突出贡献专家	93	海外专家
9	其他专业技术人才	99	其他专业技术人才
91	来(回)华定居专家		

A.64 流动方向代码

代码	名称	代码	名称
11	单位领导体制变化增加的	33	从省外非政府机关调入
12	从地方单位调进的	34	从政府及党群机关调入
13	从中央国家机关系统调进的	35	从省内政府及党群机关调入
14	从中央党群系统调进的	36	从省外政府及党群机关调入
15	机关改为事企业单位	41	国有事企业单位工人调入
16	从本系统内调进的	42	部门内国有事企业单位调入
17	从中央单位调进的	43	部门外国有事企业单位调入
18	从外省单位调进的	44	省内国有事企业单位调入
19	从省内党群系统调进的	45	省外国有事企业单位调入
21	单位领导体制变化减少的	51	调往政府及党群机关
22	调往地方单位的	52	调往非政府机关
23	调往中央国家机关系统的	53	调往省内政府及党群机关
24	调往中央党群系统的	54	调往省外政府及党群机关
25	事企业单位改为机关	55	调往省内非政府机关调入
26	调往本系统单位的	56	调往省外非政府机关调入
27	调往中央单位的	61	调到部门内国有事企业单位
28	调往外省单位的	62	调到部门外国有事企业单位
29	调往省内党群系统的	63	调到省内国有事企业单位
31	从非政府机关调入	64	调到省外国有事企业单位
32	从省内非政府机关调入	99	其他

A.66 未参加考核原因代码

代码	名称	代码	名称
10	病假	22	因私出国
20	事假	30	因个人原因不参加考核
21	脱产学习	90	其他

A.67 试用类别代码

代码	名称	代码	名称
1	试用	7	延长试用期
3	录用	9	其他
5	取消录用		

A.68 时间期限代码

代码	名称	代码	名称
01	不满一个月	13	二年至不满三年
03	一个月至不满二个月	15	三年至不满四年
05	二个月至不满三个月	17	四年至不满五年
07	三个月至不满半年	19	五年至不满十年
09	半年至不满一年	21	十年以上
11	一年至不满二年		

A.69 职务属性代码

代码	名称	代码	名称
10	领导职务	31	非领导职务正职
11	领导职务正职	32	非领导职务助理职
12	领导职务副职	33	特殊岗位非领导职务
30	非领导职务	90	相当职务

A.70 调整交流类别代码

代码	名称	代码	名称
1	调任	23	本机关内转任
11	从国有企业单位调入	3	挂职锻炼
12	从国有事业单位调入	31	到下级机关挂职
13	从人民团体和群众团体调入	32	到上级机关挂职
2	转任	33	到其他地区机关挂职
21	跨地区转任	34	到国有企业事业单位挂职
22	跨部门转任	39	其他方式挂职

A.71 调整交流情况代码

代码	名称	代码	名称
01	地区之间	11	到基层单位
02	部门之间	12	到企事业单位
03	中央与地方之间		

A.72 监察机关直接给予的标识代码

代码	名称	代码	名称
1	监察机关直接给予的标识	9	其他

A.73 回避类别代码

代码	名称	代码	名称
1	公务回避	3	地区回避
2	任职回避		

A.74 人员分流去向代码

代码	名称	代码	名称
1	参加学习培训	6	到龄离休退休
2	提前离岗	7	达到年限退休
3	到其他机关	8	自谋职业
4	到国有事企业单位	9	其他
5	到非国有事企业单位		

A.75 回避交流标识代码

代码	名称	代码	名称
1	回避		

A.76 辞职去向代码

代码	名称	代码	名称
1	到国有事业单位	4	出国出境
2	到国有企业单位	9	其他
3	到三资企业		

A.77 辞退原因代码

代码	名称
1	在年度考核中,连续两年被确定为不称职
2	不胜任现职工作,又不接受其他安排
3	因所在机关调整、撤销、合并或者缩减编制员额需要调整工作,本人拒绝合理安排
4	不履行公务员义务,不遵守公务员纪律,经教育仍无转变,不适合继续在机关工作,又不宜给予开除处分
5	旷工或者因公外出、请假期满无正当理由逾期不归连续超过十五天,或者一年内累计超过三十天

A.78 上岗方式代码

代码	名称	代码	名称
1	年度内公开选拔上岗	2	年度内竞争上岗

A.79 岗位变化情况代码

代码	名称	代码	名称
1	上岗	9	其他
2	分流		

A.80 任职情况代码

代码	名称	代码	名称
1	平级交流	3	降级交流
2	提拔交流	9	其他

A.81 职务工资变动原因代码

代码	名称	代码	名称
1	职务晋升	9	其他
2	两年考核合格正常晋档		

A.82 级别工资变动原因代码

代码	名称	代码	名称
10	职务晋升	30	连续三年考核优秀
20	连续五年考核合格	31	连续三年考核优秀晋升一级
21	连续五年考核合格晋升一级	32	连续三年考核优秀倒级差
22	连续五年考核合格倒级差	90	其他

A.83 工资变动类型

代码	名称	代码	名称
1	级别工资变动	4	岗位工资变动
2	职务工资变动	9	其他变动
3	基础工资变动		

A.84 有效证件类别代码

代码	名称	代码	名称
1	居民身份证	6	香港特区护照/身份证明
2	军官证	7	澳门特区护照/身份证明
3	士兵证	8	台湾居民来往大陆通行证
4	文职干部证	9	境外永久居住证
5	部队离退休证	Z	其他

A.86 退出现役时职务(级别)

代码	名称	代码	名称
801A	参谋长	814B	副旅长
801B	副参谋长	815A	团长
801J	参谋长助理	815B	副团长
802Q	总参谋长	816A	营长
802R	副总参谋长	816B	副营长
802J	总参谋长助理	817A	连长
803A	参谋	817B	副连长
810A	司令员	818A	排长
810B	副司令员	818B	副排长
811A	军长	819A	班长
811B	副军长	819B	副班长
812A	师长	6101	军委主席职
812B	副师长	6102	军委副主席职
814A	旅长	6106	军委委员职

续表

代码	名称	代码	名称
6121	正大军区职	6163	副团职
6123	副大军区职	6171	正营职
6141	正军职	6173	副营职
6143	副军职	6181	正连职
6151	正师职	6183	副连职
6153	副师职(正旅职)	6191	正排职
6161	正团职(副旅职)		

A.87 控制(控股)情况代码

代码	名称	代码	名称
1	公有经济控制	21	私有经济控制
11	国有经济控制	22	港澳台经济控制
12	集体经济控制	23	外商经济控制
2	非公有经济控制		

A.88 退出现役军人(武警)标识

代码	名称	代码	名称
1	转业军官、警官	5	转业士官
2	转业文职干部	6	复员士官
3	复员军官、警官	7	退伍士兵
4	复员文职干部		

A.89 标识码

代码	名称	代码	名称
0	否	1	是

A.90 进入公务员队伍方式

代码	名称	代码	名称
1	当选	5	公开选拔
2	录用	6	聘任
3	军转安置	9	其他
4	调入		

A.91 教育类别

代码	名称	代码	名称
1	全日制教育	2	在职教育

A.92 专业技术职务变动类别代码

代码	名称	代码	名称
11	见习期,未定职	61	违法违纪,提前解聘
12	见习期满定职	62	考核不称职,提前解聘
21	提前晋升上一级职务	63	重大工作失误,提前解聘
22	越级晋升上一级职务	64	造成重大损失,提前解聘
23	聘期满晋升上一级职务	70	其他解聘
31	聘期满原职务续聘	71	因辞职、辞退、开除等解聘
32	聘期满不再续聘(缓聘)	72	因调出解聘
41	聘任低一级职务(低聘)	73	因离退解聘
60	聘期不满,提前解聘	74	因死亡解聘

A.93 交流去向代码

代码	名称	代码	名称
1	单位内部	242	中部地区
1001	单位内部	2421	河北省所属单位
2	单位外部	2422	山西省所属单位
21	中央单位	2423	吉林省所属单位
2101	中央机关单位	2424	黑龙江省所属单位
2102	中央企事业单位	2425	安徽省所属单位
21021	中央事业单位	2426	江西省所属单位
21022	中央企业单位	2427	河南省所属单位
2199	中央其他单位	2428	湖北省所属单位
22	省内其他单位	2429	湖南省所属单位
2201	省内机关单位	243	西部地区
2202	省内企事业单位	2431	内蒙古自治区所属单位
22021	省内事业单位	2432	广西壮族自治区所属单位
22022	省内企业单位	2433	重庆市所属单位
2299	省内其他单位	2434	四川省所属单位
24	外省单位	2435	贵州省所属单位
241	东部地区	2436	云南省所属单位
2411	北京市所属单位	2437	西藏自治区所属单位
2412	天津市所属单位	2438	陕西省所属单位
2413	辽宁省所属单位	2439	甘肃省所属单位
2414	上海市所属单位	243A	青海省所属单位
2415	江苏省所属单位	243B	宁夏回族自治区所属单位
2416	浙江省所属单位	243C	新疆维吾尔自治区所属单位
2417	福建省所属单位	244	台湾省所属单位
2418	山东省所属单位	245	香港特别行政区所属单位
2419	广东省所属单位	246	澳门特别行政区所属单位
241A	海南省所属单位		

A.94 交流原因代码

代码	名称	代码	名称
1	培养性交流	4	回避交流
2	任职满10年	9	其他交流
3	改善领导班子结构		

A.95 公务员登记标识

代码	名称	代码	名称
1	登记	3	不予登记
2	暂缓登记	9	其他

A.96 列入公务员法实施范围管理类别标识

代码	名称	代码	名称
1	中国共产党各级机关人员	5	各级审判机关人员
2	各级人民代表大会及其常务委员会机关人员	6	各级检察机关人员
3	各级行政机关人员	7	各民主党派和工商联的各级机关人员
4	中国人民政治协商会议各级委员会机关人员		

A.97 历史事件代码

代码	名称	代码	名称
101	中国共产党第一次全国代表大会	1083	中共八届三中全会
102	中国共产党第二次全国代表大会	1084	中共八届四中全会
103	中国共产党第三次全国代表大会	1085	中共八届五中全会
104	中国共产党第四次全国代表大会	1086	中共八届六中全会
105	中国共产党第五次全国代表大会	1087	中共八届七中全会
106	中国共产党第六次全国代表大会	1088	中共八届八中全会
1061	中共六届一中全会	1089	中共八届九中全会
1062	中共六届二中全会	108A	中共八届十中全会
1063	中共六届三中全会	108B	中共八届十一中全会
1064	中共六届四中全会	108C	中共八届十二中全会
1065	中共六届五中全会	109	中国共产党第九次全国代表大会
1066	中共六届六中全会	1091	中共九届一中全会
1067	中共六届七中全会	1092	中共九届二中全会
107	中国共产党第七次全国代表大会	110	中国共产党第十次全国代表大会
1071	中共七届一中全会	1101	中共十届一中全会
1072	中共七届二中全会	1102	中共十届二中全会
1073	中共七届三中全会	1103	中共十届三中全会
1074	中共七届四中全会	111	中国共产党第十一次全国代表大会
1075	中共七届五中全会	1111	中共十一届一中全会
1076	中共七届六中全会	1112	中共十一届二中全会
108	中国共产党第八次全国代表大会	1113	中共十一届三中全会
1081	中共八届一中全会	1114	中共十一届四中全会
1082	中共八届二中全会	1115	中共十一届五中全会

续表

代　码	名　称	代　码	名　称
1116	中共十一届六中全会	1164	中共十六届四中全会
112	中国共产党第十二次全国代表大会	1165	中共十六届五中全会
1121	中共十二届一中全会	2001	八一南昌起义
1122	中共十二届二中全会	2005	八七会议
1123	中共十二届三全会	2010	古田会议
1124	中共十二届四中全会	2015	红军长征
1125	中共十二届五中全会	2020	遵义会议
1126	中共十二届六中全会	2025	一二九运动
113	中国共产党第十三次全国代表大会	2030	瓦窑堡会议
1131	中共十三届一中全会	2150	庐山会议
1132	中共十三届二中全会	2201	1985 年全国党代表会议
1133	中共十三届三中全会	601	第一届全国人民代表大会
1134	中共十三届四中全会	602	第二届全国人民代表大会
114	中国共产党第十四次全国代表大会	603	第三届全国人民代表大会
1141	中共十四届一中全会	604	第四届全国人民代表大会
1142	中共十四届二中全会	605	第五届全国人民代表大会
1143	中共十四届三中全会	606	第六届全国人民代表大会
1144	中共十四届四中全会	607	第七届全国人民代表大会
1145	中共十四届五中全会	608	第八届全国人民代表大会
1146	中共十四届六中全会	609	第九届全国人民代表大会
115	中国共产党第十五次全国代表大会	610	第十届全国人民代表大会
1151	中共十五届一中全会	801	中国人民政治协商会议第一届全国委员会
1152	中共十五届二中全会	802	中国人民政治协商会议第二届全国委员会
1153	中共十五届三中全会	803	中国人民政治协商会议第三届全国委员会
1154	中共十五届四中全会	804	中国人民政治协商会议第四届全国委员会
1155	中共十五届五中全会	805	中国人民政治协商会议第五届全国委员会
1156	中共十五届六中全会	806	中国人民政治协商会议第六届全国委员会
116	中国共产党第十六次全国代表大会	807	中国人民政治协商会议第七届全国委员会
1161	中共十六届一中全会	808	中国人民政治协商会议第八届全国委员会
1162	中共十六届二中全会	809	中国人民政治协商会议第九届全国委员会
1163	中共十六届三中全会	810	中国人民政治协商会议第十届全国委员会

A.98 历史事件层次代码

代　码	名　称	代　码	名　称
11	全国性事件	23	大军区、军兵种一级事件
12	跨省区域事件	24	军一级事件
13	省、自治区、直辖市一级事件	25	师一级事件
14	地、市一级事件	26	团一级事件
15	县、市一级事件	27	连一级事件
16	乡、镇一级事件	31	国际事件
21	全军性事件	32	外国事件
22	跨大军区、军兵种事件	99	其他

A.99 离退休干部现享受待遇类别代码

代码	名称	代码	名称
1	与离退前级别同等待遇	9	享受上一级住房、医疗待遇
2	享受上一级政治待遇	A	享受上一级住房、用车待遇
3	享受上一级住房待遇	B	享受上一级医疗、用车待遇
4	享受上一级医疗待遇	C	享受上一级政治、住房、医疗待遇
5	享受上一级用车待遇	D	享受上一级政治、住房、用车待遇
6	享受上一级政治、住房待遇	E	享受上一级政治、医疗、用车待遇
7	享受上一级政治、医疗待遇	F	享受上一级住房、医疗、用车待遇
8	享受上一级政治、用车待遇	G	享受上一级政治、住房、医疗、用车待遇

A.100 薪级

代码	名称	代码	名称	代码	名称
01	1级	23	23级	45	45级
02	2级	24	24级	46	46级
03	3级	25	25级	47	47级
04	4级	26	26级	48	48级
05	5级	27	27级	49	49级
06	6级	28	28级	50	50级
07	7级	29	29级	51	51级
08	8级	30	30级	52	52级
09	9级	31	31级	53	53级
10	10级	32	32级	54	54级
11	11级	33	33级	55	55级
12	12级	34	34级	56	56级
13	13级	35	35级	57	57级
14	14级	36	36级	58	58级
15	15级	37	37级	59	59级
16	16级	38	38级	60	60级
17	17级	39	39级	61	61级
18	18级	40	40级	62	62级
19	19级	41	41级	63	63级
20	20级	42	42级	64	64级
21	21级	43	43级	65	65级
22	22级	44	44级		

A.101 公务员工资级别

代码	名称	代码	名称
01	一级	08	八级
02	二级	09	九级
03	三级	10	十级
04	四级	11	十一级
05	五级	12	十二级
06	六级	13	十三级
07	七级	14	十四级

续表

代　码	名　称	代　码	名　称
15	十五级	22	二十二级
16	十六级	23	二十三级
17	十七级	24	二十四级
18	十八级	25	二十五级
19	十九级	26	二十六级
20	二十级	27	二十七级
21	二十一级		

A.102　公务员级别工资档次

代　码	名　称	代　码	名　称
01	一档	08	八档
02	二档	09	九档
03	三档	10	十档
04	四档	11	十一档
05	五档	12	十二档
06	六档	13	十三档
07	七档	14	十四档

A.103　机关工人岗位工资档次

代　码	名　称	代　码	名　称
01	一档	11	十一档
02	二档	12	十二档
03	三档	13	十三档
04	四档	14	十四档
05	五档	15	十五档
06	六档	16	十六档
07	七档	17	十七档
08	八档	18	十八档
09	九档	19	十九档
10	十档		

A.104　机关技术工人技术等级

代　码	名　称	代　码	名　称
1	高级技师	4	中级工
2	技师	5	初级工
3	高级工		

A.105 公务员套改年限

代码	名称	代码	名称
1	3年以下	11	25～27年
2	4～5年	12	28～29年
3	6～7年	13	30～32年
4	8～9年	14	33～34年
5	10～12年	15	35～37年
6	13～14年	16	38～39年
7	15～17年	17	40～42年
8	18～19年	18	43～44年
9	20～22年	19	45～47年
10	23～24年	20	48年以上

A.106 公务员任职年限

代码	名称	代码	名称
1	1～5年	3	11～15年
2	6～10年	4	16年以上

A.107 机关技术工人(普通)套改年限

代码	名称	代码	名称
1	4年以下	10	25～26年
2	5～6年	11	27～29年
3	7～9年	12	30～31年
4	10～11年	13	32～34年
5	12～14年	14	35～36年
6	15～16年	15	37～39年
7	17～19年	16	40～41年
8	20～21年	17	42年以上
9	22～24年		

A.108 机关技术工人任技术等级(职务)年限

代码	名称	代码	名称
1	1～4年	3	9年以上
2	5～8年		

A.109 事业单位管理人员套改年限

代码	名称	代码	名称
1	3年以下	6	10～11年
2	4年	7	12～13年
3	5～6年	8	14年
4	7～8年	9	15～16年
5	9年	10	17～18年

续表

代　　码	名　　称	代　　码	名　　称
11	19 年	20	34 年
12	20～21 年	21	35～36 年
13	22～23 年	22	37～38 年
14	24 年	23	39 年
15	25～26 年	24	40～41 年
16	27～28 年	25	42～43 年
17	29 年	26	44 年
18	30～31 年	27	45～46 年
19	32～33 年	28	47 年以上

A.110　事业单位管理人员任职年限

代　　码	名　　称	代　　码	名　　称
1	3 年以下	5	13 年以上
2	4～6 年	6	13～15 年
3	7～9 年	7	16 年以上
4	10～12 年		

A.111　事业单位管理人员岗位等级

代　　码	名　　称	代　　码	名　　称
01	一级	06	六级
02	二级	07	七级
03	三级	08	八级
04	四级	09	九级
05	五级	10	十级

A.112　事业单位专业技术人员套改年限

代　　码	名　　称	代　　码	名　　称
1	3 年以下	19	32～33 年
2	4 年	20	34 年
3	5～6 年	21	35～36 年
4	7～8 年	22	37～38 年
5	9 年	23	39 年
6	10～11 年	24	40～41 年
7	12～13 年	25	42～43 年
8	14 年	26	44 年
9	15～16 年	27	45～46 年
10	17～18 年	28	47～48 年
11	19 年	29	49 年
12	20～21 年	30	50～51 年
13	22～23 年	31	52～53 年
14	24 年	32	54 年
15	25～26 年	33	55～56 年
16	27～28 年	34	57～58 年
17	29 年	35	59 年以上
18	30～31 年		

A.113 事业单位专业技术人员任职年限

代码	名称	代码	名称
01	2年以下	10	21年以上
02	3～4年	11	11年以上
03	5～6年	12	3年以下
04	7～8年	13	4～6年
05	9～10年	14	7～9年
06	11～12年	15	10～12年
07	13年以上	16	13～15年
08	15年以下	17	16年以上
09	16～20年	18	21年以上

A.114 事业单位专业技术人员岗位等级

代码	名称	代码	名称
01	一级	08	八级
02	二级	09	九级
03	三级	10	十级
04	四级	11	十一级
05	五级	12	十二级
06	六级	13	十三级
07	七级		

A.115 事业单位技术工人套改年限

代码	名称	代码	名称
1	4年以下	13	23～24年
2	5年	14	25年
3	6～7年	15	26～27年
4	8～9年	16	28～29年
5	10年	17	30年
6	11～12年	18	31～32年
7	13～14年	19	33～34年
8	15年	20	35年
9	16～17年	21	36～37年
10	18～19年	22	38～39年
11	20年	23	40年
12	21～22年	24	41年以上

A.116 事业单位技术工人任职年限

代码	名称	代码	名称
01	2年以下	06	3年以下
02	3～4年	07	4～6年
03	5年以上	08	7～9年
04	5～6年	09	10～12年
05	7年以上	10	13年以上

A.117 事业单位技术工人岗位等级

代 码	名 称	代 码	名 称
1	技术工一级	4	技术工四级
2	技术工二级	5	技术工五级
3	技术工三级		

A.118 事业单位普通工人套改年限

代 码	名 称	代 码	名 称
1	3年以下	14	22年
2	4年	15	23～24年
3	5～6年	16	25年
4	7年	17	26～27年
5	8～9年	18	28年
6	10年	19	29～30年
7	11～12年	20	31年
8	13年	21	32～33年
9	14～15年	22	34年
10	16年	23	35～36年
11	17～18年	24	37年
12	19年	25	38～39年
13	20～21年	26	40年以上

A.119 津补贴类型

代 码	名 称	代 码	名 称
1	机关	3	机关事业
2	事业		

A.120 津补贴形式

代 码	名 称	代 码	名 称
1	按月	9	其他
2	按天		

A.121 津补贴类别

代 码	名 称	代 码	名 称
1	艰苦边远地区津贴	3	规范后的津贴补贴
2	特殊岗位津贴	9	其他津贴补贴

A.122 艰苦边远地区津贴类别代码

代 码	名 称	代 码	名 称
1	一类区	4	四类区
2	二类区	5	五类区
3	三类区	6	六类区

A.123 参加社会保险标识

代码	名称	代码	名称
0	未参保	1	参保

A.124 晋级原因代码

代码	名称	代码	名称
1	累计5年定期考核为称职以上等次	3	职务晋升
2	担任县(市)委书记、县(市)长和乡(镇)党委书记、乡(镇)长任职满5年并考核合格	9	其他

A.125 降级原因代码

代码	名称	代码	名称
1	受撤职处分	3	降职
2	受降级处分	9	其他

A.126 延长晋级时间代码

代码	名称	代码	名称
1	6个月	3	18个月
2	12个月	4	24个月

参 考 文 献

[1] 《关于老干部离职休养的几项规定》(1982 年国务院发布).

ICS 35.040
A 24

中华人民共和国国家标准

GB/T 14946.2—2009
代替 GB/T 17538—1998

全国干部、人事管理信息系统指标体系与数据结构 第2部分:数据结构

Indicator system and data structure of national cadre and personnel management information system—Part 2: Data structure

2009-10-15 发布　　2009-12-01 实施

中华人民共和国国家质量监督检验检疫总局
中国国家标准化管理委员会　发布

前　言

GB/T 14946《全国干部、人事管理信息系统指标体系与数据结构》分为两个部分：

——第1部分：指标体系分类与代码；

——第2部分：数据结构。

本部分为GB/T 14946的第2部分，代替GB/T 17538—1998《全国干部、人事管理信息系统数据结构》。

本部分与GB/T 17538—1998相比，变化如下：

——本部分根据GB/T 14946.1《全国干部、人事管理信息系统指标体系与数据结构　第1部分：指标体系分类与代码》的增减指标项，相应修改指标项的数据结构。

本部分由国家质量监督检验检疫总局提出。

本部分起草单位：中国标准化研究院、中共中央组织部信息管理中心、人力资源和社会保障部信息中心。

本部分主要起草人：张爱、赵艳华、刘长生、刘晓沙、戴北、戴瑞敏、张铭、刘植婷、邢立强。

本部分所代替标准的历次版本发布情况为：

——GB/T 17538—1998。

全国干部、人事管理信息系统
指标体系与数据结构
第2部分:数据结构

1 范围

GB/T 14946 的本部分规定了全国干部(含公务员)、人事管理信息系统数据项类型、数据项长度及计量单位等结构。

本部分适用于全国各地区、各部门干部(含公务员)、人事管理信息系统间的信息交换。

2 规范性引用文件

下列文件中的条款通过 GB/T 14946 的本部分的引用而成为本部分的条款。凡是注日期的引用文件,其随后所有的修改单(不包括勘误的内容)或修订版均不适用于本部分,然而,鼓励根据本部分达成协议的各方研究是否可使用这些文件的最新版本。凡是不注日期的引用文件,其最新版本适用于本部分。

GB/T 2260 中华人民共和国行政区划代码

GB/T 2261.1 个人基本信息分类与代码 第1部分:人的性别代码

GB/T 2261.2 个人基本信息分类与代码 第2部分:婚姻状况代码

GB/T 2261.3 个人基本信息分类与代码 第3部分:健康状况代码

GB/T 2261.4 个人基本信息分类与代码 第4部分:从业状况(个人身份)代码

GB/T 2659 世界各国和地区名称代码(GB/T 2659—2000,eqv ISO 3166-1:1997)

GB/T 3304 中国各民族名称的罗马字母拼写法和代码

GB/T 4658 学历代码

GB/T 4754 国民经济行业分类

GB/T 4761 家庭关系代码

GB/T 4762 政治面貌代码

GB/T 4880.1 语种名称代码 第1部分:2字母代码(GB/T 4880.1—2005,ISO 639-1:2002,MOD)

GB/T 6565 职业分类和代码

GB/T 6864 中华人民共和国学位代码

GB/T 6865 语种熟练程度代码

GB/T 7408 数据元和交换格式 信息交换 日期和时间表示法(GB/T 7408—2005,ISO 8601:2000,IDT)

GB/T 8561 专业技术职务代码

GB/T 8563.1 奖励、纪律处分信息分类与代码 第1部分:奖励代码

GB/T 8563.2 奖励、纪律处分信息分类与代码 第2部分:荣誉称号和荣誉奖章代码

GB/T 8563.3 奖励、纪律处分信息分类与代码 第3部分:纪律处分代码

GB 10301 出国目的代码

GB 11643 公民身份号码

GB 11714 全国组织机构代码编制规则

GB/T 12402　经济类型分类与代码
GB/T 12403　干部职务名称代码
GB/T 12404　单位隶属关系代码
GB/T 12405　单位增员和减员种类代码
GB/T 12407　干部职务级别代码
GB/T 13745　学科分类与代码
GB/T 14946.1—2009　全国干部、人事管理信息系统指标体系与数据结构　第1部分：指标体系分类与代码
GB/T 16835　高等学校本科、专科专业名称代码

3　数据结构内容

3.1　数据结构包括：代码、指标项名称、数据项类型、数据项长度、计量单位、采用标准。
3.2　数据项类型：字符型用C表示；日期型用D表示；数字型用N表示。
3.3　数据项长度：字符型数据项长度以字节为单位，以信息交换时的数据项长度为准，如A0101姓名数据项长度定为36字节，主要考虑少数民族的姓名，如本系统没有以上因素，可减少数据项长度。数字型数据项长度即数字的位数，其中含小数位的用逗号表示，逗号后的数字表示小数位数。

4　全国干部、人事管理信息系统数据结构表

数据结构表见表1。

表1　数据结构表

代码	指标项名称	数据项类型	数据项长度	计量单位	采用标准
		A　个人信息			
A01	**基本情况**				
A0101	姓名	C	36		
* A0102	外文姓名	C	36		
A0104	曾用名	C	36		
A0107	性别	C	1		GB/T 2261.1
A0111	出生日期	D	8		GB/T 7408
A0112	国籍	C	3		GB/T 2659
A0114	籍贯	C	6		GB/T 2260
A0117	出生地	C	6		GB/T 2260
A0121	民族	C	2		GB/T 3304
A0124	健康状况	C	2		GB/T 2261.3
A0127	婚姻状况	C	1		GB/T 2261.2
A0131	个人身份	C	1		GB/T 2261.4
* A0137	家庭住址	C	120		
* A0138	住宅电话	C	20		
A0141	参加工作日期	D	8		GB/T 7408

表 1（续）

代码	指标项名称	数据项类型	数据项长度	计量单位	采用标准
* A0142	工作单位通信地址	C	120		
A0144	进入本系统工作日期	D	8		GB/T 7408
* A0146	电子邮箱	C	40		
A0147	现身份起始日期	D	8		GB/T 7408
* A0148	移动电话	C	20		
A0151	连续工龄	N	2	年	
A0155	组织机构用人类别	C	1		GB/T 14946.1—2009 附录 A.51
A0161	职业类别	C	3		GB/T 6565
A0164	从事专业	C	6		GB/T 16835
A0167	享受待遇级别	C	2		GB/T 12407
A0171	户籍所在地	C	6		GB/T 2260
A0177	公民身份号码	C	18		GB 11643
A0181	港澳台侨属标识	C	1		GB/T 14946.1—2009 附录 A.2
A0182	特殊项标识	C	1		GB/T 14946.1—2009 附录 A.40
* A0184	专长	C	100		
* A0185	爱好	C	100		
* A0187	有效证件类别	C	1		GB/T 14946.1—2009 附录 A.84
* A0188	证件号码	C	18		
* A0194	退出现役军人(武警)标识	C	1		GB/T 14946.1—2009 附录 A.88
* A0197	参照公务员法管理标识	C	1		GB/T 14946.1—2009 附录 A.89
* A0198	离岗退养标识	C	1		GB/T 14946.1—2009 附录 A.89
A02	**录聘情况**				
A0205	进入方式	C	1		GB/T 14946.1—2009 附录 A.38
A0210	录(聘)标识	C	1		GB/T 14946.1—2009 附录 A.38
A0215	录(聘)用来源	C	1		GB/T 12405、GB/T 2261.4
A0220	录聘日期	D	8		GB/T 7408
* A0225	进入公务员、干部队伍方式	C	1		GB/T 14946.1—2009 附录 A.90
* A0230	进入公务员、干部队伍日期	D	8		GB/T 7408
* A0234	批准录用部门	C	120		
* A0237	批准录用日期	D	8		
* A0241	录用部门	C	120		
* A0244	录用职位	C	4		GB/T 12403、GB/T 8561
* A0247	公共科目笔试成绩	N	3		

表 1（续）

代码	指标项名称	数据项类型	数据项长度	计量单位	采用标准
* A0251	面试成绩	N	3		
* A0254	综合成绩	N	3		
A04	**学历及学位**				
A0405	学历	C	2		GB/T 4658
A0406	学历证书号	C	20		
A0410	所学专业类别	C	6		GB/T 16835
A0415	入学日期	D	8		GB/T 7408
A0420	学习形式	C	2		GB/T 14946.1—2009 附录 A.3
A0425	学制	C	3	年	
A0430	毕(肄)业日期	D	8		GB/T 7408
A0435	学校(单位)名称	C	120		
A0440	学位	C	3		GB/T 6864
A0443	学位证书号	C	20		
A0445	学位授予日期	D	8		GB/T 7408
* A0449	教育类别	C	1		GB/T 14946.1—2009 附录 A.91
A0450	学位授予国家(地区)	C	3		GB/T 2659
A0455	学位授予单位	C	120		
A06	**试用情况**				
A0605	试用类别	C	1		GB/T 14946.1—2009 附录 A.67
A0610	试用起始日期	D	8		GB/T 7408
A0615	试用终止日期	D	8		GB/T 7408
A0620	试用期满考核结论	C	1		GB/T 14946.1—2009 附录 A.19
A0625	转正日期	D	8		GB/T 7408
A07	**行政、党派职务**				
A0701	职务类别	C	2		GB/T 14946.1—2009 附录 A.53
A0702	职务属性	C	2		GB/T 14946.1—2009 附录 A.69
A0704	职务名称	C	4		GB/T 12403、GB/T 8561
A0707	任职日期	D	8		GB/T 7408
* A0708	决定或批准任职的日期	D	8		GB/T 7408
A0711	任职机构	C	120		
A0714	任职方式	C	1		GB/T 14946.1—2009 附录 A.4

表 1（续）

代码	指标项名称	数据项类型	数据项长度	计量单位	采用标准
A0717	任职原因	C	2		GB/T 14946.1—2009　附录 A.5
A0721	任职文号	C	24		
A0722	在下一级任职年限	C	2		GB/T 14946.1—2009　附录 A.68
A0727	职位分类	C	4		GB/T 14946.1—2009　附录 A.6
A0731	任职批准单位	C	120		
A0734	任职变动类别	C	2		GB/T 14946.1—2009　附录 A.7、GB/T 14946.1—2009　附录 A.92
A0737	当前任职状态	C	1		GB/T 14946.1—2009　附录 A.8
A0741	职务排序	C	2		
A0744	主管或从事工作	C	20		
A0747	免职日期	D	8		GB/T 7408
A0751	免职方式	C	1		GB/T 14946.1—2009　附录 A.9
A0754	免职原因类别	C	2		GB/T 14946.1—2009　附录 A.10
A0757	免职文号	C	24		
A0761	免职批准单位	C	120		
A0764	职务生效日期	D	8		GB/T 7408
A0767	职务序号	C	1		
A0770	降职原因	C	1		GB/T 14946.1—2009　附录 A.10
A08	**公务员交流**				
A0805	担任职务类别	C	1		
* A0806	交流去向	C	4		GB/T 14946.1—2009　附录 A.93
* A0807	交流方式	C	2		GB/T 14946.1—2009　附录 A.70
* A0809	交流原因	C	1		GB/T 14946.1—2009　附录 A.94
A0810	交流类别	C	2		GB/T 14946.1—2009　附录 A.15
A0815	交流情况	C	2		GB/T 14946.1—2009　附录 A.71
A0820	交流日期	D	8		GB/T 7408
A0830	交流任职情况	C	1		GB/T 14946.1—2009　附录 A.80
A0835	回避原因	C	2		GB/T 14946.1—2009　附录 A.73
A0840	回避日期	D	8		GB/T 7408
* **A09**	**级别变动情况**				
* A0901	级别	C	4		GB/T 12407
* A0904	确定级别日期	D	8		GB/T 7408

表 1（续）

代码	指标项名称	数据项类型	数据项长度	计量单位	采用标准
* A0907	晋级原因	C	1		GB/T 14946.1—2009 附录 A.124
* A0911	降级原因	C	1		GB/T 14946.1—2009 附录 A.125
* A0914	因处分延长晋级标识	C	1		GB/T 14946.1—2009 附录 A.89
* A0917	延长晋级时间	C	1		GB/T 14946.1—2009 附录 A.126
A10	**专业技术职务**				
A1005	专业技术任职资格	C	3		GB/T 8561
A1010	取得资格途径	C	1		GB/T 14946.1—2009 附录 A.11
A1013	资格审批单位	C	120		
A1015	取得资格日期	D	8		GB/T 7408
A1020	聘任专业技术职务名称	C	3		GB/T 8561
A1025	聘任起始日期	D	8		GB/T 7408
A1030	聘任终止日期	D	8		GB/T 7408
A1035	聘任单位	C	120		
A1040	聘任情况	C	1		GB/T 14946.1—2009 附录 A.12
A1045	有何专长	C	100		
A13	**国家职业资格**				
A1305	职业(专业、工种)资格名称	C	1		GB/T 14946.1—2009 附录 A.13
* A1307	职业(专业、工种)资格证书编号	C	16		
A1310	取得职业(专业、工种)资格的日期	D	8		GB/T 7408
* A1311	职业(专业、工种)名称	C	60		
* A1312	理论知识考核成绩	N	3		
* A1313	操作技能考核成绩	N	3		
* A1314	评定(复核)成绩	N	3		
A1315	职业(专业、工种)资格证书核发单位名称	C	12		
A16	**流动情况**				
* A1601	进入本单位类别	C	2		GB/T 12405
* A1602	进入本单位日期	D	8		GB/T 7408
* A1603	调出本单位类别	C	2		GB/T 12405
A1605	进出状态	C	1		GB/T 14946.1—2009 附录 A.14
* A1606	调出本单位日期	D	8		GB/T 7408

表1(续)

代码	指标项名称	数据项类型	数据项长度	计量单位	采用标准
A1610	流动类别	C	2		GB/T 12405 GB/T 14946.1—2009 附录A.15
A1613	调动状态	C	1		GB/T 14946.1—2009 附录A.42
A1615	流动前个人社会身份	C	2		GB/T 2261.4
A1620	流动日期	D	8		GB/T 7408
A1625	流动原因	C	2		GB/T 14946.1—2009 附录A.16
A1630	来往何单位	C	120		
A1635	流动方向	C	2		GB/T 14946.1—2009 附录A.64
A1640	辞职去向	C	2		GB/T 14946.1—2009 附录A.76
*A1642	辞职原因	C	2		GB/T 14946.1—2009 附录A.10
A1645	辞退原因	C	2		GB/T 14946.1—2009 附录A.77
*A1646	批准日期	D	8		GB/T 7408
A17	**岗位变化情况**				
A1705	岗位变化分类	C	1		GB/T 14946.1—2009 附录A.79
A1710	上岗方式	C	2		GB/T 14946.1—2009 附录A.78
A1715	上岗日期	D	8		见GB/T 7408
A1720	人员分流日期	D	8		见GB/T 7408
A1725	人员分流去向	C	1		GB/T 14946.1—2009 附录A.74
A19	**简历**				
A1905	起始日期	D	8		GB/T 7408
A1910	终止日期	D	8		GB/T 7408
A1915	所在单位	C	120		
A1920	从事工作或担任职务	C	40		
A1925	证明人	C	36		
A22	**政治面貌及党籍情况**				
A2205	政治面貌	C	2		GB/T 4762
A2210	参加组织日期	D	8		GB/T 7408
A2215	参加党派时所在单位	C	120		
A2220	介绍人	C	36		
A2225	转正日期	D	8		GB/T 7408
A2230	异常类别	C	2		GB/T 14946.1—2009 附录A.17

表 1（续）

代码	指标项名称	数据项类型	数据项长度	计量单位	采用标准
A2235	异常原因	C	48		
A25	**组织考察(考核)**				
A2505	考察(考核)类别	C	2		GB/T 14946.1—2009　附录 A.18
A2510	考察(考核)日期	D	8		GB/T 7408
A2515	考察(考核)意见	C	40		
A2520	考察(考核)结果	C	1		GB/T 14946.1—2009　附录 A.19
A2525	考察(考核)组织及考察人	C	36		
A2530	未参加考核原因	C	2		GB/T 14946.1—2009　附录 A.66
A26	**奖励情况**				
A2605	奖励名称	C	4		GB/T 8563.1
A2610	奖励原因	C	2		GB/T 14946.1—2009　附录 A.23
A2615	奖励批准机关名称	C	120		
A2620	荣誉称号名称	C	2		GB/T 8563.2
A2625	奖励批准日期	D	8		GB/T 7408
A2630	荣誉称号授予单位	C	120		
* A2635	授予荣誉称号级别	C	1		GB/T 8563.2
A27	**处分情况**				
A2705	处分名称	C	2		GB/T 8563.3
A2710	处分原因	C	2		GB/T 14946.1—2009　附录 A.23
A2715	处分批准日期	D	8		GB/T 7408
A2720	处分批准机关名称	C	120		
A2725	处分撤消日期	D	8		GB/T 7408
A2730	监察机关直接给予的标识	C	1		GB/T 14946.1—2009　附录 A.72
*** A29**	**公务员登记子集**				
* A2901	公务员登记标识	C	1		GB/T 14946.1—2009　附录 A.95
* A2909	列入公务员法实施范围管理类别标识	C	1		GB/T 14946.1—2009　附录 A.96
A31	**参与重要历史活动**				
A3105	参与重要政治历史活动名称	C	4		GB/T 14946.1—2009　附录 A.97

表 1（续）

代码	指标项名称	数据项类型	数据项长度	计量单位	采用标准
A3110	参与重要政治历史活动层次	C	2		GB/T 14946.1—2009 附录 A.98
A3115	参与重要政治历史活动时个人身份	C	10		
A3120	参与重要政治历史活动时个人职务	C	10		
A34	**语言能力**				
A3405	语种	C	2		GB/T 4880.1
A3410	语种熟练程度	C	1		GB/T 6865
A3415	掌握语种水平的级别	C	1		GB/T 14946.1—2009 附录 A.55
A37	**培训、进修**				
A3705	培训、进修性质	C	1		GB/T 14946.1—2009 附录 A.24
A3710	学习方式	C	1		GB/T 14946.1—2009 附录 A.25
* A3711	培训、进修离岗状态	C	1		GB/T 14946.1—2009 附录 A.25
A3715	学习起始日期	D	8		GB/T 7408
A3720	学习终止日期	D	8		GB/T 7408
A3725	总学时	N	3	时	
A3730	学习内容	C	40		
A3735	培训、进修班名称	C	40		
A3740	培训、进修主办单位名称	C	120		
A3745	主办单位性质	C	1		GB/T 14946.1—2009 附录 A.24
A3750	在学单位	C	120		
A3755	从学单位类别	C	2		GB/T 14946.1—2009 附录 A.26
A3760	培训、进修结果	C	1		GB/T 14946.1—2009 附录 A.27
A3765	培训、进修类别	C	1		GB/T 14946.1—2009 附录 A.43
* A3771	培训、进修起始日期	D	8		GB/T 7408
* A3772	培训、进修结束日期	D	8		GB/T 7408
* A3774	出国(出境)培训、进修标识	C	1		GB/T 14946.1—2009 附录 A.89
* A3777	公务员培训情况	C	100		
* A3780	学习成绩	N	3		
A40	**出国(出境)情况**				
A4005	出国(出境)日期	D	8		GB/T 7408
A4010	出国(出境)目的	C	2		GB/T 10301
A4015	所去国家(地区)	C	3		GB/T 2659

表 1（续）

代码	指标项名称	数据项类型	数据项长度	计量单位	采用标准
A4020	所去单位	C	120		
A4025	派出单位	C	120		
A4030	团组名称	C	40		
A4035	经费来源	C	1		GB/T 14946.1—2009 附录 A.28
A4040	审批单位	C	120		
A4045	审批日期	D	8		GB/T 7408
A4050	审批文号	C	24		
A4055	回国日期	D	8		GB/T 7408
A4060	异常情况	C	40		
A43	**专业技术工作**				
A4305	项目名称	C	40		
A4310	项目学科领域	C	5		GB/T 13745
A4315	项目类别	C	2		GB/T 14946.1—2009 附录 A.29
A4320	项目下达单位名称	C	120		
A4325	下达单位级别	C	2		GB/T 14946.1—2009 附录 A.54
A4330	项目起始日期	D	8		GB/T 7408
A4335	项目截止日期	D	8		GB/T 7408
A4340	在项目中担任角色	C	1		GB/T 14946.1—2009 附录 A.30
A4345	项目效益	C	40		
A45	**主要论文及著作情况**				
A4505	论文、著作标识	C	1		GB/T 14946.1—2009 附录 A.44
A4510	发表日期	D	8		GB/T 7408
A4515	论文、著名称	C	40		
A4520	所属学科专业类别	C	8		GB/T 13745
A4525	论文、著出版机构	C	120		
* A4530	论文、著作中担任角色	C	1		GB/T 14946.1—2009 附录 A.45
A46	**专业技术成果**				
A4605	成果名称	C	40		
A4610	成果类别	C	2		
A4615	成果水平	C	1		GB/T 14946.1—2009 附录 A.31
A4620	鉴定单位	C	120		

表 1（续）

代码	指标项名称	数据项类型	数据项长度	计量单位	采用标准
* A4622	成果采用情况	C	120		
A47	参加学术团体情况				
A4705	学术团体名称	C	40		
A4710	学术团体层次	C	1		GB/T 14946.1—2009 附录 A.46
* A4713	担任学术团体职务名称	C	120		GB/T 12403
A4715	参加日期	D	8		GB/T 7408
A4720	担任日期	C	4		GB/T 12407、GB/T 8561
A4725	担任年限	C	2		
A49	专业技术工作获奖				
A4905	获奖日期	D	8		GB/T 7408
A4910	获奖项目名称	C	40		
A4915	奖励名称	C	4		GB/T 8563.1
* A4920	获奖项目中担任角色	C	1		GB/T 14946.1—2009 附录 A.30
A4925	授奖单位	C	120		
A51	培养研究生情况				
A5105	培养研究生类别	C	1		GB/T 14946.1—2009 附录 A.47
A5110	培养研究生数量	N	3		
A5115	起始日期	D	8		GB/T 7408
A5120	终止日期	D	8		GB/T 7408
A52	专利情况				
A5205	获专利日期	D	8		GB/T 7408
A5210	获专利名称	C	40		
A5215	专利号	C	15		
A5220	专利批准国别	C	6		GB/T 2659
A55	工资变动情况				
A5505	工资变动批准日期	D	8		GB/T 7408
A5510	工资类别	C	4		GB/T 14946.1—2009 附录 A.57
A5512	工资变动类型	C	1		GB/T 14946.1—2009 附录 A.83
A5515	工资变动原因	C	2		GB/T 14946.1—2009 附录 A.32

表 1(续)

代码	指标项名称	数据项类型	数据项长度	计量单位	采用标准
A5520	工资变动依据文件	C	24		
A5525	增减级数	N	1	级	
A5527	增减档数	C	1		
A5530	变动数额	N	3	元	
A5532	级别工资变动数额	N	8	元	
A5533	职务工资变动数额	N	8	元	
A5535	变动后工资级别	C	2		GB/T 14946.1—2009 附录 A.58
A5537	变动后工资档次	C	2		GB/T 14946.1—2009 附录 A.59
A5540	变动后标准工资额	N	8	元	
A5545	调资起薪日期	D	8		GB/T 7408
A5550	批准文件	C	24		
A58/59	**工资**				
A5805	工资合计	N	8	元	
A5820	职务工资档次	C	2		GB/T 14946.1—2009 附录 A.59
A5825	工资级别	C	2		GB/T 14946.1—2009 附录 A.58
A5830	基础工资	N	8	元	
* A5832	年薪酬	N	8,2	元	
A5835	职务工资	N	8	元	
A5840	级别工资	N	8	元	
A5850	试用期工资	N	8	元	
A5855	津贴或补贴	N	8	元	
A5860	教龄、护龄津贴	N	8	元	
A5865	伙食补贴	N	8	元	
A5870	地区附加津贴	N	8	元	
A5875	边远艰苦地区津贴	N	8	元	
A5880	奖金	N	8	元	
A5885	工资标准类型	C	3		GB/T 14946.1—2009 附录 A.48
A5890	职员工资等级	C	2		GB/T 14946.1—2009 附录 A.58
A5895	职务工资标准	C	3		
A5900	工人技术等级工资	N	8	元	
A5905	工人岗位津贴	N	8	元	
* A5910	人员工资类别	C	2		GB/T 14946.1—2009 附录 A.57
* A5911	工改前基本工资总额	N	8	元	

表 1（续）

代码	指标项名称	数据项类型	数据项长度	计量单位	采用标准
* A5912	薪级	C	2		GB/T 14946.1—2009 附录 A.100
* A5913	公务员职务工资额	N	8	元	
* A5915	公务员级别工资额	N	8	元	
* A5917	公务员工资级别	C	2		GB/T 14946.1—2009 附录 A.101
* A5921	公务员工资档次	C	2		GB/T 14946.1—2009 附录 A.102
* A5923	机关工人岗位工资档次	C	2		GB/T 14946.1—2009 附录 A.103
* A5925	机关技术工人技术等级	C	1		GB/T 14946.1—2009 附录 A.104
* A5927	机关技术工人级别工资额	N	8	元	
* A5928	机关普通工人级别工资额	N	8	元	
* A5929	公务员套改年限	C	2		GB/T 14946.1—2009 附录 A.105
* A5930	公务员任职年限	C	1		GB/T 14946.1—2009 附录 A.106
* A5931	机关技术(普通)工人套改年限	C	2		GB/T 14946.1—2009 附录 A.107
* A5932	机关技术工人任技术等级(职务)年限	C	1		GB/T 14946.1—2009 附录 A.108
* A5933	事业单位管理人员套改年限	C	2		GB/T 14946.1—2009 附录 A.109
* A5934	事业单位管理人员任职年限	C	1		GB/T 14946.1—2009 附录 A.110
* A5935	事业单位管理人员岗位等级	C	2		GB/T 14946.1—2009 附录 A.111
* A5936	事业单位专业技术人员套改年限	C	2		GB/T 14946.1—2009 附录 A.112
* A5937	事业单位专业技术人员任职年限	C	2		GB/T 14946.1—2009 附录 A.113
* A5938	事业单位专业技术人员岗位等级	C	2		GB/T 14946.1—2009 附录 A.114
* A5939	事业单位技术工人套改年限	C	1		GB/T 14946.1—2009 附录 A.115
* A5940	事业单位技术工人任职年限	C	2		GB/T 14946.1—2009 附录 A.116
* A5941	事业单位技术工人岗位等级	C	1		GB/T 14946.1—2009 附录 A.117
* A5942	事业单位普通工人套改年限	C	2		GB/T 14946.1—2009 附录 A.118
* A5943	公务员地区附加津贴	N	8	元	
* A5944	公务员艰苦边远地区津贴	N	8	元	
* A5945	公务员岗位津贴	N	8	元	
* A5946	事业单位岗位工资	N	8	元	
* A5947	事业单位薪级工资	N	8	元	
* A5948	事业单位绩效工资	N	8	元	
* A5949	事业单位艰苦边远地区津贴	N	8	元	
* A5950	事业单位特殊岗位津贴	N	8	元	
* A5951	津补贴类型	C	1		GB/T 14946.1—2009 附录 A.119
* A5952	津补贴形式	C	1		GB/T 14946.1—2009 附录 A.120

表 1（续）

代码	指标项名称	数据项类型	数据项长度	计量单位	采用标准
* A5953	津补贴类别	C	1		GB/T 14946.1—2009 附录 A.121
* A5961	艰苦边远地区津贴类别	C	1		GB/T 14946.1—2009 附录 A.122
* A5962	未计工龄在校学习日期	N	2		
* A5963	年度考核不计考核等次或不称职(不合格)的年限	N	2		
* A5970	工改保留补贴	N	8	元	
* A5971	在京中央国家机关补贴	N	8	元	
* A5972	住房补贴	N	8	元	
* A5973	医疗补贴	N	8	元	
* A5974	通讯补贴	N	8	元	
* A5975	津贴总额	N	8	元	
* A5976	奖金总额	N	8	元	
A5999	其他收入	N	8	元	
* **A60**	**社会保险**				
* A6001	参加基本养老保险标识	C	1		GB/T 14946.1—2009 附录 A.89
* A6002	基本养老保险个人缴费费率	N	5,4		
* A6003	基本养老保险个人缴费基数	N	8,2	元	
* A6004	基本养老保险个人缴费金额	N	8,2	元	
* A6011	参加失业保险标识	C	1		
* A6012	失业保险个人缴费费率	N	5,4		
* A6013	失业保险个人缴费基数	N	8,2	元	
* A6014	失业保险个人缴费金额	N	8,2	元	
* A6021	参加基本医疗保险标识	C	1		GB/T 14946.1—2009 附录 A.89
* A6022	基本医疗保险个人缴费费率	N	5,4		
* A6023	基本医疗保险个人缴费基数	N	8,2	元	
* A6024	基本医疗保险个人缴费金额	N	8,2	元	
A61	**保险福利**				
A6105	保险福利费合计	N	8	元	
A6110	丧葬抚恤救济费	N	8	元	
A6115	职工生活困难补助费	N	8	元	
A6120	托儿补助费	N	8	元	
A6125	计划生育补贴	N	8	元	

表 1（续）

代码	指标项名称	数据项类型	数据项长度	计量单位	采用标准
A6130	冬季取暖补贴	N	8	元	
A6199	其他保险福利费	N	8	元	
A64	**离休退休情况**				
A6405	离退类别	C	1		GB/T 14946.1—2009 附录 A.62
A6410	离退日期	D	8		GB/T 7408
A6415	享受离退待遇类别	C	2		GB/T 14946.1—2009 附录 A.99
A6420	离退休费支付单位名称	C	120		
A6423	离退休费	N	8	元	
A6425	离退后管理单位名称	C	120		
A6430	异地安置	C	40		
A6435	返聘情况	C	40		
A67	**后备干部**				
A6705	呈报单位	C	120		
A6710	呈报日期	D	8		GB/T 7408
A6715	培养目标	C	10		
A6720	培养措施	C	2		
A6725	使用情况	C	1		
A70	**专家情况**				
A7005	专业技术人才类别	C	2		GB/T 14946.1—2009 附录 A.63
A7010	批准单位名称	C	120		
A7015	批准单位级别	C	2		GB/T 14946.1—2009 附录 A.54
A7020	专家称号批准日期	D	8		GB/T 7408
A7025	享受待遇	C	20		
A73	**来华定居工作的专家、学者**				
A7305	来华工作的专家定居日期	D	8		GB/T 7408
A7310	来自国家(地区)	C	3		GB/T 2659
A7315	来自境外单位	C	120		
A7320	境外职称	C	20		

表 1（续）

代码	指标项名称	数据项类型	数据项长度	计量单位	采用标准
A76	**军队转业干部**				
A7605	入伍地	C	6		GB/T 2260
A7610	入伍日期	D	8		GB/T 7408
A7615	批准转业日期	D	8		GB/T 7408
* A7616	转业年份	N	4		GB/T 7408
A7620	批准转业单位	C	120		
A7625	退出现役时职务(级别)	C	4		GB/T 14946.1—2009　附录 A.86
A7630	转业前在军队军衔	C	2		GB/T 14946.1—2009　附录 A.35
A7635	转业前在军队级别	C	2		GB/T 14946.1—2009　附录 A.86
A7640	转业前在军队专业技术等级	C	4		
A7645	转业前工资等级	C	2		
A7650	预备役登记情况	C	1		
A79	**家庭成员及社会关系**				
A7905	姓名	C	36		
* A7907	国籍				
* A7908	民族				GB/T 3304
A7910	与本人的关系	C	2		GB/T 4761
A7915	出生日期	D	8		GB/T 7408
A7920	工作单位及职务	C	40		
A7925	政治面貌	C	2		GB/T 4762
A7930	夫妻两地分居日期	D	8		GB/T 7408
A85	**人事档案管理**				
A8505	档案编号	C	6		
A8510	档案类别	C	1		GB/T 14946.1—2009　附录 A.36
A8515	档案转入日期	D	8		GB/T 7408
A8520	档案来处	C	120		
A8525	档案转出日期	D	8		GB/T 7408
A8530	档案去处	C	120		
A8535	档案管理单位	C	120		
* **A90**	**衔称**				
* A9001	衔称	C	3		GB/T 14946.1—2009　附录 A.35

表 1（续）

代码	指标项名称	数据项类型	数据项长度	计量单位	采用标准
* A9003	授(晋)衔日期	D	8		GB/T 7408
* A9005	衔称终止日期	D	8		GB/T 7408
	B 单位信息				
B01	**单位自然情况**				
B0105	单位名称	C	120		
B0110	组织机构代码	C	9		GB/T 11714
B0115	单位邮政编码	C	6		
B0120	单位地址	C	120		
B0125	单位电话号码	C	16		
B0140	单位所在政区	C	6		GB/T 2260
B0145	单位隶属关系	C	2		GB/T 12404
B0150	单位级别	C	2		GB/T 14946.1—2009 附录 A.54
B0155	主管单位名称	C	120		
B0160	单位性质类别	C	1		GB/T 14946.1—2009 附录 A.56
B0165	经济类型	C	3		GB/T 12402
B0170	单位所属行业	C	5		GB/T 4754
* B0172	法人单位标识	C	1		GB/T 14946.1—2009 附录 A.89
B0175	企业规模	C	1		GB/T 14946.1—2009 附录 A.37
B0176	所属部门	C	3		
B0177	附属关系	C	1		GB/T 14946.1—2009 附录 A.49
B0178	单位驻在国家	C	6		GB/T 2659
* B0183	控制(控股)情况	C	2		GB/T 14946.1—2009 附录 A.87
* B0195	参照公务员法管理标识	C	1		GB/T 14946.1—2009 附录 A.89
B04	**单位机构情况**				
B0405	批准成立日期	D	8		GB/T 7408
B0410	批准成立文号	C	24		
B0415	批准编制日期	D	8		GB/T 7408
B0420	批准编制文号	C	24		
B0425	批准编制单位	C	120		
B0430	内设机构数	N	2	个	
B0435	内设机构名称	C	40		
B0440	内设机构级别	C	3		GB/T 14946.1—2009 附录 A.54
B0445	撤销日期	D	8		GB/T 7408

表 1（续）

代码	指标项名称	数据项类型	数据项长度	计量单位	采用标准
B0450	批准撤消文号	C	24		
B0455	撤消批准单位	C	120		
B0460	拨款形式	C	1		GB/T 14946.1—2009 附录 A.50
B07/08	**人员编制**				
B0705	编制总数	N	5	人	
B0710	实有人数	N	8	人	
B0715	缺(超)编人数	N	5	人	
B0720	行政编制数	N	5	人	
B0725	事业编制数	N	5	人	
B0730	企业编制数	N	5	人	
B0735	社团编制数	N	5	人	
B0740	单位领导职数	N	3	人	
B0745	单位非领导职数	N	3	人	
B0750	内设机构领导职数	N	4	人	
B0755	内设机构非领导职数	N	4	人	
B0760	业务人员编制数	N	4	人	
B0765	工勤人员编制数	N	8	人	
B0770	使用全额拨款人数	N	5	人	
B0775	使用差额拨款人数	N	5	人	
B0780	使用自筹资金人数	N	5	人	
* B0790	内设第一级机构领导职数	N	4		
* B0793	内设第一级机构领导同级非领导职务职数	N	4		
* B0797	登记人员数	N	8		
* B0798	暂缓登记人员数	N	8		
* B0801	成立日期(参公)	D	8		GB/T 7408
* B0802	设立机构的批准文件号(参公)	C	20		
* B0803	编制数(参公)	N	8		
* B0804	主要职能(参公)	C	600		
* B0805	申请日期(参公)	D	8		GB/T 7408
* B0806	审批日期(参公)	D	8		GB/T 7408
* B0807	申请文号(参公)	C	20		
* B0808	审批文号(参公)	C	20		

表 1（续）

代码	指标项名称	数据项类型	数据项长度	计量单位	采用标准
*B0809	法律法规授权情况(参公)	C	600		
B10	**人员基本结构**				
B1005	期末职工人数	N	8	人	
B1010	职工平均人数	N	8	人	
*B1018	正式职工人数	N	8	人	
B1035	干部人数	N	8	人	
B1040	工人人数	N	8	人	
B1045	行政管理人员数	N	8	人	
B1050	专业技术人员数	N	8	人	
B1060	长期病休人员数	N	8	人	
B1065	带工资学习一年以上人员数	N	8	人	
B13	**职务结构**				
B1305	省部级及相当者人数	N	3	人	
B1310	副省部级及相当者人数	N	3	人	
B1315	司局级及相当者人数	N	6	人	
B1320	副司局级及相当者人数	N	6	人	
B1325	处级及相当者人数	N	8	人	
B1330	副处级及相当者人数	N	8	人	
B1335	科级及相当者人数	N	8	人	
B1340	副科级及相当者人数	N	8	人	
B1345	科员、办事员及其他人员	N	8	人	
B1350	高级专业技术职务人数	N	8	人	
B1355	中级专业技术职务人数	N	8	人	
B1360	初级专业技术职务人数	N	8	人	
B1365	未评聘专业技术职务人员数	N	8	人	
B16	**国家职业资格(工人技术等级)结构**				
B1605	初级技术工人数	N	8	人	
B1610	中级技术工人数	N	8	人	
B1615	高级技术工人数	N	8	人	
B1620	技师人数	N	8	人	
B1625	高级技师人数	N	8	人	

表 1（续）

代码	指标项名称	数据项类型	数据项长度	计量单位	采用标准
B1630	未聘人员数	N	8	人	
B19	**人员流动情况**				
B1905	各种原因流动人数	N	5		
B1910	各种流向人数	N	5		
B1915	人员增加来源	C	2		GB/T 12405 GB/T 14946.1—2009　附录 A.15
B1920	人员减少去向	C	2		GB/T 12405 GB/T 14946.1—2009　附录 A.15
B22	**教育培训**				
B2205	教育经费	N	12	元	
B2210	教育基地数	N	6	个	
B2215	派出留学生人数	N	8	人	
B2220	归国留学生人数	N	8	人	
B25/26	**工资管理**				
B2501	工资区类别	C	1		
B2504	各类工资区人数	N	8	人	
B2507	工资总额	N	12	元	
B2511	固定职工工资总额	N	12	元	
B2514	合同制职工工资总额	N	12	元	
B2517	临时工工资总额	N	12	元	
B2521	其他从业人员劳动报酬	N	12	元	
B2524	年度工资总额增减	N	12	元	
B2527	增人增资	N	12	元	
B2531	转正定级增资	N	12	元	
B2534	护龄、教龄津贴增长	N	12	元	
B2537	国家统一安排的新增工资项目的增资额	N	12	元	
B2541	上年增资项目的增资额	N	12	元	
B2544	翘尾工资	N	12	元	
B2547	晋职晋级增资	N	12	元	
B2551	增加奖金额	N	12	元	

表 1（续）

代码	指标项名称	数据项类型	数据项长度	计量单位	采用标准
B2554	减人减资	N	12	元	
B2557	掉尾工资	N	12	元	
B2561	减补员工资差	N	12	元	
B2564	超编单位工资核减	N	12	元	
B2567	工资总额计划	N	12	元	
B2571	支取工资人数	N	12	人	
B2574	支取工资总额	N	12	元	
B2577	季度工资总额余额	N	12	元	
B2581	年度工资总额余额	N	12	元	
B2584	年工资总额	N	12	元	
B2587	年工资总额净增数	N	8	元	
B2591	年人均工资	N	8	元	
B2594	工资总额构成百分比	N	6	%	
B2597	职工平均工资	N	8	元	
B2601	职工平均工资指数	N	6	%	
B2604	职工平均实际工资	N	8	元	
B2607	职工平均实际工资指数	N	6	%	
B2611	最低工资标准	N	8	元	
B2614	最高工资标准	N	8	元	
B2617	工资等级系数	N	6	%	
B2621	工资级差	N	6	元	
B2624	参加调资人数	N	8	人	
B2627	升(降)级人数	N	8	人	
B2631	升级面	N	6	%	
B2634	月增资额	N	12	元	
B2637	月人均增资额	N	12	元	
B2641	增资总额	N	12	元	
B2644	补发工资	N	12	元	
* **B28**	**社会保险**				
* B2801	参加基本养老保险标识	C	1		
* B2802	基本养老保险单位缴费费率	N	5,4		
* B2803	基本养老保险单位缴费基数	N	12,2	元	
* B2804	基本养老保险单位缴费金额	N	12,2	元	

表 1（续）

代码	指标项名称	数据项类型	数据项长度	计量单位	采用标准
* B2811	参加失业保险标识	C	1		
* B2812	失业保险单位缴费费率	N	5,4		
* B2813	失业保险单位缴费基数	N	12,2	元	
* B2814	失业保险单位缴费金额	N	12,2	元	
* B2821	参加基本医疗保险标识	C	1		
* B2822	基本医疗保险单位缴费费率	N	5,4		
* B2823	基本医疗保险单位缴费基数	N	12,2	元	
* B2824	基本医疗保险单位缴费金额	N	12,2	元	
* B2831	参加工伤保险标识	C	1		
* B2832	工伤保险单位缴费费率	N	5,4		
* B2833	工伤保险单位缴费基数	N	12,2	元	
* B2834	工伤保险单位缴费金额	N	12,2	元	
* B2841	参加生育保险标识	C	1		
* B2842	生育保险单位缴费费率	N	5,4		
* B2843	生育保险单位缴费基数	N	12,2	元	
* B2844	生育保险单位缴费金额	N	12,2	元	
B29	**保险福利**				
B2905	职工福利费用	N	12	元	
B2910	职工福利费用细目	C	2		GB/T 14946.1—2009 附录 A.34
B2915	离退人员保险福利费用	N	12	元	
B2920	离退人员保险福利费用细目	C	2		GB/T 14946.1—2009 附录 A.34
B32	**离退情况**				
B3205	离休人数	N	6	人	
B3210	退休人数	N	7	人	
B3215	领取定期生活费的退职人数	N	6	人	
B3220	离休费在最低标准的人数	N	6	人	
B3225	退休费在最低标准的人数	N	6	人	
B3230	生活不能自理者人数	N	6	人	

ICS 07.040
A 77

中华人民共和国国家标准

GB/T 14950—2009
代替 GB/T 14950—1994

摄影测量与遥感术语

Terms of photogrammetry and remote sensing

2009-02-06 发布　　2009-06-01 实施

中华人民共和国国家质量监督检验检疫总局
中国国家标准化管理委员会　发布

前　言

本标准是对 GB/T 14950—1994《摄影测量与遥感术语》的修订。本标准与 GB/T 14950—1994 相比主要变化如下：

——按照 GB/T 1.1—2000《标准化工作导则　第 1 部分：标准的结构和编写规则》的要求对标准的格式进行了修改；

——删除了全数字摄影测量、全数字化测图、摄影测量内插、数据编辑 4 条术语；

——增加了 IMU/DGPS 辅助航空摄影测量、激光遥感、雷达导航、动态 GPS 摄影站定位、数字线划图等 46 条术语；

——修改了解析摄影测量、数字摄影测量、航天摄影、卫星摄影等 60 余条术语及定义；

——修改了原标准中的错误。

本标准由国家测绘局提出。

本标准由全国地理信息标准化技术委员会归口。

本标准由国家测绘局测绘标准化研究所负责起草。

本标准主要起草人：马聪丽、兀伟、宋耀东、郭玉芳、段怡红。

本标准所代替标准的历次版本发布情况为：

——GB/T 14950—1994。

引　言

GB/T 14950—1994 是我国制定的第一部摄影测量与遥感专业术语标准，实施已十多年了，对摄影测量与遥感知识的传播，国内外科技交流，图书文献的编撰、出版和检索等方面起到了很大作用。但在这十多年中，摄影测量与遥感学科随着地理信息技术、全球定位系统技术、计算机技术、网络技术等的迅猛发展也进入了一个崭新的发展空间，其应用也扩展到了社会生活和经济生活的方方面面。测绘及其他行业也陆续制定了许多专业术语标准，如 GB/T 14911—1994《测绘基本术语》、GB/T 50228—1996《工程测量基本术语标准》、GB/T 17159—1997《大地测量术语》、GB/T 16820—1997《地图学术语》、GB/T 17228—1998《地质矿产勘查测绘术语》、GB/T 17694—1999《地理信息技术基本术语》、GB/T 19231—2003《土地基本术语》等。因此本标准的修订充分考虑了这一情况，对于新增加的术语尽量采用相应术语标准中的定义，并参考《测绘学名词》(第二版)、《地理学名词》(第二版)、《地球科学大辞典》、《遥感大辞典》，这样既保持与其他术语标准的协调，又反映测绘技术的发展变化，力争通过本标准反映摄影测量与遥感学科和技术的基本面貌。

本标准给出了术语的汉语拼音索引和英文对应词索引。

摄影测量与遥感术语

1 范围

本标准规定了摄影测量与遥感的术语及定义,并附有英文索引和中文索引。

本标准适用于摄影测量与遥感标准的制定、技术文件编制、教材和书刊及文献的编写。

2 摄影测量分类

2.1

摄影测量 photogrammetry

利用摄影影像信息测定目标物的形状、大小、空间位置、性质和相互关系的科学技术。

2.2

航空摄影测量 aerophotogrammetry;aerial photogrammetry

利用航空飞行器所获取的影像进行的摄影测量。

2.3

航天摄影测量 space photogrammetry

利用航天飞行器所获取的影像进行的摄影测量。

2.4

地面摄影测量 terrestrial photogrammetry

利用地面摄影的影像对所摄目标物进行的摄影测量。

2.5

非地形摄影测量 non-topographic photogrammetry

不以测制地形图为目的的摄影测量。

2.6

全息摄影测量 hologrammetry

利用一定方向的激光光束投射到全息图上获取原物体的三维结构影像的摄影测量。

2.7

电子显微摄影测量 nanophotogrammetry

利用扫描电子显微镜获取的立体显微影像,对微观世界进行的摄影测量。

2.8

双介质摄影测量 two-medium photogrammetry

被摄物体与摄影机处于不同介质的摄影测量。

2.9

近景摄影测量 close-range photogrammetry

利用对物距不大于 300 m 的目标物获取的立体像对进行的摄影测量。

2.10

超近摄影测量 microphotogrammetry; ultra-close-range photogrammetry

微距摄影测量

对物距在 0.1 m～0.01 m 的目标物进行的摄影测量。

2.11

弹道摄影测量　ballistic photogrammetry

利用弹道摄影机，以星空为背景，获取飞行物在空中的飞行状态，用来研究飞行物飞行轨迹的摄影测量。

2.12

工程摄影测量　engineering photogrammetry

用于现代建筑、水利、铁路、公路、桥梁、隧道等工程建设的摄影测量。

2.13

工业摄影测量　industrial photogrammetry

用于采矿、冶金、机械、车辆和船舶制造等方面的静态或动态工业目标的摄影测量。

2.14

建筑摄影测量　architectural photogrammetry

用于对建筑物的建筑特点和状况的研究、文物的修复、雕塑像的复制等建筑领域中的摄影测量。

2.15

考古摄影测量　archaeological photogrammetry

用于文物及其挖掘现场的摄影测量。

2.16

生物医学摄影测量　biomedical photogrammetry

用于生物医学研究和临床诊断等方面的摄影测量。

2.17

X 射线摄影测量　X-ray photogrammetry

利用 X 光获取的立体像对或更多像片，确定被摄物体肉眼不能直接见到部分的摄影测量。

2.18

水下摄影测量　underwater photogrammetry

用于测绘水下地形或研究水中物体的摄影测量。

2.19

实时摄影测量　real-time photogrammetry

将数据获取、处理和成果输出集为一体，实时快速完成的摄影测量。

2.20

莫尔条纹测量　Moire topography

利用莫尔效应直接在被测物体表面形成等值条纹的摄影测量。

2.21

侧视雷达测量　side-looking radar survey

利用侧视雷达获取地面目标影像信息的摄影测量。

2.22

立体摄影测量　stereophotogrammetry

利用立体像对建立立体模型进行的摄影测量。

2.23

模拟摄影测量　analog photogrammetry

利用模拟像片，借助基于光学机械投影交会方式的测图仪进行的摄影测量。

2.24

解析摄影测量　analytical photogrammetry

利用模拟像片，借助基于数字投影交会方式的解析测图仪进行的摄影测量。

2.25

数字摄影测量　digital photogrammetry

利用数字影像，借助计算机技术提取所摄对象的几何与物理特征，并用全过程数字化方式进行的摄影测量。

2.26

IMU/DGPS 辅助航空摄影测量　IMU/DGPS supported photogrammetry

利用惯性导航技术和卫星定位技术，同时获取摄影瞬间摄影中心的位置参数及影像的姿态参数，辅助空中三角测量或测图的航空摄影测量技术。

3　遥感分类

3.1

遥感　remote sensing

不接触物体本身，用传感器收集目标物的电磁波信息，经处理、分析后，识别目标物、揭示其几何、物理特征和相互关系及其变化规律的现代科学技术。

3.2

遥感平台　remote sensing platform

安放传感器并能进行遥感作业的载体。

3.3

航空遥感　aerial remote sensing; airborne remote sensing

以飞机、飞艇、气球等航空飞行器为平台的遥感。

3.4

航天遥感　space remote sensing; spaceborne remote sensing

以人造卫星、宇宙飞船、航天飞机等航天飞行器为平台的遥感。

3.5

星载遥感　satellite remote sensing

以人造卫星为平台的遥感。

3.6

地面遥感　ground remote sensing

传感器位于地面的遥感。

3.7

多谱段遥感　multispectral remote sensing

将物体反射或辐射的电磁波信息分成若干波谱段进行接收或记录的遥感。

3.8

可见光遥感　visible spectral remote sensing

传感器工作波段限于可见光波段范围之内的遥感。

3.9

红外遥感　infrared remote sensing

传感器工作波段限于红外波段范围之内的遥感。

3.10

微波遥感　microwave remote sensing

传感器工作波段限于微波波段范围之内的遥感。

3.11

主动式遥感　active remote sensing

由传感器向目标物发射一定频率的电磁辐射波，然后接收从目标物返回的辐射信息的遥感方式。

3.12

被动式遥感　passive remote sensing

直接接收来自目标物的辐射信息的遥感方式。

3.13

激光遥感　laser remote sensing

由发射和接收激光来探测目标物的主动式遥感技术。

3.14

高光谱遥感　hyperspectral remote sensing

在电磁波谱的可见光，近红外，中红外和热红外波段范围内，获取光谱分辨率高于百分之一波长达到纳米(nm)数量级，光谱通道数多达数十甚至数百的遥感技术。

4　数据获取

4.1

摄影　photography

利用传感器获取物体影像和其他相关信息的一门技术。

4.2

航天摄影　space photography

利用人造卫星、宇宙飞船、航天飞机和轨道空间站等航天飞行器作为平台，从地球大气层以外对地球或其他宇宙空间星球进行的摄影。

4.3

卫星摄影　satellite photography

利用人造卫星作为平台的航天摄影。

4.4

航空摄影　aerial photography

利用飞机、飞艇、气球等航空飞行器作为平台，在地球大气层范围内的摄影高度上对地球表面进行的摄影。

4.5

缝隙摄影　differential photography

利用缝隙快门及软片的连续移动进行曝光的摄影。

4.6

竖直摄影　vertical photography

摄影机主光轴处于近似铅垂线方向的摄影。

4.7

倾斜摄影　oblique photography

摄影机主光轴偏离铅垂线或水平方向并按一定倾斜角进行的摄影。

4.8

高空摄影　high-altitude aerial photography

摄影高度高于6 000 m的航空摄影。

4.9

低空摄影　low-altitude aerial photography

摄影高度低于 1 000 m 的航空摄影。

4.10

显微摄影　photomicrography

将显微镜和摄影机相结合,用于获取微小物体的高倍放大摄影。

4.11

多光谱摄影　multispectral photography

同步记录同一景物不同光谱信息的摄影。

4.12

数字摄影　digital photography

利用数字摄影机获取影像灰度阵列的摄影。

4.13

框幅摄影　frame photography

曝光瞬间对整个幅面同时成像的摄影。

4.14

全景摄影　panoramic photography

利用全景摄影机在垂直于飞行方向上,通过缝隙扫描,不断改变光轴方向对地面的摄影。

4.15

黑白摄影　black-and-white photography

以黑、灰、白的不同色调,表现被摄景物影像的摄影。

4.16

彩色摄影　colour photography

以丰富的色彩再现被摄景物彩色影像的摄影。

4.17

红外摄影　infrared photography

获取被摄物体红外光谱信息的摄影。

4.18

彩红外摄影　colour infrared photography

获取被摄物体多个光谱信息,但至少具有一个红外光谱信息,并能组合成彩色效果的摄影。

4.19

正直摄影　normal case photography

在摄影基线两端,两摄影机主光轴保持水平,并都与摄影基线方向垂直的摄影。

4.20

等偏摄影　parallel-averted photography

在摄影基线两端,两摄影机主光轴保持水平,并都相对于摄影基线偏转相同角度的摄影。

4.21

交向摄影　convergent photography

在摄影基线两端,两摄影机主光轴在物方相交成某一角度的摄影。

4.22

等倾摄影　equally tilted photography

在摄影基线两端,两摄影机主光轴保持平行,相对于水平面倾斜相同角度的摄影。

4.23

地物阴影倍数　multiple of object shadow

地物的太阳阴影长度与地物高度之比。

4.24

太阳高度角　solar elevation

观测点至太阳方向与水平面的夹角。

4.25

太阳方位角　solar azimuth

地面上任一观测点和太阳连线的地面投影线与该点地理经线之间的夹角。

4.26

航摄领航　navigation of aerial photography

利用领航图、地标或其他导航仪器(如 GPS 系统)保证飞机在设计的航线上,按要求进行航空摄影的工作过程。

4.27

雷达导航　radar navigation

利用雷达确定位置,引导移动物体航行的导航方法。

4.28

多普勒导航　Doppler navigation

利用多普勒效应测量移动物体的运动参数和位置的导航方法。

4.29

惯性导航　inertial navigation

利用惯性敏感器件测量加速度推算移动物体速度和位置的导航方法。

4.30

全球卫星导航系统　global navigation satellite system;GNSS

利用卫星在全球范围内进行导航定位的系统总称。

4.31

GPS 导航　GPS navigation

利用全球定位系统测定的实时位置引导移动物体航行的导航方法。

4.32

动态 GPS 摄影站定位　dynamic GPS positioning of camera station

在航空航天摄影时,利用 GPS 载波相位测量法确定摄影站空间位置的技术。

4.33

摄站　camera station;exposure station

摄影中心

摄影瞬间物镜前节点所在的空间位置。

4.34

摄影航线　flight line of aerial photography

航空摄影时,飞机航行的路线。

4.35

摄影分区　flight block

航摄分区

摄影区域因摄区过大或地形变化而被划分成的摄影单元。

4.36

分区基准面　block datum plane

摄影分区的平均高度平面。

4.37

摄影比例尺　photographic scale

像距与物距之比。

4.38

像片比例尺　photo scale

像片上某线段长度与地面相应水平线段长度之比。通常线段在像片上不同位置其比例尺是不同的。

4.39

摄影航高　photographic flying height

摄影平台至摄影分区基准面的垂直距离。

4.40

绝对航高　absolute flying height

摄影平台相对平均海水面的垂直距离。

4.41

相对航高　relative flying height

摄影平台相对于地面上某一基准面的垂直距离。

4.42

摄影基线　photographic baseline

获取立体像对时，相邻摄站间的连线。

4.43

像片基线　photo base

像主点与航向邻片像主点在本片上相应像点间的连线。

4.44

基高比　base-height ratio

摄影基线长度与摄影航高或物距之比。

4.45

航摄飞行质量　flight quality of aerial photography

航摄像片的航向重叠度、旁向重叠度、像片倾斜角、旋偏角、航线弯曲度、实际航高与预定航高之差、摄区和摄影分区的边界覆盖等质量要求的总称。

4.46

摄影航迹　flight trace of photography

航迹线

航空飞行器投影在地面上的飞行轨迹。

4.47

航迹角　angle of flying trace

航空摄影中，摄影航迹与设计航线间的夹角。

4.48

航线弯曲度　strip deformation

一条摄影航线内各张像片主点至首末两张像片主点连线的最大偏离度。

4.49

航摄漏洞　aerial photographic gap

航空摄影时,像片或影像重叠度过小或没有重叠的部分。

4.50

相对漏洞　relative gap

航空摄影时,像片或影像航向重叠度和旁向重叠度小于规定域值的部分。

4.51

绝对漏洞　absolute gap

航空摄影时,摄区范围内缺失影像的部分。

4.52

摄影质量　photographic quality

被摄物体的构像质量、几何质量和表观质量的总称。包括影像的密度、反差、分辨率,框标和数据记录,胶片的变形率和展平度,镜箱的内方位元素和畸变差的测定精度,框标点和格网点坐标的测定精度,胶片的制作工艺、机械和人为损伤等。

4.53

航向重叠　longitudinal overlap;end overlap;forward overlap

本航线内相邻像片上具有同一地区影像的部分,通常以百分比表示。

4.54

旁向重叠　lateral overlap;side overlap;side lap

相邻航线的相邻像片上具有同一地区影像的部分,通常以百分比表示。

4.55

测图航线　mapping strip

直接作为立体测图用的摄影航线。

4.56

控制航线　control strip

构架航线

骨架航线

摄影测区内,为减少像片控制点的布设,加飞的较大比例尺若干条与测图航线交叉且近似垂直的航线。

4.57

像片倾斜角　tilt angle of photograph

航空摄影时,航空摄影机主光轴与铅垂线的夹角或地面摄影时,摄影机主光轴相对于水平面的夹角。

4.58

航向倾角　longitudinal tilt;pitch

像片倾斜角在航线方向上的分量。

4.59

旁向倾角　lateral tilt;roll

像片倾斜角在垂直于航线方向上的分量。

4.60

像片旋角　swing angle;yaw

在像片平面内,所选定的像片坐标轴绕主光轴旋转的角度。

4.61

像主点　principal point of photograph

摄影物镜的后节点到像片平面的垂足。

4.62

最佳对称主点　principal point of optimum symmetry

航摄仪检定时,使径向畸变尽可能对称的一个对称中心点。

4.63

自准直主点　autocollimating principal point

来自物方空间的一束垂直于像片平面的平行光线束通过物镜后成像在像片平面上的像点。

4.64

像底点　photo nadir point

过摄影物镜后节点的铅垂线与像片平面的交点。

4.65

地底点　ground nadir point

像底点在地面上的相应点。

4.66

等角点　equal-angle point; isocenter

航空摄影机物镜的主光轴与过物镜后节点铅垂线的夹角之角平分线分别和像片平面与地面相交的两个点。

4.67

像元　pixel; picture element

像素

数字影像的基本单元。

4.68

像幅　picture format

像片的构像幅面尺寸。

4.69

等效主距　equivalent principal-distance

根据轴外平行光线在像片平面上的构像点与沿主光轴的平行光线在像片平面上的构像点的距离 γ 和入射角 β,计算求得的主距。

4.70

检定主距　calibrated principal-distance

摄影机检定时,得到多个等效主距的一种平差值。

4.71

框标　fiducial mark

摄影机承片框上用于标定承影面中心位置的标志。

4.72

框标距　distance of fiducial marks

对应框标间的距离。

4.73

像片中心　photograph center

像片上相对框标连线的交点。

4.74

摄影机检定场　camera calibration field

检定摄影机各种参数的专门场地。

4.75

摄影分辨率　resolution of photography

分解率

解像率

衡量成像系统对黑白相间宽度相等的线状目标影像分辨的能力，以每毫米线对数表示。

4.76

影像分辨率　image resolution

影像再现物体细部能力的一种量度。

4.77

地面分辨率　ground resolution

影像分辨率所对应的地面尺寸。

4.78

面积加权平均分辨率　area weighted average resolution; AWAR

以测试角所对应的像幅内环带面积与像幅总面积之比作为权计算的平均分辨率。

4.79

角分辨率　angle resolution

镜头中心对摄影分辨率线对宽度的张角。

4.80

影像密度　density of image

影像明暗程度的度量，以阻光率常用对数表示。

4.81

灰雾密度　fog density

胶片上未受光部分经显影后形成的一定密度值。

4.82

感光度　light sensitivity

感光材料产生光化还原作用的强弱能力，以规定基准密度的相应曝光量的倒数度量。

4.83

影像反差　image contrast

在负片或正片上影像的最大密度与最小密度之差。

4.84

景物反差　object contrast

被摄景物中最大亮度与最小亮度之比或对数之差。

4.85

反差系数　contrast coefficient

感光材料特性曲线直线部分的斜率。

4.86

胶片压平　film flattening

曝光瞬间，使胶片密贴承片面的过程。

4.87

地面照度　illuminance of ground

阳光或人工光源通过大气层到达地面的光照程度。

4.88

光谱感光度　spectral sensitivity

感光材料对光谱中某一波长光线的感光程度。

4.89

相对光谱感光度　relative spectral sensitivity

光谱中以某一波长的感光度为准，与其他波长的感光度之比值。

4.90

感色性　colour sensitivity

感光材料对不同颜色光波敏感的特性。

4.91

飞机地速　ground speed of plane

飞机相对于地面运动的速度。

4.92

速高比　velocity-height ratio

飞机地速与相对航高之比值。

4.93

像点位移　displacement of image; image displacement

目标点在像片上的构像点与其理想点位的差异。

4.94

前移补偿　forward motion compensation; FMC

像移补偿

对传感器平台相对于所摄目标的前移运动引起的像点位移的自动补偿改正。

4.95

摄影材料变形　photographic material deformation

因材料性质、制作过程、摄影处理及环境引起的摄影材料几何变化。

4.96

镜头畸变　lens distortion

轴外主光线通过物镜时由于入射角与出射角不能严格相等，使所摄物体影像出现的像差。

4.97

摄影测量畸变　photogrammetric distortion

根据摄影测量的要求，按一定条件测算后所得像点对无畸变影像理想位置的偏离值。

4.98

影像数据采集　image data acquisition

利用传感器，获得所研究对象的模拟或数字影像的过程。

4.99

波谱能量分布　spectral energy distribution

能源在不同温度下辐射出的能量与波长的关系。

4.100

波谱发射率　spectral emissivity

物体辐射电磁波的能量与同温度的黑体的发射能量之比值。

4.101

波谱反射率　spectral reflectivity

物体对某一波长电磁波的反射辐射通量与其入射辐射通量之比。

4.102

波谱透射率　spectral transmissivity

透过物体的电磁波辐射通量与其入射辐射通量之比值。

4.103

辐射分辨率　radiometric resolution; radiation resolution

指传感器感测(敏感)元件在接收波谱辐射信号时能分辨的最小辐射度差,或指对两个不同的辐射源的辐射量的分辨能力。

4.104

瞬时视场　instantaneous field of view; IFOV

空间分辨率

在扫描成像过程中一个光敏探测元件通过望远镜系统投射到地面上的直径或对应的视场角度。

4.105

时间分辨率　temporal resolution

传感器能够重复获得同一地区影像的最短时间间隔。

4.106

波谱分辨率　spectral resolution

传感器或波谱测量仪器能够区分或分辨的最小波段范围或波长间隔。

4.107

扫描分辨率　scan resolution

影像输入、输出设备中扫描点的尺寸,以每毫米点数表示。

4.108

太阳辐射波谱　solar radiation spectrum

表示太阳辐射能量按波长分布规律的图表。

4.109

电磁波谱　electromagnetic spectrum

表示电磁辐射波长或频率分布的图谱。

4.110

大气窗口　atmospheric window

地球大气对电磁波传输不产生强烈的吸收和散射衰减作用的透过率较高的一些特定的电磁波段。

4.111

大气噪声　atmospheric noise

大气对被测电磁波的干扰。

4.112

大气传输特性　characteristic of atmospheric transmission

电磁波在大气中传输,受大气散射和吸收作用的影响,辐射能衰减的规律。

4.113

大气透过率　atmospheric transmissivity; atmospheric transmittance

电磁波通过大气中某个给定路径长度后的辐射能与入射辐射能之比。

4.114

地物波谱特性　object spectrum characteristic

地物发射、吸收、反射、散射和透射电磁波辐射能量，产生和地物本身特征有关波谱信号的特性。

4.115

卫星轨道参数　orbit elements of satellite；orbit parameters of satellite

描述在太空中卫星运行的位置、形状和取向的各种参数。

4.116

轨道高度　orbital altitude

太空飞行器运行的轨道距地球表面的平均高度。

4.117

轨道倾角　orbital inclination

太空飞行器轨道平面与地球赤道面之间的夹角。

4.118

卫星摄动　satellite perturbance

由于地球质量分布不均匀和非球形对称性、日月及其他星体的引力、大气阻力、太阳光压等因素引起卫星在理想轨道上的抖动。

4.119

卫星姿态　satellite attitude

卫星本体在其运行轨道上所处的空间状态。

4.120

卫星覆盖范围　satellite coverage

地面上能同时观察到同一颗卫星的区域，一般以该地区所对应的地心张角表示。

4.121

卫星运行周期　revolution period of satellite

卫星绕地球一周所需要的时间。

4.122

卫星重复周期　repetition period of satellite

卫星回到上次地面轨迹上空时运行所需要的天数。

4.123

地球同步轨道　geosynchronous orbit；earth synchronous

卫星一天绕地球一周并回到原来位置的轨道。

4.124

全景畸变　panoramic distortion

全景摄影机的像距不变，物距随扫描角增大而增大，由此所产生的影像由中心到两边比例尺逐渐缩小的畸变。

4.125

卫星影像偏斜　satellite photograph skew；satellite photograph deflection

由于地球自转，造成扫描行西移，使卫星影像呈平行四边形的偏斜现象。

4.126

像片控制测量　photo control survey

像片控制点联测

实地测定像片控制点的方法。

4.127

像片控制点　photo control point

为摄影测量加密或测图需要，直接在实地测定的控制点。

4.128

像片平高控制点　horizontal and vertical photo control point; full control point

平高控制点

具有地面平面坐标和高程的像片控制点。

4.129

像片平面控制点　horizontal photo control point

平面控制点

仅具有地面平面坐标的像片控制点。

4.130

像片高程控制点　vertical(elevation)photo control point

高程控制点

仅具有地面高程的像片控制点。

4.131

明显地物点　outstanding point; natural point

在像片、影像和实地能准确辨认的地物点。

4.132

人工标志(点)　artificial target; signalized point; artificial point

摄影前，地面上人工设置的在像片或影像上有构像的目标点。

4.133

像片标准点　photographic normal point; standard point of photo; Gruber point

像片标准配置点

格鲁伯点

相对定向过程中所需要的6个定向点，其中两个点在左右主点位置，其余点分别在主点上下距离约等于基线长度之处。

4.134

航线网布点　control point distribution for aerial triangulation strip

以一条航线段为单位布设像片控制点的方案。

4.135

区域网布点　control point distribution for block aerotriangulation

以几条航线段或几幅图为一个区域布设像片控制点的方案。

4.136

全野外布点　full field control point distribution

以一张像片或一个立体像对为单位布设像片控制点的方案。

4.137

控制航线布点　control point distribution for control(skeleton)strip

构架航线布点

骨架航线布点

控制航线按航线网布点，并在控制航线与测图航线相交重叠的区域内由控制航线加密测图航线像片控制点的方案。

4.138

航向控制点跨度　bridging distance of control points along strips; control point interval along strips

同一航线段内相邻像片控制点之间跨越像片基线的数量。

4.139

旁向控制点跨度　bridging distance of control points cross strips; control point interval cross strips

垂直于摄影航线方向，相邻像片控制点之间跨越摄影航线的数量。

4.140

综合法单张像片测图　photo-planimetric method of single photograph mapping

在一张未经纠正的航摄像片上实地进行像片调绘和测绘等高线，然后通过投影转绘或纠正、镶嵌成图的测图方法。

4.141

综合法像片图测图　photo-planimetric method of photoplan mapping

在像片平面图或其复制图上实地进行像片调绘和测绘等高线的测图方法。

4.142

桩点法测图　pegged point mapping

由外业或内业加密地形特征点和地物点的平面位置和高程，借助像对立体模型描绘等高线的测图方法。

4.143

像片判读　photo interpretation

像片解译

根据地物的光谱特性、空间特性、时间特征和成像规律，识别出与像片影像相应的地物类别、特性和某些要素或者测算某种数据指标的过程。

4.144

目视判读　visual interpretation

判读者通过直接观察或借助判读仪以研究地物在遥感影像或其他像片上反映的各种影像特征，并通过地物间的相互关系来推理分析，识别所需地物信息的过程。

4.145

调绘　annotation

利用像片或影像进行判读，实地调查和标注等工作的总称。

4.146

单站时间视差法　time parallax at a single station

时间基线视差法

在同一摄站，对运动或变形物体按一定时间间隔获取立体像对，根据量测视差的变化规律来测量物体运动的位移或变形的方法。

4.147

相对控制　relative control

利用位于物方空间某些未知点间的已知几何条件关系作为摄影测量控制的依据。

4.148

摄影纵距　longitudinal distance of photography

在地面摄影或近景摄影测量中摄影机物镜前节点到目标物投影面的距离。

4.149

摄影系数　photographic coefficient

摄影纵距与摄影基线长度之比。

4.150

激光雷达 Lidar

发射激光束并接收回波获取目标三维信息的系统。

4.151

合成孔径雷达 synthetic aperture radar;SAR

以多普勒频移理论和雷达相干为基础,综合处理雷达回波振幅和相位数据的遥感系统。

4.152

激光雷达测深系统 lidar bathymetric system

通过发射器垂直向下发射出短波高功率激光脉冲,测量水面与水底的时间延迟,对比两者的能量差别而达到检测反映不同水深所返回信号的测深系统。

4.153

雷达测高 radar altimetry

以遥感平台的轨道为基准,用雷达测高计测量其垂直于地球表面的距离的过程。

5 数据处理

5.1

摄影处理 photographic processing

将已曝光的感光材料按一定的冲洗工艺显现成可见影像的处理过程。

5.2

反转摄影处理 reversal photographic processing

将已曝光的感光材料不经负片过程,直接得到正像的摄影处理过程。

5.3

正片 positive

影像色调或色彩与景物的明暗程度或色彩一致的像片。

5.4

负片 negative

影像色调或色彩与景物的明暗程度或色彩为互补色的像片。

5.5

裱板像片 coated photograph

裱糊在某种硬质基板上的像片。

5.6

接触晒印 contact printing

感光材料的乳剂面与负片的药膜面完全接触的晒像过程。

5.7

投影晒印 projection printing

将底片与感光材料分别置于放大机或投影仪的底片盘和承片盘内,经投影曝光得到正片的晒像过程。

5.8

反光缩小 reflecting reduction

利用灯光照亮资料的反射光制作缩小影像的方法。

5.9

透光缩小 transmitting reduction

利用航摄负片进行投影以规定倍数制作缩小透明正片的方法。

5.10

电子印相 electronic printing

利用阴极射线管扫描曝光并进行自动匀光的一种晒像方法。

5.11

像片纠正 photo rectification; rectification of photograph

通过投影转换，将倾斜像片变换成规定比例尺水平像片的作业过程。

5.12

像片内方位元素 elements of interior orientation; interior orientation elements

像片内定向元素

确定摄影光束在像方几何关系的基本参数，即像主点的像平面坐标值（x_0、y_0）和摄影机主距值（f_k）。

5.13

像片外方位元素 elements of exterior orientation; exterior orientation elements

像片外定向元素

确定摄影光束在物方几何关系的基本参数，包括三个位置参数和三个姿态参数。

5.14

纠正点 rectification point

用于像片纠正的控制点。

5.15

图解纠正 graphical rectification

根据透视理论，利用像片平面和图面的复比或透视对应关系，建立相应的射线束或透视格网进行转绘的作业过程。

5.16

光学图解纠正 optical graphical rectification

投影转绘

使用投影转绘仪，将需纠正的影像投影到图板上，进行纠正及转绘的作业过程。

5.17

仿射纠正 affine rectification

保持纠正前后的图形中直线平行性不变的像片纠正。

5.18

投影差 relief displacement

中心投影影像上因地形起伏引起的像点位移。

5.19

纠正带距 distance of rectification zone

分带纠正中，相邻两带平面间的高差。

5.20

分带纠正 zonal rectification

为使丘陵地和山地的航摄像片影像的投影差限制在允许范围内，按不同高程面进行的像片纠正。

5.21

多级纠正 multistage rectification

使用纠正仪将大倾斜角航摄像片，分几次（每次相同）安置纠正元素进行的像片纠正。

5.22

光距条件 distance condition

沿主光轴的物距和像距需符合光学共轭的条件。

5.23

交线条件 condition of intersection;scheimpflug condition

向甫鲁条件

底片面和承影面倾斜时,为了保证整个承影面上有清晰的构像,在满足光距条件的前提下,使底片面、物镜主平面和承影面相交于一直线的条件。

5.24

纠正光学条件 optical condition of rectification

纠正仪上纠正像片时应满足的光学共轭条件,包括光距条件和交线条件。

5.25

纠正几何条件 geometric condition of rectification

纠正仪纠正像片时,满足投影的影像图形与相应地面图形相似并符合一定比例尺的几何关系。

5.26

纠正仪自由度 degree of freedom of a rectifying

纠正仪上独立机械动作的数目。

5.27

合点 vanishing point

由投影中心作物方直线的平行线与投影面(像片面)的交点。

5.28

主合点 principal vanishing point

在主垂面内,由投影中心作地平面上任意直线的平行线与像片平面的交点。

5.29

主遁点 main vanishing point

在主垂面内,过投影中心作像片平面的平行线与地平面的交点。

5.30

透视旋转定律 rotation axiom of the perspective;axiom of the perspective rotation

沙尔定律

在建立起透视对应关系的基础上,使承影面绕透视轴,合面(含投影中心)绕合线,按同方向旋转同一角度,就可保持透视对应关系不变的规律。

5.31

透视变换 perspective transformation

利用透视中心、像点、目标点三点共线的条件,按透视旋转定律使承影面(透视面)绕迹线(透视轴)旋转某一角度,破坏原有的投影光线束,仍能保持承影面上投影几何图形不变的变换。

5.32

像片镶嵌 photo mosaic

切割镶嵌

将有重叠影像的多张像片经过纠正,根据控制点或同名影像进行拼接,切去重叠部分的边条,将中央部分拼接和粘贴在图板上的作业过程。

5.33

光学镶嵌 optical mosaic

将有重叠的遥感影像或其他像片的纠正影像,依次拼接,逐一晒印在同一张感光材料上的作业过程。

5.34

微分纠正　differential rectification

采用航摄像片或其他遥感影像的微小面积为纠正单元,通过纠正单元的几何变换实现两个影像之间的任何一种变换。

5.35

正射投影技术　orthophotography;orthophoto technique

采用航摄像片或其他遥感影像的微小面积为纠正单元,逐单元进行纠正,以获得地面正射投影影像的技术。

5.36

多项式纠正　polynomial correction

对影像或图像的平移、缩放、旋转、仿射、偏扭、弯曲等几何变形采用多项式内插的方法进行改正。

5.37

仿射变换　affine rectification

保持变换前后影像中直线的平行性不变的变换方法。

5.38

光学微分纠正　optical differential rectification

缝隙纠正

利用光学投影类的正射投影装置对像片影像逐个纠正单元进行扫描晒像的微分纠正。

5.39

电子微分纠正　electronic differential rectification

通过飞点扫描管实现的微分纠正。

5.40

解析纠正　analytical rectification

根据像片断面数据或数字高程模型,用解析方法在正射投影仪上实现的微分纠正。

5.41

数字纠正　digital rectification

数字微分纠正

利用数字高程模型,根据构像方程对像方影像重采样,生成物方数字正射影像的技术。

5.42

数字镶嵌　digital mosaic

利用计算机对重叠数字影像信息进行镶嵌处理的技术。

5.43

断面数据采集　profile data collecting

沿断面采集地形起伏数据的过程。

5.44

断面带间距　distance between profiles

两相邻断面间的距离。

5.45

缝隙长度　slit length;crack length

微分纠正中,条状纠正单元的长度。

5.46

缝隙宽度　slit width;crack width

微分纠正中,条状纠正单元的宽度。

5.47

断面扫描　profile scanning

a）在正射投影仪上，对断面纠正单元内的影像进行曝光的过程。

b）沿规定的断面，通过扫描方式采集有关数据或信息的过程。

5.48

视差　parallax

在摄影测量中，指立体像对同名像点在左、右像平面坐标系或模型中的坐标差。

5.49

同名像点　corresponding image points；homologous image points

同一目标点在不同影像上的构像点。

5.50

同名光线　corresponding image rays

a）由同一目标点向不同摄影站投射出构成同名像点的一对光线。

b）立体像对相对定向后，通过同名像点的投影光线。

5.51

核线　epipolar ray；epipolar line

过摄影基线与目标点的平面（核面）与像片平面的交线。

5.52

核线影像　epipolar ray image

从原始图像沿核线重采样得到的没有上下视差的影像。

5.53

上下视差　vertical parallax；Y-parallax

Y-视差

立体像对上同名像点或投影点的纵坐标之差。

5.54

左右视差　horizontal parallax；X-parallax

X-视差

立体像对上同名像点或投影点的横坐标之差。

5.55

左右视差较　horizontal parallax difference

立体像对上某一点的左右视差相对于起始点的左右视差之较差。

5.56

空间前方交会　spacial intersection

由立体像对两片的内、外方位元素和观测的像点坐标来确定该点的物方坐标。

5.57

空间后方交会　spacial resection

利用航摄像片上三个以上不在一条直线上的控制点按构像方程计算该像片外方位元素的方法。

5.58

像平面坐标系　photo coordinate system

在像片平面上为描述像点平面位置所选定的右旋直角坐标系。

5.59

车架坐标系　carriage coordinate system；stage coordinate system

仪器坐标系

有具有 X、Y 车架的摄影测量仪器中，描述承片盘上任一点平面位置的右旋直角坐标系。

5.60

像方空间坐标系　image space coordinate system

描述单张像片上像点在像方空间位置的右旋直角坐标系。它是以投影中心为原点，X、Y 轴平行于像平面坐标系的相应轴，Z 轴与物镜主光轴重合，$Z=-f$ 的右旋直角坐标系。

5.61

物方空间坐标系　object space coordinate system

描述地面点在物方空间位置的任一三维坐标系。可根据需要而选定坐标原点和三轴系方向。

5.62

摄影测量坐标系　photogrammetric coordinate system

描述摄影测量模型的空间直角坐标系。其原点选在某摄站或某一已知点，X 轴大体与航线方向一致，Z 轴与铅垂线方向一致且向上为正的右旋空间直角坐标系。

5.63

光学立体模型　optical stereoscopic model

立体观察一对重叠像片所感受到的被摄目标物三维形态的视模型。

5.64

几何立体模型　geometric stereoscopic model

恢复立体像对方位元素，使同名光线成对相交所构成的与实地相似的模型。

5.65

立体观察　stereoscopic view

利用人造立体效应，对立体模型进行的观察。

5.66

构像方程　imaging equation

以物点坐标为自变量，描述目标点及其相应像点成像几何关系的数学方程。

5.67

共线方程　collinearity equation

描述目标点与其相应像点及投影中心三点共线的数学方程。

5.68

投影方程　projection equation

以像点坐标为自变量，描述像点及其相应目标点几何关系的数学方程。

5.69

共面方程　coplanarity equation

描述摄影基线与同名光线三线位于同一平面的数学方程。

5.70

直接线性变换　direct linear transformation; DLT

非地形摄影测量中，不单独解求内、外方位元素，用像点坐标与其对应的物方空间坐标直接变换关系式进行像片数学处理的方法。

5.71

辐射三角测量　radial triangulation

在平坦地区，根据航摄像片上以像主点辐射到各像点的方向线与实地相应方向线一致的几何特性，求得像点平面位置的方法。

5.72

空中三角测量　aerotriangulation; aerial triangulation

利用航空航天影像与所摄目标之间的空间几何关系，根据少量像片控制点，计算出像片外方位元素和其他待求点的平面位置,高程的测量方法。

5.73

模拟法空中三角测量　analog aerotriangulation;analog aerial triangulation

在模拟立体测图仪上进行的空中三角测量。

5.74

解析空中三角测量　analytical aerotriangulation;analytical aerial triangulation

电算加密

根据像片上量测的像点坐标和少量像片控制点,采用严密的数学公式,按最小二乘法原理,用计算机进行的空中三角测量。

5.75

数字空中三角测量　digital aerotriangulation;digital aerial triangulation

基于数字影像,采用影像匹配技术自动选取同名点,量测坐标的空中三角测量。

5.76

单航带解析空中三角测量　analytical aerotriangulation in a single strip

以一条航线或航线段为解算单元的解析空中三角测量。

5.77

区域网空中三角测量　block triangulation;block aerial triangulation

区域网加密

以几条航线或一个测区为解算单元的解析空中三角测量。

5.78

航带法区域网空中三角测量　strip aerial triangulation

航线法区域网加密

以单个航带网为整体平差运算中的基本单元的区域网空中三角测量。

5.79

独立模型法空中三角测量　independent model aerial triangulation;aerotriangulation by independent model

独立模型法区域网加密

以单模型、双模型或几个模型组成的单元模型为整体平差运算中的基本单元的区域网空中三角测量。

5.80

光束法区域网空中三角测量　bundle aerial triangulation

光线束法区域网加密

以摄影时目标点、相应像点和摄站点三点共线条件所建立的每条空间光线为整体平差运算中的基本单元的区域网空中三角测量。

5.81

联机空中三角测量　on-line aerophotogrammetric triangulation

在线空中三角测量

由立体坐标量测仪与计算机联机进行测算的空中三角测量。

5.82

GPS 辅助空中三角测量　GPS supported aerotriangulation

利用设在基准站和飞机上的 GPS 接收机进行相位差分定位测定摄站点坐标,作为区域网平差的控制值,以减少地面控制的解析空中三角测量方法。

5.83

区域网平差　block adjustment

利用多条航线构成的区域网模型进行整体平差的空中三角测量平差方法。

5.84

自检法区域网平差　self-calibrating block adjustment

把可能存在的系统误差,作为待定参数参与区域网空中三角测量的整体平差方法。

5.85

加密点　pass point;densification point

在像片控制点基础上用摄影测量方法所确立的用于内业测图、模型连接、定向辅助等的点。

5.86

连接点　tie point

模型连接点

用于相邻模型连接的同名像点。

5.87

定向点　orientation point

确定像片、立体像对、航线、区域网方位和比例尺所必须的点。

5.88

检查点　checking point

用来检查地形、模型正确性的点。

5.89

立体像对　stereopair

像对

从不同摄站获取的具有重叠影像的一对像片。

5.90

像点坐标　image coordinate;coordinate of a photo point

摄影像片上任一像点在像平面坐标系中的坐标。

5.91

模型坐标　model coordinate

单元模型坐标系中,用以表示模型空间各点相关位置的坐标。

5.92

立体量测　stereomeasurement

利用立体模型量测像点坐标、视差或模型坐标的工作。

5.93

像片归心　photo centering

在仪器上安置像片时,将像片主点置于投影器或像片盘中心的工作。

5.94

像片基线定向　photo-base orientation

方位线定向

像片归心后,使左右像片基线与仪器的 X 轴平行的像片定向过程。

5.95

辅助点定向　auxiliary point orientation

使像主点与辅助点(一般选在上框标或右框标附近)的连线与仪器的 Y 轴或 X 轴平行的像片定向过程。

5.96

内部定向　interior orientation

恢复像片内方位元素的作业过程。

5.97

解析内定向　analytical interior orientation

确定仪器坐标与像平面坐标变换参数的定向过程。

5.98

外部定向　exterior orientation

恢复像片外方位元素的作业过程。

5.99

相对定向　relative orientation

恢复或确定立体像对在摄影瞬间两像片间的相对关系的作业过程。

5.100

连续像对相对定向　relative orientation of conjunction of successive photographs

相对定向中,以一张像片为准,旋转和移动另一张像片达到同名光线对对相交,解求相对定向元素的过程。

5.101

单独像对相对定向　relative orientation of independent photo pair

相对定向中,以摄影基线为准,旋转左右像片达到同名光线对对相交,解求相对定向元素的过程。

5.102

相对定向不定性　uncertainty of relative orientation

摄影基线与地面定向点位于同一圆柱面上,使相对定向出现不定解的情况。

5.103

相对定向元素　elements of relative orientation

确定立体像对两像片之间相对位置的独立几何元素。

5.104

绝对定向　absolute orientation

确定立体模型在物方坐标系中所处方位和比例的作业过程。

5.105

绝对定向元素　elements of absolute orientation

确定立体模型对于物方空间的方位和比例所需要的独立参数。

5.106

模型缩放　scaling of model

绝对定向中,利用像片控制点对立体模型所作的比例尺归化。

5.107

模型置平　leveling of model

绝对定向中,利用像片控制点将立体模型进行倾斜改正,把摄影测量高程归化到物方坐标系的工作。

5.108

模型连接　bridging of model;model connection

用公共连接点将两个相邻立体像对几何模型的比例尺统一,连接成一个整体模型的工作。

5.109

摄影测量网　photogrammetric network

通过模型连接构成统一比例尺的航线网或区域网。

5.110

空间相似变换　space similarity transformation

对空间单位模型进行平移、旋转和缩放的变换。

5.111

粗差检测　gross error detection

在获取数据及测量平差过程中发现和剔除粗差的工作。

5.112

数据探测法　data snooping method

在解析空中三角测量中，用以发现和剔除小粗差的粗差检测统计方法。

5.113

选权迭代法　iteration method with variable weights

在迭代平差中，通过适当变化观测值的权达到消除观测值粗差的方法。

5.114

主距改正　reduction for principal-distance

为改正底片变形，对摄影机主距加改正数的过程。

5.115

立体测图　stereomapping；stereoplotting

根据立体观测原理，使用仪器对立体像对的重叠部分进行测图的方法。

5.116

模拟测图　analog photogrammetric plotting

根据摄影过程的几何反转原理，在模拟立体测图仪上，建立所摄地面缩小的几何模型进行测图的方法。

5.117

分工法测图　differential method of photogrammetry

用航片测绘地形图时，先进行野外调绘，在室内利用立体镜、立体量测仪等在像片上对高程和等高线进行测绘，然后对地物、地貌进行分带投影转绘成地形图的方法。

5.118

全能法测图　universal method of photogrammetry

用航片测绘地形图时，用精密立体测图仪、多倍测图仪或其他全能测图仪器，对经像片定向构成待测地区的光学立体模型进行地物、地貌测绘生成地形图的方法。

5.119

机助测图　computer-assisted mapping；computer-aided mapping

摄影测量中，在与计算机相连接的立体测图仪上，人眼进行立体观测，由计算机协助进行测图的方法。

5.120

解析测图　analytical mapping；analytical plotting

由立体坐标量测仪采集像点坐标，根据像点与目标点间的数学关系，借助计算机解算目标点三维坐标进行测图的方法。

5.121

数字测图　digital mapping

用数字摄影测量技术进行测图的方法。

5.122

数控绘图　digital controlled drawing

直接由数字信号控制的自动绘图。

5.123

地图修测　map revision

为保持地图的现势性按规定修改、删除和增补地图内容的工作。

5.124

单像测图　monoplotting

利用单张像片和已有的数字高程模型进行地图测制和修测的过程。

5.125

数字地图修测　digital map revision

在计算机图形编辑站上进行的地图修测。

5.126

遥感制图　remote sensing cartography;remote sensing mapping

通过对遥感影像目视判读或利用图像处理系统对各种遥感信息进行增强与几何纠正并加以识别、分类和制图的过程。

5.127

投影器主距　principal distance of projector

投影仪主距

模拟摄影测量仪器中投影器的投影中心到承片盘平面间的距离。

5.128

中心投影　central projection

空间任意目标点与某一固定点连成的直线被固定平面所截而得到目标点投影影像的投影方式。

5.129

光学投影　optical projection

摄影测量中,用光学方法体现像点投影光束的投影方式。

5.130

机械投影　mechanical projection

摄影测量仪器中,用精密机械导杆代替投影光束的投影方式。

5.131

光学机械投影　optical-mechanical projection

摄影测量仪器中,建立投影光束时,投影器内用实际的光线束来体现,投影器外的光线则由精密机械导杆代替的投影方式。

5.132

数字投影　digital projection

利用构像方程按数值计算方法,建立目标点与像点之间关系的投影方式。

5.133

模型比例尺　model scale

模型上某线段的长度与空间目标相应长度之比。

5.134

模型基线　model baseline

按模型比例尺缩小或放大后的摄影基线。

5.135

测标　measuring mark; floating mark

浮游测标

立体摄影测量仪器中，用于量测立体模型时，相对于立体模型作三维浮游运动的量测标志。

5.136

立体照准　stereoscopic pointing

使空间浮游测标贴于模型表面的过程。

5.137

绘图桌定向　plotting table orientation; plotter orientation

图纸定向

确定绘图桌坐标与图面坐标变换参数的作业过程。

5.138

立体描绘　stereoscopic drawing

借助立体模型，进行观察和勾绘地形的作业过程。

5.139

立体转绘　stereoscopic transfer

借助立体模型，将像片上的调绘内容或其他地图要素，转绘到另一张像片、编绘图板或地形图上的作业过程。

5.140

图形编辑　graphic editing

将要编辑的图形显示在图形终端上，通过人机交互方式对它进行修改、删除与增补等工作。

5.141

图形输出　graphic output; pattern printout

在计算机控制下由数字信息转换为图形并输出的过程。

5.142

数据输出　data output

从一个设备或程序输出已经处理的数据的过程。

5.143

影像匹配　image matching

通过对影像内容、特征、结构、关系、纹理及灰度等的对应关系进行相似性和一致性分析，自动识别同名影像或目标的过程。

5.144

目标区　target area; region of target

在影像匹配中，立体像对左片上或右片上给定点周围像点的灰度值组成的矩阵。

5.145

搜索区　searching area; region of search

在影像匹配中，立体像对右片上（或左片上）与左片上（或右片上）目标区相对应的预测的像点灰度值矩阵。

5.146

影像相关　image correlation

探求左、右像片影像信号相似的程度，从中确定同名影像或目标的过程。

5.147

电子相关　electronic correlation

利用电子电路解算相关函数的影像相关。

5.148

光学相关　optical correlation

利用光学方法确定相关函数的影像相关。

5.149

核线相关　epipolar correlation

利用立体像对左、右同名核线上的灰度序列进行的影像相关。

5.150

数字相关　digital correlation

利用计算机或专门的数字相关器解求相关函数的影像相关。

5.151

一维相关　one-dimensional correlation

沿一个方向搜索同名影像的过程。

5.152

二维相关　two-dimensional correlation

在二维影像空间的搜索区寻找与目标区同名影像的过程。

5.153

最小二乘相关　least square correlation

以左、右像片灰度差为观测值进行最小二乘法平差以解求同名影像的过程。

5.154

量化　quantizing；quantization

把影像样本连续变化的模拟量或密度值转换成离散数字量样本值的过程。

5.155

灰度等级　grey level；grey value

对影像密度进行采样量化时从黑到白不同等级的灰度值范围。

5.156

灰楔　grey wedge；optical vedge

灰卡

一系列由白到黑的灰阶表示的，按一定反射比值间隔排列的密度基准。

5.157

采样　sampling

取样

抽样

a）把时间域或空间域的连续量转化成离散量的过程。

b）从母体中随机抽取样本的过程。

5.158

影像重采样　image resampling

影像灰度数据在几何变换后，重新内插像元灰度的过程。

5.159

采样间隔　sampling interval

取样间隔

抽样间隔

采样的时间间隔或空间间隔。

5.160

数字影像　digital image

物体光辐射能量的数字记录形式或像片影像经采样量化后的二维数字灰度序列。

5.161

光学影像　optical image

由物体所发出的光线，通过光学系统在承影面上的构像。

5.162

基于灰度影像匹配　grey value based matching; area based matching

利用目标区和搜索区内像片影像灰度矩阵进行的影像匹配。

5.163

基于特征影像匹配　feature based matching

利用数字影像的点、线、面特征及纹理进行的影像匹配。

5.164

基于解译影像匹配　interpretation based matching

利用对影像内容的理解和判读技术进行的影像匹配。

5.165

特征提取　feature extraction

a)　对某一模式的一组测量值进行变换，以突出该模式具有代表性特征的一种方法。

b)　通过影像分析和变换，以提取所需特征的方法。

5.166

图像处理　image processing

运用光学、电子光学、数字处理方法，对图像进行复原、校正、增强、统计分析、分类和识别等的加工技术过程。

5.167

光学图像处理　optical image processing

利用光学方法进行的图像处理。

5.168

数字图像处理　digital image processing

用计算机对数字图像所进行的各种几何和辐射处理。

5.169

影像预处理　image preprocessing

对主要运算前的原始数据所进行的某些加工。

5.170

粗处理　bulk processing; rude processing

将遥感影像各谱段的数据进行辐射校正、飞行器姿态几何校正、分幅注记等复原处理和辅助处理，获得粗制胶片和数字影像的过程。

5.171

精处理　precision processing; refined processing

利用地面控制点测量数据对粗处理后的影像进行的几何校正。

5.172

信息量　contents of information; entropy

熵

获得某个消息时被消除的不确定性的大小。

5.173

信息提取　information extraction

从原始数据中按一定要求识别和提取特定信息的过程。

5.174

冗余码　redundant code

所用的位数比表示信息所需要的最小位数还多的一种代码。

5.175

信息剩余度　redundancy of information

由于符号之间的相关性，使信源输出消息熵的降低量。

5.176

熵编码　entropy coding

编码过程中按熵原理不丢失任何信息的编码。

5.177

图像数字化　image digitization

将连续色调的模拟图像经采样量化后转换成数字影像的过程。

5.178

图像符号化　image symbolization

用某些特定符号表示图像内容的图像处理过程。

5.179

图像编码　image coding

用尽可能少的比特数表示图像的技术。

5.180

图像变换　image transformation

按一定规则从一帧图像转化生成另一帧图像的处理方法。

5.181

变换核　kernel of transformation

决定图像变换的基本函数或矩阵。

5.182

哈达马变换　Hadamard transformation

在向量空间用哈达马矩阵作为变换核对图像阵列进行的线性正交变换。

5.183

沃尔什变换　Walsh transformation

在向量空间用沃尔什函数对图像阵列进行的变换。

5.184

比值变换　ratio transformation

在多重影像处理中，利用两影像间对应亮度之比或多重影像组合的对应像元亮度之比作为处理后的影像亮度的图像处理方法。

5.185

生物量指标变换　biomass index transformation

以两图像间相应亮度差与其亮度和之比作为处理后的图像亮度的图像处理方法。

5.186

穗帽变换　tasseled cap transformation

根据经验确定的变换矩阵将图像投影综合变换到三维空间，其立体形态形似带缨穗的帽子，变换后能看到穗帽的最大剖面，充分反映植物生长枯萎程度、土地信息变化，大气散射物理影响和其他景物变化程度的一种线性特征变换的图像处理方法。

5.187

主分量变换　principal component transformation

由原始图像数据协方差矩阵的特征值和特征向量建立起来的变换核，将光谱特征空间原始数据向量投影到平行于地物集群椭球体各结构轴的主成分方向，突出和保留主要地物类别信息，用来进行图像增强、特征选择和图像压缩的处理方法。

5.188

彩色变换　colour transformation

将红、绿、蓝(R、G、B)系统表示的影像变换为用其他色彩系统表示的影像的处理方法。

5.189

小波变换　wavelet transform

使用不仅在频率上而且在位置上都呈变化的有限宽度的基函数进行的变换。这种有限宽度基函数具有波动性，取值呈正负相间的振荡形式，但又具有衰减性，是在有限区间上的波，称为小波。

5.190

几何校正　geometric correction

几何校准

为消除影像的几何畸变而进行投影变换和不同波段影像的套合等校正工作。

5.191

大气校正　atmospheric correction

消除或减弱卫星遥感影像在获取时在大气传输中因吸收或散射作用引起的辐射畸变。

5.192

图像复原　image restoration

图像恢复

对遥感图像资料进行大气影响的校正、几何校正以及对由于设备原因造成的扫描线漏失、错位等的改正，将降质图像重建成接近于或完全无退化的原始理想图像的过程。

5.193

图像重建　image reconstruction

对离散的数字影像阵列采用空间内插重建原始连续图像的技术。

5.194

几何配准　geometric registration

将不同时间、不同波段、不同传感器系统所获得的同一地区的影像(数据)，经几何变换使同名像点在位置上和方位上完全叠合的操作。

5.195

辐射校正　radiometric correction

对由于外界因素，数据获取和传输系统产生的系统的、随机的辐射失真或畸变进行的校正。

5.196

直接法纠正 direct scheme of digital rectification

直接变换法纠正

在数字影像的几何纠正中，把原始影像的每个像元通过纠正公式变换到新影像的相应位置，同时把原始影像上的像元灰度值赋予新影像相应像元位置上的一种数字影像变换方法。

5.197

间接法纠正 indirect scheme of digital rectification

间接变换法纠正

由纠正后新影像的像元位置，通过纠正公式推求其在原始影像中的相应位置，并通过重采样将该位置的灰度值，反送到新影像相应像元上的一种数字影像变换方法。

5.198

图像增强 image enhancement

将原来不清晰的图像变得清晰或强调某些感兴趣的特征，抑制不感兴趣的特征，使之改善图像质量、丰富信息量，加强图像判读和识别效果的图像处理方法。

5.199

影像融合 image fusion

用各种手段把不同时间、不同传感器系统和不同分辨率、不同波段的众多影像进行复合变换，生成新的影像的技术。

5.200

影像金字塔 image pyramid

由原级影像开始，按一定规则生成的由细到粗不同分辨率的影像数据集。

5.201

植被指数 vegetation index ;VI

一种利用多光谱遥感影像不同谱段数据的线性或非线性组合而形成的能反映绿色植物生长状况和分布的特征指数。

5.202

直方图 histogram

根据实验数据，用统计方法得到的概率密度分布图。

5.203

图像直方图 image histogram

表示图像灰度值与像元数之间统计关系的概率密度分布图。

5.204

直方图修改 histogram correction;histogram modification

通过改变给定的图像直方图分布来增强影像的一种技术。

5.205

直方图均衡化 histogram equalization

使原直方图变换为具有均匀密度分布的直方图，然后按该直方图调整原图像的一种图像处理技术。

5.206

反差增强 contrast enhancement

利用扩展图像的亮度范围从而扩大亮(灰)度差异，来改善图像观察效果的一种图像处理方法。

5.207

线性扩展 linear expanding;linear stretching

线性拉伸

将原始图像诸亮度值按线性关系进行扩大的反差增强。

5.208

非线性扩展　non-linear expanding

将原始图像诸亮度值有选择地按指数变换、对数变换或抛物线变换等非线性关系进行扩大的反差增强。

5.209

图像平滑　image smoothing

用于突出图像的宽大区域(低频成分)、主干部分或抑制图像噪声和干扰(高频成分),使图像亮度平缓渐变,减小突变梯度,改善图像质量的图像处理方法。

5.210

边缘增强　edge enhancement

突出不同物体影像之间的边界及细节信息的图像处理。

5.211

滤波　filtering

按照某种规则或要求,修改、抑制图像信号的频谱成分或数据的方法。

5.212

高通滤波　high-pass filtering

抑制图像频谱的低频成分而保留高频成分以增强图像细节的滤波。

5.213

低通滤波　lower-pass filtering

抑制图像频谱的高频成分而保留低频成分以抑制图像细节或噪声的滤波。

5.214

空间域滤波　spatial filtering

空间滤波

在图像空间几何变量域上直接修改、抑制图像数据并消减噪声的滤波。

5.215

频率域滤波　frequency filtering

频率滤波

在频率域内修改图像的频谱成分,以实现图像数据的改变和抑制噪声的滤波。

5.216

相关掩模技术　correlation mask techniques

利用遥感影像拷贝产生的许多彼此能精确重叠的正负片,通过不同组合及相互叠掩的方法,进行影像反差调整、边缘增强等摄影处理的技术。

5.217

邻区法增强　adjacent enhancement

在被处理像元周围的像元参与下进行运算处理的增强方法。

5.218

纹理增强　texture enhancement

利用突出图像纹理(有规律的影纹)达到增强图像目的的处理方法。

5.219

比值增强　ratio enhancement

通过两个波段相应影像灰度值的比值变换来突出图像中各类别和目标的增强方法。

5.220

密度分割　density slicing

将影像的光密度或亮度值分成若干间隔或等级，每级赋予指定不同彩色色调和明度编码的处理方法。

5.221

图像压缩　image compression

通过去除图像灰度数据冗余，以节省存储空间的图像处理技术。

5.222

有损压缩　data compression with loss

数据压缩允许与原影像有某种合理程度的失真，应满足合理保真度限制的压缩。

5.223

无损压缩　data compression without loss

数据压缩保持原影像信息，可从压缩数据中无误差的重建原影像的压缩。

5.224

数据格式　data format

数据在传输、处理和存储过程中的编排形式。

5.225

图像分割　image segmentation

根据需要将图像划分为有意义的若干区域或部分的图像处理技术。

5.226

图像合成　image composite

将多谱段黑白图像变为彩色图像的处理技术。

5.227

彩色合成　colour composite

合成的图像色彩与实际景物色彩一致或近似一致的图像合成。

5.228

假彩色合成　false colour composite

合成的图像色彩不同于原景物色彩的图像合成。

5.229

彩色编码　colour coding

用指定色别显示非连续密度梯级的方法。

5.230

彩色坐标系　colour coordinate system

用于表示色光三基色（红、绿、蓝）或色料三原色（黄、品、青）或色彩三属性（明度、色相、饱和度）的坐标系。

5.231

多时相分析　multi-temporal analysis

将不同时间所获取的同一景物影像进行几何配准，提取目标特征及动态信息的处理方法。

5.232

多重影像增强　multi-image enhancement

利用多重影像（多光谱影像、多时域影像或多种传感器影像等）之间的组合和四则运算来增强某些信息的处理方法。

5.233

图像分类　image classification

根据图像特征区分不同类别目标的图像处理方法。

5.234

特征选择　feature selection

从原始多波段量测参数中，经过变换重新组合，选择确定对识别分类更有效的特征参数的工作。

5.235

波谱特征空间　spectrum feature space

不同波段影像所构成的测量空间。

5.236

波谱集群　spectrum cluster

同一类地物，在波谱特征空间所呈现出相同影像亮度值的点群状分布。

5.237

模式识别　pattern recognition

利用计算机对图形或影像进行处理、分析和理解，以识别各种不同模式的目标和对象的技术。

5.238

判别函数　discriminant function

在分类中进行判别的函数表达式或解析式。

5.239

训练区　training area

通过抽样调查已认定具有代表类别属性的先验抽样区。

5.240

监督分类　supervised classification

根据已知训练区提供的样本，通过选择特征参数，建立判别函数以对各待分类影像进行的图像分类。

5.241

判别边界　boundary distinguish；decision boundary

判别界线

测量空间中判别区域的分界线(边界)，即判别函数在测量空间的轨迹。

5.242

距离判决函数　distance decision function

用某随机特征点到类别集群的距离度量建立起来的判别函数。

5.243

概率判决函数　probability decision function

用某特征点落入某类集群的条件概率度量建立起来的判别函数。

5.244

平行六面体分类　parallelepiped classification

在三维(或更多维)特征空间中，每类形成一个平行六面体(或多面体)，待分个体(样本)落入其中的一个，则被归属，否则就被拒绝的一种图像分类方法。

5.245

模糊分类法　fuzzy classification

应用模糊数学理论，对待分类图像进行非二值逻辑判断的一种图像分类方法。

5.246

最小距离分类　minimum distance classification

求出未知类别向量到要识别各类别代表向量中心点的距离，将未知类别向量归属于距离最小一类的一种图像分类方法。

5.247

最大似然分类　maximum likelihood classification

在两类或多类判决中，假定各类分布函数为正态分布，并选择训练区，用统计方法根据最大似然比贝叶斯判决准则法建立非线性判别函数集，计算各待分类样区的归属概率，而进行分类的一种图像分类方法。

5.248

特征曲线—窗口法监督分类　character curve-window based supervised classification

以特征曲线为中心取一个范围—窗口，凡是像元特征曲线落在此窗口(范围)内，即认为属于该类，反之，则不属于此类的一种图像分类方法。

5.249

非监督分类　unsupervised classification

以不同影像地物在特征空间中类别特征的差别为依据的一种无先验(已知)类别标准的图像分类。

5.250

等混合距离法分类　equal mixture distance classification

指确定分组中心后，计算出各像元到各分组中心的绝对值距离，再按这些绝对值距离进行分类的一种图像分类方法。

5.251

集群分析　cluster analysis

聚类分析

同类物体具有相同的光谱信息特征，从而能集群于一定的空间位置形成点群，不同类的测量向量就组成不同的集合，集群分析就是检测出这种测量向量集的方法。

5.252

联合分类　joint classification

是将非监督分类与监督分类结合起来的一种图像分类方法。

5.253

多重判据分类　multi-layer data classification

每一输入图像同时经过多个判决，然后确定其所属类别的一种图像分类方法。

5.254

树分类　tree classification

每一输入图像经过多级判决，对各类别层次似树状逐次分类，最后确定其所属类别的一种图像分类方法。

5.255

景物特征　object character

景物的光谱特征、空间特征和时间特征的总称。

5.256

图像判读专家系统　expert system of image interpretation

利用专家的知识和经验来进行图像判读的一种智能化较高的计算机软件系统。

6 成果

6.1

航摄像片 aerial photograph

利用摄影机从空中对地面拍摄的载有地表影像信息的像片。

6.2

像片索引图 index to photography

以摄影分区或图幅为单位，按摄影航线序号和像片号顺序重叠排列复照缩小而制成的检索图。

6.3

航空摄影像片中心点结合图 index graph of aerial photograph principal point

以航摄摄区、分区或地形图图幅为单元，以相应比例尺地图为背景，标注航线号、像片号以及像片中心点实际点位的航空摄影像片中心点点位示意图。

6.4

控制像片 control photograph

实地测定像片控制点坐标、高程时判刺与标绘点位的像片和加密时选刺加密点的像片的统称。

6.5

调绘像片 annotated photograph; identified photograph

经实地调查，用符号描绘有地物、地貌要素并具有数字和文字注记的像片。

6.6

调绘工作底图 investigation map

内业采用立体或平面判调方式采集地物、地貌要素，简单符号化后与影像叠加打印成图，主要用于野外全要素或核心要素核查。

6.7

纠正底图 basis for rectification

按成图比例尺展有纠正点位，供纠正对点用的图板。

6.8

影像镶嵌图 image mosaic map

多张遥感影像经纠正，按一定的定位精度要求拼接，去掉重叠影像后镶嵌成的整幅影像图。

6.9

影像镶嵌略图 photomosaic

用未经几何校正的多张遥感影像，按主要同名地物拼接，去掉重叠影像后镶嵌成的影像图。

6.10

航测原图 aerophotogrammetric original

用航空摄影测量方法绘制完成的地形图原稿。

6.11

复照原图 reprographic original

用照相方法复制的航测原图。

6.12

清绘原图 final drawing; fair drawing

按出版要求清绘完成的地图原稿。

6.13

刻绘原图 scribed original

在刻图膜上按出版要求刻绘完成的地图原稿。

6.14

正射像片　orthophoto;orthophotograph

具有正射投影性质的像片。

6.15

立体配对片　stereo-mate

立体匹配片

利用斜平行投影方法相对于正射像片引入人造左右视差的像片。

6.16

立体正射像片　orthophoto stereo-mate;stereo orthophoto

正射像片与其对应的立体配对片的总称。

6.17

像片平面图　photo plan

用纠正后的像片编制的带有公里格网、图廓内外整饰和注记的平面图。

6.18

固定比例尺像片平面图　fixed scale photo plan

按规定比例尺制作的像片平面图。

6.19

自由比例尺像片平面图　free scale photo plan

近似于成图比例尺的像片平面图。

6.20

影像地图　photo map

以航空和航天遥感影像为基础,经几何校正,配合以线划和少量注记,将制图对象综合表示在图面上的地图。

6.21

正射影像图　orthophotoquad

具有正射投影性质的影像图。

6.22

正射影像地图　orthophoto map

具有正射投影性质的影像地图。在正射影像地图上,地物影像的平面位置、高程、注记等与地图的性质相同。

6.23

立体影像地图　stereophoto map

由一张正射影像地图和一张立体配对影像图组成的地图。

6.24

数字地图　digital map

按一定的数据组织方式,以地理空间数据集合形式表示的地图。

6.25

数字线划图　digital line graph;DLG

以矢量数据形式表达地形要素的地理信息数据集。

6.26

数字正射影像图　digital orthophoto map; DOM

经过正射投影改正的影像数据集。

6.27

数字栅格地图　digital raster graphic; digital raster graph ;DRG

以栅格数据形式表达地形要素的地理信息数据集。

6.28

不规则三角网　triangular irregular network;TIN

一种用不规则三角形集合来描述复杂曲面的数据结构。其中,每个三角形的三个顶点都在曲面上,互不重叠,又全覆盖整个曲面。

6.29

数字高程模型　digital elevation model;DEM

以规则格网点的高程值表达地面起伏的数据集。

6.30

数字地面模型　digital terrain model;DTM

定义在 X、Y 域离散点(矩形或三角形)上地面某种特征数值集合的总称。

6.31

数字表面模型　digital surface model;DSM

以一系列离散点或规则点的三维坐标表达物体表面(包括树冠、屋顶等)起伏形态的数据集。

6.32

数字坡度模型　digital slope model

记录网格点上坡度和坡向以描述地面坡度的数据集。

6.33

数字位置模型　digital location model

用平面坐标 X、Y 描述地物分布的数据集。

6.34

地形数据库　topographic database

按一定的数据结构和数据模型所建立的地形图要素的集合。

6.35

等值线图　isoline map

以相等数值点连线表示空间连续分布且逐渐变化的现象数量特征的地图。

6.36

轮廓线图　outline map

用轮廓线表示物体表面结构、形态和大小的图。

6.37

剖面图　profile

以垂直于地表的截面切割地面以反映地面起伏曲线或内部构成的图形。

6.38

立面图　elevation view

近景摄影测量中,在某一垂直平面上描述被摄物体结构的投影图。

6.39

视频地图　video map

可视地图

可在图形终端上静态或动态显示的地图。

6.40

透视图　perspective view

通过所取的视点,按透视规律将三维目标投影到某个面上的图。

6.41

莫尔条纹图　Moire topograph

在莫尔条纹测量中,用等值线波纹表示人体或物体的外形和大小的图。

6.42

地面像片　terrestrial photograph

用地面摄影方法获取的像片。

6.43

近景像片　close range photograph

用近景摄影方法获取的像片。

6.44

近红外影像　near infrared image

以传感器接收目标物反射或辐射的波长为 0.78 μm～3.0 μm 的近红外波段所形成的影像。

6.45

热红外影像　thermal infrared image

以扫描方式获得波长为 3 μm～14 μm 热红外波段的地物热辐射所形成的影像。

6.46

微波影像　microwave image

以微波辐射计接收物体发射的波长为 1 cm～3 cm 的微波能量所形成的影像。

6.47

雷达影像　radar image

雷达向目标物发射无线电波,然后接收散射回波所形成的影像。

6.48

扫描影像　scan image

由扫描成像系统所记录的影像。

6.49

多光谱合成影像　multispectral composite imagery

把同一地区多光谱影像,配以红、绿、蓝滤光片重叠投影而形成的影像。

6.50

多时相影像　multi-temporal image

指不同时间获取的同一地区的影像。

6.51

真彩色影像　ture color image

接近地物原有色彩的遥感影像。

6.52

伪彩色影像　pseudo-color image

黑白影像经密度分割和彩色编码后形成的影像。

6.53

二值影像　binary image

每一像元只有两种可能的数值或灰度等级状态的影像。

6.54

比值影像　ratio image

经比值变换后所形成的影像。

6.55

差值影像　difference image

由同一景物不同时间的影像或同一景物不同波段的影像之间的差值组成的影像。

6.56

卫星影像　satellite image

装载在卫星上的传感器获取的影像。

6.57

恒星影像　fixed star image

获取某一天区恒星分布的影像。

6.58

假彩色像片　false colour photograph

影像色彩不同于原景物色彩的像片。

6.59

卫星影像图　satellite image map

卫星影像经几何纠正、镶嵌形成的影像图。

6.60

全息图　hologram

记录物光和参考光干涉条纹的图像。

参 考 文 献

[1] GB/T 14911—2008 测绘基本术语
[2] GB/T 17694—1999 地理信息技术基本术语
[3] GJB 5071—2004 航空航天摄影术语
[4] MH/T 0009—1996 航空摄影术语
[5] GB/T 17228—1998 地质矿产勘查测绘术语
[6] GB/T 19231—2003 土地基本术语
[7] GB/T 17911—2005 导航地理数据模型与交换格式
[8] 测绘学名词(第二版).科学出版社,2002
[9] 地理学名词(第二版).科学出版社,2006
[10] 地球科学大辞典.应用学科卷.地质出版社,2005
[11] 遥感大辞典. 科学出版社,2004
[12] 测绘辞典.上海辞书出版社,1981

索 引

汉语拼音索引

K

L

M

N

P

Y

Z

英文对应词索引

A

B

C

D

E

F

G

H

I

J

K

L

P

T

ICS 77.140.70
H 44

GB

中华人民共和国国家标准

GB/T 14981—2009
代替 GB/T 14981—2004

热轧圆盘条尺寸、外形、重量及允许偏差

Dimension,shape,mass and tolerance for hot-rolled round wire rod

(ISO 16124:2004,Steel wire rod-dimensions and tolerances, MOD)

2009-07-15 发布　　2010-04-01 实施

中华人民共和国国家质量监督检验检疫总局
中国国家标准化管理委员会　发布

前　言

本标准修改采用 ISO 16124:2004《盘条——尺寸和偏差》(英文版)。

本标准与 ISO 16124:2004 的技术性差异如下:

——只选取了其中的圆截面盘条部分,并将公称直径范围扩大到 60 mm;

——增加了公称直径为 50 mm～60 mm 的技术指标;

——增加了盘重的要求。

这些技术性差异用垂直单线标识在它们所涉及条款的页边空白处。

本标准代替 GB/T 14981—2004《热轧盘条尺寸、外形、重量及允许偏差》,与 GB/T 14981—2004 相比,主要技术差异如下:

——扩大了盘条直径适用范围(将公称直径范围由原 5 mm～40 mm 扩大为 5 mm～60 mm);

——表 1 中增加了 40 mm～60 mm 的相应技术要求;

——对表 1 中 A 级精度的不圆度作适当调整,与国际标准保持一致;

——删除 2.4 协议条款;

——重量组别只保留原Ⅱ组。

本标准由中国钢铁工业协会提出。

本标准由全国钢标准化技术委员会归口。

本标准起草单位:冶金工业信息标准研究院、江苏沙钢集团有限公司、青岛钢铁有限公司、马鞍山钢铁股份有限公司、宣化钢铁集团有限责任公司、邢台钢铁有限责任公司、首钢总公司、四川省达州钢铁集团有限责任公司。

本标准主要起草人:王玲君、戴石锋、黄正玉、杨一铭、刘玉兰、李莉、侯月华、唐牧、李元廷。

本标准所代替标准的历次版本发布情况为:

——GB/T 14981—1994、GB/T 14981—2004。

热轧圆盘条尺寸、外形、重量及允许偏差

1 范围

本标准规定了热轧圆盘条尺寸、外形、重量及允许偏差等要求。如产品标准另有规定，应符合相应产品标准的要求。

本标准适用于公称直径为 5 mm～60 mm 各类钢的圆盘条。

2 尺寸、外形及允许偏差

2.1 盘条的公称直径和公称横截面积列于表 1。

2.2 盘条直径允许偏差应符合表 1 相应级别精度的规定，不圆度应不超过相应级别直径公差的 80%。

2.3 精度级别应在相应的产品标准或合同中注明，未注明者按 A 级精度执行。

2.4 根据需方要求，经供需双方协议可采用其他尺寸偏差要求，但公差不允许超过表 1 中相应规格的规定值。

表 1

公称直径/mm	允许偏差/mm			不圆度/mm			横截面积/mm²	理论重量/(kg/m)
	A 级精度	B 级精度	C 级精度	A 级精度	B 级精度	C 级精度		
5	±0.30	±0.25	±0.15	≤0.48	≤0.40	≤0.24	19.63	0.154
5.5							23.76	0.187
6							28.27	0.222
6.5							33.18	0.260
7							38.48	0.302
7.5							44.18	0.347
8							50.26	0.395
8.5							56.74	0.445
9							63.62	0.499
9.5							70.88	0.556
10							78.54	0.617
10.5	±0.40	±0.30	±0.20	≤0.64	≤0.48	≤0.32	86.59	0.680
11							95.03	0.746
11.5							103.9	0.816
12							113.1	0.888
12.5							122.7	0.963
13							132.7	1.04
13.5							143.1	1.12
14							153.9	1.21
14.5							165.1	1.30
15							176.7	1.39

表 1（续）

公称直径/mm	允许偏差/mm A级精度	允许偏差/mm B级精度	允许偏差/mm C级精度	不圆度/mm A级精度	不圆度/mm B级精度	不圆度/mm C级精度	横截面积/mm^2	理论重量/(kg/m)
15.5	±0.50	±0.35	±0.25	≤0.80	≤0.56	≤0.40	188.7	1.48
16							201.1	1.58
17							227.0	1.78
18							254.5	2.00
19							283.5	2.23
20							314.2	2.47
21							346.3	2.72
22							380.1	2.98
23							415.5	3.26
24							452.4	3.55
25							490.9	3.85
26	±0.60	±0.40	±0.30	≤0.96	≤0.64	≤0.48	530.9	4.17
27							572.6	4.49
28							615.7	4.83
29							660.5	5.18
30							706.9	5.55
31							754.8	5.92
32							804.2	6.31
33							855.3	6.71
34							907.9	7.13
35							962.1	7.55
36							1 018	7.99
37							1 075	8.44
38							1 134	8.90
39							1 195	9.38
40							1 257	9.87
41	±0.80	±0.50	—	≤1.28	≤0.80	—	1 320	10.36
42							1 385	10.88
43							1 452	11.40
44							1 521	11.94
45							1 590	12.48
46							1 662	13.05
47							1 735	13.62
48							1 810	14.21
49							1 886	14.80
50							1 964	15.41

表 1（续）

公称直径/mm	允许偏差/mm			不圆度/mm			横截面积/mm²	理论重量/(kg/m)
	A级精度	B级精度	C级精度	A级精度	B级精度	C级精度		
51	±1.00	±0.60	—	≤1.60	≤0.96	—	2 042	16.03
52							2 123	16.66
53							2 205	17.31
54							2 289	17.97
55							2 375	18.64
56							2 462	19.32
57							2 550	20.02
58							2 641	20.73
59							2 733	21.45
60							2 826	22.18
注：钢的密度按 7.85 g/cm³ 计算。								

3　重量

3.1　盘条的理论重量列于表 1。

3.2　每卷盘条由一根组成，盘条重量应不小于 1 000 kg。下列两种情况允许交货，但其盘卷总数应不超过每批盘数的 5%（不足 2 盘的允许有 2 盘）。

a）　由一根组成的盘重小于 1 000 kg 但大于 800 kg 的盘卷；

b）　由两根组成的盘卷，但盘重不小于 1 000 kg，每根盘条的重量不小于 300 kg，并且有明显标识。

4　检验

如对盘条的尺寸、外形和允许偏差有争议，应在距盘条末端 4 000 mm 处测量。

ICS 77.080.01
H 58

中华人民共和国国家标准

GB/T 15006—2009
代替 GB/T 15006—1994

弹性合金的尺寸、外形、表面质量、试验方法和检验规则的一般规定

General rules of dimensions, shape, surface quality, test method and inspection for elastic alloys

2009-06-25 发布 2010-04-01 实施

中华人民共和国国家质量监督检验检疫总局
中国国家标准化管理委员会 发布

前言

本标准代替 GB/T 15006—1994《弹性合金的尺寸、外形、表面质量、试验方法和检验规则的一般规定》。

本标准与 GB/T 15006—1994 相比主要变化如下：

——增加了“规范性引用文件”条款；

——增加“厚度大于 1.80 mm 不切边带材，经供需双方同意，其宽度允许偏差允许偏离表 1 的规定”(1994 版 1.1.1，本版 3.1.1)；

——表 1、表 2 中厚度、直径不大于 1.80 mm 的带材、冷拉丝材允许偏差统一为小数点后 3 位；

——“经供需双方协议可供应矩形截面冷拉棒材”改为“经供需双方协议可供应其他截面形状冷拉棒材”(1994 版 1.3.3，本版 3.3.3)；

——表 4 中热轧和热锻材允许偏差分列(1994 年版表 4，本版表 4)；

——“公称直径为 6.0 mm～9.0 mm 的热轧圆材应成盘交货”改为“公称直径为 6.0 mm～12.0 mm 的热轧圆材一般成盘交货”(1994 版 1.4.2.1，本版 3.4.2.1)；

——直条交货热轧材的弯曲度由“不大于 6 mm/m”改为“不大于 5 mm/m”(1994 年版 1.4.2.2，本版 3.4.2.2)；

——“冷拉棒材表面允许有轻微划伤和深度不超过公称直径公差之半的凹坑、麻点和矫直痕迹存在”，增加“但应保证棒材最小尺寸”的规定(1994 版 2.3，本版 4.3)；

——表 5 中检验项目“维氏硬度”、“杯突试验”、“缠绕试验”的试验方法由“YB53—64”、“YB38—64”和“YB37—65”改为现行标准“GB/T 4340.1”、“GB/T 4156”和“GB/T 2976”，增加“非金属夹杂物”检验项目，试验方法按 GB/T 10561。

本标准附录 A 为规范性附录。

本标准附录 B 为资料性附录。

本标准由中国钢铁工业协会提出。

本标准由全国钢标准化技术委员会归口。

本标准主要起草单位：宝山钢铁股份有限公司、冶金工业信息标准研究院。

本标准主要起草人：沈忆、王明海、戴强。

本标准所代替标准的历次版本发布情况为：

——GB/T 15006—1994。

弹性合金的尺寸、外形、表面质量、试验方法和检验规则的一般规定

1 范围

本标准规定了弹性合金的尺寸、外形、表面质量、试验方法和检验规则的一般规定。

本标准适用于弹性合金冷轧带材、冷拉丝材、冷拉棒材、冷拉磨光棒材和热轧(锻)材。

2 规范性引用文件

下列文件中的条款通过本标准的引用而成为本标准的条款。凡是注日期的引用文件,其随后所有的修改单(不包括勘误的内容)或修订版均不适用于本标准,然而,鼓励根据本标准达成协议的各方研究是否可使用这些文件的最新版本。凡是不注日期的引用文件,其最新版本适用于本标准。

GB/T 223(所有部分) 钢铁及合金化学分析方法

GB/T 228 金属材料 室温拉伸试验方法(GB/T 228—2002,eqv ISO 6892:1998)

GB/T 238 金属材料 线材 反复弯曲试验方法(GB/T 238—2002,ISO 7801:1984,IDT)

GB/T 239 金属线材扭转试验方法(GB/T 239—1999,eqv ISO 7800:1984(E))

GB/T 2976 金属材料 线材 缠绕试验方法(GB/T 2976—2004,ISO 7802:1983,IDT)

GB/T 4156 金属材料 薄板和薄带 埃里克森杯突试验(GB/T 4156—2007,ISO 20482:2003,IDT)

GB/T 4336 碳素钢和中低合金钢 火花源原子发射光谱分析方法(常规法)

GB/T 4340.1 金属维氏硬度试验 第1部分:试验方法(GB/T 4340.1—1999,eqv ISO 6507-1:1997)

GB/T 10561 钢中非金属夹杂物含量的测定 标准评级图显微检验法(GB/T 10561—2005,ISO 4967:1998,IDT)

GB/T 20066 钢和铁 化学成分测定用试样的取样和制样方法(GB/T 20066—2006,ISO 14284:1996,IDT)

GB/T 20123 钢铁 总碳硫含量的测定 高频感应炉燃烧后红外吸收法(常规方法)(GB/T 20123—2006,ISO 15350:2000,IDT)

GB/T 22315 金属材料 弹性模量和泊松比试验方法

3 尺寸、外形

3.1 冷轧带材

3.1.1 尺寸

冷轧带材的尺寸及其允许偏差应符合表1的规定。厚度精度级别应在合同中注明,未注明时按普通精度交货。厚度大于1.80 mm的不切边带材,经供需双方同意,其宽度允许偏差允许偏离表1的规定。

表 1

单位为毫米

厚度			宽度		
公称尺寸	允许偏差		公称尺寸	允许偏差	
	普通精度	较高精度		切边	不切边
0.05～0.07	−0.010	—	50～250	+1.0	—
>0.07～0.12	−0.015	−0.010			
>0.12～0.20	−0.020	−0.015			
>0.20～0.30	−0.030	−0.020			
>0.30～0.40	−0.040				
>0.40～0.60	−0.050	−0.025			
>0.60～0.80	−0.060				
>0.80～1.00	−0.070	−0.030			
>1.00～1.30	−0.080	−0.040			
>1.30～1.80	−0.090	−0.050			+10
>1.80～2.50	−0.12	−0.06			
>2.50～3.50	−0.15	−0.08			

3.1.2 外形

3.1.2.1 厚度不大于 1.50 mm 的冷轧带材一般成卷交货。经供需双方协商也可以直条、定尺或倍尺交货，但应在合同中注明。厚度大于 1.50 mm 的带材一般以直条交货。

3.1.2.2 冷轧带材长度一般应大于 10 倍的宽度，允许提交重量不超过该批重量 10%的长度不小于 300 mm 的带材。

3.1.2.3 冷轧带材应切边交货，厚度大于 1.30 mm 的带材可以不切边交货。

3.1.2.4 切边交货的冷轧带材不允许有影响使用的毛刺和卷边，不切边交货的带材边部允许有缺陷存在，但应保证最小宽度。

3.1.2.5 冷轧带材不应有明显的瓢曲和波浪形，镰刀弯应不大于 3 mm/m。

3.2 冷拉丝材

3.2.1 尺寸

冷拉丝材的公称直径及其允许偏差应符合表 2 的规定。精度级别应在合同中注明，未注明时按普通精度交货。

表 2

单位为毫米

公称直径	允许偏差	
	普通精度	较高精度
0.10～0.20	±0.010	±0.005
>0.20～0.50	±0.015	±0.010
>0.50～0.80	±0.020	±0.015
>0.80～1.80	±0.030	±0.020
>1.80～3.50	±0.04	±0.03
>3.50～6.00	±0.05	±0.04

3.2.2 外形

3.2.2.1 冷拉丝材的不圆度应不大于公称直径公差之半。

3.2.2.2 冷拉丝材应盘卷整齐，不允许有“∞”字形。

3.3 冷拉棒材和冷拉磨光棒材

3.3.1 尺寸

冷拉棒材和冷拉磨光棒材的公称直径及允许偏差应符合表3的规定。

表3

单位为毫米

公称直径	允许偏差	
	冷拉棒材	冷拉磨光棒材
3.0～7.0	±0.06	－0.02
＞7.0～10.0	±0.07	－0.03
＞10.0～18.0	±0.10	－0.04
＞18.0～30.0	±0.15	—

3.3.2 外形

3.3.2.1 冷拉棒材和冷拉磨光棒材的不圆度应不大于公称直径公差之半。

3.3.2.2 冷拉棒材和冷拉磨光棒材的交货长度通常为1 000 mm～3 000 mm，允许提交重量不超过该批重量10%的长度不小于300 mm的棒材。

3.3.2.3 直径不小于6.0 mm的冷拉棒材和冷拉磨光棒材弯曲度应不大于3 mm/m。

3.3.3 经供需双方协议可供应其他截面形状冷拉棒材。

3.4 热轧(锻)材

3.4.1 尺寸

热轧(锻)材的尺寸及其允许偏差应符合表4的规定。

表4

单位为毫米

<table>
<tr><th colspan="4">热轧(锻)圆材</th><th colspan="4">热轧扁材</th></tr>
<tr><th colspan="3">公称直径</th><th rowspan="2">长度</th><th colspan="2">厚度</th><th rowspan="2">宽度允许偏差</th><th rowspan="2">长度</th></tr>
<tr><th>公称尺寸</th><th>轧材允许偏差</th><th>锻材允许偏差</th><th>公称尺寸</th><th>允许偏差</th></tr>
<tr><td>6.0～10.0</td><td>+0.6</td><td rowspan="3">—</td><td rowspan="4">≥500</td><td rowspan="2">4.0～7.0</td><td rowspan="2">+0.6</td><td rowspan="6">+10</td><td rowspan="6">≥300</td></tr>
<tr><td>＞10.0～14.0</td><td>+0.7</td></tr>
<tr><td>＞14.0～20.0</td><td>+0.8</td><td rowspan="2">＞7.0～10.0</td><td rowspan="2">+0.8</td></tr>
<tr><td>＞20.0～25.0</td><td>+1.2</td><td>+2.0</td></tr>
<tr><td>＞25.0～50.0</td><td>+1.5</td><td>+3.0</td><td rowspan="2">≥300</td><td rowspan="2">＞10.0～13.0</td><td rowspan="2">+1.0</td></tr>
<tr><td>＞50.0～100.0</td><td>+2.0</td><td>+5.0</td></tr>
</table>

3.4.2 外形

3.4.2.1 公称直径为6.0 mm～12.0 mm的热轧圆材一般成盘交货，如需方要求直条交货时，应在合同中注明。其他尺寸、其他形状的热轧(锻)材以直条交货。

3.4.2.2 直条交货的热轧材弯曲度应不大于5 mm/m，热锻材弯曲度应不大于6 mm/m。

4 表面质量

4.1 冷轧带材

4.1.1 冷轧带材表面应光洁，不允许有裂纹、分层、起皮、斑疤和锈蚀。允许有不影响使用的轻微划伤、个别麻点、辊印及其他缺陷存在。

4.1.2 软态冷轧带材表面允许有氧化色存在。

4.2 冷拉丝材

4.2.1 冷拉丝材表面应光洁，不允许有裂纹、折叠、起皮和毛刺。允许有不影响使用的轻微划伤、拉痕、个别麻点及其他缺陷存在。冷拉丝材表面允许有残留润滑剂存在。

4.2.2 软态丝材表面允许有氧化色存在。

4.3 冷拉棒材和冷拉磨光棒材

冷拉棒材表面应光洁，不允许有裂纹、折叠、起皮和斑疤。冷拉棒材表面允许有轻微划伤和深度不超过公称直径公差之半的凹坑、麻点和矫直痕迹存在，但应保证棒材最小尺寸。冷拉棒材表面允许有残留润滑剂存在。

冷拉磨光棒材表面应光亮，不允许有任何缺陷存在。

4.4 热轧(锻)材

热轧(锻)材表面不允许有折叠、裂纹、凹陷、耳子及其他影响使用的缺陷存在。上述缺陷允许清理，但清理后的直径(或厚度)应不小于表4规定的公称直径(或厚度)。

5 试验方法

合金材的检验项目、取样数量、取样部位、试验方法按表5的规定。

表5

序号	检验项目	取样数量/个	取样部位	试验方法
1	化学成分	1/炉	GB/T 20066	GB/T 223(所有部分)、GB/T 4336、GB/T 20123
2	拉伸[a]	2/批	成品上任意部位	GB/T 228
3	硬度	2/批	成品上任意部位	GB/T 4340.1
4	杯突	2/批	成品上任意部位	GB/T 4156
5	弯曲	2/批	成品上任意部位	GB/T 238
6	扭转	2/批	成品上任意部位	GB/T 239
7	缠绕	2/批	成品上任意部位	GB/T 2976
8	频率温度系数[b]	2/批	成品上任意部位	附录A.1
9	纵振波传播速度	2/批	成品上任意部位	附录A.2
10	机械品质因素[b]	2/批	成品上任意部位	附录A.3
11	非金属夹杂物	1/批	成品上任意部位	GB/T 10561
12	尺寸、外形	逐支	成品	通用量具
13	表面	逐支	成品	目视[c]

a 伸长率：带材测 $A_{11.3}$，棒材测 A，丝材规定标距长度为50 mm。

b 直径为8 mm～10 mm冷拉棒材和冷拉磨光棒材允许机械加工成直径小于8 mm的试样进行测量。

c 对表面质量有怀疑时，冷拉棒材和冷拉磨光棒材可以采用不大于5倍的放大镜观察；热轧(锻)材允许酸洗后检查。

6 检验规则

6.1 检查和验收

合金材的检查和验收由供方技术质量监督部门进行。

6.2 **组批规则**

合金材应按批提交检查和验收。每批应由同一牌号、同一炉号、同一形状、同一尺寸和精度等级、同一交货状态的合金材组成。

6.3 **复验与判定规则**

6.3.1 合金化学成分初验结果不合格时，供方可在合金锭(坯)上重新取样进行复验。复验不合格，则该锭(坯)判为不合格。

6.3.2 合金材时效热处理后(推荐的时效热处理制度参见附录 B)试样的物理和力学性能试验结果不合格时，允许重新取样，变更时效热处理制度处理后再进行检验，合格者交货。所有检验项目的试样时效热处理制度应当相同。

6.3.3 合金材交货状态的力学性能和工艺性能若初验结果不合格，允许取双倍数量试样进行该不合格项目的复验。复验结果即使有一支试样不合格则该批合金材不合格。允许供方逐支(卷、盘)进行检验、合格者方可交货。

附　录　A
（规范性附录）
物理性能测试方法

A.1　频率温度系数测量

A.1.1　合金试样的共振基频按 GB/T 22315 进行测量，信号源稳定度应不低于 $1\times10^{-6}/d$。

A.1.2　频率温度系数分高温、低温两段计算数值。频率温度系数按公式(A.1)计算：

$$\beta_f=(f_1-f_0)/f_0(t_1-t_0) \qquad \text{(A.1)}$$

式中：

β_f——频率温度系数，1/℃；

f_1——最终测量温度(t_1)时试样共振基频，单位为赫兹(Hz)；

f_0——室温时试样共振基频，单位为赫兹(Hz)；

t_1——最终测量温度，单位为摄氏度(℃)；

t_0——室温，20 ℃±5 ℃。

A.1.3　测量程序：先测高温段，后测低温段：随炉升(降)到预定温度后需保温 30 min 以上，再行测量。

A.1.4　加热(冷却)设备恒温区应大于试样长度，恒温区内温度差异不大于 5 ℃。

A.1.5　测温精度不低于 1 ℃。

A.1.6　频率温度系数值取两位有效数字。

A.1.7　试样尺寸参照 GB/T 22315 的有关规定。

A.2　纵振波传播速度测量

A.2.1　用磁致伸缩方法测量试样纵振共振基频，由测得的纵振共振基频按公式(A.2)计算纵振波传播速度：

$$V=2Rfl \qquad \text{(A.2)}$$

式中：

V——纵振波传播速度，单位为米每秒(m/s)；

R——试样尺寸修正系数；

f——试样纵振共振基频，单位为千赫兹(kHz)；

l——试样长度，单位为毫米(mm)。

纵振波传播速度计算值取三位有效数字。

A.2.2　棒状试样的尺寸修正系数 R 按公式(A.3)计算：

$$R=[1+0.126\,33(d/l)^2]^{1/2} \qquad \text{(A.3)}$$

式中：

d——试样直径，单位为毫米(mm)；

l——试样长度，单位为毫米(mm)。

带状试样的尺寸修正系数 R 按公式(A.4)计算：

$$R=[1+0.084\,22(b^2+h^2)/l^2]^{1/2} \qquad \text{(A.4)}$$

式中：

b——试样宽度，单位为毫米(mm)；

h——试样厚度，单位为毫米(mm)；

l——试样长度，单位为毫米(mm)。

A.2.3　测量试样共振基频时所用的偏磁场强度由供需双方协议确定。

A.2.4　纵振波传播速度测试试样应符合表 A.1 的规定。

表 A.1

单位为毫米

试样形状	直径或厚度	试样长度	端面与轴线垂直度
棒	3.0～10	35±0.1	≤0.02
带	(1.5～3.5)×b[a]		

[a] b 为宽度，应小于 5 mm。

A.3　机械品质因素测量

A.3.1　用峰宽法测定和计算试样的机械品质因素 Q 值。按 GB/T 22315 测定共振基频 f_0 和半功率点相应的频率，f_1、f_2 应保证它们属于同一谐振曲线。

A.3.2　吊扎点位置 $0.210l$～$0.215l$，l 为试样长度。

A.3.3　机械品质因素按公式(A.5)计算：

$$Q = f_0/(f_2 - f_1) \quad \cdots\cdots\cdots\cdots(A.5)$$

式中：

Q——机械品质因素；

f_0——室温时试样共振基频，单位为赫兹(Hz)；

f_2——振幅为共振振幅的 0.707 倍时所对应的上限频率，单位为赫兹(Hz)；

f_1——振幅为共振振幅的 0.707 倍时所对应的下限频率，单位为赫兹(Hz)。

机械品质因素取两位有效数字。

A.3.4　试样尺寸参照 GB/T 22315 的有关规定。

附 录 B
（资料性附录）
弹性合金推荐时效热处理制度

B.1 弹性合金推荐时效热处理制度按表 B.1 的规定。

表 B.1

合金牌号	产品形状	交货状态	时效热处理制度	
			加热温度/℃	保温时间/h
3J1	带	冷轧	600～700	2～4
		软化	650～750	
3J53	丝	冷拉	600～700	
	棒	冷拉	650～750	2～4
	扁材	热轧或热锻	650～750[a]	
	圆材			
3J21	带	冷轧	450～550	4～6
	丝	冷拉		
3J22	丝	冷拉	480～530	4～6
3J53 3J58	带	冷轧	500～650[b]	2～4
	棒	冷拉		
	丝	冷拉		

[a] 时效热处理之前需进行固溶处理：950 ℃～980 ℃，保温 15 min，水淬。

[b] 适用于频率元件。

ICS 29.035.01
K 15

中华人民共和国国家标准

GB/T 15022.1—2009/IEC 60455-1:1998
代替 GB/T 15022—1994

电气绝缘用树脂基活性复合物 第1部分:定义及一般要求

Resin based reactive compounds used for electrical insulation—Part 1:Definitions and general requirements

(IEC 60455-1:1998,IDT)

2009-06-10 发布　　2009-12-01 实施

中华人民共和国国家质量监督检验检疫总局
中国国家标准化管理委员会　发布

前　言

GB/T 15022《电气绝缘用树脂基活性复合物》由下列部分组成:

——第1部分:定义及一般要求;

——第2部分:试验方法;

——第3部分:无填料环氧树脂复合物;

——第4部分:不饱和聚酯浸渍树脂;

——第5部分:石英填料环氧树脂复合物;

……

本部分为GB/T 15022的第1部分。

本部分等同采用IEC 60455-1:1998《电气绝缘用树脂基活性复合物　第1部分:定义及一般要求》(英文版)。

本部分与IEC 60455-1:1998相比做了下列编辑性修改:

a)　删除了IEC 60455-1:1998的前言、引言和附录A"参考文献",并将"参考文献"中所列的IEC 61006归入第2章"规范性引用文件"中;

b)　凡注日期的引用文件在条文中引用时未注日期的,一律补上日期。

本部分代替GB/T 15022—1994《电气绝缘无溶剂可聚合树脂复合物　定义和一般要求》。

本部分与GB/T 15022—1994相比较主要变化如下:

a)　章条标题名称不同;

b)　扩充了第4章"定义"的条文;

c)　增加了"分类"一章。

本部分由中国电器工业协会提出。

本部分由全国绝缘材料标准化技术委员会(SAC/TC 51)归口。

本部分主要起草单位:桂林电器科学研究所。

本部分起草人:马林泉。

本部分所代替标准的历次版本发布情况为:

——GB/T 15022—1994。

电气绝缘用树脂基活性复合物 第1部分:定义及一般要求

1 范围

GB/T 15022的本部分规定了电气绝缘用树脂基活性复合物及其组分的命名、定义、分类及一般要求。所有的活性复合物都是无溶剂的,但可含有活性稀释剂和填料。固化时的反应是聚合反应或交联反应。本部分不包括用作涂敷粉末的活性复合物。

本部分适用于电气绝缘用树脂基活性复合物及其组分,其常用范围见表1。

表1 复合物常用范围

应　　用	符号代码
浇铸复合物	CC
——埋封复合物	EBC
——灌注复合物	PC
包封复合物	ECC
浸渍复合物	IC
——用于沉浸	ICD
——用于滴浸	ICT
——用于真空压力浸渍	VPI

上述有关符号代码可用作产品种类的简称。根据实际需要,可以增补更多的相关符号代码。

2 规范性引用文件

下列文件中的条款通过GB/T 15022的本部分的引用而成为本部分的条款。凡是注日期的引用文件,其随后所有的修改单(不包括勘误的内容)或修订版均不适用于本部分,然而,鼓励根据本部分达成协议的各方研究是否可使用这些文件的最新版本。凡是不注日期的引用文件,其最新版本适用于本部分。

GB/T 1844.1—2008　塑料　符号和缩略语　第1部分:基础聚合物及其特征性能(ISO 1043-1:2001,IDT)

GB/T 1844.2—2008　塑料　符号和缩略语　第2部分:填充及增强材料(ISO 1043-2:2000,IDT)

GB/T 2035—2008　塑料术语及其定义(ISO 472:1999,IDT)

GB/T 2900.5—2002　电工术语　绝缘固体、液体和气体(eqv IEC 60050(212):1990)

GB/T 15022.2—2007　电气绝缘用树脂基活性复合物　第2部分:试验方法(IEC 60455-2:1998,MOD)

ISO 4597-1:1983　塑料　环氧树脂硬化剂和催化剂　第1部分:命名

IEC 61006:2004　电气绝缘材料　测定玻璃化转变温度的试验方法

3 命名

根据组成和活性,复合物可以在室温或高温下固化。通过固化反应可生成刚性、柔性或弹性固化物。特定复合物是根据所含树脂本身或主要活性部分的组成而命名。常用的树脂见表2。有关树脂和聚合物的符号及其特性见 GB/T 1844.1—2008。

表 2 基本树脂

树　　脂	符号代码
丙烯酸类	A
环氧	EP
聚氨酯	PUR
有机硅	SI
不饱和聚酯	UP

上述有关符号代码可用作聚合物名称的缩写。根据实际需要,可以增补更多的符号代码。

注:有关填料和增强材料的符号代码见 GB/T 1844.2—2008。有关环氧树脂固化剂和催化剂的命名见 ISO 4597-1:1983。

4 定义

注:可从 GB/T 2900.5—2002 或 GB/T 2035—2008 中获得合适定义。当需要更为专用的定义时,其措词应尽可能接近 GB/T 2900.5—2002 或 GB/T 2035—2008。

4.1

活性复合物 reactive compound

含有其他活性组分,如硬化剂、催化剂、抑制剂或活性稀释剂,以及含有或不含有填料和某些添加剂的浇铸树脂混合物,在其固化反应中实际上没有挥发性物质逸出。活性复合物是无溶剂的。

注:在树脂的固化过程中,可能有少量的副产(物)逸出。在活性复合物的树脂用活性稀释剂稀释的情况下,少量的单体稀释剂会在固化过程中逸出,这主要取决于使用的工艺条件。

4.2

固化复合物 cured compound

活性复合物固化后的产物。固化复合物具有自支撑能力。

4.3

活性组分 reactive component

可以与其他组分起反应或进行连锁反应的活性复合物的任意一部分,例如树脂、引发剂、硬化剂、催化剂、抑制剂和活性稀释剂。

4.4

树脂 resin

其分子量不确定但通常较高的一种固体、半固体或准固体的有机材料,在遭受应力时有流动倾向,通常有一个软化或熔化范围,分子链段呈螺旋状。从广义上说,凡作为塑料基材的任何聚合物都可称之为树脂。

4.5

丙烯酸树脂 acrylic resin

由丙烯酸或丙烯酸衍生物聚合或与其他单体(丙烯酸单体占多数)共聚而制成的树脂。

4.6

环氧树脂 epoxy resin

含有环氧基团能够交联的树脂。

4.7

聚氨酯树脂 polyurethane

固化后分子链中具有重复的氨基甲酸乙酯结构单元的树脂。

4.8

有机硅树脂　silicone resin

固化后聚合物主链由交替的硅原子和氧原子组成的树脂。

4.9

不饱和聚酯树脂　unsaturated polyester resin

在聚合物主链中具有可与不饱和单体或预聚物进行交联的碳-碳不饱和键的聚酯树脂。

4.10

活性稀释剂　reactive diluent

低黏度液体，将其加入到高黏度的无溶剂固化树脂中，在固化过程中能与树脂或硬化剂发生化学反应。

4.11

硬化剂　hardener

可通过参加反应促进或调节树脂固化反应的试剂。

4.12

催化剂　accelerator

为增加活性复合物反应速率而加入的量很少的物质。

4.13

抑制剂　inhibitor

为抑制化学反应而加入的量很少的物质。

4.14

填料　filler

为改善未固化复合物的加工性能或其他品质，或其固化物的物理、电气、化学或老化性能，以及为降低成本而加入活性复合物中的惰性固体材料。

4.15

固化　cure;curing

通过聚合或交联将活性复合物转变成更加稳定和可应用状态的过程。

4.16

聚合　polymerization

将单体或单体混合物转变成聚合物的过程。

4.17

交联　crosslinking

在聚合物链间产生多重分子间的共价键或离子键的过程。

4.18

适用期　pot life

制备待用的活性聚合物保持其可使用状态的时间周期。

4.19

贮存期　shelf life

在规定条件下，材料能保持其基本性能的贮存时间。

4.20

浇铸复合物　casting compound

采用浇注或其他方法注入模具然后固化的活性复合物。

注：通常浇铸复合物和用于特殊的浇铸复合物，如埋封、灌注，在GB/T 2900.5—2002中没有给出定义，或者对灌注复合物下的定义欠妥。GB/T 2900.5—2002并不区分树脂和复合物。

4.20.1

埋封复合物 embedding compound

采用浇注法浇入模具,完全将电气或电子部件包封起来的浇铸树脂。经固化后,再从模具中取出已包封好的部件。

注:电气或电子部件的接线或接线头可以从埋封件中抽出。

4.20.2

灌注复合物 potting compound

采用浇注法浇入模具,完全将电气或电子部件包封起来的浇铸树脂。经固化后,模具仍留在埋封件上作为部件的永久性一部分。

4.21

包封复合物 encapsulating compound

不需要模具,而是采用如涂刷、蘸浸、喷溅或涂敷等合适的方法,将电气或电子部件包封上一层防护或绝缘涂层的活性复合物。

4.22

浸渍复合物 impregnating compound

能够渗透或浸入绕组和线圈或者电气部件,具有填充缝隙和孔隙的作用,以保护和粘结绕组和线圈的活性复合物。可通过沉浸(ICD)、滴浸(ICT)或真空压力浸渍(VPI)的方式进行浸渍。

5 分类

固化后复合物根据其玻璃化转变温度的分类见表3。有关玻璃化转变温度的试验方法见GB/T 15022.2—2007中5.4.2.1。

注:按照IEC 61006:2004所述的玻璃化转变温度是材料热力学性能的指标。它提供了一种评定活性复合物转变度的方法。它也是区分具有不同热力学特性的不同材料的方法。

表3 固化后复合物分类

玻璃化转变级别	玻璃化转变温度 T_g ℃
1	≥160
2	135<T≤160
3	125<T≤135
4	110<T≤125
5	100<T≤110
6	75<T≤100
7	50<T≤75
8	25<T≤50
9	0<T≤25
10	−20<T≤0
11	≤−20

6 一般要求

对交付的所有产品,不仅应符合本部分的要求,而且还应符合相应单项材料规范的要求。

6.1 颜色

固化后复合物的颜色应符合供需双方商定的要求。

6.2 供货条件

树脂和其他组分应包装在坚固、干燥和清洁的容器里，以保证在运输、搬运和贮存过程中对其有足够的保护。每一个容器上至少应清晰、持久地标明下述内容：

——标准编号；

——产品名称；

——批号；

——生产日期；

——制造商名称或商标；

——规定的贮存温度或温度范围和期限；

——任何危险性警示，例如可燃性(闪点)和毒性；

——合适的组分混合说明(例如对于双组分产品)；

——容量。

推荐使用的容器大小为：1 L、2.5 L、5 L、25 L和205 L。

6.3 贮存期

在规定温度条件下，当贮存在最初密封的容器中时，产品在其使用期内应能保持其原有基本特性。

ICS 29.035.01
K 15

中华人民共和国国家标准

GB/T 15022.4—2009

电气绝缘用树脂基活性复合物 第4部分:不饱和聚酯为基的浸渍树脂

Resin based reactive compounds used for electrical insulation—Part 4: Unsaturated polyester based impregnating resins

(IEC 60455-3-5:2006, Resin based reactive compounds used for electrical insulation—Part 3: Specifications for individual materials—Sheet 5: Unsaturated polyester based impregnating resins, MOD)

2009-06-10 发布　　2009-12-01 实施

中华人民共和国国家质量监督检验检疫总局
中国国家标准化管理委员会　发布

前　言

GB/T 15022《电气绝缘用树脂基活性复合物》由下列部分组成：

——第1部分：定义及一般要求；

——第2部分：试验方法；

——第3部分：环氧树脂复合物；

——第4部分：不饱和聚酯为基的浸渍树脂；

……

本部分为GB/T 15022的第4部分。

本部分修改采用IEC 60455-3-5:2006《电气绝缘用树脂基活性复合物　第3部分：单项材料规范　第5篇：不饱和聚酯浸渍树脂》(英文版)。

考虑到我国国情，在采用IEC 60455-3-5:2006时，本部分做了下列技术性修改：

a) 增加了规范性引用文件GB/T 11026(所有部分)；

b) 将IEC 60455-3-5:2006表2中由供需双方商定的"胶化时间"性能改为本部分的要求；

c) 将5.3中"……结果应在其标称值的±10%以内。"改为"结果应不低于供需双方的商定值。"；

d) 第5章中增加了"电气强度(常态油中)"、"粘结强度(常态)"的要求。

为便于使用，本部分与IEC 60455-3-5:2006相比还做了下列编辑性修改：

a) 删除了IEC 60455-3-5:2006的前言、引言及参考文献；

b) 按GB/T 1.1修改IEC 60455-3-5:2006的第1章"范围"中的表述，并删除了有关用户如何选择材料的说明；

c) "规范性引用文件"中的引用标准，凡是有与IEC(或ISO)标准对应的国家标准均用国家标准替代；

d) 删除了IEC 60455-3-5:2006的5.1"闪点"中适用于国际标准的表述及5.8"耐溶剂蒸气性"中适用于国际标准的条注。

本部分的附录A为规范性附录。

本部分由中国电器工业协会提出。

本部分由全国绝缘材料标准化技术委员会(SAC/TC 51)归口。

本部分负责起草单位：桂林电器科学研究所。

本部分参加起草单位：苏州巨峰绝缘材料有限公司、浙江荣泰科技企业有限公司、四川东材科技集团股份有限公司、吴江市太湖绝缘材料厂、广州市宝力达电气材料有限公司、西安西电电工材料有限责任公司、国家绝缘材料工程技术研究中心。

本部分主要起草人：马林泉、汝国兴、张志浩、赵平、张春琪、周树东、刘洪斌、杨远华。

本部分为首次制定。

电气绝缘用树脂基活性复合物
第4部分:不饱和聚酯为基的浸渍树脂

1 范围

GB/T 15022的本部分规定了不饱和聚酯为基的浸渍树脂的通用要求。

本部分适用于不饱和聚酯为基的浸渍树脂。

2 规范性引用文件

下列文件中的条款通过GB/T 15022的本部分的引用而成为本部分的条款。凡是注日期的引用文件,其随后所有的修改单(不包括勘误的内容)或修订版均不适用于本部分,然而,鼓励根据本部分达成协议的各方研究是否可使用这些文件的最新版本。凡是不注日期的引用文件,其最新版本适用于本部分。

GB/T 1981.2—2009 电气绝缘用漆 第2部分:试验方法(IEC 60464-2:2001,MOD)

GB/T 6109.5—2008 漆包圆绕组线 第5部分:180级聚酯亚胺漆包铜圆线(IEC 60317-8:1997,IDT)

GB/T 6109.11—2008 漆包圆绕组线 第11部分:155级聚酰胺复合直焊聚氨酯漆包铜圆线(IEC 60317-21:2000,IDT)

GB/T 11026.1—2003 电气绝缘材料 耐热性 第1部分:老化程序和试验结果的评定(IEC 60216-1:2001,IDT)

GB/T 11026.2—2000 确定电气绝缘材料耐热性的导则 第2部分:试验判断标准的选择(IEC 60216-2:1990,IDT)

GB/T 11026.4—1999 确定电气绝缘材料耐热性的导则 第4部分:老化烘箱 单室烘箱(IEC 60216-4-1:1990,IDT)

GB/T 11028—1999 测定浸渍剂对漆包线基材粘结强度的试验方法(eqv IEC 61033:1991)

GB/T 15022.1—2009 电气绝缘用树脂基活性复合物 第1部分:定义及一般要求(IEC 60455-1:1998,IDT)

GB/T 15022.2—2007 电气绝缘用树脂基活性复合物 第2部分:试验方法(IEC 60455-2:1998,MOD)

IEC 60172:1987 测定漆包绕组线温度指数的试验方法

3 术语和定义

本部分采用GB/T 15022.1—2009确立的术语和定义:

3.1

具有低挥发性有机物的不饱和聚酯 unsaturated polyester with low emissions of volatile organic components

一种在聚合物链中具有碳—碳不饱和键的聚酯树脂,其随后可与或不必与共聚物单体发生交联,在固化过程中释放出的挥发性有机物(VOC)低于3%。

4 分类

本部分按表1对树脂进行分类。

5 要求

在一次交货中的所有材料除了应符合 GB/T 15022.1—2009 的要求外，还应符合本部分规定的要求。

本部分不包括列入表 2 的性能要求。若需附加规定这些性能要求，需经由供需双方商定。若无另行规定，所有试验均应按 GB/T 15022.2—2007 进行。

表 1 树脂分类

类 型	规定性能水平所对应的温度/℃
130	130
155	155
180	180
200	200
注：被规定的这些温度下的性能，在表 2 中用角注予以识别。	

表 2 有要求时，需经由供需双方商定的性能

固化前的活性复合物性能	固化后的活性复合物性能
软化温度	粘结强度[a]
灰分含量	热导率
填料含量	玻璃化转变温度
氯含量	吸水性
水分含量	液体化学品的影响
羟基值	耐霉菌生长
酸值	损耗因数和相对电容率[a]
双键数	击穿电压和电气强度[a]
适用期	耐电痕化指数(PTI)
放热温升	
收缩率	
[a] 在表 1 所示的高温条件下。	

5.1 闪点

按 GB/T 15022.2—2007 的 4.1 测定反应复合物的闪点，结果应不低于供需双方的商定值。

5.2 密度

按 GB/T 15022.2—2007 的 4.2 测定反应复合物的密度，结果应在其标称值的±2%以内。在订购合同中应说明该标称值。

5.3 黏度

按 GB/T 15022.2—2007 的 4.3 测定反应复合物的黏度，结果应不低于供需双方的商定值。

对具有低排放挥发性有机化合物(VOC)的不饱和聚酯，应在供需双方商定的产品的应用温度范围采用合适的装置进行测定，结果应不低于供需双方的商定值。

5.4 厚层固化及固化中的挥发分

应采用附录 A 中规定的方法。测定三次并报告三次测定值。结果应为：S1、U1、I4.2 均匀。

对具有低排放挥发性有机物(VOC)的不饱和聚酯，在固化过程中释放出的挥发性有机物(VOC)应低于 3%。

5.5 凝胶时间

按 GB/T 15022.2—2007 的 4.11.1 测定反应复合物的凝胶时间，试验温度由供需双方商定，结果

应在供需双方商定的范围内。

5.6 活性复合物对漆包线的影响

按 GB/T 1981.2—2009 测定活性复合物对漆包线的影响，选用 Φ(0.8～1.0)mm 的符合 GB/T 6109.5—2008 的 180 级漆包圆绕组线，结果应不低于铅笔硬度 H，浸渍时间和温度由供需双方商定。

5.7 温度指数

树脂的温度指数应按 GB/T 11026.1—2003、GB/T 11026.2—2000 和 GB/T 11026.4—1999 进行测定，并应根据由供需双方商定的下述三个试验判断标准：

粘结强度，按 GB/T 11028—1999 中的方法 B，终点判断标准为 22 N，以符合 GB/T 6109.5—2008 或 GB/T 6109.11—2008、等级不低于 180 级的漆包绕组线作底材；

耐电压，按 IEC 60172，以符合 GB/T 6109.5—2008 或 GB/T 6109.11—2008、等级不低于 180 级的漆包绕组线作底材；

击穿电压，按 GB/T 15022.2—2007 的 5.6.3，试样是以符合 GB/T 1981.2—2009 的玻璃织物作底材，终点判断标准为 3 kV；

试样按供需双方商定的固化温度和固化时间进行固化。

对所选取的任何试验判断标准，其温度指数应不低于表 3 所规定的值。

表 3 最小的温度指数

类型	温度指数
130	130
155	155
180	180
200	200

本试验是一种定期的一致性检验，除非制造厂在该材料的组成或生产方法上发生显著变化，否则不需要重复进行本试验。

5.8 耐溶剂蒸气性

按 GB/T 1981.2—2009 测定固化后复合物的耐溶剂蒸气性，结果应是在附着、剥落、起泡、滴流方面无变化以及不发粘。试样按供需双方商定的固化温度和固化时间进行固化。

5.9 浸水对体积电阻率的影响

按 GB/T 15022.2—2007 的 5.6.1 测定固化后复合物的体积电阻率，其浸水前的体积电阻率应不低于 1.0×10^{10} Ωm，浸水后的体积电阻率应不低于 1.0×10^{7} Ωm。试样按供需双方商定的固化温度和固化时间进行固化。

5.10 电气强度(常态油中)

按 GB/T 15022.2—2007 的 5.6.3，采用 20 s 逐级升压方式测定固化后复合物的电气强度(常态油中)，结果应不低于 15 kV/mm。试样按供需双方商定的固化温度和固化时间进行固化。

5.11 粘结强度(常态)

按 GB/T 11028—1999 中的方法 B 测定粘结强度，以符合 GB/T 6109.5—2008 或 GB/T 6109.11—2008、等级不低于 180 级的漆包绕组线作底材，结果应不低于 100 N。试样按供需双方商定的固化温度和固化时间进行固化。

附 录 A
（规范性附录）
厚层固化及固化中的挥发物

本试验用于对固化后浸渍树脂材料的考核。厚层固化通过固化后试样内部、上表面及下表面的状况来表示。测定固化过程中的挥发物也可通过本方法。

A.1 设备

采用下列设备：

——平直而光滑的方形铝箔，其厚度为 0.1 mm～0.15 mm，边长为(95±1)mm；

——一个由金属或任何其他合适的固体材料制成的模具，边长为(45±1)mm，高为(25±1)mm；

——具有强制空气循环的烘箱，换气速率至少为 8 次/h，烘箱应为专门用于固化或干燥试样的型号；

——精度为 0.01 g 的天平。

A.2 试样

充分清洁铝箔，用模具将其制成边长为 45 mm 的方形盒子，然后将其放在温度为(110±5)℃下干燥(10±1)min，冷却并保存于干燥器中。

取出方形盒子精确称重至 0.01 g(m_1)，并用方形盒子称取(10±0.1)g 的树脂样品，精确至 0.01 g(m^2)。

试样按供需双方商定的固化温度和固化时间进行固化，固化后将试样放入干燥器中冷却至室温，然后精确称重至 0.01 g(m^3)。紧接着将铝箔除去。

A.3 程序

A.3.1 样品等级

样品应根据其固化后上面、底面及内部的状况进行评价，用目视检查其外观和粘性，用下列表 A.1、表 A.2 和表 A.3 中的符号表示。

A.3.2 挥发物应按下列公式计算：

$$E = 100 \times [(m_2 - m_3)/(m_2 - m_1)]$$

表 A.1 上面状况

状 况	符 号
光滑	S1
皱纹	S2

表 A.2 底面状况

状 况	符 号
不粘	U1
粘	U2

表 A.3 内部状况

状　况	符　号	
坚硬	I1.×	
硬如角质,可机加工	I2.×	
皮革状	I3.×	
橡胶状	I4.×	
凝胶状	I6.×	
液体	I7.×	
试样含有		×
无气泡		1
气泡不多于五个		2
气泡多于五个		3

对试样内部的状况,应附加说明中间部分是均匀或是不均匀。

注:为了说明机械性能,可能需要用手指弯曲试样或用小刀把试样切开。

ICS 59.080.50
W 58

中华人民共和国国家标准

GB/T 15029—2009
代替 GB/T 15029—1994

剑麻白棕绳

White sisal rope

(ISO 1181:2004, Fibre ropes—Manila and sisal—
3-, 4-and 8-Stand ropes, NEQ)

2009-03-27 发布　　　　2009-10-01 实施

中华人民共和国国家质量监督检验检疫总局
中国国家标准化管理委员会　发布

前言

本标准对应于 ISO 1181：2004《马尼拉麻和剑麻纤维绳　三股、四股和八股绳》(英文版)，与ISO 1181的一致性程度为非等效。

本标准代替 GB/T 15029—1994《剑麻　白棕绳》。

本标准与 GB/T 15029—1994 相比主要变化如下：

——增加了第 3 章“术语和定义”；

——将 GB/T 15029—1994 中的第 2 章“引用标准”修改成本标准第 2 章“规范性引用文件”；

——将 GB/T 15029—1994 中的第 3 章“产品分类”和第 4 章“技术要求”中的“结构”内容一起调整到本标准第 4 章，并增加了产品品种范围，章题为“产品分类、结构、规格代号和标记”；

——将 GB/T 15029—1994 中的第 4 章“技术要求”中的“主要技术要求”调整到第 5 章，章题为“要求”，并增加了“编绞八股绳”的内容；

——将 GB/T 15029—1994 中的第 5 章“试验方法”和第 6 章“检验规则”合并调整到本标准第6 章，章题为“取样和试验”；

——删除了 GB/T 15029—1994 中的附录 A、附录 B、附录 C 和附录 D，直接引用 GB/T 8834、NY/T 243和 NY/T 245 进行相关试验。

本标准由中华人民共和国农业部提出。

本标准由农业部热带作物及制品标准化技术委员会归口。

本标准由农业部剑麻及制品质量监督检验测试中心负责起草、广东省湛江农垦局参加起草。

本标准主要起草人：李德贵、陈伟南、侯尧华、张伟雄、杨巧敏、黄星球。

本标准于 1994 年 4 月首次发布。

剑 麻 白 棕 绳

1 范围

本标准规定了剑麻白棕绳的术语和定义、产品分类、结构、规格代号和标记、要求、取样和试验、包装和标志、运输和贮存。

本标准适用于以剑麻纤维为原料制成的白棕绳。

2 规范性引用文件

下列文件中的条款通过本标准的引用而成为本标准的条款。凡是注日期的引用文件，其随后所有的修改单(不包括勘误的内容)或修订版均不适用于本标准，然而，鼓励根据本标准达成协议的各方研究是否可使用这些文件的最新版本。凡是不注日期的引用文件，其最新版本适用于本标准。

GB/T 8834—2006　绳索　有关物理和机械性能的测定(ISO 2307:1990，IDT)

NY/T 243　剑麻纤维制品回潮率的测定　蒸馏法

NY/T 245　剑麻纤维制品含油率的测定

3 术语和定义

下列术语和定义适用于本标准。

3.1

剑麻白棕绳　white sisal rope

以剑麻纤维为原料制成的绳索。

3.2

最低断裂强力　lowest break strenth

按规定的方法对每一绳索样品进行3次以上的断裂强力试验，其试验结果中的最小值为最低断裂强力。

4 产品分类、结构、规格代号和标记

4.1 分类

剑麻白棕绳按其自身的组织结构可分为捻绞绳和编绞绳两类产品。捻绞绳是通过加捻而绞合制成的绳索。编绞绳是具有编织结构的绳索。

4.2 结构

4.2.1 捻绞绳分为代号A型的无绳芯结构三股绳和代号B型的有绳芯结构四股绳两种产品。一般情况下制成捻绞绳的纱、股捻绞方向为：绳纱Z捻向，绳股S捻向，绳索Z捻向。结构如图1所示。

a)　无芯三股绳(A型)结构示图

b)　有芯四股绳(B型)结构示图

图1　捻绞绳结构示图

4.2.2 编绞绳分为代号L型的有绳芯结构八股绳产品(若是12股和16股的编绞绳,可在代号L后加入该产品的股数以示区别作产品代号,如L12或L16)。其结构如图2所示。

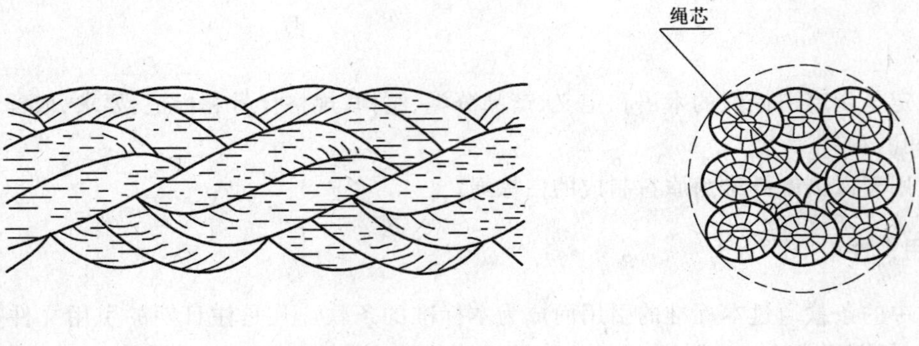

图2 八股有芯编绞绳(L型)结构示图

4.3 规格代号

剑麻白棕绳以其公称直径为产品的规格代号。

4.4 标记

剑麻白棕绳以其品名、本标准代号和顺序号、结构、规格等的产品特性代码或代号进行产品标记。其意义和表示方法如下:

□ □-□-□

- 规格,直径(mm);
- 结构,A、B或L;
- 本标准代号和顺序号,GB/T 15029;
- 品名,剑麻白棕绳。

示例:

执行本标准、公称直径为10 mm的三股剑麻白棕绳,其标记为:

剑麻白棕绳 GB/T 15029-A-10。

5 要求

5.1 剑麻白棕绳应由均匀、结实、品质良好的剑麻原料绳股捻绞或编绞而成。组成单位产品的每一根绳股应是连续不间断的整体。

5.2 剑麻捻绞绳的最大捻距:三股绳为公称直径的3.5倍;四股绳为公称直径的4.5倍。

5.3 绳索中可抽提润滑剂的含量和回潮率应符合表1要求。

表1 剑麻白棕绳的基质要求

项 目	要 求
回潮率/%	≤13
可抽提润滑剂的含量/%	≤15

5.4 剑麻白棕绳的主要技术性能要求应符合表2的规定。

表 2　剑麻白棕绳的主要技术性能指标要求

公称直径/mm	捻绞三股绳和四股绳					编绞八股绳		
	线密度/ktex		最低断裂强力/daN			线密度/ktex		最低断裂强力/daN
	公称值(ρ)	公差	优等品	一等品	合格品	公称值(ρ)	公差	
6	29	±0.1ρ	255	240	230	—	—	—
8	54		473	450	425	—	—	—
10	68	±0.08ρ	622	590	560	—	—	—
12	105		936	890	840	—	—	—
14	140		1 260	1 200	1 130	—	—	—
16	190	±0.05ρ	1 770	1 680	1 590	177	±0.05ρ	1 720
18	220		2 100	1 990	1 890	225		2 160
20	275		2 790	2 650	2 510	277		2 650
22	330		3 340	3 170	3 010	335		3 190
24	400		3 990	3 790	3 590	399		3 780
26	470		4 640	4 410	4 180	468		4 420
28	530		5 220	4 960	4 700	543		5 100
30	625		5 980	5 680	5 380	624		5 830
32	700		6 730	6 390	6 060	710		6 600
36	890		8 530	8 110	7 680	898		8 290
40	1 100		10 300	9 790	9 590	1 110		10 200
44	1 340		12 500	11 880	11 250	1 340		12 200
48	1 580		14 500	13 780	13 050	1 600		14 500
52	1 870		1 700	16 150	15 300	1 870		16 900
56	2 150		1 950	18 530	17 550	2 170		19 500
60	2 480		22 200	21 090	19 980	2 490		22 300
64	—	—	—	—	—	2 840		25 300
68	—	—	—	—	—	3 200		28 400
72	—	—	—	—	—	3 590		31 700
76	—	—	—	—	—	4 000		35 200
80	—	—	—	—	—	4 440		38 900
88	—	—	—	—	—	5 370		46 800
96	—	—	—	—	—	6 390		55 300

6　取样和试验

6.1　取样

6.1.1　按 GB/T 8834—2006 中的第 5 章规定抽取样品。

6.1.2　剑麻白棕绳以单位样品为单位进行样品试样抽取。

6.1.2.1 从样品中任一端 2 m 以外的部位抽取 3 个以上长度为 4 m 的试样，供直径、线密度、捻距和最低断裂强力试验。取样时应采取必要措施如捆绑样品和产品的每一端部，避免试样和产品退捻。

6.1.2.2 取约 75 g 的试样迅速放入塑料袋中密封，其中约 50 g 试样作回潮率试验，其余试样作可提取润滑剂含量试验。

6.2 试验方法

6.2.1 直径、线密度、捻距和最低断裂强力的测定

按 GB/T 8834—2006 的规定执行。

6.2.2 回潮率的测定

按 NY/T 243 的规定执行。

6.2.3 可抽提润滑剂含量的测定

可抽提润滑剂含量测定即为含油率测定，按 NY/T 245 的规定执行。

7 包装和标志

7.1 剑麻白棕绳应整齐结实盘绕成圆柱形绳捆并用适当粗细的剑麻纤维绳索或股条捆扎牢固。捆扎用绳或股的重量不应超过该捆绳自身重量的 0.5%。

7.2 每捆绳索的长度应符合表 3 要求。每捆绳索长度是无拉力状态下的测量值。

表 3 每捆绳索的长度

直径规格/mm	≤14	>14
绳索长度/m	220±11	220±6.6

7.3 剑麻白棕绳出厂应用塑料编织布包装，并捆绑或缝扎结实牢固。直径规格 14 mm 以上的绳索应每捆为一件进行包装。直径规格小于 14 mm 的绳索可多捆合为一件进行包装，但每件包装内应是同一类别、同一规格、同一等级的产品，包重不应超过 50 kg。

7.4 剑麻白棕绳的外包装应有防潮标志，按单位产品附有产品合格证，并用标签或在包装布上印刷和填写如下内容：

产品标记、商标、标准编号、规格、等级、包装数量、包质量、生产日期、生产单位、地址和电话。

7.5 每包所标质量偏差应符合表 4 规定的允差。包质量是指含有捆扎绳或股重量的绳索净重。

表 4 剑麻白棕绳包质量允差

净重/kg	<25	≥25
净重允许偏差/%	±2	±1.5

8 运输和贮存

8.1 运输

装运剑麻白棕绳的车箱、船仓应清洁、干燥，不应与易燃、易爆和有损产品质量的物品混装。

8.2 贮存

剑麻白棕绳应按不同规格、不同等级的代号分别堆放。仓库应保持清洁、干燥、通风良好，防止产品受潮、受污染，不应露天堆放。

ICS 59.080.50
W 58

中华人民共和国国家标准

GB/T 15030—2009
代替 GB/T 15030—1994

剑麻钢丝绳芯

Steel wire ropes—Sisal main cores

2009-03-27 发布　　2009-10-01 实施

中华人民共和国国家质量监督检验检疫总局
中国国家标准化管理委员会　发布

前　言

本标准代替 GB/T 15030—1994《剑麻钢丝绳芯》。

本标准与 GB/T 15030—1994 相比主要变化如下：

——增加了第 3 章“术语和定义”；

——将 GB/T 15030—1994 中的第 2 章“引用标准”增加了部分内容调整为本标准的第 2 章“规范性引用文件”；

——将 GB/T 15030—1994 中的第 4 章“技术要求”调整到第 5 章，章题为“要求”；

——将 GB/T 15030—1994 中的第 5 章“试验方法”调整到第 6 章，章题为“取样和试验”，并根据线密度测定的需要增加了有关“线密度公称值”的计算内容；同时将水溶酸和盐含量两项要求的试验方法以附录 A、附录 B 的形式表述；

——删除了 GB/T 15030—1994 中的第 6 章“检验规则”。

本标准的附录 A 和附录 B 为规范性附录。

本标准由中华人民共和国农业部农垦局提出。

本标准由农业部热带作物及制品标准化技术委员会归口。

本标准由农业部剑麻及制品质量监督检验测试中心负责起草，广东省湛江农垦局参加起草。

本标准主要起草人：陈伟南、侯尧华、苏智伟、郑润里、吴梅珍、李德贵。

本标准于 1994 年 4 月首次发布。

剑麻钢丝绳芯

1 范围

本标准规定了剑麻钢丝绳芯的术语和定义、产品的命名、结构、规格代号和标记、要求、取样和试验、包装和标志、运输和贮存。

本标准适用于以剑麻纤维为原料制成的钢丝绳芯。

2 规范性引用文件

下列文件中的条款通过本标准的引用而成为本标准的条款。凡是注日期的引用文件，其随后所有的修改单(不包括勘误的内容)或修订版均不适用于本标准，然而，鼓励根据本标准达成协议的各方研究是否可使用这些文件的最新版本。凡是不注日期的引用文件，其最新版本适用于本标准。

GB/T 8834　绳索　有关物理和机械性能的测定(GB/T 8834—2006,ISO 2307:1990,IDT)

NY/T 243　剑麻纤维制品回潮率的测定　蒸馏法

NY/T 245　剑麻纤维制品含油率的测定

NY/T 1523　钢丝绳芯用剑麻纱

3 术语和定义

下列术语和定义适用于本标准。

3.1

水溶酸度　solution acidity

产品中能被充分抽提出来的水溶酸的量值。用中和每 100 g 试样所充分抽提出来的水溶酸耗用 0.1 mol/L 的氢氧化钠或氢氧化钾溶液的毫升数(mL/100 g)表示。

3.2

盐含量　salt content

产品物质成分中的氯化物含量，以所含氯化钠的百分率(%)表示。

4 产品的命名、结构、规格代号和标记

4.1 命名

凡执行本标准的剑麻纤维绳可命名为“剑麻钢丝绳芯”。

4.2 结构

剑麻钢丝绳芯应由不少于三股均匀、结实、品质良好的剑麻原料绳股绞捻而成。单位产品应是连续不间断的整体绳索。

4.3 规格代号

剑麻钢丝绳芯以其公称直径为产品的规格代号。

4.4 标记

剑麻钢丝绳芯以其品名、本标准代号和顺序号、规格代号和构成该产品的钢丝绳用剑麻纱规格支纱数的产品特性代码进行产品标记。其意义和表示方法如下：

□ □-□-□

——钢丝绳芯用剑麻纱规格，支纱数(m/g)；

——规格，直径(mm)；

——本标准代号和顺序号，GB/T 15030；

——品名，剑麻钢丝绳芯。

示例：

执行本标准、选用公称支数为 0.80 支的钢丝绳芯用剑麻纱的规格直径为 10 mm 的钢丝绳芯，其标记为：

剑麻钢丝绳芯 GB/T 15030-10-0.80。

5 要求

5.1 原料要求

5.1.1 直接采用商品钢丝绳芯用剑麻纱作原料加工制造的剑麻钢丝绳芯，商品钢丝绳芯用剑麻纱应符合 NY/T 1523 要求。

5.1.2 以剑麻纤维为原料直接纺纱制造钢丝绳芯，应保证原料质量。长期定点固定形式供应加工钢丝绳芯的剑麻纤维应定期进行含盐量的试验，非长期定点固定形式供应的剑麻纤维应逐批抽样进行含盐量的试验。试验结果应符合 5.2 中表 1 的规定。

5.1.3 以剑麻纤维为原料直接纺纱制造钢丝绳芯，因剑麻纱制纱工艺需要而添加的润滑剂不应含酸和水分。

5.2 产品质量技术性能要求

剑麻钢丝绳芯的质量技术性能要求应符合表 1 的规定。

表 1 剑麻钢丝绳芯的质量技术性能要求

项目	规格	
	≤7 mm	>7 mm
回潮率/%	≤13	
可抽提润滑剂的含量/%	≤10	
水溶酸度/(mL/100 g)	≤2	
盐含量(氯化钠)/%	≤0.3	
线密度 ρ/ktex	$\rho\pm\rho\times8\%$	$\rho\pm\rho\times5\%$
直径 D/mm	$D^{+D\times5\%}_{0}$	
极差/mm	$\leqslant D\times5\%$	

6 取样和试验

6.1 取样

6.1.1 按 GB/T 8834 规定抽取样品。

6.1.2 剑麻钢丝绳芯以单位样品为单位进行样品试样抽取。

6.1.2.1 从样品中任一端 2 m 以外的部位抽取 3 个以上长度为 4 m 的试样，供直径、线密度、捻距和最低断裂强力试验。取样时应采取必要措施如捆绑样品和产品的每一端部，避免试样和产品退捻。

6.1.2.2 从 6.1.2.1 中取约 100 g 的试样迅速放入塑料袋中密封，其中约 50 g 试样作回潮率试验，其余试样作可提取润滑剂含量试验。

6.1.2.3 从 6.1.2.1 中取约 25 g 试样作水溶酸度试验。

6.1.3　从样品中的任意一端截取试样,或样品在使用时要截断,也可从样品的中部截取试样,再从中间的7个～10个不同的部位共抽取约200 g试料作为盐含量试验,所取试样不应弯折,用塑料袋封装备用。

6.2　试验方法

6.2.1　线密度的测定

6.2.1.1　按式(1)计算剑麻钢丝绳芯线密度公称值。

$$\rho = D^2 \times C \qquad \cdots\cdots(1)$$

式中:

ρ——剑麻钢丝绳芯线密度公称值,单位为千特[克斯](ktex);

D——剑麻钢丝绳芯直径公称值,单位为毫米(mm);

C——剑麻钢丝绳芯紧密度系数值,按表2取值。

表2　剑麻钢丝绳芯紧密度系数值

规格/mm	$D \leqslant 5$	$5 < D \leqslant 7$	$7 < D \leqslant 9$	$9 < D \leqslant 11$	$D > 11$
C值	0.74	0.72	0.70	0.68	0.66

6.2.1.2　线密度的测定按GB/T 8834的规定进行。

6.2.2　直径测定

直径测定按GB/T 8834的规定进行。应在试样两端和中间的不同部位至少测量6个以上数据,直径测量精确至0.1 mm。取所有测量值的算术平均值作为试样的直径测量值。

6.2.3　回潮率的测定

按NY/T 243的规定进行。

6.2.4　可抽提润滑剂含量的测定

可抽提润滑剂含量测定即为含油率测定,按NY/T 245的规定进行。

6.2.5　水溶酸的测定

按附录A规定进行。

6.2.6　盐含量的测定

按附录B规定进行。

7　包装和标志

7.1　剑麻钢丝绳芯应整齐结实盘绕成圆柱形绳捆并捆扎牢固。

7.2　每捆剑麻钢丝绳芯出厂应用塑料编织布包装,并捆绑或缝扎结实牢固。

7.3　剑麻钢丝绳芯的包装应有防潮标志,每包都应附有产品合格证,并用标签或在包装布上印刷和填写如下内容:

产品标记、商标、标准编号、规格、等级、包质量、生产日期、生产单位、地址和电话。

7.4　剑麻钢丝绳芯所标包质量偏差应符合表3规定的允差。

表3　剑麻钢丝绳芯的包质量允差

包质量/kg	<25	≥25
包质量允许偏差/%	±2	±1.5

8　运输和贮存

8.1　运输

装运剑麻钢丝绳芯的车箱、船仓应清洁、干燥,不应与易燃、易爆和有损产品质量的物品混装。

8.2　贮存

剑麻钢丝绳芯应按不同规格、不同等级的代号分别堆放。仓库应保持清洁、干燥、通风良好,防止产品受潮、受污染,不应露天堆放。

附 录 A
（规范性附录）
剑麻钢丝绳芯水溶酸的试验

A.1 原理

用蒸馏水煮沸并反复洗涤试样，使试样中的水溶酸充分溶解在抽提液中，然后用 0.1 mol/L 的氢氧化钠或氢氧化钾标准液滴定至稳定红色。根据耗用标准液的体积测定试样中水溶酸的酸度。

A.2 试验条件

在环境大气条件下试验。

A.3 试验器具及试剂

A.3.1 索氏抽提器：容量 250 mL。
A.3.2 电子秤或天平：分辨率为 0.1 g。
A.3.3 滴定管：分度 0.1 mL。
A.3.4 溶剂：蒸馏水。
A.3.5 试剂：酚酞、0.1 mol/L 的氢氧化钠或氢氧化钾标准液。

A.4 试验程序

A.4.1 用电子秤或天平称取大约 25 g 的钢丝绳芯试样，精确到 0.1 g。将试样拆散后装入索氏抽提器中。
A.4.2 用 100 mL 蒸馏水煮沸 30 min。
A.4.3 用滤纸过滤，再连续 3 次用蒸馏水洗涤滤渣。洗涤后，抽提液的总量不应超过 175 mL。
A.4.4 在抽提液中加几滴酚酞，再用 0.1 mol/L 氢氧化钠或氢氧化钾标准液滴定至呈稳定红色为准。

A.5 计算与结果表示

剑麻钢丝绳芯试样的水溶酸度按式(A.1)计算。

$$Z = \frac{100 \times V}{W} \qquad \text{(A.1)}$$

式中：

Z——剑麻钢丝绳芯试样的水溶酸度，单位为毫升每一百克(mL/100 g)；

V——滴定时 0.1 mol/L 氢氧化钠或氢氧化钾标准液耗用量，单位为毫升(mL)；

W——试样的质量，单位为克(g)。

计算结果表示到小数点后一位。

附 录 B
（规范性附录）
剑麻钢丝绳芯盐含量的试验

B.1 原理

将试样作一系列化学处理后，根据 1 mL 0.1 mol/L 硝酸银滴液相当于 0.005 85 g 氯化钠关系，从转化成氯化银的硝酸银数量计算氯化钠的百分比。

B.2 试验条件

在环境大气条件下进行测试试验。

B.3 试验器具及试剂

B.3.1 索氏抽提器：容量 250 mL。

B.3.2 电子秤或天平：分辨率为 0.1 g。

B.3.3 滴定管：分度 0.1 mL。

B.3.4 铂皿或石英皿。

B.3.5 溶剂：蒸馏水、体积分数为 20%的硝酸。

B.3.6 试剂：浓度为 50 g/L 的碳酸钠溶液、0.1 mol/L 的硝酸银标准滴定液、硫酸铁铵饱和溶液、0.1 mol/L 的硫氰酸钾标准滴定液。

B.4 试验程序

B.4.1 试样制备

将选取的样品拆散平放，使纤维彼此平行，而且头尾交替放置；然后从中间部位切取 230 mm 的一段，并滚压混和成纤维互相平行的一束。再从这一束的不同部位随机选取一个纤维样品，并切成约 115 mm 长的两段。这样得到的样品应贮放在带有玻璃塞的广口瓶中，到检验时才取出来。

B.4.2 试验

B.4.2.1 将上述方法制备的试样取出约 10 g，精确到 0.1 g 并记录，纤维放在白金皿或石英皿中，用 40 mL 50 g/L 的碳酸钠溶液把纤维湿润，然后蒸发至干，再在不超过暗红的温度下燃烧（或温度高到刚好能生成充分碳化的产物，用水抽提时能得到无色的滤液）。

B.4.2.2 用热蒸馏水抽提已碳化的产物，过滤和洗涤。将残余物再放回铂皿或石英皿中，让其完全煅烧成灰。

B.4.2.3 将灰分溶解于体积分数为 20%的硝酸中，过滤及洗涤滤渣，再将此溶液和洗涤液加入抽提液中。

B.4.2.4 用稀硝酸使这些彼此合并的抽提液酸化，再加入已知体积的 0.1 mol/L 的硝酸银标准滴定液，略为过量，充分搅拌后将沉淀的氯化银过滤出来并洗涤。

B.4.2.5 在合并的滤液和洗涤液中加 5 mL 硫酸铁铵饱和溶液，再用 0.1 mol/L 硫氰酸钾标准滴定液滴定过量的硝酸银，直至呈稳定浅棕色为准。

B.5 计算与结果表示

试样中盐含量按式(B.1)计算。

$$Y = \frac{(V_1 - V_2) \times 0.005\,85}{W} \times 100 \qquad \cdots\cdots(B.1)$$

式中：

Y——每一试样的盐含量(产品物质成分中的氯化物以所含氯化钠的百分率表示)，%；

V_1——0.1 mol/L 的硝酸银标准滴定液耗用量，单位为毫升(mL)；

V_2——0.1 mol/L 硫氰酸钾标准滴定液耗用量，单位为毫升(mL)；

W——试样的质量，单位为克(g)。

计算结果表示到小数点后两位。

ICS 59.060.10
B 32

GB

中华人民共和国国家标准

GB/T 15031—2009
代替 GB/T 15031—1994

剑麻纤维

Sisal fibre

2009-03-27 发布

2009-10-01 实施

中华人民共和国国家质量监督检验检疫总局
中国国家标准化管理委员会 发布

前　言

本标准代替 GB/T 15031—1994《剑麻纤维》。

本标准与 GB/T 15031—1994 相比主要变化如下：

——增加了第 2 章“规范性引用文件”；

——增加了第 3 章“术语和定义”；

——增加了第 4 章“产品代号和标记”；

——将 GB/T 15031—1994 中的第 2 章“技术要求”调整到第 5 章，章题改为“要求”，并按“产品和标记”增加相应的要求，同时将前版的第 5 章“包装、标志、运输、贮存”中对包装要求的内容修改后并入该章；

——将 GB/T 15031—1994 中的第 3 章“试验方法”调整到第 7 章，并将纤维长度、束纤维断裂强力、含杂率等三项要求的试验方法以附录形式表述；

——删除了 GB/T 15031—1994 中的第 4 章“检验规则”，将 4.1.2 中表 3 调整到第 6 章表 4。

本标准的附录 A、附录 B 和附录 C 为规范性附录。

本标准由中华人民共和国农业部提出。

本标准由农业部热带作物及制品标准化技术委员会归口。

本标准由农业部剑麻及制品质量监督检验测试中心负责起草、广东省湛江农垦局参加起草。

本标准主要起草人：侯尧华、陈伟南、张伟雄、冯超。

本标准于 1994 年 4 月首次发布。

剑 麻 纤 维

1 范围

本标准规定了剑麻纤维的术语和定义、产品代号和标记、要求、抽样、试验方法及标志、运输和贮存。

本标准适用于剑麻叶片抽取的纤维。

2 规范性引用文件

下列文件中的条款通过本标准的引用而成为本标准的条款。凡是注日期的引用文件，其随后所有的修改单(不包括勘误的内容)或修订版均不适用于本标准，然而，鼓励根据本标准达成协议的各方研究是否可使用这些文件的最新版本。凡是不注日期的引用文件，其最新版本适用于本标准。

NY/T 244 剑麻纤维制品回潮率的测定 烘箱法

3 术语和定义

下列术语和定义适用于本标准。

3.1

剑麻纤维 sisal fibre

用剑麻叶片加工抽取的纤维。

3.2

纤维束 fasciculi

由剑麻纤维中部所截取长度为 300 mm 的单根纤维对齐集合而成的 1 g 重试样。

3.3

束纤维断裂强力 strength of break fasciculi

在规定条件下将纤维束拉伸断裂所需的力。

3.4

纤维长度 length of fibre

按规定的试验方法和计算公式进行的长度测试统计结果。

4 产品代号和标记

4.1 产品代号

剑麻纤维分为五个等级，各等级的代号分别用“1”、“2”、“3”、“4”和“5”表示。

4.2 产品标记

4.2.1 剑麻纤维以其品名、本标准代号、顺序号和产品的等级代号进行产品标记。其意义和表示方法如下：

```
□ □-□
│ │ └──────产品的等级，1或2或3或4或5
│ └────────本标准代号和顺序号，GB/T 15031
└──────────品名，剑麻纤维
```

4.2.2 标记示例

执行本标准的剑麻纤维，一等品，其标记为：

剑麻纤维 GB/T 15031-1。

5 要求

5.1 物理质量要求

剑麻纤维的物理质量指标应符合表1的规定。

表1 剑麻纤维的物理质量指标

项目	指标				
	一等品	二等品	三等品	四等品	五等品
纤维长度/cm	≥95	≥85	≥75	≥70	≥65
束纤维断裂强/N	≥880	≥830	≥780	≥750	≥700
含杂率/%	≤2.5	≤3.0	≤3.5	≤4.0	≤5.0
回潮率/%	≤13				

5.2 外观质量要求

剑麻纤维的外观质量要求按表2规定。

表2 剑麻纤维的外观质量要求

项目	要求				
	一等品	二等品	三等品	四等品	五等品
色泽	洁白、乳白、有光泽	洁白、乳白		浅黄，没有发霉、发暗	
整理	好	好		较好	
斑点	无斑点	无斑点		少量的青皮和斑点	

5.3 包装质量要求

包装剑麻纤维采用压力打包，每件纤维包应是同一等级的剑麻纤维，打包前整理平直，打包时基梢分清，两端对齐，内部布列均匀。按规定的长方体施压定型后用镀锌铁丝或打包带捆扎，每包至少扎八道。包装重量和外观质量要求按表3规定。

表3 包装剑麻纤维的包装重量和外观尺寸要求

项目	包重/kg	长/mm	宽/mm	高/mm
要求	100±0.5	$1\,300^{+50}_{0}$	500^{+20}_{0}	310^{+50}_{0}

6 抽样

按同一批次同一等品的纤维包(把)随机抽取样包(把)，批纤维包(把)数量≤200包。随机抽取的纤维包(把)数量如表4。

表4 抽样要求

批纤维包(把)数量	2	≤7	≤38	≥39
取样包(把)数量	1	2	3	4

7 试验方法

7.1 纤维长度

按附录A规定进行。

7.2 束纤维断裂强力

按附录B规定进行。

7.3 含杂率

按附录C规定进行。

7.4 回潮率

按NY/T 244规定进行。

7.5 外观质量

可按预先商定制作标样进行对比评定。

7.6 包装质量

7.6.1 包装剑麻纤维的包质量的评定,可用按规定周期检定合格的在用质量计量器具如磅秤,随机抽样称重,以磅秤的读数为依据进行评定,若有争议时,应以公定重量为基础重新评定。

7.6.2 包装剑麻纤维的外观尺寸的评定,可用合格的在用长度计量器具如钢尺或钢卷尺,随机抽样,对长方体纤维包的六个面的不同部位,分别进行长、宽或高的测量读数,每个面的每一项目最少取3个数值进行统计分析评定。

8 标志、运输和贮存

8.1 标志

包装剑麻纤维的每件纤维包应附有标签,压在捆扎线带下。标签应印刷或填写产品标记、商标、等级检验结果、包质量、生产日期以及生产单位的名称、地址和电话等信息。

8.2 运输

装运剑麻纤维的车箱、船仓应清洁、干燥,不应与易燃、易爆和有损产品质量的物品混装。

8.3 贮存

剑麻纤维应按不同类别、等级和生产日期分别堆放。仓库应保持清洁、干燥、通风良好,防止产品受潮、受污染,不应露天堆放。

附 录 A
（规范性附录）
纤维长度的试验

A.1 原理

逐一测量试样纤维麻束的长度并按规定的条件分组，再以各组的重量为权数进行加权平均长度的计算。

A.2 取样

按第6章的方法抽取样品，从中逐一解开纤维包或纤维把，将纤维摊开，从不同部位的多处抽取约1 000 g的剑麻纤维作为试样，此试样也可做外观质量评定。

A.3 试验条件

在环境大气条件下进行。

A.4 试验器具

分辨率为0.1 g的电子秤或天平；刻度为1 mm的钢尺。

A.5 试验程序

A.5.1 用试样对应的等级纤维长度指标界限值为一个长度分组的组界，再按50 mm的组距向两边延伸连续定取若干长度分组的组界。分组的数量以包含试样中最短纤维麻束的组为起始组，以包含最长纤维麻束的组为最末组而确定，在操作平台上按长短顺序依次预先为各组确定适当的摆放纤维的位置并编号（实际操作中，分组的数量应待纤维麻束度量结束后才能确定）。

A.5.2 将试样纤维整理平直后，逐一量取试样的纤维麻束长度放入操作平台上对应的组位中。

A.5.3 各组纤维逐一称量，称量精确至0.1 g。

A.6 计算与结果表示

A.6.1 剑麻纤维的试样纤维长度按式（A.1）计算。

$$L=\frac{\sum_{i=1}^{n}(W_iL_i)}{\sum_{i=1}^{n}W_i} \qquad \cdots\cdots(\text{A.1})$$

式中：

L——试样纤维长度，单位为厘米（cm）；

W_i——试样共分成 n 组，第 i 组纤维的质量，单位为克（g）；

L_i——试样共分成 n 组，第 i 组纤维麻束长度的中值，单位为厘米（cm）。

A.6.2 组纤维麻束长度的中值按式（A.2）计算。

$$L_i=\frac{I_s+I_x}{2} \qquad \cdots\cdots(\text{A.2})$$

式中：

L_i——试样共分成 n 组，第 i 组纤维麻束长度的中值，单位为厘米（cm）；

I_s——试样共分成 n 组，第 i 组组区划分的上界限值，单位为厘米（cm）；

I_x——试样共分成 n 组，第 i 组组区划分的下界限值，单位为厘米（cm）。

附　录　B
（规范性附录）
束纤维断裂强力的试验

B.1　原理

在规定的条件下将纤维束拉伸至断裂。

B.2　取样

按第6章的方法抽取样品，从中逐一解开纤维包或纤维把，将纤维摊开，从不同部位的多处抽取约100 g的剑麻纤维作为试样，也可用长度试验后的纤维对应制作束纤维断裂强力试验。

B.3　试验条件

B.3.1　常规试验在环境大气条件下进行。

B.3.2　仲裁试验应在温度为(20±2)℃，相对湿度为(65±3)%的纺织品调湿和试验用标准大气条件下进行。

B.4　试验器具

B.4.1　强力试验机：最大负荷2 500 N，拉伸速度控制应符合(300±20)mm/min的要求，可测试长度为300 mm以上的试样。

B.4.2　电子秤或天平：分辨率为0.01 g。

B.4.3　钢尺：刻度为1 mm。

B.4.4　剪刀和相关的梳理器具。

B.5　试验程序

B.5.1　试样制备

B.5.1.1　将样品整理平直，对齐基部，然后距离根部约50 mm处为起始位置，裁取样品中间部位(300±1)mm的纤维制作试样。

B.5.1.2　握持所裁取纤维的一端，梳理抖掉杂质和短于300 mm的纤维，再握持另一端反复操作几次。

B.5.1.3　再次整理试样纤维，单根纤维长度为300 mm，精确至1 mm。

B.5.1.4　仲裁试验，应将整理好的试样纤维按B.3.2规定的条件调湿24 h以上。

B.5.1.5　用分辨力为0.01 g电子秤或天平称取(1±0.01)g的试样纤维，对齐作一个纤维束试样。每一样品应制备10个以上的纤维束试样。

B.5.2　试验

B.5.2.1　调整强力试验机的拉伸速度为(300±20)mm/min；参考标准规定的指标值，按试样的强力读数值为负荷最大值的25%～75%的要求选择负荷档次。

B.5.2.2　将一个纤维束试样的一端夹入强力试验机的上夹钳，适当拉伸整理，保证试样平直，再将下端夹入强力试验机的下夹钳，上下夹钳间距为(200±10)mm。

B.5.2.3　启动强力试验机，试样拉伸断裂后由强力试验机自动记录断裂强力，或由操作者进行读数记录，强力值的读数要求为±5 N。

B.5.2.4　若试样断裂于夹钳处或测试时发生试样滑移现象，该次试验无效。每个样品有效试验为10次。

B.5.3 计算与结果表示

束纤维断裂强力试验的每一有效读数为各试样的试验值,每一样品的束纤维断裂强力以10次试验值的算术平均值表示。可按式(B.1)计算。

$$F = 0.1\sum_{i=1}^{10} f_i \qquad \text{(B.1)}$$

式中:

F——每一样品的束纤维断裂强力,单位为牛顿(N);

f_i——第 i 个试样的束纤维断裂强力试验值,单位为牛顿(N)。

附　录　C
（规范性附录）
含杂率的试验

C.1　原理

在规定的条件下规范操作，剔除试样中的杂质，并计算 100 g 试样中所含杂质的克数。

C.2　取样

按第 6 章的方法抽取样品，从中逐一解开纤维包或纤维把，随机在纤维包或纤维把的中部抽取约 100 g 的剑麻纤维作为试样。取样时应防止所取试样中的杂质散失。

C.3　试验条件

C.3.1　常规试验在环境大气条件下进行。

C.3.2　仲裁试验应在温度为(20±2)℃，相对湿度为(65±3)%的纺织品调湿和试验用标准大气条件下进行。

C.4　试验器具

C.4.1　电子秤或天平：分辨率为 0.01 g。

C.4.2　专用针齿梳。

C.4.2.1　单排专用针齿梳：可用宽为 30 mm、厚度为 25 mm 的坚硬长条木板植 1 排钢针制作而成，钢针直径为 3 mm，植针高度为 25 mm，植针数量为 6，间距为 20 mm。针齿梳的握持部分可根据习惯定形处理。

C.4.2.2　双排专用针齿梳：可用宽为 45 mm、厚度为 25 mm 的坚硬长条木板植 2 排钢针制作而成，钢针直径为 3 mm，植针高度为 25 mm，针排行距为 25 mm、间距为 30 mm，两排所植梳针按品字型定位，共植针数为 8 或 9。针齿梳的握持部分可根据习惯定形处理。

C.4.3　剪刀和其他相关的梳理器具。

C.5　试验程序

C.5.1　剪除试样的斑点、干皮、青皮及严重脱胶不净的纤维。

C.5.2　先用单排专用针齿梳梳理试样，并用搓、打、抖动等方法从试样中将麻屑、麻糠分离出来。

若杂质分离效果不明显，可用双排专用针齿梳代替单排专用针齿梳梳理试样，再用上述方法分离杂质，然后进行试样的称量和记录；如此反复操作，直至前后两次试样称量的差值小于 0.5 g 为止，以最后一次称重的数据为该试样除净杂质后的称量，精确到 0.1 g。

C.5.3　在整个操作过程中应防止杂质散失。

C.5.4　收集从试样中分离出来的杂质，包括麻屑、麻糠、斑点、干皮、青皮及严重脱胶不净的纤维等，准确称量，精确到 0.1 g。

C.6　计算与结果表示

按式(C.1)计算试样的含杂率。

$$Z = \frac{W_Z}{W_S + W_Z} \times 100 \quad \cdots\cdots\cdots\cdots (C.1)$$

式中：

Z——含杂率，%；

W_S——除净杂质后的试样质量，单位为克(g)；

W_Z——杂质质量，单位为克(g)。

ICS 67.140.20
B 35

中华人民共和国国家标准

GB/T 15033—2009/ISO 4149:2005
代替 GB/T 15033—1994

生咖啡 嗅觉和肉眼检验以及杂质和缺陷的测定

Green coffee—Olfactory and visual examination and determination of foreign matter and defects

(ISO 4149:2005,IDT)

2009-04-03 发布 2009-09-01 实施

中华人民共和国国家质量监督检验检疫总局
中国国家标准化管理委员会 发布

前 言

本标准等同采用ISO 4149:2005《生咖啡　嗅觉和肉眼检验以及杂质和缺陷的测定》(英文版)。

本标准代替GB/T 15033—1994《生咖啡　嗅觉和肉眼检验以及杂质和缺陷的测定》。

本标准与GB/T 15033—1994相比主要差异如下：

——增加了“规范性引用文件”、“术语和定义”和“取样”三章；

——在“杂质和缺陷的测定”章中，增加了原理，明确规定最终结果的表述应按ISO 10470的要求给出缺陷对咖啡质量的影响，并根据“质量影响单位”进行定量；

——增加了试验报告；

——重新规定了附录A的内容，删去了前版的附录A、附录B和附录C。

本标准的附录A为资料性附录。

本标准由中华人民共和国农业部提出并归口。

本标准起草单位：中国热带农业科学院农产品加工研究所。

本标准主要起草人：陈成海、陈民。

本标准于1994年4月首次发布。

生咖啡　嗅觉和肉眼检验以及杂质和缺陷的测定

1　范围

本标准规定了生咖啡(green coffee)的嗅觉和肉眼的检验方法以及杂质和缺陷的测定方法。

本标准适用于生咖啡的嗅觉和肉眼检验以及杂质和缺陷的测定。

2　规范性引用文件

下列文件中的条款通过本标准的引用而成为本标准的条款。凡是注日期的引用文件,其随后所有的修改单(不包括勘误的内容)或修订版均不适用于本标准,然而,鼓励根据本标准达成协议的各方研究是否可使用这些文件的最新版本。凡是不注日期的引用文件,其最新版本适用于本标准。

GB/T 18007　咖啡及其制品　术语(GB/T 18007—1999,eqv ISO 3509:1989)

ISO 4072　袋装生咖啡　取样(Green coffee in bags—Sampling)

ISO 10470:2004　生咖啡　缺陷参考图(Green coffee—Defect reference chart)

3　术语和定义

GB/T 18007 中确立的术语和定义适用于本标准。

4　取样

按 ISO 4072 规定的方法抽取不少于 300 g 的实验室样品。

5　嗅觉检验

5.1　程序

5.1.1　实验室样品应首先进行嗅觉检验,然后再进行其他检验。

5.1.2　把样品标签上的资料记录在试验表格上之后,打开包装,将鼻子贴近整个样品,深吸气。

5.2　评定

5.2.1　鉴别气味,记录如下:

a)　"气味正常"——无臭味或异味;

b)　"气味异常"——有臭味或异味。

如果异味能确认,应对异味进行描述,说明其所属物质或其所表明的情况。

5.2.2　如果怀疑气味异常,则应将实验室样品装在清洁而没有气味的容器中;样品装至容器的一半,并将容器密封,在室温下至少放置 1 h,然后打开容器,重新评定气味。

6　肉眼检验

6.1　程序

在漫射日光或在尽可能接近日光的人造光下,将经嗅觉检验后的实验室样品摊放在橙色或黑色的平面板上。

6.2　评定

外观检验,记录如下:

a) 咖啡的植物学来源(如小粒种 Arabica coffee、中粒种 robusta coffee、大粒种 liberica coffee 等);

b) 整体颜色(浅蓝色,浅绿色,浅白色,浅黄色,浅褐色)及其均匀性。

7 杂质和缺陷的测定

7.1 原理

将杂质和有缺陷的咖啡豆分类和称量。按 ISO 10470:2004 的要求,给出杂质和缺陷对咖啡质量的影响,并根据"质量影响单位"进行定量。

7.2 仪器

分析天平,感量为 0.1 g。

7.3 程序

7.3.1 将生咖啡的实验室样品称量,精确至 0.1 g,以其作为试料。

7.3.2 将试料摊放在橙色或黑色的平面板上,在漫射日光或在尽可能接近日光的人造日光下进行检验。生咖啡缺陷可参见 ISO 10470:2004 附录 C 的彩色照片图。

7.3.3 捡出全部的杂质和有缺陷的咖啡豆,并根据 ISO 10470:2004 将其分类,按不同种类堆放或置于不同的容器中。

7.3.4 将每一类的杂质和有缺陷的咖啡豆称量,精确至 0.1 g。

7.4 结果表示

生咖啡杂质和缺陷的质量分数 w,数值以%表示,按式(1)计算。

$$w = \frac{m_0}{m} \times 100 \qquad \cdots\cdots(1)$$

式中:

m_0——杂质或缺陷的总质量,单位为克(g);

m——试料的质量,单位为克(g)。

计算结果表示到小数点后一位。

按 ISO 10470:2004 的规定,将每一种缺陷或杂质的质量分数乘以特定的缺陷相关系数"0"、"0.5"或"1",得出的质量损失百分率和感官影响百分率,即"质量影响单位"。

测定方法示例参见附录 A。

8 试验报告

试验报告应列明:

a) 实验室样品所必需的全部资料;

b) 所使用的取样方法;

c) 所使用的试验方法;

d) 所有操作细节以及可能影响试验结果的任何意外事故的详情;

e) 试验结果或者如果已进行重复性检验所获得的最终结果。

附　录　A
（资料性附录）
测定方法示例

根据 ISO 4072 给出的程序进行充分取样后，抽取出一份 300 g 实验室样品。

将实验室样品摊放于一个橙色或黑色的平面板上，在漫射日光或在尽可能接近日光的人造光下进行检验。生咖啡的缺陷可参见 ISO 10470:2004 附录 C 的生咖啡缺陷图。

捡出所有杂质和有缺陷的咖啡豆，并按 ISO 10470:2004 规定的类别将其分组，按不同种类堆放或置于不同的容器中，将每一种杂质和有缺陷的咖啡豆称量，精确至 0.1 g，然后按百分比计算它的质量分数。

杂质和缺陷对咖啡质量的影响，通过在 ISO 10470:2004 的缺陷参考图表中找到的系数乘以每种缺陷的质量分数，来计算其质量损失百分率和感官影响百分率，即"质量影响单位"。

表 A.1 为一个假设的例子。

表 A.1　结果示例

缺陷	质量/g	质量分数/%	质量损失		感官影响	
			系数	%	系数	%
石子	1.2	0.4	×1	0.4	×0	0
带衣咖啡豆	3.0	1.0	×0.5	0.5	×0	0
黑咖啡豆	3.0	1.0	×0	0	×1	1.0
未成熟豆	10.5	3.5	×0	0	×0.5	1.75
海绵豆	9.0	3.0	×1	3.0	×0.5	1.5
棕咖啡豆	7.5	2.5	×0	0	×1	2.5
完好豆	265.8	88.6	—	—	—	—
总计	300.0	100.0	—	3.9	—	6.75

ICS 67.080.10
B 31

中华人民共和国国家标准

GB/T 15034—2009
代替 GB/T 15034—1994

芒果　贮藏导则

Mangoes—Cold storage

(ISO 6660:1993,MOD)

2009-03-27 发布　　　　2009-10-01 实施

中华人民共和国国家质量监督检验检疫总局
中国国家标准化管理委员会　发布

前言

本标准修改采用ISO 6660:1993《芒果　贮藏导则》(英文版)。

本标准与ISO 6660:1993相比主要差异如下：

——增加了术语和定义；

——根据我国芒果品种的具体情况修改了第3章。

本标准代替GB/T 15034—1994《芒果　贮藏导则》。

本标准与GB/T 15034—1994相比主要差异如下：

——删去了3.1、3.3、3.6、3.7和4.2.3的内容；

——修改了4.1、4.3、4.4、4.5和4.6的内容；

——将4.2.1和4.2.2的内容放入表1，作为表1的注。

本标准由中华人民共和国农业部提出。

本标准由农业部热带作物及制品标准化技术委员会归口。

本标准由广西亚热带作物研究所起草。

本标准主要起草人：叶启腾、黄国弟、杜国冬、康远干、彭靖茹。

本标准于1994年4月首次发布。

芒果　贮藏导则

1　范围

本标准规定了鲜食芒果(*Mangigera indica Linn*)的贮藏条件及获得这些条件的方法。

本标准适用于主要商业品种,其他品种也可参照使用。

2　规范性引用文件

下列文件中的条款通过本标准的引用而成为本标准的条款。凡是注日期的引用文件,其随后所有的修改单(不包括勘误的内容)或修订版均不适用于本标准,然而,鼓励根据本标准达成协议的各方研究是否可使用这些文件的最新版本。凡是不注日期的引用文件,其最新版本适用于本标准。

GB/T 8210　出口柑桔鲜果检验方法

3　术语和定义

下列术语和定义适用于本标准。

3.1

药纱纸　medical tissue paper

经药液浸泡后晾干的纱纸。

3.2

热药液　hot medical solution

加温至(53±2)℃的药液。

3.3

吸附剂　absorbing agent

吸附高锰酸钾药液,晾干后的蛭石粉。

4　采收和贮藏条件

4.1　采收

芒果应在生理成熟阶段采摘,鲜食果应发育至外表橄榄绿或浅绿色,果肉浅黄色,果蒂基部凹或平,果柄流出乳汁较稠,流速较慢,部分果肩部位出现隐黄(或鲜红),酸度小于2.9%,加工果则采摘外表为绿色或橄榄绿、果肉白色,酸度大于2.9%。采果时留2 cm~3 cm果梗,表1推荐了主要商业品种贮藏的最适采收期特征。

表1　主要品种贮藏最适采收期特征

品种	可溶性固形物的质量分数[a]/%	酸度的质量分数[b]/%	果皮	果肉	硬度(手感)	果肩	果龄/d
桂热芒10号	6.2±0.5	<2.9	光滑,橄榄绿	米黄色,柔细	硬实	约有三分之一果实的果蒂基部发育至平,少部分果实果肩部位出现隐黄	109~132
紫花芒	7.0	<2.2	光滑,浅绿色,具有白色蜡粉	浅黄色	硬实	果肩饱满,果肩与果蒂平或略高于果蒂,少部分果实果肩退绿出现隐黄	95~106

表 1(续)

品种	可溶性固形物的质量分数[a]/%	酸度的质量分数[b]/%	果皮	果肉	硬度(手感)	果肩	果龄/d
吕宋芒	6.5	<2.5	光滑,浅绿色	浅黄色	硬实	果肩混圆,果蒂平或微凹,少部分果实果肩出现隐黄	90～100
台农1号芒	6.7	<2.6	光滑,浅绿色	浅黄色	硬实	果肩饱满,果肩与果蒂平或略高于果蒂,少部分果实果肩出现隐黄	95～103
椰香芒	7.8	<2.8	光滑,绿色	黄色	硬实	果肩混圆,果肩平或略高于果蒂,少部分果实果肩出现隐黄	112～120
贵妃芒	7.2	<2.2	光滑,紫红色	浅黄色	硬实	果肩混圆,果肩平或略高于果蒂,少部分果实果肩出现鲜红色	110～115
金煌芒	9.5	<0.76	光滑,绿色,具有白色蜡粉	浅黄色	硬实	果肩混圆,果肩平或略高于果蒂,少部分果实果肩出现隐黄	115～120
白象牙芒	7.2	<2.0	光滑,浅绿色	白色	硬实	果肩混圆,果肩平或略高于果蒂,少部分果实果肩出现隐黄	108～115

[a] 按 GB/T 8210 总可溶性固形物测定法 1——手持糖度计测定法规定执行。

[b] 按 GB/T 8210 可滴定酸的测定——指示剂法(常规法)规定执行。

4.2 贮藏条件

4.2.1 果实质量要求

供贮藏的果实应生理发育正常,达到适当的成熟度,硬实,清洁,无病斑、虫口或其他动物及机械伤害的痕迹。

4.2.2 贮藏前的果实处理

采果时留 2 cm～3 cm 果梗。处理前再剪留 0.5 cm 的果梗,清洗,晾干,用 1 mg/L 特克多或 1 mg/L 咪鲜胺的热药液处理 5 min～10 min,晾干,用双层药纱纸将果实逐个包好。

上述处理应在采果后 24 h 内完成。

4.2.3 装箱要求

按需要将果实分层放置于大小适宜的包装箱内,保证其不易移动,每箱放置质量为 20 g 左右的吸附剂 2 包～4 包。

4.3 包装箱和贮藏室

4.3.1 包装箱

制作包装箱的材料应符合卫生要求,其强度应能满足装卸、贮藏和运输的要求;包装箱的各箱面应均匀地开数个透气孔,推荐的格式是:顶面和底部各开 6 个孔,长侧面各开 4 个孔,短侧面各开 3 个孔,孔径约为 30 mm。

4.3.2 贮藏室

应是阴凉和防鼠的,室内放置的包装箱的排列方式应使空气能自由流通。在整个贮藏期空气循环率为 20%～30%。

4.4 贮藏方法

4.4.1 常温贮藏

经处理后的果实可以贮藏在 26 ℃～32 ℃，相对湿度 60%～85%的通风良好的贮藏室中。主要商业品种常温贮藏期见表 2。

表 2 主要品种的常温贮藏期

品 种	贮藏期限/d	备 注
秋芒	9～13	直到成熟可食为止
桂热芒 10 号	8～10	
桂香芒	16～18	
紫花芒	11～13	
象牙芒 22 号	20	
台农 1 号芒	20	
椰香芒	13～15	
贵妃芒	9～12	
金煌芒	13～15	
白象牙	8～10	

4.4.2 冷藏

4.4.2.1 预冷却

预冷温度：(14±2)℃，空气循环比率：100：200，相对湿度：90%，并在 3 d～4 d 达到终点温度。

4.4.2.2 冷藏及冷藏期

冷藏室应能换气，主要品种冷藏温度、湿度和冷藏期见表 3。

表 3 主要品种冷藏的推荐温度和贮藏期

品 种	推荐温度/℃	相对湿度/%	预期贮藏期/d
桂热芒 10 号	12～15	85～90	15～17
桂香芒	12～15	85～90	25
紫花芒	12～15	85～90	20
秋芒	12～15	85～90	22～25
吕宋芒	9～10	85～90	14～21
爱文芒	10	85～90	21
海顿芒、凯特芒	13	85～90	14～21
青皮芒	10	85～90	21
椰香芒	12～15	85～90	21
台农一号	12～15	85～90	22～25
金煌芒	12～15	85～90	22～25

4.4.3 贮藏检查

4.4.3.1 抽检

贮藏期内应定期进行质量抽检。

4.4.3.2 指标

贮藏期内果实应保持原有的风味和品质，总损耗率不超过 20%。

ICS 79.020
B 60

中华人民共和国国家标准

GB/T 15035—2009
代替 GB/T 15035—1994

木材干燥术语

Terminology in wood drying

2009-02-23 发布 2009-08-01 实施

中华人民共和国国家质量监督检验检疫总局
中国国家标准化管理委员会 发布

前 言

本标准代替 GB/T 15035—1994《木材干燥术语》。

本标准与 GB/T 15035—1994 相比，主要变化如下：

——木材干燥方法：增加了脱脂干燥、选材、热压干燥等，修订了常规干燥；

——木材干燥设施：增加了微波真空干燥机、加热装置、压紧装置等；

——木材干燥工艺：增加了过热蒸汽干燥基准、地板块堆积法、荫棚堆积法、X 形堆积法等，修订了干燥基准、干燥梯度基准、宽材堆；

——木材干燥理论：增加了木材干燥动力学、过热蒸汽、实际木料和介质温差；

——删除了斜堆、叠堆、层堆等。

本标准由国家林业局提出。

本标准由全国木材标准化技术委员会归口。

本标准起草单位：黑龙江省林产工业研究所、中国木材标准化技术委员会原木锯材分技术委员会。

本标准主要起草人：龚仁梅、吕蕾、宋润惠、石兰翠、张雪松、由昌久。

本标准所代替标准的历次版本发布情况为：

——GB/T 15035—1994。

木材干燥术语

1 范围

本标准界定了有关锯材干燥方法、设施、工艺、缺陷、质量、理论等方面的术语。

本标准适用于锯材干燥生产、干燥工程设计及撰写学术论文、编著专业书刊等。

2 干燥方法

2.1

干燥方法 drying methods

排除木材水分的方法。

2.2

天然干燥 natural drying; natural seasoning

自然干燥 natural drying; natural seasoning

木材在天然条件下自行干燥。

2.3

大气干燥 air seasoning; air drying

将木材堆放在空旷场地或通风棚舍下利用大气热能蒸发木材中的水分进行干燥。

2.4

强制气干 forced air drying

在露天或棚舍下用风机驱动空气流过材堆加速木材干燥。

2.5

人工干燥 artificial drying; artificial seasoning

在人工控制干燥介质的条件下对木材进行干燥。

2.6

室干 kiln drying; kiln seasoning

窑干 kiln drying; kiln seasoning

在干燥室内用人工控制干燥介质的条件对木材进行对流加热干燥。

2.7

常规干燥 conventional drying; usual drying

以常压湿空气作干燥介质，蒸汽、热水、炉气或热油作热媒，干燥介质温度控制在 100 ℃以下，对木材进行干燥的一种室干方法称为常规干燥。如，以蒸汽作热媒的称为常规蒸汽干燥。

2.8

常温干燥 normal temperature drying

干燥介质的温度在 50 ℃～100 ℃范围内的室干。

2.9

高温干燥 high temperature drying

干燥介质(湿空气、过热蒸汽)的温度高于 100 ℃的室干。

2.10

低温干燥 low temperature drying

干燥介质(湿空气)的温度低于 50 ℃的室干。

2.11

过热蒸汽干燥　**superheated steam drying**

以过热蒸汽为干燥介质对木材进行对流加热的高温干燥。

2.12

炉气干燥　**furnace gas drying**

用炉灶燃烧燃料生成的炽热炉气为热源、以炉气-湿空气混合气体为干燥介质对木材进行干燥。

2.13

特种干燥　**special drying**

常规干燥之外的其他人工干燥。

2.14

除湿干燥　**dehumidification drying**

湿热空气在封闭系统内作"冷凝—加热—干燥"往复循环，对木材进行干燥。

2.15

真空干燥　**vacuum drying**

在密闭容器内，间歇或连续真空(负压)和加热对木材进行干燥。

2.16

太阳能干燥　**solar drying; solar-energy drying**

以太阳能为热源干燥木材。

2.17

高频干燥　**high frequency drying; radio frequency drying**

将木材置于高频电磁场中加热干燥。

2.18

微波干燥　**microwave drying**

将木材置于微波电磁场中加热干燥。

2.19

红外线干燥　**infra-red drying**

以红外线为热源干燥木材。

2.20

加压干燥　**pressure drying**

在密闭容器内以高于常压的蒸汽对木材进行干燥。

2.21

化学干燥　**chemical drying**

用化学物品处理木材进行干燥。

2.22

脱脂干燥　**degrease drying**

针对各种含树脂的木材，采用物理或化学方法进行脱脂处理的干燥。

2.23

太阳能除湿干燥　**solar-dehumidification drying**

以太阳能为辅助热源对木材进行除湿干燥的联合干燥。

2.24

高频真空除湿干燥　**high frequency-vacuum and dehumidification drying**

以高频、真空和除湿三种方式的联合干燥。

2.25

高频真空干燥　high(radio)frequency-vacuum drying

以高频加热和负压场方式排除木材水分的干燥方法。

2.26

热风干燥　hot-air drying

用炉灶燃烧燃料生成炽热烟气流过烟道(管)间接加热室内介质干燥木材。

2.27

微波真空干燥　microwave-vacuum drying

以微波加热和负压场方式排除木材水分的干燥方法。

2.28

预干　predrying

在进行常规或特种干燥之前,气干或在预干室内将湿材用低温干燥到30%～20%含水率的预先干燥。

2.29

再干　re-drying

由于前次干燥后木材终含水率不符合要求对木材再次进行干燥。

2.30

热压干燥　platen drying;hot-press drying

以热压机对木材适当加压的干燥方法。

2.31

选材　select (suitable) material

在干燥时要求被干材含水率相近,且易为同一树种或具有相似的干燥特性的树种。

3　干燥设施

3.1

木材干燥室　wood drying kiln

木材干燥窑　wood drying kiln

具有加热、通风、密闭、保温、防腐蚀等性能,在人工控制干燥介质条件下干燥木材的容器。

3.2

强制循环干燥室　forced circulation kiln

用风机驱动室内气体循环流动的干燥室。

3.3

自然循环干燥室　natural circulation(draught)kiln

室内气体因加热和冷却时的密度不同形成自然流动的干燥室。

3.4

周期式干燥室　compartment kiln

同时装入或卸出全部木料,在装卸期间停止干燥,即干燥作业为周期性的干燥室。

3.5

周期式强制循环干燥室　forced circulation compartment kiln

干燥作业是周期性的强制循环干燥室。

3.6

周期式自然循环干燥室　natural circulation compartment kiln

干燥作业是周期性的自然循环干燥室。

3.7

连续式干燥室　progressive kiln

干材堆由干端卸出，同时由湿端装入湿材堆，即干燥作业为连续性的干燥室。

3.8

连续式强制循环干燥室　forced circulation progressive kiln

干燥作业是连续性的强制循环干燥室。

3.9

连续式自然循环干燥室　natural circulation progressive kiln

干燥作业是连续性的自然循环干燥室。

3.10

空气干燥室　air kiln

蒸汽干燥室　air kiln

以湿空气为干燥介质的干燥室。如以饱和蒸汽为热源即俗称的蒸汽干燥室。

3.11

过热蒸汽干燥室　superheated steam kiln

以常压过热蒸汽为干燥介质的干燥室。

3.12

炉气干燥室　furnace gas kiln

用炉灶燃烧燃料生成的炽热炉气为干燥介质和热源的干燥室。

3.13

长轴型干燥室　line-shaft kiln

纵轴型干燥室　line-shaft kiln

多台轴流通风机沿干燥室的长度方向串联安装在室内通风机间一根长轴上的周期式强制循环干燥室。

3.14

短轴型干燥室　cross-shaft kiln

横轴型干燥室　cross-shaft kiln

多台轴流通风机沿干燥室的长度方向并联安装在室内通风机间多根短轴上的周期式强制循环干燥室。

3.15

侧风机型干燥室　side-fan kiln

轴流通风机位于材堆侧部的周期式强制循环干燥室。

3.16

端风机型干燥室　end-fan kiln

轴流通风机位于材堆端部的周期式强制循环干燥室。

3.17

喷气型干燥室　jet kiln

用风机及喷气装置向室内喷出射流带动介质流动的强制循环干燥室。

3.18

除湿干燥室　dehumidification drying kiln

对木材进行除湿干燥的干燥室。

3.19

真空干燥机　vacuum dryer

具有加热、冷凝、真空装置可在真空条件下干燥木材的设备。

3.20

间歇真空干燥机　alternate vacuum dryer

加热与真空是交替间歇进行的真空干燥机。

3.21

连续真空干燥机　continuous vacuum dryer

加热与真空是连续进行的真空干燥机。

3.22

高频真空干燥机　high frequency-vacuum dryer

利用高频加热和负压场方式对木材进行干燥的设备。

3.23

太阳能干燥室　solar drying kiln

用集热器吸收太阳能加热介质干燥木材的干燥室。

3.24

太阳能除湿干燥室　solar-dehumidification drying kiln

装有太阳能集热器和除湿器，以太阳能为辅助热源的除湿干燥室。

3.25

微波干燥机　microwave dryer

对木材进行微波干燥的机械电器装置。

3.26

红外线干燥室　infra-red drying kiln

以红外线为热源的干燥室。

3.27

热风干燥室　hot-air kiln

用炉灶燃烧燃料生成炽热烟气流过烟道（管）间接加热室内介质的强制循环干燥室。

3.28

烟道干燥室　smoke channel kiln

用炉灶燃烧燃料生成炽热烟气流过烟道（管）间接加热室内介质的自然循环干燥室。

3.29

微波真空干燥机　microwave-vacuum dryer

利用微波加热和负压场方式对木材进行干燥的设备。

3.30

单轨干燥室　single track kiln

在室的宽度上铺设单线轨道，放置一列材堆的干燥室。

3.31

双轨干燥室　double track kiln

在室的宽度上铺设双线轨道，放置两列材堆的干燥室。

3.32

砖混凝土体干燥室　brick and concrete kiln

壳体用砖和混凝土构成的干燥室。

3.33

金属壳体干燥室　all-metal kiln

壳体全部用金属材料构成的干燥室。

3.34

预制组装结构干燥室　pre-fabricated modular construction kiln

预制构件现场组装而成的干燥室。

3.35

高温干燥室　high temperature drying kiln

干燥介质维持在100 ℃以上温度的干燥室。

3.36

预干室　pre-dry kiln

配备有加热和通风装置可对材堆进行低温干燥的大型简易干燥设备。

3.37

干端　dry end

连续式干燥室的出材端。

3.38

湿端　green end

连续式干燥室的进材端。

3.39

进气道　inlet air duct; fresh air duct; air inlet flue

新鲜空气流进干燥室的可控通道。

3.40

排气道　exhaust air duct

使废气排出干燥室的可控通道。

3.41

闸门　damper

开关进、排气道用以控制气流的装置。

3.42

导风板　baffle

干燥室内为气流导向的挡板。

3.43

气道　vent

干燥室气流通道的总称。

3.44

检查门　inspection door

为在干燥过程中了解和检查木材干燥情况在干燥室大门或壳体上设置的小门。

3.45

吊门　vertical lifting door

垂直向上开启的干燥室大门。

3.46

折叠门　folding door

开启时可以折叠起来的干燥室大门。

3.47

拉门　sliding door

向室的侧面拉动启闭的干燥室大门。

3.48

平滑管加热器　heating coil made with plain pipe

用平滑无缝钢管组装成的加热器。

3.49

肋形管加热器　heat exchanger made with cast iron ribbed pipe

用铸铁铸成带有肋片的加热器。

3.50

翅片管加热气　heating coil made with fin pipe

管外带有金属翅片的加热器。

3.51

喷蒸管　steam spray pipe

具有喷孔或喷嘴可向干燥室内喷射蒸汽的金属管。

3.52

喷水器　water spray pipe

具有喷头可向干燥室内喷射雾化水的装置。

3.53

疏水器　trap

排除加热器冷凝水而阻止蒸汽漏失的装置。

3.54

供气主管　main feed header

向加热器和喷蒸管供给饱和蒸汽的主管道。

3.55

排水主管　drain header; discharge header

排泄加热器中冷凝水的总管。

3.56

回水线路　water-return lines

将加热器的冷凝水排回锅炉房的管路。

3.57

单线车　single track truck

用两根槽钢夹装两个车轮置于一根轨道上的小车，用来组装载料车。

3.58

载料车　truck

装载材堆的车。

3.59

转运车　transport truck

转运载料车的台车。

3.60

装堆机　stacking machine

堆积木材的机械。

3.61

卸堆机　unstacking machine

拆卸材堆的机械。

3.62

干湿球温度计　wet and dry bulb thermometer(psychrometer)

测定干燥介质温度和相对湿度的仪表。

3.63

除湿器　dehumidifier

除湿干燥的主要设备,由制冷压缩机、蒸发器(冷源)、冷凝器(热源)、制冷剂循环管道等部件组成。

3.64

含水率电测计　electrical moisture content meter

木材水分含量的电测仪表。

3.65

干材库　storage for dried timber

存放干木材的建筑物。

3.66

加热装置　heating device

利用热媒(蒸汽、热水、热风、导热油)加热干燥介质的设备。

3.67

调湿装置　device for adjusting wet

在常规木材干燥室内喷射蒸汽或冷(热)水,来提高干燥介质相对湿度所必需的设备。

3.68

压紧装置　compress tightly device

加压固定材堆的装置,用于防止上部板材翘曲。

3.69

控制装置　controller

木材干燥室内用于控制加热、加湿、风机的系统。

4　干燥工艺

4.1

干燥过程　drying process

排除木材水分的处理过程。

4.2

干燥前期　the early stage of drying

在对流干燥过程中,木材中心层含水率在纤维饱和点以上的前期干燥过程。

4.3

干燥后期　the latter stage of drying

减速干燥期　the latter stage of drying

在对流干燥过程中,木材中心层含水率在纤维饱和点以下的前期干燥过程。

4.4

干燥基准　drying schedule

干燥程序　drying schedule

针对木材干燥过程,按照不同的干燥阶段调节干燥室内介质的温度与相对湿度的参数表,称为木材的干燥基准或干燥程序。

4.5

含水率干燥基准　moisture content drying schedule

干燥过程按含水率划分阶段的干燥基准。

4.6

时间干燥基准　time drying schedule

干燥过程按时间划分阶段的干燥基准。

4.7

波动干燥基准　fluctuant drying schedule

干燥过程各阶段内的介质温湿度作起伏波动变化的含水率干燥基准。

4.8

半波动干燥基准　semi-fluctuant drying schedule

一般在干燥过程前期各阶段，介质温度逐渐升高，湿度逐渐降低，阶段内保持不变；在后期各阶段内的介质温湿度作起伏波动变化的含水率干燥基准。

4.9

软干燥基准　mild drying schedule

介质温度较低，相对湿度较高，比较平缓的干燥基准。

4.10

硬干燥基准　harsh drying schedule

介质温度较高，相对湿度较低的急速干燥基准。

4.11

连续升温干燥基准　continuously rising temperature drying schedule

在干燥过程中匀速升高干球温度，维持干球温度与木材温度之间的温差为常数，使干燥速度基本上为常数的干燥基准。

4.12

干燥梯度基准　drying gradient schedule

用木材干燥梯度控制干燥过程的基准。

4.13

过热蒸汽干燥基准　superheated steam drying schedule

以过热蒸汽为干燥介质对木材进行对流加热的高温干燥基准。

4.14

热湿处理　conditioning treatment

调湿处理　conditioning treatment

在较高温度和不蒸发水分的高湿介质下对木材进行的处理。

4.15

初期处理　pretreatment

预热　pretreatment

在干燥开始前对木材进行的热湿处理，目的是使木材加热和消除应力。

4.16

中期处理　intermediate treatment

中间处理　intermediate treatment

初期与终期处理之间进行的热湿处理。

4.17

终期处理　final treatment

干燥过程将要结束时进行的热湿处理。

4.18

平衡处理　equalization treatment

干燥过程结束时使材堆中各部位木材含水率和木材内外层含水率趋于均衡的热湿处理。

4.19

汽蒸处理　steaming

向干燥室内喷射蒸汽对木材进行高温高湿处理。

4.20

冷却　cooling

干燥过程结束后，材堆卸出干燥室之前，使木材温度逐渐降低到 40 ℃以下的过程。

4.21

材堆　stack；piles；loads

木堆　stack；piles；loads

按木材干燥工艺要求堆积的木材堆。

4.22

材堆区　pile area

气干板院堆放材堆的区域。

4.23

垫条　sticker；stick；crosser

隔条　sticker；stick；crosser

将材堆每层木料分层隔开的条状垫木。

4.24

垫条间隔　sticker spacing

在同一层木料上所放置的垫条与垫条之间的距离。

4.25

堆基　foundation

气干时支承材堆的基础。

4.26

顶盖　roof

在气干材堆顶部起脊设置的用以遮敝日晒雨淋的盖板。

4.27

堆积方法　piling method

按干燥工艺要求堆积木料的方法。

4.28

平堆　flat stacking

水平放置木料的堆积。

4.29

竖堆　end stacking；end piling

立堆　end stacking；end piling

竖(立)放木料的堆积。

4.30

地板块堆积法　flooring block piling

地板坯料堆积前，两端应涂封，用其本身作垫条，堆积成组堆式。

4.31

荫棚堆积法　piling under the shed

在具有活动遮荫的简易棚架中堆积锯材。

4.32

X形堆积法　X form piling method

将长而薄的板材彼此交叉，斜靠在架杆上的堆积法。

4.33

实堆　solid piling

使木料上下左右均直接接触的实心堆积。

4.34

单元堆　package piling

将木料平堆成一定大小断面(如1 m×1 m)的单位材堆。

4.35

自垫堆积　self-crossing

用被干木料本身作垫条的堆积。

4.36

堆间距离　space between piles

材堆与材堆之间的距离。

4.37

堆内通气道　chimneys in pile

材堆内部留的通风气道。

4.38

板间空隙　cracks

放在垫条上的木板之间的横向间隔。

4.39

垂直通气道　vertical flue;chimney

材堆高度上各层板间空隙在同一垂直线上形成可使介质上下流动的通气道。

4.40

装堆　stacking;loading

将木料堆成材堆的操作。

4.41

卸堆　unstacking;unloading

拆卸材堆的操作。

4.42

宽材堆　wide piles

气干时宽度在2.5 m以上的材堆，包括2.5 m。

4.43

窄材堆　narrow piles

气干时宽度在2.5 m以下的材堆。

4.44

垫条堆积法　sticker piling method

各层板间加垫条，相邻两板之间留有横向距离的堆积方法。

4.45

无垫条纵横交叉堆积法　self-crossing piling method

用板材自身作为垫条，横向相邻两板之间留有一定间隔的堆积方法。

4.46

组堆堆积法　combining package pile

由数个材堆组合的堆积方法。

5　干燥缺陷与干燥质量

5.1

干燥缺陷　drying defects

木材经干燥发生的缺陷。

5.2

干裂　drying checks

木材在干燥中产生的裂纹，包括断裂、表裂、劈裂、轮裂和内裂等。

5.3

端裂　end check

干燥时木材端面沿径向发生的裂纹。

5.4

表裂　surface check

干燥前期木材表层因拉应力超过木材横纹拉伸极限强度发生的裂纹。

5.5

劈裂　split

干燥时端裂延伸至木材两材面的裂纹。

5.6

轮裂　ring shake; ring crack

环裂　ring shake; ring crack

干燥初期在木材端面沿生长轮发生的环状或弧状裂纹。

5.7

内裂　internal check; heneycombing

干燥后期或干后存放期在木材内部产生的裂纹。

5.8

变形　distortion

在木材干燥和保管过程中所产生的形状改变。

5.9

翘曲　warp

干燥时木材主要因径、弦及纵向干缩差异而发生反翘和弯曲的总称。

5.10

顺弯　bow

弓弯　bow

干燥时木材的材面沿材长方向呈弓形的弯曲。

5.11

横弯　crook

干燥时在与材面平行的平面上，材边沿材长方向的横向弯曲。

5.12

翘弯　cup

干燥时锯材沿材宽方向呈瓦形的弯曲。

5.13

扭曲 twist

沿材长方向呈螺旋状弯曲；或材面的一角向对角方向翘起，四角不在同一平面上。

5.14

菱形变形 diamonding

方材干燥时因生长轮方向的收缩大而使断面变成菱形。

5.15

表面硬化 case hardening

干燥前期在木材表层产生的拉伸残余变形。

5.16

逆表面硬化 reverse case hardening

因缓解表面硬化(拉伸残余变形)的热湿处理过度而使木材表层转而产生相反的压缩残余变形。

5.17

变定 set

木材在拉或压应力作用下形成固定不变的残余变形。

5.18

皱缩 collapse；crimp

溃陷 collapse；crimp

干燥时木材表面上呈现的皱褶状凹陷，常伴随有内裂。

5.19

变色 discoloration

干燥时木材在高温、高湿或烟气长期作用下发生的棕红色或褐色变色。

5.20

炭化 char

微波或高频干燥时含水率很低(约 5%)部位因过热而使木材变成炭化状。

5.21

降等 degrade

木材在干燥时因产生缺陷而使质量等级降低。

5.22

过干 overdrying

木材干燥时间过长，使终含水率低于要求含水率很多。

5.23

试材 test piece

干燥试验用的木材。

5.24

检验板 sample board

干燥过程中用来检验木材含水率或应力的木板。

5.25

含水率检验板 moisture content sample board

在干燥过程中用来测定木材含水率的木板。

5.26

应力检验板 stress sample board

在干燥过程中用来检验木材应力的木板。

5.27

试验板　test board

按一定要求进行干燥后，用来测定木材含水率和应力的木板。

5.28

含水率试片　moisture content section

干燥时检验木材含水率的木片。

5.29

应力试片　stress section

干燥时检验木材应力的木片。

5.30

叉齿　prong

齿片　prong

检验木材干燥应力的齿形试片。

5.31

干燥质量　drying quality

干燥后木材质量的优劣程度。

5.32

干燥成本　drying cost

按干燥 1 m^3 木材在设备折旧、能耗、工资、管理费等方面所耗用的全部费用。

5.33

能量消耗　energy consumption

干燥过程中消耗的热量和(或)电量。

5.34

比能耗 specific energy consumption

单位能耗

以 1 m^3 被干木料或 1 kg 被蒸发水分计的热量或电量的消耗。

5.35

热耗量　heat consumption

木材在干燥过程中消耗的热量。

5.36

热损失　heat loss

干燥过程中通过干燥室壳体和因换气等损失的热量。

5.37

蒸汽耗量　steam consumption

干燥过程中消耗的蒸汽量。

5.38

电耗量　electricity consumption; power consumption

干燥过程中消耗的电量。

5.39

加热面积　radiating surface

一间(台)干燥室(窑、机)安装的加热器外表面的总加热面积(m^2)。

5.40

单位加热面积　unit heats area

一间(台)干燥室(窑、机)安装的加热器总加热面积(m^2)除以干燥室(窑、机)实际木料容量 E 或标准木料容量 E_y(m^3)确定的。以标准木料为准。

6　干燥理论

6.1

木材干燥　wood drying; wood seasoning

在热能作用下以蒸发或沸腾方式排除木材水分的处理过程。

6.2

干燥机理　drying mechanism

木材干燥的物理规律。

6.3

木材干燥静力学　wood drying statics

研究干燥介质与木材之间状态平衡(如平衡含水率,最终含水率)的科学。

6.4

木材干燥动力学　wood drying dynamics

研究干燥时干燥室内气流的动力循环与木材内应力的发生、发展规律的科学。

6.5

木材干燥运动学　wood drying kinematics

研究木材水分蒸发和移动规律的科学。

6.6

干燥速度　drying rate

木材在干燥过程中单位时间(小时或分钟)降低的含水率值。

6.7

干燥曲线　drying curve

干燥过程中木材含水率与时间的关系曲线。

6.8

温度曲线　temperature curve

干燥过程中介质温度与干燥时间的关系曲线。

6.9

干燥速度曲线　drying rate curve

干燥过程中木材含水率变量(ΔW)对干燥时间变量($\Delta \tau$)的变化率($dW/d\tau$)曲线。

6.10

干燥梯度　drying gradient

木材含水率与介质温湿度下的平衡含水率的比值。

6.11

干燥势　drying power

干燥时木材水分排出的势能,可用干湿球温度差来表示。

6.12

干燥介质　drying medium

干燥时向木材传输热量并带走水蒸气媒介物质。

6.13

湿空气　moist air

干空气与水蒸气的混合气体。

6.14

过热蒸汽　superheated steam

温度高于该压力下饱和蒸汽的温度的未饱和蒸汽，包括常压和高于大气压的过热蒸汽。

6.15

炉气　furnace gas

用炉灶燃烧燃料生成的炽热气体，作为热源或干燥介质。

6.16

新鲜空气　fresh air

由进气道吸入干燥室的干冷空气。

6.17

废气　exhaust air

经排气道排出干燥室的湿热气体。

6.18

绝对含水率　absolute moisture content

木材所含水分的重量占木材绝干重量的百分率。

6.19

相对含水率　relative moisture content

木材所含水分的重量占木材包括水分总重量的百分率。

6.20

木材平衡含水率　wood equilibrium moisture content

木料的干湿状态达到与周围介质的温湿度相平衡时的含水率。

6.21

吸湿稳定含水率　adsorption stabilizing moisture content

在纤维饱和点范围内木材吸收水分(汽)最终达到的恒定的含水率。

6.22

解吸稳定含水率　desorption stabilizing moisture content

在纤维饱和点范围内木材散失水分(汽)最终达到的恒定的含水率。

6.23

初含水率　initial moisture content

干燥过程开始时的木材含水率。

6.24

终含水率　final moisture content

干燥过程结束时的木材含水率。

6.25

分层含水率　layer moisture content

按厚度分成等厚奇数层次的木材含水率。用以确定木材厚度上中心层和表层之间的含水率偏差及含水率分布。

6.26

平均含水率　average moisture content

木材厚度上内外层含水率的平均值，或材堆内试材含水率的平均值。

6.27

当时含水率　actual moisture content

干燥过程的某一时刻测得的木材含水率。

6.28

要求含水率　desired moisture content

技术规定要求达到的含水率。

6.29

生材含水率　moisture content of green wood

新伐倒木的含水率。

6.30

运输含水率　transport moisture content

锯材干燥到20%的含水率，使其在运输途中不致遭受菌虫的危害。

6.31

木材含水率梯度　moisture content gradient of wood

干燥过程中木材内外层次的含水率差对时间的变化率。

6.32

初重　initial weight;original weight

干燥过程开始前称量的试材重量。

6.33

绝干重　absolute dry weight;oven dry weight

炉干重　oven dry weight

全干重　absolute dry weight

经干燥水分(自由水和结合水)全部排除的试材重量。

6.34

干燥时间　drying time;drying cycle;drying duration

干燥周期　drying time;drying cycle

干燥延续期　drying duration

木材由初含水率干到终含水率的全部干燥过程所延续的时间。

6.35

干燥应力　drying stress

由于干燥不均和干缩差异在木材内外层发生的应力。

6.36

拉应力　tensile stress

含水率降低到纤维饱和点以下的木材部分因受拉伸产生的应力。

6.37

压应力　compressive stress

含水率高于纤维饱和点或表面硬化的木材部分因受压缩产生的应力。

6.38

残余应力　residual stress

因残余变形而产生的应力。

6.39

干球温度　dry-bulb temperature

干湿球温度计(湿度计)中干球温度计的温度。

6.40

湿球温度　wet-bulb temperature

干湿球温度计(湿度计)中湿球温度计的温度。

6.41

干湿球温度差　hygrometric difference; wet-bulb depression

温度计中干球温度与湿球温度的差值。

6.42

最初温度　initial temperature

干燥过程开始时介质的温度。

6.43

最终温度　final temperature

干燥过程结束时介质的温度。

6.44

最高温度　highest temperature

干燥室的加热能力所能达到的介质最高温度。

6.45

冷却极限温度　cooling limit temperature; wet-bulb temperature

在水分蒸发过程中干燥介质达到饱和状态时的温度(即湿球温度)。

6.46

木材水分移动　moisture movement in wood

干燥时木材中水分由内部向表层的移动。

6.47

解吸　desorption

在纤维饱和点范围内木材散失水分的过程。

6.48

吸湿　adsorption

在纤维饱和点范围内木材吸收周围气体介质中的水蒸气而变湿的过程。

6.49

吸收滞后　sorption hysteresis

吸湿稳定含水率低于解吸稳定含水率的现象。

6.50

不均匀干缩　restrained shrinkage

干燥时因含水率梯度或各向异性木材内外层收缩不一致。

6.51

等温解吸线　desorption isotherm

介质温度不变时木材解吸含水率与气体相对蒸汽压的关系曲线。

6.52

等温吸附线　sorption isotherm

介质温度不变时木材吸湿含水率与气体相对蒸汽压的关系曲线。

6.53

绝热蒸发过程　adiabatic evaporation process

干燥介质热含量不变时的水分蒸发过程。

6.54

稳定蒸发过程　steady evaporation process

干燥介质冷却极限温度不变时的水分蒸发过程。

6.55

强制循环　forced circulation(draught)

用通风机驱动干燥介质在干燥室内循环流动。

6.56

自然循环　natural circulation(draught)

气体介质因冷热时的密度不同而产生的循环流动。

6.57

横向循环　cross(transverse) circulation

干燥介质水平地与材堆侧面垂直地反复通过材堆。

6.58

垂直循环　vertical circulation

干燥介质上下垂直地反复通过材堆。

6.59

往复循环　recirculation

干燥介质在干燥室内反复流过材堆。

6.60

逆行循环　reverse circulation

在连续式干燥室内，与材堆移动方向相反的气流循环。

6.61

循环速度　circulation velocity

气流速度　circulation velocity

气体介质往复通过材堆的速度。

6.62

通气断面　free cross section

材堆或气道在垂直气流方向上通过气流的断面。

6.63

湿度图　psychrometric chart

根据干球温度和干湿球温度差查定空气相对湿度的线图。

6.64

标准木料　standard timber

以特定树种、规格、含水率、干燥时间及干燥条件等为标准的材料。

6.65

实际木料　actual timber

树种、规格、材形、含水率、干燥时间、干燥质量等各不相同的实际被干木料。

6.66

介质温差　temperature difference

在干燥室内，材堆两个侧面干燥介质的最高温度与最低温度的差值。

中 文 索 引

英 文 索 引

A

B

C

D

H

I

J

K

L

R

S

V

W

X

ICS 79.080
B 69

中华人民共和国国家标准

GB/T 15036.1—2009
代替 GB/T 15036.1—2001

实木地板　第1部分:技术要求

Solid wood flooring—Part 1:Technical requirements

2009-10-30 发布　　　　2009-12-01 实施

中华人民共和国国家质量监督检验检疫总局
中国国家标准化管理委员会　发布

前言

GB/T 15036《实木地板》分为两个部分：

——第1部分：技术要求；

——第2部分：检验方法。

本部分为GB/T 15036的第1部分。

本部分代替GB/T 15036.1—2001《实木地板　技术条件》。

本部分与GB/T 15036.1—2001相比主要变化如下：

——修改了定义中内容；

——修改了分类中内容；

——修改补充了主要适用树种名称；

——增加了实木仿古地板性能要求；

——增加了实木地板尺寸要求；

——放宽了实木地板长度偏差要求；

——放宽了活节、死节、裂纹限制要求；

——加严了漆膜皱皮限制要求；

——修改了翘曲度限制要求；

——对实木地板含水率要求进行了调整。

本部分的附录A、附录B为规范性附录。

本部分由国家林业局提出。

本部分由中国木材标准化技术委员会归口。

本部分由中国木材标准化技术委员会原木锯材分技术委员会、广东盈然木业有限公司、浙江省林产品质量检测站负责起草。

本部分参加起草单位：浙江富得利木业有限公司、杭州大庄地板有限公司、中国林产工业协会地板委员会、浙江世友木业有限公司、新生活家木业制品(中山)有限公司、上海佳乐美木业有限公司、南京林业大学、上海好力佳木业有限公司、浙江永吉木业有限公司、上海广日地板有限公司、浙江好运木业有限公司、上海誉丰实业有限公司、浙江龙森木业有限公司、吉林敦化市中信木业有限责任公司、杭州大庄装饰材料有限公司、杭州万兴地板有限公司。

本部分主要起草人：关放、王铁力、佘学彬、方崇荣、孟荣富、林海、吕斌、倪方荣、林德英、曾志文、骆嘉言、庞敏建、顾梓生、胡志庆、谭红柳、丁奇龙、翟峻逸、孟庆焰、胡敏浩、蔡留福、毛培珉、詹志良。

本部分由中国木材标准化技术委员会负责解释。

本部分所代替标准的历次版本发布情况为：

——GB/T 15036.1～15036.5—1994、GB/T 15036.1—2001。

实木地板 第1部分:技术要求

1 范围

GB/T 15036 的本部分规定了室内用实木地板的术语和定义、分类、适用木材、技术要求及标志、包装、运输、贮存的要求。

本部分适用于气干密度不低于 0.32 g/cm^3 的针叶树木材和气干密度不低于 0.50 g/cm^3 的阔叶树木材制成的地板。

2 规范性引用文件

下列文件中的条款通过 GB/T 15036 的本部分的引用而成为本部分的条款。凡注日期的引用文件,其随后所有的修改单(不包括勘误的内容)或修订版均不适用于本部分,然而,鼓励根据本部分达成协议的各方研究是否可使用这些文件的最新版本。凡是不注日期的引用文件,其最新版本适用于本部分。

GB/T 4823—1995 锯材缺陷

GB/T 16734—1997 中国主要木材名称

GB/T 18103—2000 实木复合地板

GB/T 18107—2000 红木

GB/T 18513—2001 中国主要进口木材名称

3 术语和定义

GB/T 4823—1995、GB/T 18103—2000 确立的以及下列术语和定义适用于 GB/T 15036 的本部分。

3.1

实木地板 solid wood flooring

用实木直接加工而成的地板。

3.2

榫接实木地板 mortised joint solid wood flooring

侧面和端面为榫、槽的实木地板。

3.3

平接实木地板 even joint solid wood flooring

无榫、槽的实木地板。

3.4

仿古实木地板 classicized solid wood flooring

具有独特表面结构(包括平面、凹凸面、拉丝面等)和特殊色泽的实木地板。

3.5

未涂饰实木地板 unlacquered solid wood flooring

表面没有任何涂饰的实木地板。

3.6

漆饰实木地板 lacquered solid wood flooring

表面涂漆的实木地板。

3.7

油饰实木地板 varnished solid wood flooring

表面浸油的实木地板。

3.8

拼装离缝 assembled gap

相邻实木地板条之间的拼接缝隙。

3.9

拼装高度差 assembled high difference

相邻实木地板条表面之间的高度差。

3.10

加工波纹 processed snaking

由于加工不当造成实木地板表面呈波纹状。

4 分类

4.1 按形状分类：

4.1.1 榫接实木地板；

4.1.2 平接实木地板；

4.1.3 仿古实木地板。

4.2 按表面有无涂饰分类：

4.2.1 涂饰实木地板；

4.2.2 未涂饰实木地板。

4.3 按表面涂饰类型分类：

4.3.1 漆饰实木地板；

4.3.2 油饰实木地板。

5 适用木材名称

国内外主要适用实木地板木材名称见附录A。GB/T 16734—1997、GB/T 18107—2000、GB/T 18513—2001所列木材名称且满足气干密度要求的也适用于本部分。本部分以外的树种可经过法定授权专业部门鉴定，确定其木材名称。

6 技术要求

6.1 分等

根据产品的外观质量、物理性能分为优等品、一等品和合格品。

6.2 规格尺寸与偏差

6.2.1 实木地板的尺寸

6.2.1.1 实木地板的尺寸应符合表1要求。

表1 实木地板的尺寸

单位为毫米

长 度	宽 度	厚 度	榫舌宽度
≥250	≥40	≥8	≥3.0

6.2.1.2 其他尺寸的产品可按供需双方协议执行。

6.2.1.3 根据安装需要可在销售的地板中配比面积不超过5%的宽厚相同，长度小于公称尺寸的地板。

6.2.1.4 凹凸不平的仿古地板公称厚度是指地板的最大厚度。

6.2.2 **尺寸偏差**

6.2.2.1 实木地板的尺寸偏差应符合表2要求。

表2 实木地板尺寸偏差

单位为毫米

名 称	偏 差
长度	公称长度与每个测量值之差绝对值≤1
宽度	公称宽度与平均宽度之差绝对值≤0.30,宽度最大值与最小值之差≤0.30
厚度	公称厚度与平均厚度之差绝对值≤0.30,厚度最大值与最小值之差≤0.40
槽最大高度和榫最大厚度之差	0.1～0.4

6.2.2.2 实木地板长度和宽度是指不包括榫舌的长度和宽度。

6.2.2.3 表面凹凸不平的仿古地板的厚度差不作要求。

6.2.3 **形状位置偏差**

6.2.3.1 实木地板的形状位置偏差应符合表3要求。

表3 实木地板的形状位置偏差

名 称	偏 差
翘曲度	宽度方向凸翘曲度≤0.20%,宽度方向凹翘曲度≤0.15%
	长度方向凸翘曲度≤1.00%,长度方向凹翘曲度≤0.50%
拼装离缝	最大值≤0.4 mm
拼装高度差	最大值≤0.3 mm

6.2.3.2 仿古地板拼装高度差不作要求。

6.3 **外观质量**

6.3.1 实木地板的外观质量应符合表4要求。

表4 实木地板的外观质量

名称	表 面			背面
	优等品	一等品	合格品	
活节	直径≤10 mm 地板长度≤500 mm,≤5个; 地板长度>500 mm,≤10个	10 mm<直径≤25 mm 地板长度≤500 mm,≤5个; 地板长度>500 mm,≤10个	直径≤25mm 个数不限	尺寸与个数不限
死节	不许有	直径≤3 mm 地板长度≤500 mm,≤3个; 地板长度>500 mm,≤5个	直径≤5 mm 个数不限	直径≤20 mm 个数不限
蛀孔	不许有	直径≤0.5 mm ≤5个	直径≤2 mm ≤5个	不限
树脂囊	不许有		长度≤5 mm 宽度≤1 mm ≤2条	不限
髓斑	不许有	不限		不限

表 4（续）

名称	表面			背面
	优等品	一等品	合格品	
腐朽	不许有			初腐且面积≤20%，不剥落，也不能捻成粉末
缺棱	不许有			长度≤地板长度的30%，宽度≤地板宽度的20%
裂纹	不许有	宽度≤0.15 mm，长度≤地板长度的2%		不限
加工波纹	不许有	不明显		不限
榫舌残缺	不许有	残榫长度≤地板长度的15%，且残榫宽度≥榫舌宽度的2/3		
漆膜划痕	不许有	不明显		—
漆膜鼓泡	不许有			—
漏漆	不许有			—
漆膜上针孔	不许有	直径≤0.5 mm，≤3个		—
漆膜皱皮	不许有			—
漆膜粒子	地板长度≤500 mm，≤2个； 地板长度>500 mm，≤4个，倒角上漆膜粒子不计		地板长度≤500 mm，≤4个； 地板长度>500 mm，≤6个	—
注1：不明显——正常视力在自然光下，距地板0.4 m，肉眼观察不易辨别。 注2：榫舌残榫长度是指榫舌累计残榫长度。				

6.3.2 仿古地板的活节、死节、蛀孔、加工波纹不作要求。

6.3.3 特殊树种外观质量要求可按协议规定执行。

6.4 物理性能指标

6.4.1 实木地板的物理性能指标应符合表5要求。

表5 实木地板的物理性能指标

名称	单位	优等	一等	合格
含水率	%	7.0≤含水率≤我国各使用地区的木材平衡含水率		
		同批地板试样间平均含水率最大值与最小值之差不得超过4.0，且同一板内含水率最大值与最小值之差不得超过4.0		
漆膜表面耐磨	g/100 r	≤0.08	≤0.10	≤0.15
		且漆膜未磨透		
漆膜附着力	级	≤1	≤2	≤3
漆膜硬度	—	≥2H	≥H	

6.4.2 我国各省(区)、直辖市木材平衡含水率按本标准附录B规定执行。

6.4.3 仿古地板表面漆膜耐磨性能不作要求。

6.4.4 油饰地板表面耐磨、附着力和硬度不作要求。

7 包装、标志、运输和贮存

7.1 包装

产品出厂时应按生产许可证编号、类别、规格、等级分别包装，包装时应保证产品免受磕碰、压伤、划伤和污损。对包装有特殊要求时，可由供需双方商定。

7.2 标志

产品包装箱应印有或贴有清晰且不易脱落的标志，用中文注明生产厂名、厂址、商标、执行标准号、生产许可证编号、产品名称、规格、等级、木材名称及拉丁文、数量(m^2)、涂饰方式、批次号等标志，仿古地板应在外包装上注明。

7.3 运输和贮存

产品在运输和贮存过程中应平整堆放，防止污损、潮湿、雨淋，防水、防火、防虫蛀。

附 录 A
（规范性附录）
主要适用树种名称

表 A.1 主要适用树种名称

序号	木材名称	拉丁名	序号	木材名称	拉丁名
1	松 木	*Pinus* sp.	25	紫心苏木	*Peltogyne* sp.
2	落叶松	*Larix* sp.	26	硬瓣苏木	*Sclerolobium* sp.
3	槭 木	*Acer* sp.	27	柯库木	*Kokoona* sp.
4	（重）斑纹漆	*Astronium* sp.	28	榄 仁	*Terminalia* sp.
5	山 枣	*Choerospondias axillaris*	29	异翅香	*Anisoptera* sp.
6	任嘎漆	*Gluta* sp. *Melanochyla* sp. *Melanrrhoea* sp.	30	龙脑香	*Dipterocarpus* sp.
7	斯文漆	*Swintonia* sp.	31	冰片香	*Dryobalanops* sp.
8	盾籽木	*Aspidosperma* sp.	32	娑罗双	*Shorea* sp.
9	桦 木	*Betula* sp.	33	条纹乌木	*Diospyros* sp.
10	（重）蚁木	*Tabebuia* sp.	34	杂色豆	*Baphia* sp.
11	缅茄木	*Afzelia* sp.	35	鲍迪豆	*Bowdichia* sp.
12	铁苏木	*Apuleia* sp.	36	二翅豆	*Dipteryx* sp.
13	红苏木	*Baikiaea* sp.	37	崖豆木	*Millettia* sp.
14	鞋 木	*Berlinia* sp.	38	香脂木豆	*Myroxylon* sp.
15	摘亚木	*Dialium* sp.	39	美木豆	*Pericopsis* sp.
16	两蕊苏木	*Distemonanthus benthamianus*	40	花 梨	*Pterocarpus* sp.
17	格 木	*Erythrophleum* sp.	41	亚花梨	*Pterocarpus* sp.
18	古夷苏木	*Guibourtia* sp.	42	刺 槐	*Robinia pseudoacacia*
19	孪叶苏木	*Hymenaea* sp.	43	槐 木	*Sophora japonica*
20	印茄木	*Intsia* sp.	44	铁木豆	*Swartzia* sp.
21	甘巴豆	*Koompassia* sp.	45	栗 木	*Castanea* sp.
22	小鞋木豆	*Microberlinia* sp.	46	水青冈	*Fagus* sp.
23	鳕苏木	*Mora* sp.	47	栎 木	*Quercus* sp.
24	赛鞋木豆	*Paraberlinia bifoliolata*	48	毛药木	*Goupia* sp.

表 A.1（续）

序号	木材名称	拉丁名	序号	木材名称	拉丁名
49	海棠木	*Calophyllum* sp.	75	桉 木	*Eucalyptus* sp.
50	香茶茱萸	*Cantleya corniculata*	76	铁心木	*Metrosideros* sp.
51	克莱木	*Klainedoxa* sp.	77	红铁木	*Lophira* sp.
52	桂 樟	*Cinnamomum*. sp.	78	蒜果木	*Scorodocarpus borneensis*
53	铁樟木	*Eusideroxylon* sp.	79	硬 檀	*Mussaendopsis* sp.
54	绿心樟	*Ocotea* sp.	80	白蜡木	*Fraxinus* sp.
55	檫 木	*Sassafras* sp.	81	樱桃木	*Prunus* sp.
56	纤皮玉蕊	*Couratari* sp.	82	黄棉木	*Adina* sp.
57	木 莲	*Manglietia* sp.	83	重黄胆木	*Nauclea* sp.
58	山道楝	*Sandorioum* sp.	84	巴福芸香	*Balfourodendron riedelianum*
59	米 兰	*Aglaia* sp.	85	天料木	*Homalium* sp.
60	蟹木楝	*Carapa* sp.	86	番龙眼	*Pometia* sp.
61	卡雅楝	*Khaya* sp.	87	油无患子	*Schleichera trijuga*
62	虎斑楝	*Lovoa* sp.	88	甘比山榄	*Gambeya* sp.
63	相思木	*Acacia* sp.	89	比蒂山榄	*Madhuca* sp.
64	硬合欢	*Albizia* sp.	90	铁线子	*Manilkara* sp.
65	阿那豆	*Anadenanthera* sp.	91	黄山榄	*Planchonella* sp.
66	圆盘豆	*Cylicodiscus* sp.	92	猴子果	*Tieghemella* sp.
67	异味豆	*Dinizia excelsa*	93	四籽木	*Tetramerista* sp.
68	硬象耳豆	*Enterolobium* sp.	94	荷 木	*Schima* sp.
69	腺瘤豆	*Piptadeniastrum* sp.	95	榆 木	*Ulmus* sp.
70	木荚豆	*Xylia* sp.	96	朴 木	*Celtis* sp.
71	菠罗蜜	*Artocarpus* sp.	97	柚 木	*Tectona grandis*
72	乳桑木	*Bagassa* sp.	98	牡 荆	*Vitex* sp.
73	饱食桑	*Brosimum* sp.	99	夸雷木	*Qualea* sp.
74	绿柄桑	*Chlorophora* sp.	100	维腊木	*Bulnesia* sp.

附 录 B
（规范性附录）
我国各省（区）、直辖市木材平衡含水率

表 B.1 我国各省（区）、直辖市木材平衡含水率

省（区）、直辖市名称	木材平衡含水率（平均值）%	省（区）、直辖市名称	木材平衡含水率（平均值）%
黑龙江	13.0	湖南	15.9
吉林	12.5	广东	15.2
辽宁	12.0	海南	16.4
新疆	9.5	广西	15.2
甘肃	10.3	四川	13.1
宁夏	9.6	贵州	15.8
陕西	12.8	云南	14.1
内蒙古	10.2	西藏	8.3
山西	10.7	北京	10.6
河北	11.1	天津	11.7
山东	12.8	上海	14.8
江苏	15.3	重庆	15.9
安徽	14.6	湖北	15.2
浙江	15.5	青海	10.0
江西	15.3	河南	13.5
福建	15.1	—	—

注：各省（区）、直辖市木材平衡含水率（平均值）根据中国工程建设标准 CECS 191：2005《木质地板铺装工程技术规程》中我国主要城市和地区的平均气候值计算得出。

ICS 79.080
B 69

中华人民共和国国家标准

GB/T 15036.2—2009
代替 GB/T 15036.2—2001

实木地板　第2部分：检验方法

Solid wood flooring—Part 2：Examination methods

2009-10-30 发布　　　　2009-12-01 实施

中华人民共和国国家质量监督检验检疫总局
中国国家标准化管理委员会　发布

前　言

GB/T 15036《实木地板》分为两个部分：

——第1部分：技术要求；

——第2部分：检验方法。

本部分为GB/T 15036的第2部分。

本部分代替GB/T 15036.2—2001《实木地板　检验方法》。

本部分与GB/T 15036.2—2001相比主要变化如下：

——修改了实木地板翘曲度的检测方法；

——修改了含水率测试方法；

——增加了榫舌宽度、榫舌厚度、榫槽高度的检量方法；

——删除了实木地板直角度的要求；

——更正了表2、表3的抽样方案。

本部分的附录A为规范性附录。

本部分由国家林业局提出。

本部分由中国木材标准化技术委员会归口。

本部分由中国木材标准化技术委员会原木锯材分技术委员会、浙江久盛地板有限公司、上海市建筑材料及构件质量监督检验站负责起草。

本部分参加起草单位：安信伟光(上海)木材有限公司、杭州明成木业有限公司、上海市建筑材料行业协会地板专业委员会、上海康隆地板有限公司、浙江绍兴彬彬木业有限公司、上海宏星建材有限公司、浙江大东吴绿家木业有限公司、浙江方圆木业有限公司、浙江创鑫木业有限公司、江苏徐家木业有限公司、上海现代环境工程技术有限公司、广州市番禺龙珠化工有限公司、江苏常州市洁丽木业有限公司、江苏常州市佳安装饰材料有限公司、上海华泾地板有限公司、安徽省琥珀木业有限责任公司、浙江瑞澄木业有限公司。

本部分主要起草人：关放、王铁力、张恩玖、张治宇、宋润惠、卢伟光、夏叶明、方崇荣、李宏刚、张春玲、杨克虎、姜金法、黄定余、张妍、杨国新、董国平、胡建潮、徐衡、姜妙根、张义军、高青云、徐国民、沈乃强、谢国民、许金球、周国林。

本部分由中国木材标准化技术委员会负责解释。

本部分所代替标准的历次版本发布情况为：

——GB/T 15036.6—1994、GB/T 15036.2—2001。

实木地板　第2部分:检验方法

1　范围

GB/T 15036 的本部分规定了实木地板的检验方法和检验规则。

本部分适用于实木地板检验。

2　规范性引用文件

下列文件中的条款通过 GB/T 15036 的本部分的引用而成为本部分的条款。凡是注日期的引用文件,其随后所有的修改单(不包括勘误的内容)或修订版均不适用于本部分,然而,鼓励根据本部分达成协议的各方研究是否可使用这些文件的最新版本。凡是不注日期的引用文件,其最新版本适用于本部分。

GB/T 2828.1—2003　计数抽样检验程序　第1部分:按接收质量限(AQL)检索的逐批检验抽样计划

GB/T 4823—1995　锯材缺陷

GB/T 4893.4—1985　家具表面漆膜附着力交叉切割测定法

GB/T 6739—2006　涂膜硬度铅笔测定法

GB/T 17657—1999　人造板及饰面人造板理化性能试验方法

JB/T 3889—1994　砂布

3　检验方法

实木地板检验项目包括规格尺寸、外观质量和物理性能检验。检验的样品是在地板包装未拆封产品中抽取。

3.1　规格尺寸检验

3.1.1　量具

3.1.1.1　钢卷尺,精度为 1 mm。

3.1.1.2　钢板尺,精度为 1 mm。

3.1.1.3　卡尺,精度为 0.02 mm。

3.1.1.4　千分尺,精度为 0.01 mm。

3.1.1.5　塞尺,精度为 0.01 mm。

3.1.1.6　刀口直尺,精度为 0 级,长 300 mm。

3.1.2　检验方法

3.1.2.1　长度尺寸检验

长度(l)检验是在距地板两长边各 10 mm 处用钢卷尺或钢板尺测量,精确至 1 mm,见图 1。

单位为毫米

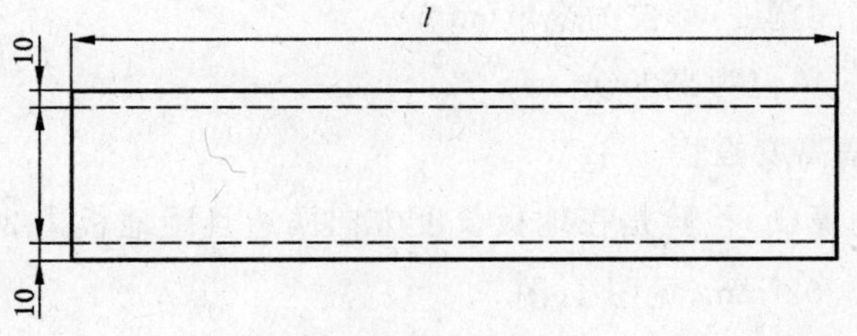

图1　长度测量图

3.1.2.2 宽度尺寸检验

宽度(w)检验是在距地板两端边各 20 mm 处及地板长边中心处用卡尺测量,精确至 0.02 mm,见图 2。

单位为毫米

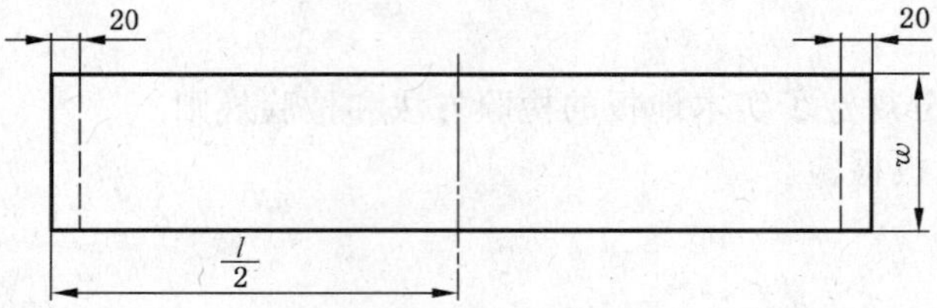

图 2 宽度测量图

3.1.2.3 厚度尺寸检验

厚度(t)检验是在地板的四角距长边和端边各 20 mm 处及地板长边中点距长边 20 mm 处用千分尺测量,精确至 0.01 mm,见图 3。

单位为毫米

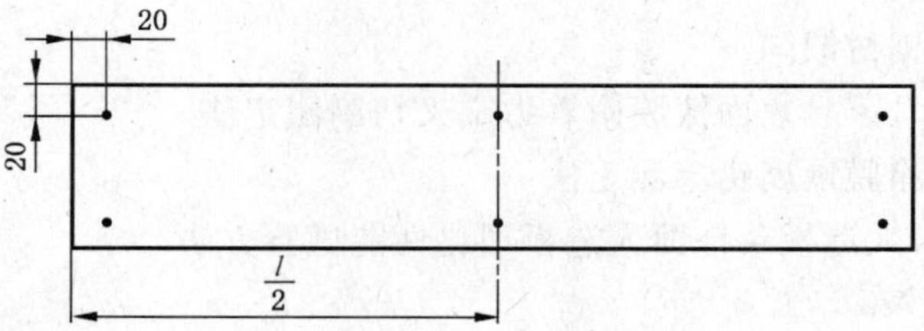

图 3 厚度测量图

3.1.2.4 榫舌宽度检验

榫舌宽度(w_1)检验是在距地板两端边各 20 mm 处用卡尺测量,精确至 0.02 mm,见图 4。

单位为毫米

图 4 榫舌测量图

榫舌宽度计算按式(1):

$$w_1 = w_0 - w \qquad (1)$$

式中:

w_1——榫舌宽度,单位为毫米(mm);

w_0——包括榫舌的实测宽度,单位为毫米(mm);

w——地板实测宽度,单位为毫米(mm)。

3.1.2.5 榫舌厚度和榫槽高度检验

榫舌厚度(t_1)、榫槽高度(h)检验是在地板长度方向两边且距地板边 20 mm 处用卡尺测量其最大厚度和最大高度,精确至 0.02 mm,见图 4、图 5。

单位为毫米

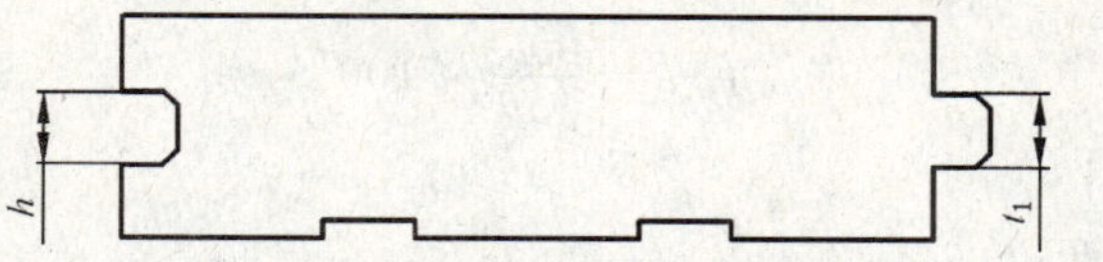

图5 榫舌厚度、榫槽高度测量图

3.1.2.6 翘曲度检验

3.1.2.6.1 宽度方向凹翘曲度检验

将地板凹面(地板表面)向上放置在水平实验台面上,把刀口直尺或钢板尺垂直紧靠地板两长边,用塞尺量取最大弦高 h_{max},精确至 0.01 mm。最大弦高与地板实测宽度之比值为宽度方向凹翘曲度 f_{w_1},以百分数表示,精确至 0.01%,测量位置为长边任意部位。见图6。

图6 宽度方向凹翘曲度测量图

宽度方向凹翘曲度计算按式(2):

$$f_{w_1}=\frac{h_{max}}{w}\times 100\% \qquad \cdots\cdots(2)$$

式中:

f_{w_1}——宽度方向凹翘曲度,%;

h_{max}——最大弦高,单位为毫米(mm);

w——地板实测宽度,单位为毫米(mm)。

3.1.2.6.2 宽度方向凸翘曲度检验

将地板凸面(地板表面)向上放置在水平实验台面上,把刀口直尺或钢板尺垂直地板两长边,用卡尺测量最大弦高 h_{max},精确至 0.02 mm;最大弦高与地板实测宽度之比值为宽度方向凸翘曲度 f_{w_2},以百分数表示,精确至 0.01%,测量位置为长边任意部位。见图7。

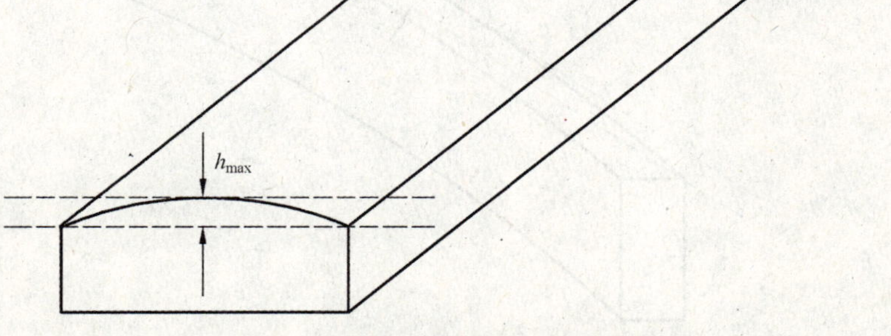

图7 宽度方向凸翘曲度测量图

宽度方向凸翘曲度计算按式(3)：

$$f_{w_2}=\frac{h_{max}}{w}\times 100\% \quad \cdots\cdots(3)$$

式中：

f_{w_2}——宽度方向凸翘曲度，%；

h_{max}——最大弦高，单位为毫米(mm)；

w——地板实测宽度，单位为毫米(mm)。

3.1.2.6.3 **长度方向凹翘曲度检验**

将地板凹面(地板表面)侧向放置在实验台面上，把钢板尺或钢丝绳垂直紧靠地板两端边，用塞尺量取最大弦高 h_{max}，精确至 0.01 mm；最大弦高与地板实测长度之比值为长度方向凹翘曲度 f_{l_1}，以百分数表示，精确至 0.01%，测量位置为端边任意部位。见图 8。

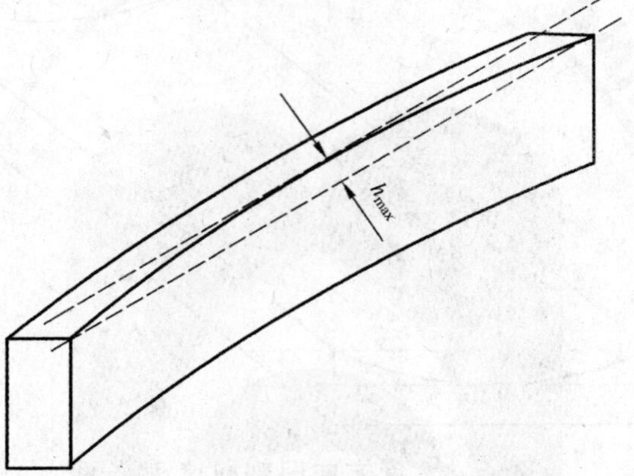

图 8 长度方向凹翘曲度测量图

长度方向凹翘曲度计算按式(4)：

$$f_{l_1}=\frac{h_{max}}{l}\times 100\% \quad \cdots\cdots(4)$$

式中：

f_{l_1}——长度方向凹翘曲度，%；

h_{max}——最大弦高，单位为毫米(mm)；

l——地板实测长度，单位为毫米(mm)。

3.1.2.6.4 **长度方向凸翘曲度检验**

将地板凸面(地板表面)侧向放置在实验台面上，把钢板尺或钢丝绳垂直地板两端边，用卡尺测量最大弦高 h_{max}，精确至 0.02 mm；最大弦高与地板实测长度之比值为长度方向凸翘曲度 f_{l_2}，以百分数表示，精确至 0.01%，测量位置为端边任意部位。见图 9。

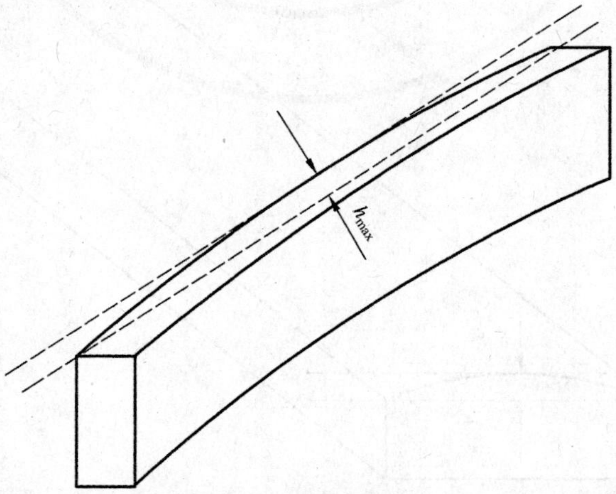

图 9 长度方向凸翘曲度测量图

长度方向凸翘曲度计算按式(5)：

$$f_{l_2} = \frac{h_{max}}{l} \times 100\% \quad \cdots\cdots(5)$$

式中：

f_{l_2}——长度方向凸翘曲度,%；

h_{max}——最大弦高,单位为毫米(mm)；

l——地板实测长度,单位为毫米(mm)。

3.1.2.7 拼装离缝和拼装高度差检验

将10块地板按图10所示紧密拼装放置在水平试验台上,用塞尺测量图10所示18个点的拼装离缝(o)和高度差(h_1)最大值,精确至0.01 mm。

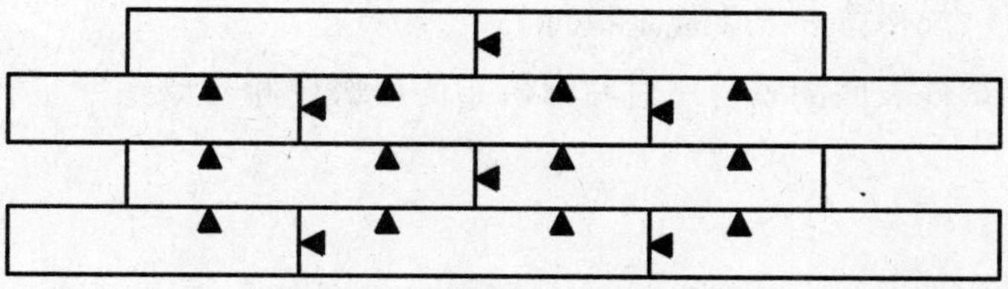

图10 拼装离缝和高度差测量图

3.2 外观质量检验

3.2.1 外观质量检量条件

3.2.1.1 检验台高度为700 mm左右。

3.2.1.2 照明光源为40 W日光灯管三支,灯管间距约400 mm,灯管长度方向与板长方向平行,灯管距检验台高度约为2 m,自然光应不影响检验。

3.2.1.3 检验人员应有正常视力,对抽取样品逐条检验,视距为0.5 m～1.5 m,视角为30°～90°。

3.2.2 外观质量检量按GB/T 4823—1995规定执行。

3.2.3 根据外观质量要求判定地板产品等级。

3.3 物理性能检验

3.3.1 试件制作、试件尺寸和数量的规定

3.3.1.1 试件的制取位置、尺寸规格及数量按图11和表1的要求进行。如因地板条尺寸偏小,无法满足试件尺寸和数量的要求,可继续随机从样本中抽取,直至能割制出所要求的全部试件为止。

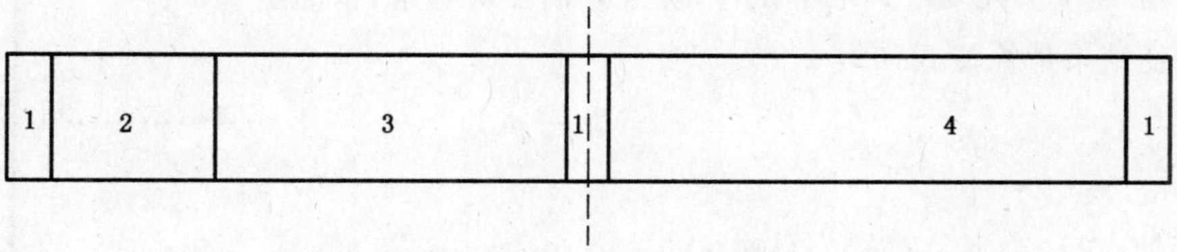

图11 试件制取示意图

表1 实木地板性能检测试件规格数量

检验项目	试件尺寸(长×宽) mm	试件数量 块	编号
试件含水率	20.0×板宽	9	1
漆膜表面耐磨	100.0×100.0	1	2
漆膜附着力	250.0×板宽	1	3
漆膜硬度	300.0×板宽	1	4

3.3.1.2　制取漆板表面耐磨试件时，试件宽度达不到 100 mm 时，可通过胶粘把两块试件拼接起来，且拼接线应居中，拼缝平整。

3.3.1.3　漆板含水率试件应去除表面漆膜。

3.3.1.4　试件的边角应平直，无崩边。长、宽允许偏差为±0.5 mm，试件厚度为地板实际厚度。

3.3.2　检验方法

3.3.2.1　含水率

3.3.2.1.1　试件的数量、规格按 3.3.1 规定进行。

3.3.2.1.2　原理、仪器、方法按 GB/T 17657—1999 中的 4.3.1、4.3.2、4.3.4、4.3.5 规定执行。

3.3.2.2　漆膜表面耐磨

3.3.2.2.1　试件的数量、规格按 3.3.1 规定执行。

3.3.2.2.2　原理：测定试件表面漆膜与一对粘附砂布的研磨轮相对摩擦一定转数后，表面磨失量及保留漆膜的能力。

3.3.2.2.3　仪器和材料：

a)　Table 型磨耗仪，应符合 GB/T 17657—1999 中 4.38.2.1 规定；

b)　恒温恒湿箱，温度范围 10 ℃～80 ℃，相对湿度范围 30%～98%；

c)　天平，感量为 0.001 g；

d)　P180 粒度的砂布，应符合 JB/T 3889—1994 的规定；

e)　双面胶带或胶水；

f)　脱脂纱布；

g)　标准锌板，型号为 TaberS-34。

3.3.2.2.4　砂布校准步骤按本标准附录 A 规定执行。

3.3.2.2.5　检验步骤：

a)　将砂布置于相对湿度为(60±5)%，温度为(23±2)℃条件下放置 24 h 以上备用；

b)　用脱脂纱布将试件表面擦净并称重，精确至 1 mg；

c)　将试件油漆面向上安装在磨耗试验仪上，并将研磨轮安装在支架上，在每个接触面受力 4.9 N±0.2 N 条件下磨耗 100 r，取下试件，除去表面浮灰称量，精确至 1 mg。

3.3.2.2.6　磨耗结果计算按式(6)：

$$F = m - m_1 \qquad \cdots\cdots (6)$$

式中：

F——磨耗值，单位为克每百转(g/100 r)；

m——试件磨前质量，单位为克(g)；

m_1——试件磨后质量，单位为克(g)。

3.3.2.2.7　漆膜磨透判定方法：磨耗 100 r 后，在磨痕上涂以少许彩色墨水，然后迅速放到水中冲洗或迅速用纸擦去，如磨痕上墨水不掉色，则判定为漆膜磨透。

3.3.2.3　漆膜附着力

3.3.2.3.1　试件的数量、规格按 3.3.1 规定执行。

3.3.2.3.2　试件的试验区域：在试件上取三个试验区域，其中两端试验区按图示尺寸选取，中间试验区居中选取，如图 12 所示。

单位为毫米

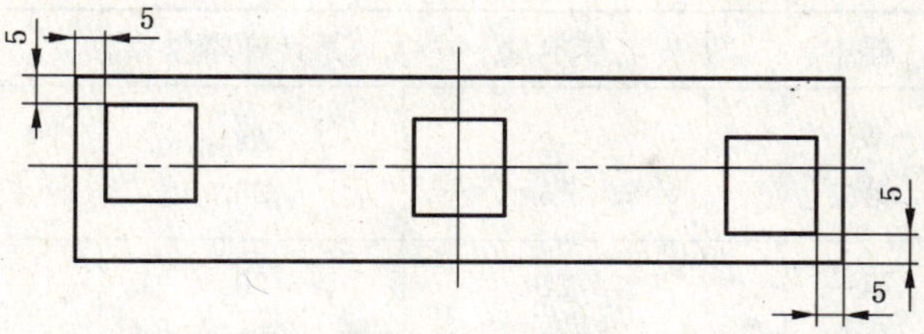

图 12　漆膜附着力试件的试验区域图

3.3.2.3.3　仪器、方法和结果评定按 GB/T 4893.4—1985 中第 1 章、第 3 章、第 4 章、第 5 章的规定执行。

3.3.2.4　**漆膜硬度**

3.3.2.4.1　试件的数量、规格按 3.3.1 的规定。

3.3.2.4.2　原理、仪器、操作步骤和结果评定按 GB/T 6739—2006 中第 4 章、第 6 章、第 9 章的规定执行。

4　检验规则

4.1　检验分类

产品检验分出厂检验和型式检验。

4.1.1　出厂检验

包括：

a)　规格尺寸检验；

b)　外观质量检验；

c)　含水率检验；

d)　漆膜表面耐磨检验。

4.1.2　型式检验

包括出厂检验的全部项目和物理性能检查项目中的全部内容。

4.1.3　有下列情况之一时，应进行型式检验：

a)　当原辅材料及生产发生较大变动时；

b)　长期停产，恢复生产时；

c)　正常生产时，每年检验不少于两次；

d)　国家质量监督检验机构提出型式检验要求时。

4.2　抽样和判定方法

4.2.1　**检验批的组成及检验**

实木地板的产品质量检验，应在同一批次、同一规格、同一类产品中按规定抽取试样，并对所抽取试样逐一检验，试样一律按条数计算。

4.2.2　**规格尺寸检验**

4.2.2.1　长度、宽度、厚度、榫舌宽度、榫舌厚度、榫槽高度、翘曲度的检验采用 GB/T 2828.1—2003 的一般检验水平为Ⅰ、接收质量限(AQL)为 4.0 的正常检验二次抽样，有关抽样方案见表 2。

表 2　规格尺寸检验抽样方案

批量范围	样本	样本量	累计样本量	接收数	拒收数
≤90	第一	3	3	0	1
91～280	第一	8	8	0	2
	第二	8	16	1	2

表 2（续）

批量范围	样本	样本量	累计样本量	接收数	拒收数
281～500	第一 第二	13 13	13 26	0 3	3 4
501～1 200	第一 第二	20 20	20 40	1 4	3 5
1 201～3 200	第一 第二	32 32	32 64	2 6	5 7
3 201～10 000	第一 第二	50 50	50 100	3 9	6 10
注：超过 10 000 条按另批处理。					

4.2.2.2 拼装离缝、拼装高度差检验

4.2.2.2.1 检验的样本数为 10 条，在检验的样本中随机抽取。

4.2.2.2.2 检验采用一次抽样方案，如测量值未超过偏差判为合格，超过偏差判为不合格。

4.2.3 外观质量检验

4.2.3.1 采用 GB/T 2828.1—2003 的一般检验水平Ⅱ、接收质量限(AQL)为 4.0 的正常检验二次抽样，有关抽样方案见表 3。

表 3 外观质量检验抽样方案

批量范围	样本	样本量	累计样本量	接收数	拒收数
≤25	第一	3	3	0	1
26～90	第一 第二	8 8	8 16	0 1	2 2
91～150	第一 第二	13 13	13 26	0 3	3 4
151～280	第一 第二	20 20	20 40	1 4	3 5
281～500	第一 第二	32 32	32 64	2 6	5 7
501～1 200	第一 第二	50 50	50 100	3 9	6 10
1 201～3 200	第一 第二	80 80	80 160	5 12	9 13
3 201～10 000	第一 第二	125 125	125 250	7 18	11 19
注：超过 10 000 条按另批处理。					

4.2.3.2 在一条地板上同时存在多种缺陷时，按影响产品等级最大的缺陷来判定。

4.2.4 物理性能检验

在样本中随机抽取 3 条地板作为试样，各项物理性能检验合格时，该批产品的物理性能检验判为合

格;如果某项指标检验不合格时,在同批次产品中再随机抽取6条地板作为试样进行复检,按3.3.1规定制作试件。复检合格判为合格,若仍不合格,则判为不合格。

4.3 木材名称标示

包装上明示木材名称应与实物木材名称相符,否则判定为不合格。

4.4 综合判定

产品规格尺寸、外观质量和物理性能检验结果均符合相应类别和等级的技术要求时,判该批产品合格,否则判为不合格产品。

4.5 检验报告

检验报告应包括:

a) 被检产品的名称、类别、等级、检验依据的标准、检验类别、检验时间等;

b) 检验结果及其结论;

c) 检验过程中出现的各种异常情况及应说明的问题。

附　录　A
（规范性附录）
砂布校准步骤

A.1　将砂布置于相对湿度为(60±5)%，温度为(23±2)℃的环境中处理 24 h。

A.2　将标准锌板安装在磨耗试验机上，开启吸尘装置，并将粘好砂布的研磨轮安装在支架上，在施加(4.9±0.2)N 外力条件下进行磨耗，磨 500 r 后，擦净标准锌板并称重，精确至 1 mg；更换砂布，再磨 500 r，擦净后称重，精确至 1 mg；标准锌板总的质量损失应在(110±15)mg 范围内。如果质量损失超出该范围，则该砂布不能使用。标准锌板单面使用次数不得超过 10 次。

ICS 67.220.20
X 41

中华人民共和国国家标准

GB 15044—2009
代替 GB 15044—1994

食品添加剂 卡拉胶

Food additive—Carrageenan

2009-01-19 发布　　2009-08-01 实施

中华人民共和国国家质量监督检验检疫总局
中国国家标准化管理委员会　发布

前　言

本标准的第3章技术要求为强制性的，其余为推荐性的。

本标准与食品法典委员会(CAC)卡拉胶(英文版)[JECFA 第68届(2007年)]技术规格的一致性程度为非等效。

本标准代替 GB 15044—1994《食品添加剂　卡拉胶》。

本标准与 GB 15044—1994 相比主要变化如下：

——对粘度、干燥失重、总灰分、铅、砷等指标进行了修订；

——增加了镉、汞、沙门氏菌和大肠菌群等要求。

本标准由全国食品添加剂标准化技术委员会提出。

本标准由全国食品添加剂标准化技术委员会归口。

本标准主要起草单位：汕头市捷成食品添加剂有限公司、丹尼斯克(中国)股份有限公司、中国食品发酵工业研究院。

本标准主要起草人：李惠宜、黄林青、严苏民、柴秋儿、佘楚芬。

本标准所代替标准的历次版本发布情况为：

——GB 15044—1994。

食品添加剂　卡拉胶

1　范围

本标准规定了卡拉胶的技术要求、试验方法、检验规则及标志、包装、运输、贮存、保质期。

本标准适用于以红藻(*Rhodophyceae*)类植物为原料，经水或碱液等提取并加工而成的 K(Kappa)、I(Iota)、λ(Lambda)三种基本型号卡拉胶的混合物。商品卡拉胶可含有用于标准化目的的糖类，用于特殊胶化或稠化效果的盐类或干燥过程中带入的乳化剂。

2　规范性引用文件

下列文件中的条款通过本标准的引用而成为本标准的条款。凡是注日期的引用文件，其随后所有的修改单(不包括勘误的内容)或修订版均不适用于本标准，然而，鼓励根据本标准达成协议的各方研究是否可使用这些文件的最新版本。凡是不注日期的引用文件，其最新版本适用于本标准。

GB/T 601　化学试剂　标准滴定溶液的制备

GB/T 602　化学试剂　杂质测定用标准溶液的制备(GB/T 602—2002，ISO 6353-1：1982，NEQ)

GB/T 603　化学试剂　试验方法中所用制剂及制品的制备(GB/T 603—2002，ISO 6353-1：1982，NEQ)

GB/T 4789.3　食品卫生微生物学检验　大肠菌群测定

GB/T 4789.4　食品卫生微生物学检验　沙门氏菌检验

GB/T 5009.3　食品中水分的测定

GB/T 5009.4　食品中灰分的测定

GB/T 5009.11　食品中总砷及无机砷的测定

GB/T 5009.12　食品中铅的测定

GB/T 5009.15　食品中镉的测定

GB/T 5009.17　食品中总汞及有机汞的测定

GB/T 6682　分析实验室用水规格和试验方法(GB/T 6682—2008，ISO 3696：1987，MOD)

3　技术要求

3.1　感官要求

灰白色或淡黄色至棕黄色粉末，无异味。

3.2　理化指标

应符合表 1 的规定。

表 1　理化指标

项　目		指　标
硫酸酯(以 SO_4^{2-} 计)/%		15～40
粘度/Pa·s	≥	0.005
干燥失重/%	≤	12.0
总灰分/%		15～40
酸不溶灰分/%	≤	1

表 1（续）

项　　目		指　　标
砷(As)/(mg/kg)	≤	3
铅(Pb)/(mg/kg)	≤	5
镉(Cd)/(mg/kg)	≤	2
汞(Hg)/(mg/kg)	≤	1

3.3 微生物指标

应符合表 2 的规定。

表 2　微生物指标

项　　目		指　　标
大肠菌群/(MPN/100 g)	≤	30
沙门氏菌		不应检出

4 试验方法

除非另有说明，在分析中仅使用确认为分析纯的试剂和 GB/T 6682 中规定的水。分析中所用标准滴定溶液、杂质测定用标准溶液、制剂及制品，在没有注明其他要求时，均按 GB/T 601、GB/T 602、GB/T 603 的规定制备。本标准所用溶液在未注明用何种溶剂配制时，均指水溶液。

4.1 感官检验

取适量样品置于清洁、干燥的白瓷盘中，在自然光线下，观察其外观，并嗅其味。

4.2 鉴别试验

4.2.1 试剂与溶液

a) 乙醇溶液：体积分数为 85%；

b) 氯化钾溶液：2.5 g/100 mL；

c) 亚甲基蓝溶液：1 g/100 mL。

4.2.2 分析步骤

4.2.2.1 称取 4 g 样品，加 200 mL 水，加热至 80 ℃，不断搅拌直至样品溶解，用水补充蒸发损失的水分，使溶液冷却至室温，变成半透明粘滞液体，并能产生凝胶状物。

4.2.2.2 取 4.2.2.1 溶液 50 mL，加入 200 mL 氯化钾溶液，重新加热并充分混匀，移出冷却，用玻璃棒试样品，当出现脆性的胶体，说明是以 K 型为主的卡拉胶；出现柔软（弹性）胶体，说明是以 I 型为主的卡拉胶；如果溶液不是胶体，则是以 λ 型为主的卡拉胶。

4.2.2.3 取 4.2.2.1 溶液 5 mL，加入 1 滴亚甲基蓝溶液，产生纤维状沉淀。

4.2.2.4 测定按下述方法制得的样品的凝胶和非凝胶成分的红外吸收光谱。

称取 2 g 样品，加入 200 mL 氯化钾溶液，搅拌 1 h，静置过夜，再搅拌 1 h，移入离心管（如果样品扩散液太粘，不能移动，可用不超过 200 mL 氯化钾溶液稀释），以接近 1 000 r/min 的速度，离心 15 min。

移去上层清液，残留物中再加入 200 mL 氯化钾溶液，搅拌，再次离心处理，将以上两次上层清液合在一起，加入相当于清液体积两倍的乙醇溶液，使其凝结（注意保留沉淀物供以后使用），回收凝结胶并用 250 mL 乙醇溶液清洗。从凝结胶中压出过量的液体，在 60 ℃下干燥 2 h，得到的样品是非凝胶成分（λ 型卡拉胶）。

把以上保留的沉淀物加到 250 mL 蒸馏水中扩散，在 90 ℃下加热 10 min，冷却到 60 ℃。按上述方法将混合物凝结回收，清洗并干燥，所得样品是凝胶成分（K 型和 I 型卡拉胶）。

将上述每种样品配制成 0.2% 的水溶液，在适宜的非粘性表面上［如聚四氟乙烯（polytetrafluoroethlene)]浇成 0.000 5 cm 厚(干燥层)的薄胶片,测定每张干燥薄胶片的红外吸收光谱。

卡拉胶有一切多糖具有的典型的强、宽谱段,范围是 1 000 cm^{-1}～1 100 cm^{-1}。

4.3 理化检验

4.3.1 硫酸酯

4.3.1.1 试剂和溶液

a) 盐酸溶液:6 mol/L;

b) 氯化钡溶液:0.1 mol/L。

4.3.1.2 分析步骤

称取 0.5 g 经 105 ℃烘干至恒重的样品(精确至 0.000 2 g),装于具塞玻璃试管中,加入 20 mL 6 mol/L 盐酸溶液,密封后放进烘箱在 105 ℃±1 ℃水解 6 h,然后取出,用定性滤纸过滤,并用热水反复洗涤至洗出液无氯离子为止。将得到的滤液与洗出液合并煮沸,在玻璃棒不断搅拌下滴入约 10 mL 0.1 mol/L 氯化钡溶液,保持近沸状态约 2 h,沉淀,然后用定量滤纸过滤,并用热水洗涤脱氯,将沉淀连同滤纸放进已经煅烧恒重的有盖坩埚中,置于高温炉内,先在 200 ℃～300 ℃下炭化滤纸,然后升温至 750 ℃～800 ℃煅烧 40 min,待炉温降至 200 ℃后,取出坩埚置于干燥器内,冷却至室温,称重。

4.3.1.3 结果计算

样品中硫酸酯质量分数按式(1)计算:

$$X_1 = \frac{(m_1 - m_2) \times 0.4116}{m} \times 100 \quad \cdots\cdots\cdots (1)$$

式中:

X_1——样品中硫酸酯质量分数(以 SO_4^{2-} 计),%;

m_1——瓷坩埚加残渣的质量,单位为克(g);

m_2——瓷坩埚的质量,单位为克(g);

0.411 6——硫酸钡折算成硫酸根(SO_4^{2-})的系数;

m——样品的质量,单位为克(g)。

4.3.1.4 允许差

试验结果以两次平行测定结果的算术平均值为准。在重复性条件下获得的两次独立测定结果的绝对差值不得超过算术平均值的 5%。

4.3.2 粘度

4.3.2.1 仪器

旋转式粘度计(Brook field 或其他同等性能粘度计)。

4.3.2.2 分析步骤

称取 7.5 g 样品(精确至 0.000 2 g),置于已恒重的 600 mL 烧杯中,加入约 450 mL 去离子水,搅拌 10 min～20 min,使样品充分扩散。加入足量的水,使最终溶液质量达到 500 g,置水浴中加热并不断搅拌,20 min～30 min 后,温度升至 80 ℃,停止加热。加水调整蒸发损失,冷却至 76 ℃～77 ℃,置于75 ℃的恒温槽中。预先将粘度计的摆锤和防护套在水中加热至 75 ℃干燥后,安装在带有真空 1 号转子(直径约为 19 mm,长度约为 65 mm)的粘度计上,以 30 r/min 的转速旋转,待标尺盘上指针保持稳定后,方可得出读数。

如果粘度值非常低,可使用 Brook field UL 超低粘度适配器或等同性能仪器来提高测量精度。

注:使用 1 号转子时某些类型的卡拉胶样品可能会过于粘稠导致无法读数。显然此类样品符合规格要求,但如果由于其他原因需要读取数据,可使用 2 号转子,并在 0～100 或 0～500 的刻度范围内读取数据。

将刻度值与 Brook field 制造商规定的系数相乘计算出结果并记录,单位为厘泊。其他粘度计按相关说明书操作。

4.3.3 干燥失重

按 GB/T 5009.3 规定的方法测定(105 ℃,干燥 4 h)。

4.3.4 总灰分

称取 1 g 经 105 ℃烘干至恒重的样品(准确至 0.000 2 g),然后按 GB/T 5009.4 规定的方法测定。

4.3.5 酸不溶灰分

4.3.5.1 试剂与溶液

盐酸溶液:体积分数为 10%。

4.3.5.2 分析步骤

将经 4.3.4 步骤得到的总灰分样品,置于 50 mL 烧杯中,缓缓加入 20 mL 10%盐酸溶液,煮沸 5 min,用恒重的砂芯漏斗过滤,并用热水洗涤至无氯离子,然后置于 105 ℃±2 ℃干燥箱中烘干至恒重。

4.3.5.3 结果计算

样品的酸不溶灰分质量分数按式(2)计算:

$$X_2 = \frac{m_3 - m_4}{m} \times 100 \qquad (2)$$

式中:

X_2——样品的酸不溶灰分质量分数,%;

m_3——漏斗加酸不溶灰分的质量,单位为克(g);

m_4——漏斗的质量,单位为克(g);

m——样品的质量,单位为克(g)。

4.3.5.4 允许差

试验结果以两次平行测定结果的算术平均值为准。在重复性条件下获得的两次独立测定结果的绝对差值不得超过算术平均值的 10%。

4.3.6 砷

按 GB/T 5009.11 规定的方法测定。

4.3.7 铅

按 GB/T 5009.12 规定的方法测定。

4.3.8 镉

按 GB/T 5009.15 规定的方法测定。

4.3.9 汞

按 GB/T 5009.17 规定的方法测定。

4.4 微生物检验

4.4.1 大肠菌群

按 GB/T 4789.3 规定的方法测定。

4.4.2 沙门氏菌

按 GB/T 4789.4 规定的方法测定。

5 检验规则

5.1 批次的确定

由生产单位的质量检验部门按照其相应的规则确定产品的批号,经最后混合且有均一性质量的产品为一批。

5.2 取样方法和取样量

在每批产品中随机抽取样品,每批按包装件数的 3%抽取小样,每批不得少于三个包装,每个包装抽取样品不得少于 100 g,将抽取试样迅速混合均匀,分装入两个洁净、干燥的容器或包装袋中,注明生产厂、产品名称、批号、数量及取样日期,一份作检验,一份密封留存备查。

5.3 出厂检验

5.3.1 出厂检验项目包括硫酸酯、粘度、干燥失重、总灰分、酸不溶灰分和大肠菌群。

5.3.2 每批产品应经生产厂检验部门按本标准规定的方法检验，并出具产品合格证后方可出厂。

5.4 型式检验

本标准技术要求中规定的所有项目均为型式检验项目。型式检验每半年进行一次，或当出现下列情况之一时进行检验：

——原料、工艺发生较大变化时；

——停产后重新恢复生产时；

——出厂检验结果与正常生产有较大差别时；

——国家质量监督检验机构提出时。

5.5 判定规则

对全部技术要求进行检验，检验结果中若有一项指标不符合本标准要求时，应重新双倍取样进行复检。复检结果即使有一项不符合本标准，则整批产品判为不合格。

如供需双方对产品质量发生异议时，可由双方协商选定仲裁机构，按本标准规定的检验方法进行仲裁。

6 标志、包装、运输、贮存、保质期

6.1 标志

食品添加剂应有包装标志和产品说明书，标志内容可包括：品名、产地、厂名、卫生许可证号、生产许可证号、规格、生产日期、批号或者代号、保质期限等，并在标志上明确标示“食品添加剂”字样。

6.2 包装

产品的包装应采用国家批准的、并符合相应的食品包装用卫生标准的材料。

6.3 运输

产品在运输过程中不得与有毒、有害及污染物质混合载运，避免雨淋日晒等。

6.4 贮存

产品应贮存在通风、清洁、干燥的地方，不得与有毒、有害及有腐蚀性等物质混存。

6.5 保质期

产品自生产之日起，在符合上述储运条件、原包装完好的情况下，保质期应不少于12个月。

ICS 65.080
G 21

中华人民共和国国家标准

GB 15063—2009
代替 GB 15063—2001

复混肥料(复合肥料)

Compound fertilizer (Complex fertilizer)

2009-11-30 发布 2010-06-01 实施

中华人民共和国国家质量监督检验检疫总局
中国国家标准化管理委员会 发布

前 言

本标准的第4章(表1中水分的要求和4.3除外)、第6章、第7章(7.5除外)和第8章(8.3除外)为强制性条款,其余为推荐性条款。

本标准代替GB 15063—2001《复混肥料(复合肥料)》。

本标准与GB 15063—2001的主要差异是:

——进一步明确了范围;

——调整了高浓度产品的水溶性磷占有效磷百分率的指标;

——将水分改为以出厂检验数据为准;

——增加了标明含氯的产品的氯离子含量指标,按低氯、中氯、高氯分别规定;

——增加了用自动分析仪测定产品的氮、磷、钾含量,适用于快速检验;

——将粒度和氯离子的质量分数的测定写在附录A和附录B中;

——增加了缩二脲含量的测定方法和应在产品质量证明书中标注缩二脲含量的要求;

——细化了产品包装标识的规定,增加了含尿素态氮的产品和含氯(高氯)产品的警示语的要求。

本标准的附录A和附录B为规范性附录,分别规定了粒度和氯离子的测定方法。

自标准实施之日起,出厂产品应执行新标准;标准实施之日六个月后,市场上复混肥料(复合肥料)产品外包装禁止标注GB 15063—2001。

本标准由中国石油和化学工业协会提出。

本标准由全国肥料和土壤调理剂标准化技术委员会(SAC/TC 105)归口。

本标准起草单位:国家化肥质量监督检验中心(上海)、中国-阿拉伯化肥有限公司、中化化肥有限公司、吉林省产品质量监督检验院。

本标准主要起草人:章明洪、王连军、刘刚、郑树林、周兰影、刘俊会、杜显兰、杨一。

本标准所代替标准的历次版本发布情况为:

——GB 15063—1994、GB 15063—2001。

复混肥料(复合肥料)

1 范围

本标准规定了复混肥料(复合肥料)的要求、试验方法、检验规则、标识、包装、运输和贮存。

本标准适用于复混肥料(包括各种专用肥料以及冠以各种名称的以氮、磷、钾为基础养分的三元或二元固体肥料);已有国家标准或行业标准的复合肥料如磷酸一铵、磷酸二铵、硝酸磷肥、硝酸磷钾肥、农业用硝酸钾、磷酸二氢钾、钙镁磷钾肥及有机-无机复混肥料、掺混肥料等应执行相应的产品标准。缓释复混肥料同时执行相应的标准。

2 规范性引用文件

下列文件中的条款通过本标准的引用而成为本标准的条款。凡是注日期的引用文件,其随后所有的修改单(不包括勘误的内容)或修订版均不适用于本标准,然而,鼓励根据本标准达成协议的各方研究是否可使用这些文件的最新版本。凡是不注日期的引用文件,其最新版本适用于本标准。

GB/T 6003.1—1997 金属丝编织网试验筛

GB/T 6679 固体化工产品采样通则

GB/T 8170—2008 数值修约规则与极限数值的表示和判定

GB 8569 固体化学肥料包装

GB/T 8572 复混肥料中总氮含量测定 蒸馏后滴定法

GB/T 8573 复混肥料中有效磷含量测定

GB/T 8574 复混肥料中钾含量测定 四苯基合硼酸钾重量法

GB/T 8576 复混肥料中游离水含量测定 真空烘箱法

GB/T 8577 复混肥料中游离水含量测定 卡尔·费休法

GB 18382 肥料标识 内容和要求

GB/T 22923 肥料中氮、磷、钾的自动分析仪测定法

GB/T 22924 复混肥料(复合肥料)中缩二脲含量的测定

HG/T 2843 化肥产品 化学分析中常用标准滴定溶液、标准溶液、试剂溶液和指示剂溶液

3 术语和定义

下列术语和定义适用于本标准。

3.1

复混肥料 compound fertilizer

氮、磷、钾三种养分中,至少有两种养分标明量的由化学方法和(或)掺混方法制成的肥料。

3.2

复合肥料 complex fertilizer

氮、磷、钾三种养分中,至少有两种养分标明量的仅由化学方法制成的肥料,是复混肥料的一种。

3.3

掺混肥料 bulk blending fertilizer

氮、磷、钾三种养分中,至少有两种养分标明量的由干混方法制成的颗粒状肥料,也称BB肥。

3.4

有机-无机复混肥料 organic-inorganic compound fertilizer

含有一定量有机质的复混肥料。

3.5

大量元素(主要养分)　primary nutrient;macronutrient

对元素氮、磷、钾的通称。

3.6

中量元素(次要养分)　secondary element;nutrient

对元素钙、镁、硫等的通称。

3.7

微量元素(微量养分)　trace element;micronutrient

植物生长所必需的,但相对来说是少量的元素,例如硼、锰、铁、锌、铜、钼或钴等。

3.8

总养分　total primary nutrient

总氮、有效五氧化二磷和氧化钾含量之和,以质量分数计。

3.9

标明量　declarable content

在肥料或土壤调理剂标签或质量证明书上标明的元素(或氧化物)含量。

3.10

标识　marking

用于识别肥料产品及其质量、数量、特征、特性和使用方法所做的各种表示的统称。标识可用文字、符号、图案以及其他说明物等表示。

3.11

标签　label

供识别肥料和了解其主要性能而附以必要资料的纸片、塑料片或者包装袋等容器的印刷部分。

3.12

配合式　formula

按 $N-P_2O_5-K_2O$(总氮-有效五氧化二磷-氧化钾)顺序,用阿拉伯数字分别表示其在复混肥料中所占百分比含量的一种方式。

注:"0"表示肥料中不含该元素。

4　要求

4.1　外观:粒状、条状或片状产品,无机械杂质。

4.2　复混肥料(复合肥料)应符合表1的要求,同时应符合包装容器上的标明值。

表1　复混肥料(复合肥料)的要求

项　目		指　标		
		高浓度	中浓度	低浓度
总养分($N+P_2O_5+K_2O$)的质量分数[a]/%	≥	40.0	30.0	25.0
水溶性磷占有效磷百分率[b]/%	≥	60	50	40
水分(H_2O)的质量分数[c]/%	≤	2.0	2.5	5.0
粒度(1.00 mm～4.75 mm 或 3.35 mm～5.60 mm)[d]/%	≥	90	90	80

表 1（续）

项　　目		指　　标		
		高浓度	中浓度	低浓度
氯离子的质量分数[e]/%	未标"含氯"的产品　　≤	3.0		
	标识"含氯(低氯)"的产品　　≤	15.0		
	标识"含氯(中氯)"的产品　　≤	30.0		

[a] 组成产品的单一养分含量不应小于 4.0%，且单一养分测定值与标明值负偏差的绝对值不应大于 1.5%。

[b] 以钙镁磷肥等枸溶性磷肥为基础磷肥并在包装容器上注明为"枸溶性磷"时，"水溶性磷占有效磷百分率"项目不做检验和判定。若为氮、钾二元肥料，"水溶性磷占有效磷百分率"项目不做检验和判定。

[c] 水分为出厂检验项目。

[d] 特殊形状或更大颗粒(粉状除外)产品的粒度可由供需双方协议确定。

[e] 氯离子的质量分数大于 30.0% 的产品，应在包装袋上标明"含氯(高氯)"，标识"含氯(高氯)"的产品氯离子的质量分数可不做检验和判定。

4.3　缩二脲的质量分数

符合供需双方约定的要求。

5　试验方法

GB/T 22923 中的方法适用于快速检验。

5.1　外观

目测法测定。

5.2　总氮含量的测定

按 GB/T 8572 或 GB/T 22923 进行测定。以 GB/T 8572 中的方法为仲裁法。

5.3　有效磷含量的测定和水溶性磷占有效磷百分率的计算

按 GB/T 8573 或 GB/T 22923 进行测定。以 GB/T 8573 中的方法为仲裁法。

5.4　钾含量的测定

按 GB/T 8574 或 GB/T 22923 进行测定。以 GB/T 8574 中的方法为仲裁法。

5.5　水分的测定

按 GB/T 8577 或 GB/T 8576 进行。以 GB/T 8577 中的方法为仲裁法。

5.6　粒度的测定

按附录 A 进行。

5.7　氯离子含量的测定

按附录 B 进行。

5.8　缩二脲含量的测定

按 GB/T 22924 进行测定。以液相色谱法为仲裁法。

6　检验规则

6.1　检验类别及检验项目

产品检验包括出厂检验和型式检验，表 1 中氯离子的质量分数为型式检验项目，其余为出厂检验项目。型式检验项目在下列情况时，应进行测定：

——正式生产时，原料、工艺发生变化；

——正式生产时，定期或积累到一定量后，应周期性进行一次检验；

——国家质量监督机构提出型式检验的要求时。

缩二脲的质量分数在供需双方有约定时进行检验。

6.2 组批

产品按批检验，以一天或两天的产量为一批，最大批量为 1 000 t。

6.3 采样方案

6.3.1 袋装产品

不超过 512 袋时，按表 2 确定采样袋数；大于 512 袋时，按式(1)计算结果确定最少采样袋数，如遇小数，则进为整数。

$$最少采样袋数 = 3 \times \sqrt[3]{N} \quad \cdots\cdots(1)$$

式中：

N——每批产品总袋数。

表 2 采样袋数的确定

总袋数	最少采样袋数	总袋数	最少采样袋数
1～10	全部	182～216	18
11～49	11	217～254	19
50～64	12	255～296	20
65～81	13	297～343	21
82～101	14	344～394	22
102～125	15	395～450	23
126～151	16	451～512	24
152～181	17		

按表 2 或式(1)计算结果随机抽取一定袋数，用采样器沿每袋最长对角线插入至袋的 3/4 处，每袋取出不少于 100 g 样品，每批采取总样品量不少于 2 kg。

6.3.2 散装产品

按 GB/T 6679 规定进行。

6.4 样品缩分和试样制备

6.4.1 样品缩分

将采取的样品迅速混匀，用缩分器或四分法将样品缩分至约 1 kg，再缩分成两份，分装于两个洁净、干燥的 500 mL 具有磨口塞的玻璃瓶或塑料瓶中(生产企业质检部门可用洁净干燥的塑料自封袋盛装样品)，密封并贴上标签，注明生产企业名称、产品名称、批号或生产日期、取样日期和取样人姓名，一瓶做产品质量分析，另一瓶保存两个月，以备查用。

6.4.2 试样制备

由 6.4.1 中取一瓶样品，经多次缩分后取出约 100 g 样品，迅速研磨至全部通过 0.50 mm 孔径试验筛子(如样品潮湿或很难粉碎，可研磨至全部通过 1.00 mm 孔径试验筛)，混匀，置于洁净、干燥的瓶中，做成分分析。余下样品供粒度测定用。

6.5 结果判定

6.5.1 本标准中产品质量指标合格判定，采用 GB/T 8170—2008 中“修约值比较法”。

6.5.2 出厂检验的项目全部符合本标准要求时，判该批产品合格。

6.5.3 如果检验结果中有一项指标不符合本标准要求时，应重新自二倍量的包装袋中采取样品进行检验，重新检验结果中，即使有一项指标不符合本标准要求，判该批产品不合格。

6.5.4 每批检验合格的出厂产品应附有质量证明书，其内容包括：生产企业名称、地址、产品名称、批号或生产日期、总养分、配合式或主要养分含量、氯离子含量、缩二脲含量、本标准号和法律法规规定应标注的内容。以钙、镁、磷肥等枸溶性磷肥为基础磷肥的产品应注明为“枸溶性磷”，并应注明是否为“硝态氮”或“尿素态氮”。

7 标识

7.1 产品中如果含有硝态氮，应在包装容器上标明“含硝态氮”。

7.2 以钙、镁、磷肥等枸溶性磷肥为基础磷肥的产品应在包装容器上标明为“枸溶性磷”。

7.3 氯离子的质量分数大于3.0%的产品，应根据4.2要求的“氯离子的质量分数”，用汉字明确标注“含氯(低氯)”、“含氯(中氯)”或“含氯(高氯)”，而不是标注“氯”、“含 Cl”或“Cl”等。标明“含氯”的产品，包装容器上不应有忌氯作物的图片，也不应有“硫酸钾(型)”、“硝酸钾(型)”、“硫基”等容易导致用户误认为产品不含氯的标识。有“含氯(高氯)”标识的产品应在包装容器上标明产品的适用作物品种和“使用不当会对作物造成伤害”的警示语。

7.4 含有尿素态氮的产品应在包装容器上标明以下警示语：“含缩二脲，使用不当会对作物造成伤害”。

7.5 产品外包装袋上应有使用说明，内容包括：警示语(如“氯含量较高、含缩二脲，使用不当会对作物造成伤害”等)、使用方法、适宜作物及不适宜作物、建议使用量等。

7.6 每袋净含量应标明单一数值，如50 kg。

7.7 其余应符合GB 18382。

8 包装、运输和贮存

8.1 产品用符合GB 8569规定的材料进行包装，包装规格为50.0 kg、40.0 kg、25.0 kg或10.0 kg，每袋净含量允许范围分别为(50±0.5)kg、(40±0.4)kg、(25±0.25)kg、(10±0.1)kg，每批产品平均每袋净含量不得低于50.0 kg、40.0 kg、25.0 kg、10.0 kg。

8.2 在标明的每袋净含量范围内的产品中有添加物时，必须与原物料混合均匀，不得以小包装形式放入包装袋中。

8.3 在符合GB 8569规定的前提下，宜使用经济实用型包装。

8.4 产品应贮存于阴凉干燥处，在运输过程中应防潮、防晒、防破裂。

附　录　A
（规范性附录）
复混肥料（复合肥料）粒度的测定

A.1　方法提要

用一定规格的试验筛，将实验室样品分成不同粒径的颗粒，称量，计算质量分数。

A.2　仪器

通常实验室用仪器和以下仪器。

A.2.1　试验筛（GB/T 6003.1—1997 中 R40/3 系列）：孔径为 1.00 mm、4.75 mm 或 3.35 mm、5.60 mm 的筛子，附盖和底盘；

A.2.2　天平：感量为 0.5 g；

A.2.3　振筛机。

A.3　测定

根据产品颗粒的大小，将筛子按 1.00 mm、4.75 mm 或（3.35 mm、5.60 mm）依次叠好装上底盘，称取 6.4.2 中经缩分的实验室样品约 200 g（精确至 0.5 g），分别置于 4.75 mm 或 5.60 mm 筛子上，盖上筛盖，置于振筛机上，夹紧筛盖，振荡 5 min，或进行人工筛分。称量 1.00 mm～4.75 mm 或 3.35 mm～5.60 mm 之间的试料（精确至 0.5 g），夹在筛孔中的试料作不通过此筛处理。

A.4　分析结果的表述

粒度 w_1，以粒径 1.00 mm～4.75 mm 或 3.35 mm～5.60 mm 的试料占全部试料的质量分数计，数值以%表示，按式（A.1）计算：

$$w_1 = \frac{m_1}{m} \times 100 \quad \cdots\cdots\cdots(A.1)$$

式中：

m_1——1.00 mm～4.75 mm 或 3.35 mm～5.60 mm 之间的试料质量的数值，单位为克（g）；

m——试料质量的数值，单位为克（g）。

计算结果表示到小数点后一位。

附 录 B
（规范性附录）
复混肥料（复合肥料）中氯离子含量的测定

B.1 方法提要

试料在微酸性溶液中，加入过量的硝酸银溶液，使氯离子转化成为氯化银沉淀，用邻苯二甲酸二丁酯包裹沉淀，以硫酸铁铵为指示剂，用硫氰酸铵标准溶液滴定剩余的硝酸银。

B.2 试剂

本方法中所用试剂、溶液和水，在未注明规格和配制方法时，均应符合 HG/T 2843 的规定。

B.2.1 邻苯二甲酸二丁酯；

B.2.2 硝酸溶液：1+1；

B.2.3 硝酸银溶液[$c(AgNO_3)=0.05$ mol/L]：称取 8.7 g 硝酸银，溶解于水中，稀释至 1 000 mL，储存于棕色瓶中；

B.2.4 氯离子标准溶液(1 mg/mL)：准确称取 1.648 7 g 经 270 ℃～300 ℃烘干至质量恒定的基准氯化钠于烧杯中，用水溶解后，移入 1 000 mL 容量瓶中，稀释至刻度，混匀，储存于塑料瓶中。此溶液 1 mL含 1 mg 氯离子(Cl^-)；

B.2.5 硫酸铁铵指示液(80 g/L)：溶解 8.0 g 硫酸铁铵于 75 mL 水中，过滤，加几滴硫酸，使棕色消失，稀释至 100 mL；

B.2.6 硫氰酸铵标准滴定溶液[$c(NH_4SCN)=0.05$ mol/L]：称取 3.8 g 硫氰酸铵溶解于水中，稀释至 1 000 mL。

标定方法如下：准确吸取 25.0 mL 氯标准溶液于 250 mL 锥形瓶中，加入 5 mL 硝酸溶液和 25.0 mL 硝酸银溶液，摇动至沉淀分层，加入 5 mL 邻苯二甲酸二丁酯，摇动片刻。加入水，使溶液总体积约为 100 mL，加入 2 mL 硫酸铁铵指示液，用硫氰酸铵标准滴定溶液滴定剩余的硝酸银，至出现浅橙红色或浅砖红色为止。同时进行空白试验。

硫氰酸铵标准滴定溶液的浓度 c(mol/L)按式(B.1)计算：

$$c=\frac{m_2}{0.035\,45\times(V_0-V_1)} \qquad \text{(B.1)}$$

式中：

V_0——空白试验(25.0 mL 硝酸银溶液)所消耗硫氰酸铵标准滴定溶液的体积的数值，单位为毫升(mL)；

V_1——滴定剩余的硝酸银所消耗硫氰酸铵标准滴定溶液的体积的数值，单位为毫升(mL)；

m_2——所取氯离子标准溶液中氯离子的质量的数值，单位为克(g)；

0.035 45——氯离子的毫摩尔质量，单位为克每毫摩尔(g/mmol)。

计算结果保留四位有效数字。

B.3 测定

做两份试料的平行测定。

称取试样约 1 g～10 g(精确至 0.001 g)(称样量范围见表 B.1)于 250 mL 烧杯中，加 100 mL 水，缓慢加热至沸，继续微沸 10 min，冷却至室温，溶液转移到 250 mL 容量瓶中，稀释至刻度，混匀。干过滤，弃去最初的部分滤液。

准确吸取一定量的滤液(含氯离子约 25 mg)于 250 mL 锥形瓶中，加入 5 mL 硝酸溶液，加入 25.0 mL 硝酸银溶液，摇动至沉淀分层，加入 5 mL 邻苯二甲酸二丁酯，摇动片刻。

表 B.1 称样量范围

氯离子质量分数，w_2/%	$w_2<5$	$5\leqslant w_2\leqslant 25$	$w_2>25$
称样量/g	10～5	5～1	1

加入水，使溶液总体积约为 100 mL，加入 2 mL 硫酸铁铵指示液，用硫氰酸铵标准溶液滴定剩余的硝酸银，至出现浅橙红色或浅砖红色为止。同时进行空白试验。

B.4 分析结果的表述

氯离子的质量分数 w_2，数值以%表示，按式(B.2)计算：

$$w_2=\frac{(V_0-V_2)\times c\times 0.035\,45}{m_3\times D}\times 100 \qquad \text{(B.2)}$$

式中：

V_0——空白试验(25.0 mL 硝酸银溶液)所消耗硫氰酸铵标准滴定溶液的体积的数值，单位为毫升(mL)；

V_2——滴定试液时所消耗硫氰酸铵标准滴定溶液的体积的数值，单位为毫升(mL)；

c——硫氰酸铵标准滴定溶液的浓度的数值，单位为摩尔每升(mol/L)；

m_3——试料质量的数值，单位为克(g)；

D——测定时吸取试液体积与试液的总体积的比值；

0.035 45——氯离子的毫摩尔质量的数值，单位为克每毫摩尔(g/mmol)。

计算结果表示到小数点后两位。取平行测定结果的算术平均值作为测定结果。

B.5 允许差

氯离子含量测定的允许差应符合表 B.2 的要求。

表 B.2 氯离子含量测定的允许差

氯离子质量分数，w_2/%		$w_2<5$	$5\leqslant w_2\leqslant 25$	$w_2>25$
平行测定结果的绝对差值	≤	0.20	0.30	0.40
不同实验室测定结果的绝对差值	≤	0.30	0.40	0.60

ICS 83.080.20
K 15

中华人民共和国国家标准

GB/T 15065—2009
代替 GB 15065—1994

电线电缆用黑色聚乙烯塑料

Black polyethylene compounds for wire and cable

2009-10-15 发布　　2010-03-01 实施

中华人民共和国国家质量监督检验检疫总局
中国国家标准化管理委员会　发布

前言

本标准代替GB 15065—1994《电线电缆用黑色聚乙烯塑料》。

本标准与GB 15065—1994相比主要变化如下：

——规范性引用文件均变更为注日期的引用文件，并引用最新版本；

——增加引用标准GB/T 2951.12—2008、GB/T 2951.14—2008、GB/T 2951.41—2008、GB/T 2951.42—2008、GB/T 18251—2000；

——3.2中增加MH(黑色中密度聚乙烯护套料)，NMJ(黑色耐候性中密度聚乙烯绝缘料)；

——表2中增加了NDH、LDH、GH的空气烘箱热老化拉伸强度和断裂拉伸应变的要求；

——出厂检验项目增加"密度"；

——表2中炭黑分散度改为≤3级；

——表2中NDH、LDH、GH、NDJ、NLDJ、NGJ的密度有变化；

——表2中GH的熔体流动质量速率改为2.0 g/10 min；

——耐环境应力开裂试验中TX-10试剂20%水溶液改为TX-10试剂10%水溶液；

——氧化诱导期按GB/T 2951.42—2008进行；

——炭黑分散度按GB/T 18251—2000进行；

——空气烘箱热老化中增加MH、GH的试验温度；

——6.3中表4有改变；

——原附录C改为附录A；

——删除引用标准GB/T 2951.7，GB/T 2951.13；

——删除DH产品类别及其要求；

——删除表2中炭黑分散性吸收系数；

——删除了附录A、附录B。

本标准的附录A为规范性附录。

本标准由中国轻工业联合会提出。

本标准由全国塑料制品标准化技术委员会(SAC/TC 48)归口。

本标准起草单位：轻工业塑料加工应用研究所、天水万维电缆材料有限公司、上海凯波特种电缆料厂、青岛宏信塑胶(造粒)有限公司。

本标准主要起草人：李洁涛、郑秦生、汪晓明、杨东武、刘山生、马峰、项健、王学军。

本标准所代替标准的历次版本发布情况为：

——GB 15065—1994。

电线电缆用黑色聚乙烯塑料

1 范围

本标准规定了电线电缆用黑色聚乙烯塑料(以下简称"聚乙烯电缆料")的产品分类、要求、试验方法、检验规则和标志、包装、运输、贮存。

本标准适用于以聚乙烯树脂为主要原料加入炭黑、抗氧剂等助剂,经混炼、塑化、造粒制得的聚乙烯电缆料。

2 规范性引用文件

下列文件中的条款通过本标准的引用而成为本标准的条款。凡是注日期的引用文件,其随后所有的修改单(不包括勘误的内容)或修订版均不适用于本标准,然而,鼓励根据本标准达成协议的各方研究是否可使用这些文件的最新版本。凡是不注日期的引用文件,其最新版本适用于本标准。

GB/T 1033.1—2008 塑料 非泡沫塑料密度的测定 第1部分:浸渍法、液体比重瓶法和滴定法(ISO 1183-1:2004,IDT)

GB/T 1040.3—2006 塑料 拉伸性能的测定 第3部分:薄膜和薄片的试验条件(ISO 527-3:1995,IDT)

GB/T 1408.1—2006 绝缘材料电气强度试验方法 第1部分:工频下试验(IEC 60243-1:1998,IDT)

GB/T 1409—2006 测量电气绝缘材料在工频、音频、高频(包括米波波长在内)下电容率和介质损耗因数的推荐方法(IEC 60250:1969,MOD)

GB/T 1410—2006 固体绝缘材料体积电阻率和表面电阻率试验方法(IEC 60093:1980,IDT)

GB/T 1633—2000 热塑性塑料维卡软化温度(VST)的测定(idt ISO 306:1994)

GB/T 2828.1—2003 计数抽样检验程序 第1部分:按接收质量限(AQL)检索的逐批检验抽样计划(ISO 2859-1:1999,IDT)

GB/T 2951.12—2008 电缆和光缆绝缘和护套材料通用试验方法 第12部分:通用试验方法——热老化试验方法(IEC 60811-1-2:1985,IDT)

GB/T 2951.14—2008 电缆和光缆绝缘和护套材料通用试验方法 第14部分:通用试验方法——低温试验(IEC 60811-1-4:1985,IDT)

GB/T 2951.41—2008 电缆和光缆绝缘和护套材料通用试验方法 第41部分:聚乙烯和聚丙烯混合料专用试验方法——耐环境应力开裂试验——熔体指数测量方法——直接燃烧法测量聚乙烯中碳黑和(或)矿物质填料含量——热重分析法(TGA)测量碳黑含量——显微镜法评估聚乙烯中碳黑分散度(IEC 60811-4-1:2004,IDT)

GB/T 2951.42—2008 电缆和光缆绝缘和护套材料通用试验方法 第42部分:聚乙烯和聚丙烯混合料专用试验方法——高温处理后抗张强度和断裂伸长率试验——高温处理后卷绕试验——空气热老化后的卷绕试验——测定质量的增加——长期热稳定性试验——铜催化氧化降解试验方法(IEC 60811-4-2:2004,IDT)

GB/T 3682—2000 热塑性塑料熔体质量流动速率和熔体体积流动速率的测定(idt ISO 1133:1997)

GB/T 5470—2008　塑料　冲击法脆化温度的测定(ISO 974:2000,MOD)

GB/T 9352—2008　塑料　热塑性塑料材料试样的压塑(ISO 293:2004,IDT)

GB/T 12527—2008　额定电压1 kV及以下架空绝缘电缆

GB/T 18251—2000　聚烯烃管材、管件和混配料中颜料或炭黑分散的测定方法(neq ISO/DIS 18553:1999)

3　产品分类

3.1　规格

产品为黑色圆柱形颗粒,直径为3 mm~4 mm,长度为2 mm~4 mm或体积相当的颗粒。

3.2　分类

产品按其用途分为护套料和绝缘料两大类,每一大类细分为四类,其代号、产品名称及主要用途见表1。

表1　产品分类

类别	代号	产品名称	主要用途
护套料	NDH	黑色耐环境开裂低密度聚乙烯护套料	用于耐环境开裂要求较高的通信电缆、控制电缆、信号电缆和电力电缆的护层,最高工作温度70 ℃
	LDH	黑色线性低密度聚乙烯护套料	
	MH	黑色中密度聚乙烯护套料	用于通讯电缆、光缆、海底电缆、电力电缆,最高工作温度90 ℃
	GH	黑色高密度聚乙烯护套料	
绝缘料	NDJ	黑色耐候低密度聚乙烯绝缘料	用于1 kV及以下架空电缆或其他类似场合,最高工作温度70 ℃
	NLDJ	黑色耐候线性低密度聚乙烯绝缘料	
	NMJ	黑色耐候中密度聚乙烯绝缘料	用于10 kV及以下架空电缆或其他类似场合,最高工作温度80 ℃
	NGJ	黑色耐候高密度聚乙烯绝缘料	

4　要求

4.1　外观

颗粒均匀,表面光滑,无杂质,不应有3颗及以上连粒。

4.2　物理力学性能及电性能

物理力学性能及电性能应符合表2规定。

表 2　物理力学性能及电性能要求

序号	项　　目			NDH	LDH	MH	GH	NDJ	NLDJ	NMJ	NGJ
1	熔体流动质量速率/(g/10 min)		≤	2.0	2.0	2.0	2.0	0.4	1.0	1.5	0.4
2	密度/(g/cm^3)			≤0.940	≤0.940	0.940～0.955	0.955～0.978	≤0.940	≤0.940	0.940～0.955	0.955～0.978
3	拉伸强度/MPa		≥	13.0	14.0	17.0	20.0	13.0	14.0	17.0	20.0
4	拉伸屈服应力/MPa		≥	—	—	—	16.0	—	—	—	16.0
5	断裂拉伸应变/%		≥	500	600	600	650	500	600	600	650
6	低温冲击脆化温度,−76 ℃			通过	通过	通过	通过	通过	通过	通过	通过
7	耐环境应力开裂 F_0/h		≥	96	500	500	500	96	500	500	500
8	200 ℃氧化诱导期/min		≥	30				—			
9	炭黑含量/%			2.60±0.25				—			
10	炭黑分散度/级		≤	3				—			
11	维卡软化点/℃		≥	—	—	110	110	—	—	110	110
12	空气烘箱热老化	拉伸强度/MPa	≥	—	13.0	16.0	20.0	12.0	13.0	16.0	20.0
		断裂拉伸应变/%	≥	—	500	500	650	400	500	500	650
13	低温断裂伸长率/%		≥	—	—	—	175	—	—	—	175
14	人工气候老化 0～100 8 h	拉伸强度变化率/%		—	—	—	—	±25	±25	±25	±25
		断裂拉伸应变变化率/%		—	—	—	—	±25	±25	±25	±25
	人工气候老化 504 h～1 008 h	拉伸强度变化率/%		—	—	—	—	±15	±15	±15	±15
		断裂拉伸应变变化率/%		—	—	—	—	±15	±15	±15	±15
15	耐热应力开裂 F_0/h		≥	—	—	—	—	—	—	—	96
16	介电强度 E_d/(kV/mm)		≥	25	25	25	25	25	25	35	35
17	体积电阻率 ρ_v/Ω·m		≥	1×10^{14}	1×10^{14}	1×10^{14}	1×10^{14}	1×10^{14}	1×10^{14}	1×10^{14}	1×10^{14}
18	介电常数 ε_r		≤	2.80	2.80	2.75	2.75	—	—	2.45	2.45
19	介质损耗因数 $\tan\delta$		≤	—	—	0.005	0.005	—	—	0.001	0.001

5 试验方法

5.1 外观

在自然光线下目测。

5.2 物理力学性能

5.2.1 试样制备

按 GB/T 9352—2008 的规定进行。

5.2.2 熔体质量流动速率

按 GB/T 3682—2000 中条件 D 进行。

5.2.3 密度

按 GB/T 1033.1—2008 中规定进行，仲裁时使用浸渍法。

5.2.4 拉伸强度、拉伸屈服应力、断裂拉伸应变

按 GB/T 1040.3—2006 的规定进行，试样为 5 型，厚度为(1.0±0.1)mm，试验速度为(25±5)mm/min；但在进行例行试验时允许试验速度为(250±50)mm/min 及以下。

5.2.5 低温冲击脆化温度

按 GB/T 5470—2008 的规定进行，A 型试样，每组 30 片。采用通过法，试验温度为－76 ℃，试样在规定的温度下，保持 3 min，以试样破裂个数不大于 15 个为通过。

5.2.6 200 ℃氧化诱导期

按 GB/T 2951.42—2008 的规定进行，从颗粒试样上直接取样进行试验，试验时气体的流量为(200±5)mL/min。

5.2.7 炭黑含量

按 GB/T 2951.41—2008 的规定进行。

5.2.8 炭黑分散度

按 GB/T 18251—2000 的规定进行。

5.2.9 维卡软化点温度

按 GB/T 1633—2000 中的 A_{120} 法进行，即使用 10 N 的力，加热速率为 120 ℃/h。

5.2.10 空气烘箱热老化

按 GB/T 2951.12—2008 的规定进行，MH、GH 类老化温度(110±2)℃，其余类别老化温度(100±2)℃，时间均为 240 h。

5.2.11 低温断裂伸长率

按 GB/T 2951.14—2008 的规定进行，试验温度－18 ℃，在此条件下将试样处理 1 h。

5.2.12 耐环境应力开裂

按 GB/T 2951.41—2008 的规定进行。

试样应在试片制好后 72 h～120 h 内开始试验。NDH、LDH、NDJ、NLDJ 的试样处理条件为(145±5)℃，MH、NMJ 的试样处理条件为(155±5)℃，GH、NGJ 的试样处理条件为(165±5)℃。试样尺寸见表 3。

可使用仲辛基酚聚氧乙烯醚(TX-10)试剂的 10%水溶液(体积浓度)。

表 3 试样尺寸

单位为毫米

产品代号	*A*	*B*	*C*	*D*[a]
NDH、LDH、MH、NDJ、NLDJ、NMJ	38.0±2.5	13.0±0.8	3.00～3.30	0.50～0.65
GH、NGJ	38.0±2.5	13.0±0.8	1.75～2.0	0.30～0.40

a 深度 *D* 在长度方向应均匀。

5.2.13 人工气候老化

按 GB/T 12527—2008 中附录 A 的规定进行，老化时间为 1 008 h。

5.2.14 耐热应力开裂

按附录 A 的规定进行。

试样退火处理方法：保持退火烘箱的温度(155±5)℃，恒温 1 h，以(30±2)℃/h 的降温速度率降至 50 ℃。

5.3 电性能

5.3.1 试样

试样厚度(1.00±0.05)mm。

5.3.2 介电强度

按 GB/T 1408.1—2006 的规定进行，使用 ϕ25 mm 对称电极，升压速度 2 000 V/s。

5.3.3 体积电阻率

按 GB/T 1410—2006 的规定进行，试验电压 1 000 V。

5.3.4 介电常数、介质损耗因数

按 GB/T 1409—2006 的规定进行，测试频率：护套料为 100 kHz±20%，绝缘料为 50 Hz。

6 检验规则

6.1 组批

聚乙烯电缆料以批为单位进行检验。同一批号原料、同一配方、同一工艺生产的为一批，每批质量不超过 40 t。

6.2 检验分类

6.2.1 出厂检验

出厂检验项目为 4.1 及 4.2 的表 2 中第 1、2、3、5、7、8、10、16、17、18 和 19 项，其中表 2 第 7 项仅适用于 NDH 和 NDJ 类，第 18 和 19 项仅适用于 NMJ 和 NGJ 类。

6.2.2 型式检验

型式检验项目为技术要求中规定的全部项目，有下列情况之一者应进行型式检验：

a) 新产品或老产品转厂生产的试制定型鉴定；

b) 正式生产后，如配方、原材料、工艺改变，可能影响产品性能时；

c) 正常生产时，至少六个月进行一次检验；

d) 产品长期停产后，恢复生产时；

e) 出厂检验结果与上次型式检验有较大差异时。

6.3 抽样

外观检验按 GB/T 2828.1—2003 规定，采用一次正常检验抽样方案，一般检验水平Ⅰ、接收质量限 AQL 为 6.5，抽样方案见表 4。从抽取的每袋样品中取 0.5 kg 进行检验。

表 4 抽样方案

单位为袋

批量范围 N	样本大小 n	接收数 Ac	拒收数 Re
2～25	2	0	1
26～150	8	1	2
151～280	13	2	3
281～500	20	3	4
501～1 200	32	5	6
1 201～3 200	50	7	48

物理力学性能及电性能检验以批为单位，在每批中任取 1 kg 进行检验。

6.4 判定规则

6.4.1 样本单位质量的判定

产品以 1 袋为一个样本单位。外观按 4.1 要求进行检验，全部项目均合格，样本单位为合格。

6.4.2 合格批的判定

外观按表 4 进行判定。

物理力学性能及电性能检验结果若有不合格项目，应重新从原批中双倍抽样，对不合格项目进行复检，复验结果全部合格，则该批为合格。

7 标志、包装、运输、贮存

7.1 标志

在每个包装袋上应标明下列内容：

a) 产品名称及代号、标准编号；

b) 制造厂家、厂址；

c) 生产日期及批号；

d) 防热、防潮标志；

e) 净质量。

每个批次至少附有一份质量保证文件（如合格证、质量保证书等）。

7.2 包装

聚乙烯电缆料内袋用聚乙烯塑料薄膜袋，外袋用塑料编织袋或复合袋包装或供需双方协商。每袋净质量(25±0.2)kg 或供需双方协商。

7.3 运输

产品运输时不应雨淋和在阳光下曝晒。应保持清洁、干燥，不应污染，保持包装完整。

7.4 贮存

产品应贮存在清洁、阴凉、干燥、通风的库房内，贮存期从生产日期起为一年。

附 录 A
（规范性附录）
耐热应力开裂试验方法

A.1 试样的制备

试样的制备按 GB/T 9352—2008 的规定进行。

A.2 设备

A.2.1 裁刀：刀口尺寸为(127×6.4)mm。

A.2.2 冲孔机：孔径为 1.6 mm。

A.2.3 金属圆棒：长度为 165 mm，直径为(6.40±0.05)mm 的黄铜或不锈钢棒三根。在每根金属圆棒上有六个直径为 1.6 mm 的孔，孔的中心线应与圆棒轴线垂直并在一个平面内，孔的间隔见图 A.1。

单位为毫米

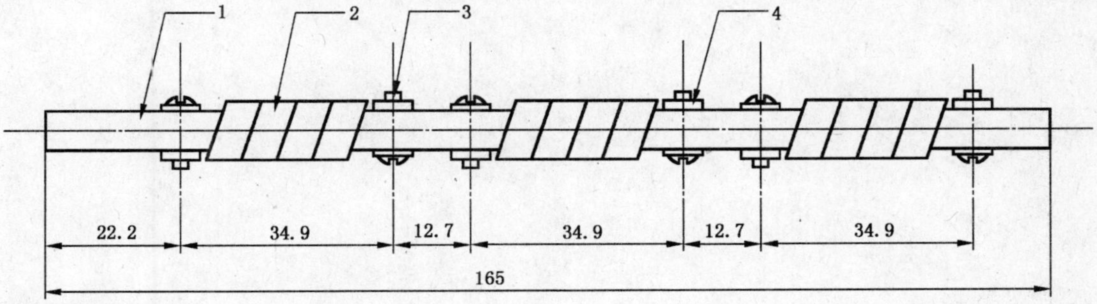

1——金属棒；

2——式样；

3——螺栓 M1.6×10；

4——螺母 M1.6。

图 A.1 金属圆棒

A.2.4 螺栓：直径为 1.4 mm，长度为 12.5 mm 的螺丝，配有螺母、垫圈，材料与金属棒相同。

A.2.5 台钳：安装在工作平台上，用于夹持金属圆棒。

A.2.6 试管：长 200 mm、外径 32 mm 的玻璃管，配有带气孔的橡皮塞或软木塞。

A.2.7 恒温浴槽或烘箱：温度范围在(100±1)℃。

A.2.8 试管架。

A.3 试样的状态调节

A.3.1 将膜压好的试样在温度为(23±2)℃、相对湿度为(50±2)%的环境下处理 8 h 以上。

A.3.2 从处理好的试片上裁下九个试样，每个试样尺寸为(127×6.4×1.30)mm，在试样的两端分别冲压直径为 1.6 mm 的孔，每个孔与试样终端距离为 3.2 mm。见图 A.2。

单位为毫米

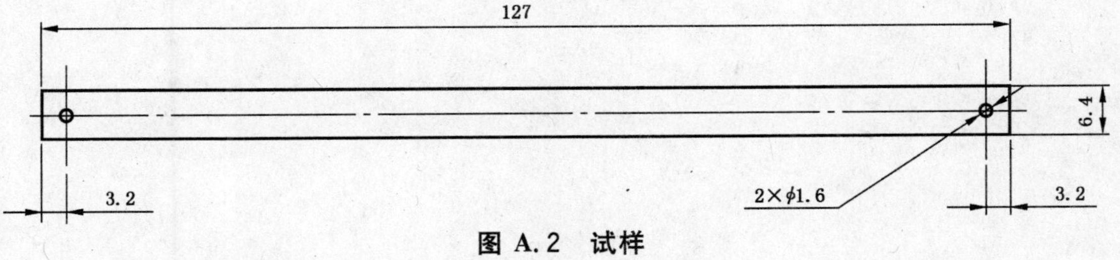

图 A.2 试样

A.4 试验步骤

A.4.1 九个试样分三组，每一金属圆棒上缠绕三个试样。

A.4.2 将金属圆棒的一端固定在台钳上，试样的一端用螺丝固定在圆棒上，将试样在金属圆棒上缠绕四圈半后，用螺丝将另一端固定。

注：螺丝不宜上得过紧，否则会导致试样提前开裂。

A.4.3 用 A.4.2 的方法固定另外两个试样，将固定好试样的金属圆棒放进试管中，并打上标记，用塞子盖紧。

A.4.4 用上述方法装好另外两组的试样。

A.4.5 用试管架将三个装好试样的试管放入烘箱或恒温浴槽里，并记下开始试验的时间。

A.4.6 在试验进行到 96 h 时，从烘箱或恒温浴槽中取出试管，检查试样的开裂情况，并记下时间和试样破损总数。

A.4.7 试样的目测检查：观察距离试样两端 6.4 mm 以内处的开裂情况。

ICS 43.080.10
T 70

中华人民共和国国家标准

GB/T 15087—2009/ISO 8718:2001
代替 GB/T 15087—1994

道路车辆 牵引车与牵引杆挂车机械连接装置 强度试验

Road vehicles—Drawbar couplings and eyes for hinged drawbars—Strength tests

(ISO 8718:2001,IDT)

2009-03-23 发布 2010-01-01 实施

中华人民共和国国家质量监督检验检疫总局
中国国家标准化管理委员会
发布

前言

本标准等同采用 ISO 8718:2001《道路车辆　牵引车与牵引杆挂车机械连接装置　强度试验》(英文版)。

本标准与 ISO 8718:2001 相比,进行了以下编辑性修改:

——“本国际标准”一词改为“本标准”;

——增加了本标准的前言;

——删除 ISO 8718:2001 的前言。

本标准代替 GB/T 15087—1994《汽车　牵引车与全挂车机械连接装置　强度试验》。

本标准与 GB/T 15087—1994 比较,主要差异如下:

——试验频率上限由 30 Hz 改为 25 Hz;

——增加了静态试验。

本标准由国家发展和改革委员会提出。

本标准由全国汽车标准化技术委员会(SAC/TC 114)归口。

本标准起草单位:交通部公路科学研究院。

本标准主要起草人:李永福,张学利。

本标准所代替标准的历次版本发布情况为:

——GB/T 15087—1994。

道路车辆　牵引车与牵引杆挂车机械连接装置　强度试验

1　范围

本标准规定了牵引车牵引装置和与之配套的 40 mm 和 50 mm 牵引杆挂环强度试验的条件和要求。

注：本标准适用于牵引车牵引装置的强度试验。牵引车牵引装置符合 ISO 3584，牵引杆挂环符合 GB/T 4781 和 ISO 8755。

2　规范性引用文件

下列文件中的条款通过本标准的引用而成为本标准的条款。凡是注日期的引用文件，其随后所有的修改单(不包括勘误的内容)或修订版均不适用于本标准，然而，鼓励根据本标准达成协议的各方研究是否可使用这些文件的最新版本。凡是不注日期的引用文件，其最新版本适用于本标准。

GB/T 3730.2　道路车辆　质量　词汇和代码(GB/T 3730.2—1996，idt ISO 1176:1990)

3　术语和定义

GB/T 3730.2 规定的术语和定义适用于本标准。

4　一般试验要求

4.1　试验中牵引装置应在具有相应功能尺寸的条件下进行。

4.2　本标准中规定的静态和动态强度试验是在试验台上进行的。

4.3　牵引装置在试验台上的安装定位方式应与制造厂装配说明书中规定的牵引装置在牵引车上安装定位方式相一致。

4.4　牵引车牵引装置和牵引杆挂环应分别或共同进行试验。

4.5　根据制造厂的要求和检测试验场规定，可使牵引装置中的柔性装置在试验中不起作用。

4.6　柔性装置受力过大会加速试验进程，在动态试验时柔性装置应被替换。

5　水平载荷的确定

水平载荷是根据牵引车与牵引杆挂车之间产生的纵向力的计算结果确定的一个当量，单位为 kN，其值按公式(1)计算：

$$D = g\frac{m_T \cdot m_R}{m_T + m_R} \qquad \cdots\cdots(1)$$

式中：

m_T——带有牵引装置的牵引车最大总质量，单位为吨(t)；

m_R——牵引杆挂车最大总质量，单位为吨(t)；

g——重力加速度(9.81 m/s^2)。

6　动态试验

6.1　试验载荷的施加

6.1.1　施加水平试验载荷 F_t，用以模拟行车条件下的实际载荷。

6.1.2 F_t 为交变载荷，位置和方向如图1所示。该力通过一个无间隙的牵引杆挂环施加。

6.1.3 F_t 应在 $+0.6D$ 与 $-0.6D$ 之间变化。

6.2 循环载荷

动态试验应按正弦规律进行，循环次数为 2×10^6。

6.3 试验频率

试验频率不应大于25 Hz，且不应与试验系统固有频率重合。

7 静态试验

在牵引车牵引装置开启方向上加载 $0.25D$ 的测试力，对关闭和锁紧装置进行试验。采用牵引销连接时可加载 $0.1D$ 的测试力。

8 强度要求

动态试验不应导致连接装置永久变形、断裂或裂纹；静态试验不应导致关闭装置开启，不应导致任何损坏。

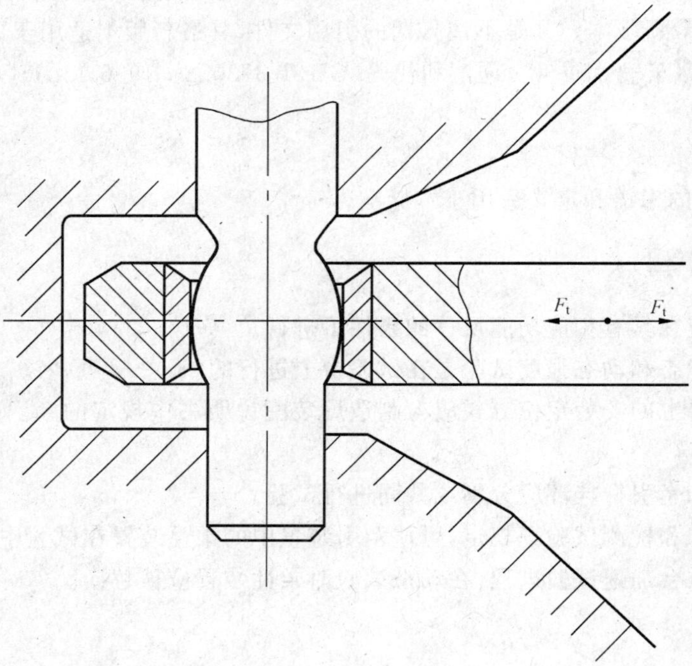

图1 水平试验载荷 F_t 的施加

ICS 43.080.10
T 70

中华人民共和国国家标准

GB/T 15088—2009/ISO 8716:2001
代替 GB/T 15088—1994

道路车辆　牵引销　强度试验

Road vehicles—Fifth wheel kingpins—Strength test

(ISO 8716:2001,IDT)

2009-03-23 发布　　2010-01-01 实施

中华人民共和国国家质量监督检验检疫总局
中国国家标准化管理委员会　发布

前言

本标准等同采用 ISO 8716:2001《道路车辆　牵引销　强度试验》(英文版)。

本标准与 ISO 8716:2001 相比,进行了以下编辑性修改:

——“本国际标准”一词改为“本标准”;

——增加了本标准的前言;

——删除 ISO 8716:2001 的前言。

本标准代替 GB/T 15088—1994《汽车　半挂车牵引座牵引销　强度试验》。

本标准与 GB/T 15088—1994 比较,主要差异如下:

——试验频率上限由 30 Hz 改为 25 Hz;

——图 1 颠倒 180°。

本标准由国家发展和改革委员会提出。

本标准由全国汽车标准化技术委员会(SAC/TC 114)归口。

本标准起草单位:交通部公路科学研究院。

本标准主要起草人:李永福、张学利。

本标准所代替标准的历次版本发布情况为:

——GB/T 15088—1994。

道路车辆　牵引销　强度试验

1　范围

本标准规定了 50 号和 90 号牵引销强度试验的条件和要求。

本标准适用于符合 GB/T 4606 和 GB/T 4607 规定的 50 号和 90 号牵引销。

2　规范性引用文件

下列文件中的条款通过本标准的引用而成为本标准的条款。凡是注日期的引用文件，其随后所有的修改单（不包括勘误的内容）或修订版均不适用于本标准。然而，鼓励根据本标准达成协议的各方研究是否可使用这些文件的最新版本。凡是不注明日期的引用文件，其最新版本适用于本标准。

GB/T 3730.2　道路车辆　质量　词汇和代码（GB/T 3730.2—1996，idt ISO 1176：1990）

GB/T 4606　道路车辆　半挂车牵引座 50 号牵引销的基本尺寸和安装、互换性尺寸（GB/T 4606—2006，ISO 337：1981，IDT）

GB/T 4607　道路车辆　半挂车牵引座 90 号牵引销的基本尺寸和安装、互换性尺寸（GB/T 4607—2006，ISO 4086：2001，IDT）

3　术语和定义

GB/T 3730.2 规定的术语和定义适用于本标准。

4　一般试验要求

4.1　本标准中规定的动态强度试验是在试验台上进行的。

4.2　牵引销在试验台上的安装定位方式应与制造厂装配说明书中规定的牵引销在半挂车上安装定位方式相一致。

4.3　牵引销应按 6.1 要求，连接锁紧装置并脱离牵引座单独进行试验。

5　水平载荷 *D* 的确定

水平载荷 D 是根据牵引车与半挂车之间产生的纵向力的计算结果确定的一个当量，单位是 kN，其值按公式(1)计算：

$$D = g\frac{0.6 \cdot m_T \cdot m_R}{m_T + m_R - m_U} \qquad (1)$$

式中：

m_T——牵引车最大设计总质量（包括 m_U），单位为吨(t)；

m_R——半挂车最大设计总质量，单位为吨(t)；

m_U——满载时半挂车对牵引座施加的垂直方向的载荷，单位为吨(t)；

g——重力加速度（$9.81\ m/s^2$）。

6　试验条件

6.1　一般条件

为了达到试验目的，牵引销应连接好与之相关的配套设备（见 GB/T 4606 和 GB/T 4607）。安装方式应与在车辆上的连接方式一致。

6.2 试验载荷的施加

6.2.1 施加水平试验载荷 F_{ht}，用以模拟行车条件下的实际载荷。

6.2.2 F_{ht}为交变载荷，位置和方向如图1所示。该力通过一个特殊的无间隙的装置（与牵引座锁紧装置类似）施加。

6.2.3 F_{ht}应在 $+0.6D$ 与 $-0.6D$ 之间变化。

6.3 载荷循环

动态试验应按正弦规律进行，循环次数为 2×10^6。

6.4 试验频率

试验频率不得大于 25 Hz，且不应与试验系统固有频率重合。

7 强度

动态试验不应导致牵引销永久变形、断裂或裂纹。

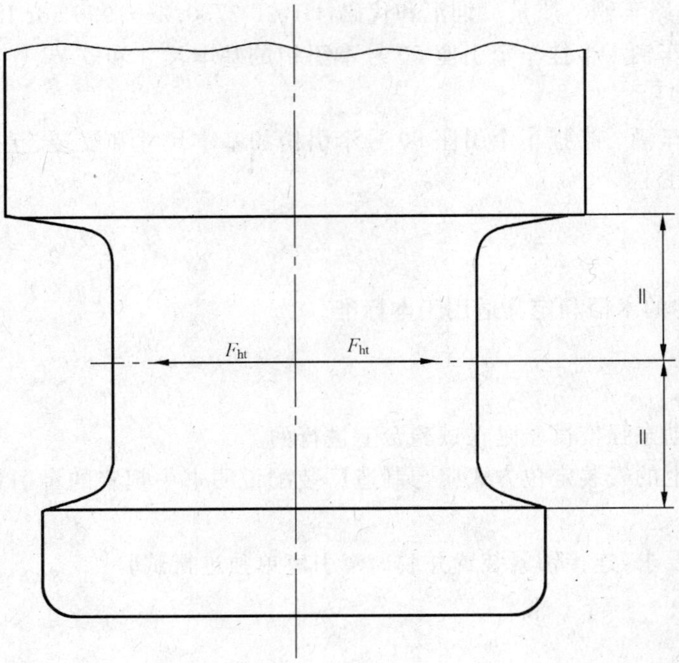

图1 水平试验载荷 F_{ht} 的施加

ICS 77.120.10
J 31

中华人民共和国国家标准

GB/T 15114—2009
代替 GB/T 15114—1994

铝合金压铸件

Aluminum alloy die castings

2009-04-01 发布　　2009-12-01 实施

中华人民共和国国家质量监督检验检疫总局
中国国家标准化管理委员会　发布

前 言

本标准修改采用 ASTM B 85—03《铝合金压铸件标准规范》。本标准和 ASTM B 85—03 相比，在主要技术内容上存在如下差异：

——在结构上作了较大的编辑性修改；

——未采用 ASTM B 85—03 的第 2 章引用文件，以我国的相关标准代替；

——未采用 ASTM B 85—03 的第 10 章和第 11 章有关铸件加工后的成品尺寸公差及性能要求；

——未采用 ASTM B 85—03 的附录 A 对铸件原材料的验收标准；

——增加了附录 B 和附录 C。

本标准代替 GB/T 15114—1994《铝合金压铸件》。

本标准与 GB/T 15114—1994 相比，主要技术内容变化如下：

——增加了铸件材料的化学成分表；

——增加了材料牌号 YZAlSi10Mg(YL101)，删除了材料牌号 YZAlSi12Cu2(YL108)；

——修改了对力学性能的验收要求；

——增加了附录 A 压铸件的力学性能参考值；

——增加了附录 B 线型尺寸受分型面影响时的附加量；

——增加了附录 C 线型尺寸受模具活动部分影响时的附加量。

本标准的附录 A、附录 B、附录 C 和附录 D 均为资料性附录。

本标准由中国机械工业联合会提出。

本标准由全国铸造标准化技术委员会(SAC/TC 54)归口。

本标准起草单位：广东鸿图科技股份有限公司、长春一汽联合压铸有限公司、湛江德利化油器有限公司、宁波万安股份有限公司、沈阳铸造研究所。

本标准主要起草人：常移迁、董显明、赵炳华、何经元、曲学良。

本标准所代替标准的历次版本发布情况为：

——GB/T 15114—1994。

铝合金压铸件

1 范围

本标准规定了铝合金压铸件的技术要求、质量保证、试验方法及检验规则、交付、包装及贮运等要求。

本标准适用于铝合金压铸件。

2 规范性引用文件

下列文件中的条款通过本标准的引用而成为本标准的条款。凡是注日期的引用文件，其随后所有的修改单(不包括勘误的内容)或修订版均不适用于本标准，然而，鼓励根据本标准达成协议的各方研究是否可使用这些文件的最新版本。凡是不注日期的引用文件，其最新版本适用于本标准。

GB/T 228 金属材料 室温拉伸试验方法

GB/T 231.1 金属布氏硬度试验 第1部分:试验方法

GB/T 1182 产品几何技术规范(GPS)几何公差 形状、方向、位置和跳动公差标注

GB/T 2828.1 计数抽样检验程序 第1部分:按接收质量限(AQL)检索的逐批检验抽样计划

GB/T 2829 周期检验计数抽样程序及表(适用于对过程稳定性的检验)

GB/T 6060.1 表面粗糙度比较样块 铸造表面

GB/T 6060.3 表面粗糙度比较样块 第3部分:电火花、抛(喷)丸、喷砂、研磨、锉、抛光加工表面

GB/T 6414 铸件尺寸公差与机械加工余量

GB/T 13822 压铸有色合金试样

GB/T 20975.3 铝及铝合金化学分析方法 第3部分：铜含量的测定

GB/T 20975.4 铝及铝合金化学分析方法 第4部分:铁含量的测定 邻二氮杂菲分光光度法

GB/T 20975.5 铝及铝合金化学分析方法 第5部分:硅含量的测定

GB/T 20975.7 铝及铝合金化学分析方法 第7部分：锰含量的测定 高碘酸钾分光光度法

GB/T 20975.8 铝及铝合金化学分析方法 第8部分:锌含量的测定

GB/T 20975.10 铝及铝合金化学分析方法 第10部分：锡含量的测定

GB/T 20975.11 铝及铝合金化学分析方法 第11部分:铅含量的测定 火焰原子吸收光谱法

GB/T 20975.12 铝及铝合金化学分析方法 第12部分:钛含量的测定

GB/T 20975.14 铝及铝合金化学分析方法 第14部分:镍含量的测定

GB/T 20975.16 铝及铝合金化学分析方法 第16部分:镁含量的测定

3 技术要求

3.1 化学成分

压铸件的化学成分应符合表1的规定。

表 1 铝合金压铸件的化学成分

序号	合金牌号	合金代号	化学成分(质量分数)/%										
			Si	Cu	Mn	Mg	Fe	Ni	Ti	Zn	Pb	Sn	Al
1	YZAlSi10Mg	YL101	9.0～10.0	≤0.6	≤0.35	0.40～0.60	≤1.3	≤0.50	—	≤0.50	≤0.10	≤0.15	余量
2	YZAlSi12	YL102	10.0～13.0	≤1.0	≤0.35	≤0.10	≤1.3	≤0.50	—	≤0.50	≤0.10	≤0.15	余量
3	YZAlSi10	YL104	8.0～10.5	≤0.3	0.2～0.5	0.17～0.30	≤1.0	≤0.50	—	≤0.40	≤0.05	≤0.01	余量
4	YZAlSi9Cu4	YL112	7.5～9.5	3.0～4.0	≤0.50	≤0.10	≤1.3	≤0.50	—	≤3.00	≤0.10	≤0.15	余量
5	YZAlSi11Cu3	YL113	9.5～11.5	2.0～3.0	≤0.50	≤0.10	≤1.3	≤0.30	—	≤3.00	≤0.10	≤0.35	余量
6	YZAlSi17Cu5Mg	YL117	16.0～18.0	4.0～5.0	≤0.50	0.45～0.65	≤1.3	≤0.10	≤0.1	≤1.50	≤0.10	—	余量
7	YZAlMg5Si1	YL302	≤0.35	≤0.25	≤0.35	7.5～8.5	≤1.8	≤0.15	—	≤0.15	≤0.10	≤0.15	余量
注：除有范围的元素和铁为必检元素外，其余元素在有要求时抽检。													

3.2 力学性能

3.2.1 如果没有特殊规定，力学性能不作为验收依据。

3.2.2 附录 A 列出的力学性能是采用 GB/T 13822 规定的压铸单铸试棒确定的典型力学性能，其数值供参考。

3.2.3 当采用压铸件本体检验时，由供需双方商定技术要求。

3.3 压铸件尺寸

3.3.1 压铸件的几何形状和尺寸应符合铸件图样的规定。

3.3.2 压铸件的尺寸公差应按 GB/T 6414 的规定执行。受分型面和模具活动部分影响的尺寸公差还需要增加一个附加量，可参照附录 B、附录 C。有特殊规定和要求时，须在图样上注明。

3.3.3 压铸件的尺寸公差不包括铸造斜度。其不加工表面：包容面以小端为基准，被包容面以大端为基准；待加工表面：包容面以大端为基准，被包容面以小端为基准。有特殊规定和要求时，须在图样上注明。

3.3.4 压铸件有形位公差要求时，可参照附录 D。其标注方法应符合 GB/T 1182 的规定。

3.4 加工余量

压铸件加工余量按 GB/T 6414 的规定执行。若有特殊规定和要求时，其加工余量须在图样上注明。

3.5 表面质量

3.5.1 铸件表面粗糙度应符合图样或客户的要求。

3.5.2 铸件不允许有裂纹、欠铸和任何穿透性缺陷。

3.5.3 铸件允许存在的擦伤、凹陷、缺肉和网状毛刺等缺陷，其缺陷的程度和数量应与供需双方商定的标准相一致。

3.5.4 铸件的浇口、飞边、溢流口、隔皮、顶杆痕迹等应进行清理，其允许留有的痕迹，由供需双方商定。

3.5.5 如图样无特别规定，有关压铸工艺的设置，如顶杆位置、分型线的位置、浇口和溢流口的位置等，由供方自行确定。

3.5.6 压铸件需要特殊加工的表面，如抛光、喷丸、抛丸、镀铬、涂覆、阳极氧化、化学氧化等应在图样上注明。

3.6 内部质量

3.6.1 压铸件如能满足其使用要求，则压铸件气孔、缩孔缺陷不作为报废的依据。

3.6.2 对压铸件的气压密封性、液压密封性、内部缺陷及本标准未列项目有要求时，应符合供需双方商定的验收标准。

3.6.3 在不影响压铸件使用的条件下，经需方同意，供方可以对压铸件进行浸渗、修补和变形校正处理。

4 质量保证

4.1 当供需双方在合同或协议中有规定时，供方应对合同中规定的所有试验和检验项目负责。合同或协议中无规定时，经需方同意，供方可以用自己适宜的手段执行本标准所规定的试验和要求。需方有权对标准中的任何试验和检验项目进行检验，其质量标准应根据供需双方之间的协议而定。

4.2 根据压铸生产特点，规定一个检验批量是指每台压铸设备在正常操作情况下，一个班次的生产量。设备、模具和操作连续性的任何重大变化都应视为一个新的批量的开始。

供方对每批压铸件都要随机或统计地抽样检验，确定是否符合全部技术要求或图样的规定。检验结果应予以记录。

5 检验方法及规则

5.1 化学成分

5.1.1 化学成分的检验方法分别按 GB/T 20975.3～20975.5、GB/T 20975.7、GB/T 20975.8、GB/T 20975.10～20975.12、GB/T 20975.14 和 GB/T 20975.16 的规定执行。在保证分析精度的条件下，允许使用其他方法，其化学成分应符合表 1 中的规定。

为了防止争议的发生，分析方法需经供需双方商定。

5.1.2 化学成分的检验频率：每炉次或班次取样一组。如有特殊要求，由供需双方商定。

5.1.3 化学成分第一次检验不合格，允许重新取样，如仍不合格则该炉合金可判为不合格。

5.1.4 化学成分的试样也可取自压铸件，但检验结果应符合表 1 中的规定。

5.2 力学性能

5.2.1 合金力学性能的检验方法按照 GB/T 228 和 GB/T 231.1 的规定执行。

5.2.2 采用压铸试棒进行检验时，试样每组 3 根。如受检的 3 根试样中有两根力学性能不合格，则判定该批铸件性能不合格。允许用加倍的试样进行第二次检验，如果第二次检验中有两根试样不合格，但总的平均值合格时，可认为该批铸件性能合格。如不合格的试样多于两根，则认为该批铸件性能不合格。

5.2.3 压铸试棒的制取应符合 GB/T 13822 的规定。

5.2.4 采用压铸件本体检验时，取样部位、试样尺寸和力学性能由供需双方商定。

5.3 几何尺寸

压铸件几何尺寸的检验可按检验批量抽验或按 GB/T 2828.1、GB/T 2829 的规定进行，抽检结果应符合 3.3 的规定。

5.4 表面质量

5.4.1 压铸件表面质量应逐件检查，抽检结果应符合 3.5 的规定。

5.4.2 压铸件表面粗糙度按 GB/T 6060.1 的规定执行。

5.4.3 压铸件需喷丸、抛丸、喷砂加工的表面粗糙度按 GB/T 6060.3 的规定执行。

5.5 内部质量

5.5.1 压铸件内部质量的试验方法及检验规则由供需双方商定。可以包括无损检测、耐压试验、金相图片和压铸件解剖等，其检验结果应符合 3.6 的规定。

5.5.2 经浸渗和修补处理后的压铸件应做相应的质量检验。

6 压铸件的交付、包装和贮运

6.1 当在合同或协议中有要求时，供方应向需方提交检验报告，以证明每批压铸件的取样、试验和检验符合本标准的规定。

6.2 合格压铸件交付时，应附有检验合格证。

合格证上应写明产品名称、产品编号、数量、制造厂名、检验合格印记和交付时间。

有特殊检验项目时，应在检验合格证上注明检验的条件和结果。

6.3 压铸件的包装、运输与贮存，由供需双方商定。

附 录 A
（资料性附录）
压铸铝合金的力学性能

表 A.1 压铸铝合金的力学性能

序号	合金牌号	合金代号	抗拉强度 R_m/MPa	伸长率 A/% ($L_0=50$)	布氏硬度/HBW
1	YZAlSi10Mg	YL101	200	2.0	70
2	YZAlSi12	YL102	220	2.0	60
4	YZAlSi10	YL104	220	2.0	70
6	YZAlSi9Cu4	YL112	320	3.5	85
7	YZAlSi11Cu3	YL113	230	1.0	80
10	YZAlSi17Cu5Mg	YL117	220	<1.0	—
11	YZAlMg5Si1	YL302	220	2.0	70

注：表中未特殊说明的数值均为最小值。

附　录　B
（资料性附录）
线型尺寸受分型面影响时的附加量（增或减）

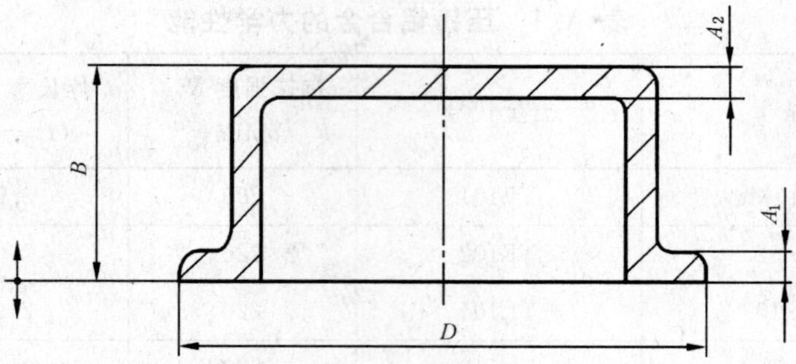

图 B.1

表 B.1　线型尺寸受分型面影响时的附加量（增或减）

铸件在分型面上的投影面积/cm²	A 处和 B 处的附加量/mm
≤150	0.10
＞150～300	0.15
＞300～600	0.20
＞600～1 200	0.30
＞1 200～1 800	0.40
注：铸件在分型面上的投影面积，包括浇注系统和排气系统在分型面上的投影面积。	

附 录 C
(资料性附录)
线型尺寸受模具活动部分影响时的附加量(增或减)

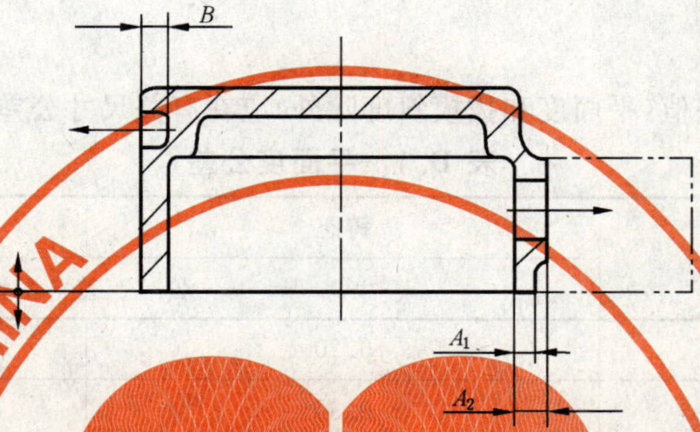

图 C.1

表 C.1 线型尺寸受模具活动部分影响时的附加量(增或减)

模具活动部分投影面积/cm^2	A 处和 B 处的附加量/mm
≤50	0.10
>50～100	0.20
>100～300	0.30
>300～600	0.40
注：投影面积系指用模具活动部分形成的并与移动方向垂直的面上的投影面积。	

附　录　D
（资料性附录）
压铸件形状和位置公差

D.1　形状公差

压铸件的表面形状公差值（平面度和拔模斜度除外）应在有关尺寸公差值范围内。

表 D.1　平面度公差　　单位为毫米

被测量部位尺寸	铸态	整形后
	公　差　值	
≤25	0.20	0.10
＞25～63	0.30	0.15
＞63～100	0.40	0.20
＞100～160	0.55	0.25
＞160～250	0.80	0.30
＞250～400	1.10	0.40
＞400～630	1.50	0.50
＞630	2.00	0.70

D.2　位置公差

表 D.2　平行度、垂直度、端面跳动公差　　单位为毫米

被测量部位在测量方向上的尺寸	被测部位和基准部位在同一半模内			被测部位和基准部位不在同一半模内		
	二个部位都不动的	二个部位中有一个动的	两个部位都动的	二个部位都不动的	二个部位中有一个动的	两个部位都动的
	公　差　值					
≤25	0.10	0.15	0.20	0.15	0.20	0.30
＞25～63	0.15	0.20	0.30	0.20	0.30	0.40
＞63～100	0.20	0.30	0.40	0.30	0.40	0.60
＞100～160	0.30	0.40	0.60	0.40	0.60	0.80
＞160～250	0.40	0.60	0.80	0.60	0.80	1.00
＞250～400	0.60	0.80	1.00	0.80	1.00	1.20
＞400～630	0.80	1.00	1.20	1.00	1.20	1.40
＞630	1.00	—	—	1.20	—	—

表 D.3 同轴度、对称度公差

单位为毫米

被测量部位在测量方向上的尺寸	被测部位和基准部位在同一半模内			被测部位和基准部位不在同一半模内		
	二个部位都不动的	二个部位中有一个动的	两个部位都动的	二个部位都不动的	二个部位中有一个动的	两个部位都动的
	公差值					
≤30	0.15	0.30	0.35	0.30	0.35	0.50
>30~50	0.25	0.40	0.50	0.40	0.50	0.70
>50~120	0.35	0.55	0.70	0.55	0.70	0.85
>120~250	0.55	0.80	1.00	0.80	1.00	1.20
>250~500	0.80	1.20	1.40	1.20	1.40	1.60
>500~800	1.20	—	—	1.60	—	—

注：表 D.2、表 D.3 不包括压铸件与镶嵌件有关部位的位置公差。

ICS 77.120.10
J 31

GB

中华人民共和国国家标准

GB/T 15115—2009
代替 GB/T 15115—1994

压铸铝合金

Die casting aluminum alloys

STANDARDS PRESS OF CHINA

2009-04-01 发布　　　　2009-12-01 实施

中华人民共和国国家质量监督检验检疫总局
中国国家标准化管理委员会　发布

前言

本标准修改采用 ASTM B 179—06《用于各种铸造工艺铸件的铝合金锭及熔融态铝合金标准规范》。本标准与 ASTM B 179—06 相比，在主要技术内容上存在如下差异：

——在结构上作了较大的编辑性修改；

——未采用 ASTM B 179—06 的第 2 章引用文件；

——未采用 ASTM B 179—06 的第 3 章和第 9 章压铸铝合金的订货资料和电导率要求；

——未采用 ASTM B 179—06 的附录 A；

——增加了新的附录 A、附录 B 和附录 C。

本标准代替 GB/T 15115—1994《压铸铝合金》。

本标准与 GB/T 15115—1994 相比，主要技术内容变化如下：

——修改了化学成分中 Fe、Mg 的含量和 YLAlSi9Cu4 中 Zn 的含量；

——增加了材料牌号 YZAlSi10Mg(YL101)，删除了材料牌号 YZAlSi12Cu2(YL108)；

——取消了技术要求中的力学性能值，力学性能不作为压铸铝合金的验收依据；

——增加了附录 A、附录 B 和附录 C。

本标准的附录 A、附录 B 和附录 C 均为资料性附录。

本标准由中国机械工业联合会提出。

本标准由全国铸造标准化技术委员会(SAC/TC 54)归口。

本标准起草单位：沈阳铸造研究所、广东鸿图科技股份有限公司、东莞市石碣华丰五金厂、长春一汽联合压铸有限公司、宁波万安股份有限公司。

本标准主要起草人：常移迁、曲学良、梁焕操、董显明、何经元。

本标准所代替标准的历次版本发布情况为：

——GB/T 15115—1994。

压 铸 铝 合 金

1 范围

本标准规定了压铸铝合金的牌号和代号、技术要求、检验方法和检验规则、包装、运输和贮存等要求。

本标准适用于压铸铝合金材料。

2 规范性引用文件

下列文件中的条款通过本标准的引用而成为本标准的条款。凡是注日期的引用文件，其随后所有的修改单(不包括勘误的内容)或修订版均不适用于本标准，然而，鼓励根据本标准达成协议的各方研究是否可使用这些文件的最新版本。凡是不注日期的引用文件，其最新版本适用于本标准。

GB/T 20975.3 铝及铝合金化学分析方法 第3部分：铜含量的测定

GB/T 20975.4 铝及铝合金化学分析方法 第4部分：铁含量的测定 邻二氮杂菲分光光度法

GB/T 20975.5 铝及铝合金化学分析方法 第5部分：硅含量的测定

GB/T 20975.7 铝及铝合金化学分析方法 第7部分：锰含量的测定 高碘酸钾分光光度法

GB/T 20975.8 铝及铝合金化学分析方法 第8部分：锌含量的测定

GB/T 20975.10 铝及铝合金化学分析方法 第10部分：锡含量的测定

GB/T 20975.11 铝及铝合金化学分析方法 第11部分：铅含量的测定 火焰原子吸收光谱法

GB/T 20975.12 铝及铝合金化学分析方法 第12部分：钛含量的测定

GB/T 20975.13 铝及铝合金化学分析方法 第13部分：钒含量的测定 苯甲酰苯胺分光光度法

GB/T 20975.14 铝及铝合金化学分析方法 第14部分：镍含量的测定

GB/T 20975.16 铝及铝合金化学分析方法 第16部分：镁含量的测定

3 合金牌号和代号

3.1 合金牌号的表示方法

压铸铝合金牌号是由铝及主要合金元素的化学符号组成。主要合金元素后面跟有表示其名义质量分数的数字(名义质量分数为该元素平均质量分数的修约化整值)。

在合金牌号前面冠以字母“YZ”(“Y”及“Z”分别为“压”和“铸”两字汉语拼音的第一个字母)表示为压铸合金。

3.2 合金代号的表示方法

合金代号中，“YL” (“Y”及“L”分别为“压”和“铝”两字汉语拼音的第一个字母)表示压铸铝合金，YL后第一个数字1、2、3、4分别表示Al-Si、Al-Cu、Al-Mg、Al-Sn系列合金，代表合金的代号。YL后第二、三两个数字为顺序号。

4 技术要求

压铸铝合金的化学成分应符合表1的规定。

表 1　压铸铝合金的化学成分

序号	合金牌号	合金代号	化学成分(质量分数)/%										
			Si	Cu	Mn	Mg	Fe	Ni	Ti	Zn	Pb	Sn	Al
1	YZAlSi10Mg	YL101	9.0～10.0	≤0.6	≤0.35	0.45～0.65	≤1.0	≤0.50	—	≤0.40	≤0.10	≤0.15	余量
2	YZAlSi12	YL102	10.0～13.0	≤1.0	≤0.35	≤0.10	≤1.0	≤0.50	—	≤0.40	≤0.10	≤0.15	余量
3	YZAlSi10	YL104	8.0～10.5	≤0.3	0.2～0.5	0.30～0.50	0.5～0.8	≤0.10	—	≤0.30	≤0.05	≤0.01	余量
4	YZAlSi9Cu4	YL112	7.5～9.5	3.0～4.0	≤0.50	≤0.10	≤1.0	≤0.50	—	≤2.90	≤0.10	≤0.15	余量
5	YZAlSi11Cu3	YL113	9.5～11.5	2.0～3.0	≤0.50	≤0.10	≤1.0	≤0.30	—	≤2.90	≤0.10	—	余量
6	YZAlSi17Cu5Mg	YL117	16.0～18.0	4.0～5.0	≤0.50	0.50～0.70	≤1.0	≤0.10	≤0.20	≤1.40	≤0.10	—	余量
7	YZAlMg5Si1	YL302	≤0.35	≤0.25	≤0.35	7.60～8.60	≤1.1	≤0.15	—	≤0.15	≤0.10	≤0.15	余量
注：除有范围的元素和铁为必检元素外，其余元素在有要求时抽检。													

5　检验方法和检验规则

5.1　化学成分的检验方法分别按 GB/T 20975.3～20975.5、GB/T 20975.7、GB/T 20975.8、GB/T 20975.10～20975.14 和 GB/T 20975.16 的规定执行。在保证分析精度的条件下，允许使用其他方法，其化学成分应符合表 1 中的规定。为了防止争议的发生，分析方法需经供需双方商定。

5.2　化学成分的检验频率，每炉次取样一组。如有特殊要求，由供需双方商定。

5.3　化学成分第一次检验不合格，允许重新取样，如仍不合格则该炉合金成分不合格。

6　包装、运输和贮存

6.1　包装应保证在运输和存放过程中防止潮湿。

6.2　包装的标志应有：名称、数量、合金牌号、检验合格印记和生产日期。

6.3　运输方式由双方商定。

附　录　A
（资料性附录）
国内外主要压铸铝合金代号对照

表 A.1　国内外主要压铸铝合金代号对照表

合金系列	中国 GB/T 15115—2009	美国 ASTM B 179—06	日本 JIS H 2118:2006	欧洲 EN 1676:1997
Al-Si 系	YL102	A413.1	AD1.1	EN AB-47100
Al-Si-Mg 系	YL101	A360.1	AD3.1	EN AB-43400
	YL104	360.2	—	—
Al-Si-Cu 系	YL112	A380.1	AD10.1	EN AB-46200
	YL113	383.1	AD12.1	EN AB-46100
	YL117	B390.1	AD14.1	—
Al-Mg 系	YL302	518.1	—	—

附 录 B
（资料性附录）
压铸铝合金性能及其他特性表

表 B.1 压铸铝合金性能及其他特性表

合金牌号	YZAlSi10Mg	YZAlSi12	YZAlSi10	YZAlSi9Cu4	YZAlSi11Cu3	YZAlSi17Cu5Mg	YZAlMg5Si1
合金代号	YL101	YL102	YL104	YL112	YL113	YL117	YL302
抗热裂性	1	1	1	2	1	4	5
致密性	2	1	2	2	2	4	5
充型能力	3	1	3	2	1	1	5
不粘型性	2	1	1	1	2	2	5
耐蚀性	2	2	1	4	3	3	1
加工性	3	4	3	3	2	5	1
抛光性	3	5	3	3	3	5	1
电镀性	2	3	2	1	1	3	5
阳极处理	3	5	3	3	3	5	1
氧化保护层	3	3	3	4	4	5	1
高温强度	1	3	1	3	2	3	4

注：1 表示最佳，5 表示最差。

附 录 C
（资料性附录）
压铸铝合金特点及应用举例

表 C.1 压铸铝合金特点及应用举例

合金系	牌 号	代 号	合金特点	应用举例
Al-Si 系	YZAlSi12	YL102	共晶铝硅合金。具有较好的抗热裂性能和很好的气密性，以及很好的流动性，不能热处理强化，抗拉强度低	用于承受低负荷、形状复杂的薄壁铸件，如各种仪壳体、汽车机匣、牙科设备、活塞等
Al-Si-Mg 系	YZAlSi10Mg	YL101	亚共晶铝硅合金。较好的抗腐蚀性能，较高的冲击韧性和屈服强度，但铸造性能稍差	汽车车轮罩、摩托车曲轴箱、自行车车轮、船外机螺旋桨等
	YZAlSi10	YL104		
Al-Si-Cu 系	YZAlSi9Cu4	YL112	具有好的铸造性能和力学性能，很好的流动性、气密性和抗热裂性，较好的力学性能、切削加工性、抛光性和铸造性能	常用作齿轮箱、空冷气缸头、发报机机座、割草机罩子、气动刹车、汽车发动机零件，摩托车缓冲器、发动机零件及箱体，农机具用箱体、缸盖和缸体，3C 产品壳体，电动工具、缝纫机零件、渔具、煤气用具、电梯零件等。YL112 的典型用途为带轮、活塞和气缸头等
	YZAlSi11Cu3	YL113	过共晶铝硅合金。具有特别好的流动性、中等的气密性和好的抗热裂性，特别是具有高的耐磨性和低的热膨胀系数	主要用于发动机机体、刹车块、带轮、泵和其他要求耐磨的零件
	YZAlSi17Cu5Mg	YL117		
Al-Mg 系	YZAlMg5Si1	YL302	耐蚀性能强，冲击韧性高，伸长率差，铸造性能差	汽车变速器的油泵壳体，摩托车的衬垫和车架的联结器，农机具的连杆、船外机螺旋桨、钓鱼杆及其卷线筒等零件

ICS 47.020.20
U 48

中华人民共和国国家标准

GB/T 15141—2009
代替 GB/T 15141—1994

湿式离合器摩擦元件试验方法

Test method for friction element of wet clutch

2009-03-09 发布　　2009-11-01 实施

中华人民共和国国家质量监督检验检疫总局
中国国家标准化管理委员会　发布

前言

本标准代替 GB/T 15141—1994《湿式离合器摩擦元件试验方法》。

本标准与 GB/T 15141—1994 相比，主要的变化如下：

——增加了对数据采集处理系统的要求；

——采用当量摩擦半径代替平均半径计算滑动摩擦系数和静摩擦系数。

本标准的附录 A 为规范性附录。

本标准由中国船舶重工集团公司提出。

本标准由全国船用机械标准化技术委员会柴油机分技术委员会归口。

本标准起草单位：中国船舶重工集团公司第七一一研究所。

本标准主要起草人：陈德祥、吴凡、季文。

本标准所代替标准的历次版本发布情况为：

——GB/T 15141—1994。

湿式离合器摩擦元件试验方法

1 范围

本标准规定了湿式离合器摩擦元件的台架试验方法。

本标准适用于湿式离合器摩擦元件的台架试验。

2 规范性引用文件

下列文件中的条款通过本标准的引用而成为本标准的条款。凡是注日期的引用文件，其随后所有的修改单(不包括勘误的内容)或修订版均不适用于本标准，然而，鼓励根据本标准达成协议的各方研究是否可使用这些文件的最新版本。凡是不注日期的引用文件，其最新版本适用于本标准。

GB/T 3141—1994 工业液体润滑剂 ISO 粘度分类

GB/T 10042 离合器 术语

3 术语和定义

GB/T 10042 确立的以及下列术语和定义适用于本标准。

3.1

摩擦面许用温度[*T*] allowable temperature on friction surface

在确保摩擦副有效工作的前提下，摩擦表面允许承受的最高温度。

3.2

正压力 *F* normal pressure

摩擦元件摩擦面上承受的法向作用力。

4 试验装置

4.1 试验装置由动力机械系统、控制系统、数据采集处理系统组成。其中动力机械系统示意图见图 1。

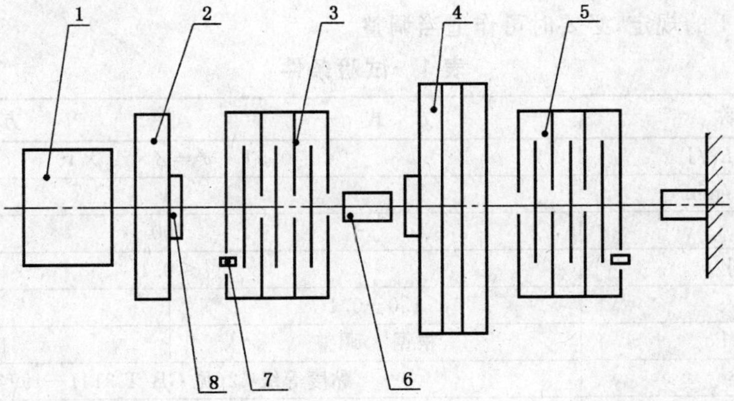

1——电机；
2——惯性飞轮；
3——离合器；
4——加载飞轮；
5——制动器；
6——转矩传感器；
7——压力传感器；
8——转速传感器。

图 1 试验台架示意图

4.2 数据采集处理系统应能采集输入端转速 ω_1、输出端转速 ω_2、滑动摩擦转矩 T_d、正压力 F 的动态数据，计算滑差 ε、滑摩时间 t_s，采样速度不小于 1 000 次/s，各通道带宽 500 Hz，采样精度不低于±0.5%。试验装置应能测试并记录油温度 T，其仪表精度不低于±1%。

5 试验片

5.1 试验片的组成

试验片包括摩擦片和对偶片。试验片结构形式和表面状况应根据使用要求来决定。

5.2 试验片的磨合

5.2.1 性能试验前，试验片应在不导致表面烧损的工况下磨合，当接触面积达到表观面积的 80%时，磨合完毕。

5.2.2 试验时试验片的相对位置应与磨合时相同。

5.3 试验片厚度

按图 2 用千分尺测量试验片 8 个点的厚度，数据精确到微米，并在非摩擦处作好标记，求出厚度算术平均值 h_0。

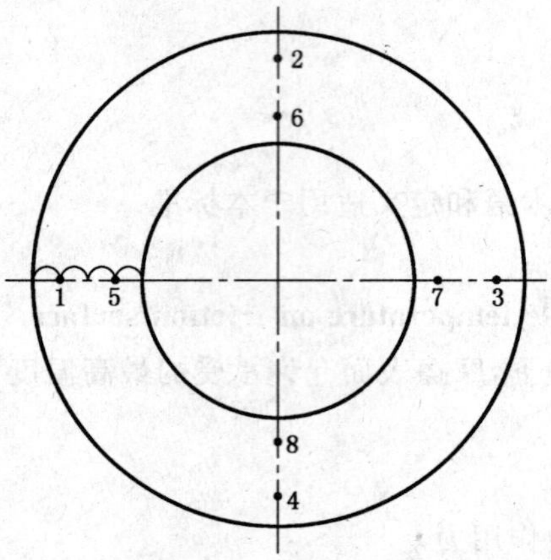

图 2 试验片厚度测量点分布

6 摩擦系数的测定

6.1 试验条件

试验条件宜按表 1 的规定，必要时可作适当调整。

表 1 试验条件

名称	方式一	方式二
试验装置动能 E_k/J	$0.5J \cdot \omega^2 = Z \cdot A_p \times 10^6$	
接合频率 f/次/min	3	
接合次数	100	
压力上升时间/s	≤0.1	
滑摩时间 t_s/s	1.0±0.1	—
表观压强 p_P/Pa	根据 t_s 调整	1.5×10^6
冷却油种类	黏度等级 32(见 GB/T 3141—1994)	
冷却油流量/($m^3/m^2 \cdot s$)	1.33×10^{-3}	
冷却油进口油温/℃	60～65	

注：J——从动部分惯量，单位为千克每平方米(kg/m^2)；

ω——角速度，单位为弧度每秒(rad/s)；

Z——摩擦副数目；

A_p——表观面积，单位为平方米(m^2)。

6.2 试验调整

按表 1 的要求进行试验装置的加载飞轮惯量和转速的调整，使试验装置的动能为 $Z \cdot A_p \times 10^6$ J。

6.3 动摩擦系数测定

6.3.1 分别测定并记录接合过程中第 25、50、75、100 次的滑差 ε、滑动摩擦转矩 T_d、正压力 F、滑摩时间 t_s。

6.3.2 瞬时滑动摩擦系数按公式(1)计算。

$$\mu_d(t) = \frac{T_d(t)}{F(t) \cdot r_m \cdot Z} \qquad \cdots\cdots(1)$$

式中：

$\mu_d(t)$——t 时刻滑动摩擦系数；

$T_d(t)$——t 时刻滑动摩擦转矩，单位为牛米(Nm)；

$F(t)$——t 时刻正压力，单位为牛顿(N)；

r_m——当量摩擦半径，$r_m = \frac{2}{3} \times \frac{r_2^3 - r_1^3}{r_2^2 - r_1^2}$，$r_1$，$r_2$ 分别为摩擦片内外半径，单位为米(m)；

Z——摩擦副数目。

6.3.3 第 i 次接合的平均滑动摩擦系数按公式(2)计算，摩擦元件的平均滑动摩擦系数按公式(3)计算。

$$\mu_{di} = \frac{1}{n_i} \sum_{j=1}^{n_i} \mu_d(t) \qquad \cdots\cdots(2)$$

$$\mu_d = (\mu_{d25} + \mu_{d50} + \mu_{d75} + \mu_{d100})/4 \qquad \cdots\cdots(3)$$

式中：

μ_{di}——第 i 次接合的平均滑动摩擦系数；

n_i——第 i 次接合的采样数；

μ_d——平均滑动摩擦系数；

μ_{d25}——第 25 次接合的平均滑动摩擦系数；

μ_{d50}——第 50 次接合的平均滑动摩擦系数；

μ_{d75}——第 75 次接合的平均滑动摩擦系数；

μ_{d100}——第 100 次接合的平均滑动摩擦系数。

6.4 静摩擦系数测定

6.4.1 在完成 6.3.1 第 25、50、75、100 次接合后，除去正压力，然后加压，测出摩擦片当量摩擦半径处滑动速度为 4 mm/s～8 mm/s 时的摩擦转矩(作为静摩擦转矩)和正压力。

6.4.2 按公式(4)计算第 i 次接合后的静摩擦系数。

$$\mu_{si} = \frac{T_{si}}{F_{si} \cdot r_m \cdot Z} \qquad \cdots\cdots(4)$$

式中：

μ_{si}——第 i 次接合后的静摩擦系数；

T_{si}——第 i 次接合后静摩擦转矩，单位为牛米(Nm)；

F_{si}——第 i 次接合后正压力，单位为牛顿(N)。

6.4.3 按公式(5)计算摩擦元件的平均静摩擦系数。

$$\mu_s = (\mu_{s25} + \mu_{s50} + \mu_{s75} + \mu_{s100})/4 \qquad \cdots\cdots(5)$$

式中：

μ_s——平均静摩擦系数；

μ_{s25}——第 25 次接合的静摩擦系数；

μ_{s50}——第 50 次接合的静摩擦系数；

μ_{s75}——第 75 次接合的静摩擦系数；

μ_{s100}——第 100 次接合的静摩擦系数。

7 磨损率的测定

7.1 试验条件按 6.1 方式一的规定。

7.2 操作试验装置，接合 3 000 次。

7.3 摩擦元件冷却至室温后测量试验片原标记 8 个点的厚度，求出算术平均厚度 h_1。

7.4 按公式(6)计算磨损率。

$$K = \frac{(h_0 - h_1) \times 10^{-3}}{Z_n} \times \frac{1}{3\,000E} \quad \cdots\cdots(6)$$

式中：

K——磨损率，单位为立方米每焦耳(m^3/J)；

h_0——磨损试验前的试验片厚度平均值，单位为毫米(mm)；

h_1——磨损试验后的试验片厚度平均值，单位为毫米(mm)；

Z_n——一片试验片磨损面数目，单面磨损 $Z_n=1$，双面磨损 $Z_n=2$；

E——一次接合过程的平均滑摩功，焦耳每平方米(J/m^2)，计算公式见附录 A。

8 许用热负荷的测定

8.1 许用热负荷的试验条件按 6.1 中方式一或方式二规定。

8.2 按 6.1 方式一进行测定。

8.2.1 测定项目为滑摩功、滑摩功率、热负荷及摩擦面温度。

8.2.2 测量并记录第 25、50、75、100 次接合时的滑差 ϵ、滑动摩擦转矩 T_d、正压力 F、滑摩时间 t_s 及摩擦表面温度(用外径小于 2 mm 的铠装热电偶测量平均半径处距摩擦面 0.2 mm～0.3 mm 处的温度)。

8.2.3 按公式(7)改变转速或增加飞轮惯量，提高试验装置动能，重复上述试验，直至摩擦副失效。

$$E_{km} = 1.2^m \cdot Z \cdot A_p \times 10^6 \quad \cdots\cdots(7)$$

式中：

m——重复试验的次数，$m=1,2,3\cdots\cdots$；

E_{km}——第 i 次试验装置动能，单位为焦耳(J)；

A_p——为表观面积，单位为平方米(m^2)。

8.2.4 计算滑摩功、滑摩功率和热负荷，计算公式见附录 A。

8.2.5 取摩擦副失效前一工况第 25、50、75、100 次接合过程热负荷的平均值为离合器摩擦元件的许用热负荷值[q]，计算公式见附录 A。

8.2.6 取摩擦副失效前一工况第 25、50、75、100 次接合过程摩擦面最高温度的平均值为摩擦面许用温度[T]。

8.3 按 6.1 方式二进行测定。

8.3.1 测定项目为许用压强、滑摩功、滑摩功率、热负荷及摩擦面温度。

8.3.2 按 0.3 MPa 逐级提高表观压强，测量记录项目同 8.2.2。

8.3.3 若此级能量达到台架允许的表观压强时摩擦元件仍未失效，则按公式(7)提高试验装置动能重复上述试验，直至摩擦副失效。

8.3.4 按 8.2.5 方法取摩擦元件的许用热负荷值[q]。

8.3.5 按 8.2.6 方法取摩擦面许用温度[T]。

8.3.6 取摩擦副失效前一工况的表观压强为摩擦片的许用压强[p]。

8.4 摩擦副失效的判定，根据转矩曲线判定，当转矩曲线发生异常变化时即停止试验。

9 试验报告

根据测定结果写出试验报告，试验报告应包括下列基本内容：

a） 试验名称、试验目的；

b） 试验片规格、材质、数量、生产厂；

c） 试验装置、试验方法、试验条件；

d） 测定项目；

e） 试验结果与分析；

f） 试验日期、试验人员。

附 录 A
（规范性附录）
滑摩功、滑摩功率及热负荷计算公式

A.1 滑摩功的计算

滑摩功的计算见公式(A.1)：

$$E=\frac{1}{Z\cdot A_{p}}\int_{0}^{t_{s}}T_{d}(t)\cdot\varepsilon(t)\cdot dt \quad\cdots\cdots(\text{A.1})$$

式中：

E——滑摩功，单位为焦耳每平方米(J/m^2)；

t_s——滑摩时间，单位为秒(s)；

$T_d(t)$——t 时刻的滑动摩擦转矩，单位为牛米(Nm)；

$\varepsilon(t)$——t 时刻的滑差，单位为弧度每秒(rad/s)；

Z——摩擦副数目；

A_p——表观面积，单位为平方米(m^2)。

A.2 瞬时滑摩功率的计算

瞬时滑摩功率的计算见公式(A.2)：

$$A(t)=\frac{1}{Z\cdot A_{p}}\cdot T_{d}(t)\cdot\varepsilon(t) \quad\cdots\cdots(\text{A.2})$$

式中：

$A(t)$——瞬时滑摩功率，单位为瓦每平方米(W/m^2)。

A.3 热负荷的计算

热负荷的计算见公式(A.3)：

$$q=E\cdot A(t) \quad\cdots\cdots(\text{A.3})$$

式中：

q——热负荷值，单位为焦耳瓦每四次方米(JW/m^4)。

A.4 许用热负荷的计算

许用热负荷的计算见公式(A.4)：

$$[q]=E\cdot A(t)_{max} \quad\cdots\cdots(\text{A.4})$$

式中：

$A(t)_{max}$——失效前一工况的最大瞬时摩擦功率，单位为瓦每平方米(W/m^2)；

$[q]$——许用热负荷，单位为焦耳瓦每四次方米(JW/m^4)。

ICS 29.140.30
K 71

中华人民共和国国家标准

GB/T 15144—2009
代替 GB/T 15144—2005

管形荧光灯用交流电子镇流器 性能要求

A. C. supplied electronic ballasts for tubular fluorescent lamps—Performance requirements

(IEC 60929:2006,MOD)

2009-10-15 发布

2010-03-01 实施

中华人民共和国国家质量监督检验检疫总局
中国国家标准化管理委员会 发布

前　言

本标准修改采用 IEC 60929:2006 第 2.1 版《管形荧光灯用交流电子镇流器　性能要求》(英文版)。

本标准根据 IEC 60929:2006 重新起草。根据我国照明电器行业发展的实际情况,本标准在采用国际标准时做了一些修改。

本标准与 IEC 60929 的主要差异如下:

增加了"8.3　能效等级",能效等级的内容是依据欧洲 CELMA 指令。

为了便于使用,本标准做了下列编辑性修改:

a)　用小数点"."代替作为小数点的逗号",";

b)　"本国际标准"一词改为"本标准";

c)　删除国际标准前言;

d)　对于 IEC 60929 中引用的其他国际标准中有被等同采用为我国标准的,本标准引用我国的这些国家标准或行业标准代替对应的国际标准,其余未有等同采用为我国标准的国际标准,在本标准中均被直接引用。

本标准代替 GB/T 15144—2005《管形荧光灯用交流电子镇流器性能要求》。

本标准与原标准 GB/T 15144—2005 相比,主要差异如下:

——规范性引用文件中增加了 IEC 60669-2-1 家用和类似用途固定式电气装置的开关第 2-1 部分电子开关的特殊要求;

——关于试验的一般说明中,增加了"4.7　应注意灯的性能标准,里面包含了'镇流器设计信息'";

——7.1 中阴极替代电阻增加了 Rsub(min)和 Rsub(max)的内容,并且要求两次测量来确定镇流器提供灯阴极的能量是否分别满足上、下限要求;

——7.1.1 中增加了"如果灯的参数表未给出任何关于预热能量的参数,且不适用预热电流要求,则灯的制造商应提供相应预热参数"。对公式的每一字母含义进行了说明;

为了防止产生横向电弧,在 $E<E_{min}$ 时,施加在替代电阻上的电压应保持在 11 Vrms 以下。

——7.1.2 中增加了对电压峰值的要求,删除"开路电压的波峰因数应不超过 1.8。增加"电压峰值应小于等于相关灯的数据活页中规定的开路电压有效值的 1.4 倍。当根据此子条款检测控制装置时,在开始预热后电源电压第一个半周内狭窄的电压峰值应忽略不计。"

——7.2.3 中明确了"本条要求也适用于具有不止一个灯的输出端口的电子镇流器";增加"这个要求也适用于输出端口不止一个灯的电子镇流器。对于尚不作测量的位置,应安装上基准灯;对于要作测量的位置,应安装如图 2c)所示。"

——增加了"8.3　能效等级",能效等级的内容是依据欧洲 CELMA 指令,试验方法参考了 EN50294;

——原标准中 8.3 对镇流器提供给灯的工作电流的限制要求,调整为 8.5;

——"10　电源电流"中增加了"如果提供了最大电源电流值和相应的调光位置,则可取代对于所有调光位置的检测。";

——增加了第 A.4 章能效等级的测量;

——增加了附录 E(规范性附录);

——对附录 F 进行了补充调整;

——增加了附录 G(资料性附录)。

本标准的附录 A、附录 B、附录 C 和附录 E 为规范性附录,附录 D、附录 F 和附录 G 为资料性附录。

本标准由中国轻工业联合会提出。

本标准由全国照明电器标准化技术委员会(SAC/TC 224)归口。

本标准起草单位:国家电光源质量监督检验中心(上海)、浙江阳光集团股份有限公司、广州市中德电控有限公司、佛山市华全电气照明有限公司、中山市欧普照明股份有限公司、东莞安尚光源有限公司、横店得邦电子有限公司、中诚电子照明技术开发有限公司、北京电光源研究所。

本标准主要起草人:俞安琪、王月丽、吴国明、马国民、区志杨、周明兴、马国铭、杜国红、李中诚、柯柏权、段彦芳。

本标准于1994年首次发布,2005年第1次修订,本次为第2次修订。

管形荧光灯用交流电子镇流器
性能要求

1 范围

本标准规定了管形荧光灯及其他高频工作的管形荧光灯用电子镇流器的性能要求，此种镇流器使用频率为 50 Hz 或 60 Hz，电压在 1 000 V 以下的电源，其工作频率不同于电源的频率，与其匹配使用的管形荧光灯应符合 GB/T 10682 和 GB/T 17262 的要求。

注 1：本标准所述试验均为型式试验。不包括对生产期间的单个镇流器的试验要求。

注 2：对于诸如灯具和独立式控制装置等最终产品，已制定出版了关于调节其电源电流谐波和抗扰性的专项标准。在这方面，灯具中的控制装置起主要作用。控制装置及其他零部件均应符合这些标准。

2 规范性引用文件

下列文件中的条款通过本标准的引用而成为本标准的条款。凡是注日期的引用文件，其随后所有的修改单(不包括勘误的内容)或修订版均不适用于本标准，然而，鼓励根据本标准达成协议的各方研究是否可使用这些文件的最新版本。凡是不注日期的引用文件，其最新版本适用于本标准。

GB/T 10682 双端荧光灯 性能要求

GB/T 17262 单端荧光灯 性能要求

GB 19510.1—2009 灯的控制装置 第 1 部分：一般要求和安全要求(IEC 61347-1:2007,IDT)

GB 19510.4 灯的控制装置 第 4 部分：荧光灯用交流电子镇流器的特殊要求(GB 19510.4—2009,IEC 61347-2-3:2006,IDT)

EN 50294 镇流管电路总输入功率的测量方法

IEC 60669-2-1 家用和类似用途固定式电气装置的开关 第 2-1 部分：电子开关的特殊要求

3 术语和定义

下列术语和定义适用于本标准。

3.1

启动辅助件 starting aid

可以是一固定在灯的外表面上的条形导电部件，或是一与灯保持适宜的间隔的片形导电部件。启动辅助件通常接地且只有在与灯的一端保持足够的电位差时才起作用。

3.2

镇流器流明系数 ballast lumen factor

受试镇流器在其额定电压下工作时，灯的光通量与该灯和适宜的基准镇流器一起在其额定电压和频率下工作时的光通量之比。缩写字母为 blf。

3.3

基准镇流器 reference ballast

在交流电源频率下工作的灯用的特殊电感式镇流器或在高频下工作的灯用的特殊电阻式镇流器。按照设计要求，在检验镇流器和挑选基准灯时以及在标准化的条件下检验常规生产的灯时，这种镇流器可用作比较标准。其主要特征是在其额定频率下具有稳定的电压/电流比，相对地不受本标准所述电流、温度和周围磁场的变化的影响(参见 GB/T 2900.65 中 845-08-36)。

3.4

基准灯　reference lamp

经过挑选用来检验镇流器的灯，这种灯在与基准镇流器一起工作时所具有的电特性接近于相应灯的标准所规定的标称值。

注：附录C给出了该种灯的特定条件。

3.5

基准镇流器的校准电流　calibration current of a reference ballast

校准和调整基准镇流器时所依据的电流值。

注：这种电流最好大致上等于基准镇流器所适用的灯的额定电流。

3.6

线路总功率　total circuit power

在镇流器的额定电压和频率下由镇流器和灯的组合体所消耗的总功率。

3.7

线路功率因数 λ　circuit power factor λ

镇流器与其匹配使用的灯(一只或几只)的组合体的功率因数。

3.8

高功率因数镇流器　high power factor ballast

其线路功率因数至少为0.85的镇流器。

注1：功率因数0.85已把电流波形的畸变考虑进去。

注2：在北美，高功率因数规定至少为0.9。

3.9

高声频阻抗镇流器　high audio-frequency impedance ballast

其在250 Hz～2 000 Hz频率范围之内的阻抗超过本标准第13章所规定之值的镇流器。

3.10

预热启动　preheat starting

在灯被实际触发之前能使灯的电极达到发射温度的线路的类型。

3.11

非预热启动　non-preheat starting

能利用高开路电压使电极产生二次电子发射的线路的类型。

3.12

预启动时间　pre-start time

在3.11中所述镇流器被接通电源电压后使灯的电流保持≤10 mA的那段时间。

4　关于试验的一般说明

4.1　按照本标准进行的试验均为型式试验。

注：本标准所述要求及允许公差均以对制造商所提交的型式试验样品进行的试验为依据。原则上，这种型式试验样品应由具备制造商产品的典型特性的样品组成，并应尽可能地接近该类产品的中间值。

可以预期，在按照型式试验样品制造产品时采用本标准给出的公差，能确保使产品的大多数符合本标准。但是，由于产品的离散性，有时难免会出现超出规定公差范围的产品。关于按照特性进行检验的抽样方法和程序参见IEC 60410。

4.2　试验要按照条款的顺序进行，但另有规定时除外。

4.3　一只镇流器应承受所有的试验。

4.4　通常，应对每一种类型的镇流器进行所有的试验。在涉及到一系列类似的镇流器的情况下，应对该系列中每一额定功率的镇流器或对从中挑选出的有代表性的并经过制造商认可的镇流器进行全部的试验。

4.5 试验应在附录 A 所规定的条件下进行。有关灯标准中未作规定的灯的参数应由灯的制造商给出。

4.6 本标准规定的所有镇流器均应符合 GB 19510.4 的要求。

4.7 应注意灯的性能标准,里面包含了"镇流器设计信息"。应满足这些要求使灯正常工作,但本标准对于镇流器的型式试验并不要求对灯的性能测试。

5 标志

5.1 镇流器上应清晰地标有下述强制性标志:

a) 线路功率因数,例如:0.85。

如果功率因数小于 0.95 且超前,其后应标有字母 C,例如:0.85 C。

如适用,镇流器上还应标有下述标志:

b) 表明镇流器在设计上符合声频阻抗要求的符号Ƶ;

c) 镇流器的能效等级。

5.2 除了上述强制性标志之外,下述内容也应标在镇流器上,或注明在制造商的产品目录或类似文件中:

a) 关于启动类型的明确说明,即预热型或非预热型;

b) 关于镇流器是否需要启动辅助件的说明;

c) 在 1±0.05 的范围之外的镇流器流明系数。

5.3 制造商可采用下述信息作为非强制性标志:

a) 在额定电压下带灯和不带灯工作时的额定输出频率;

b) 能使镇流器在规定电压(范围)良好地工作的环境温度范围的极限值;

c) 线路总功率。

6 总说明

可以预计,符合本标准的镇流器在额定电压的 92% 和 106% 之间的电压下能使符合 GB/T 10682 和 GB/T 17262 的灯或其他高频荧光灯在其环境温度为 10 ℃～35 ℃时顺利地启动,并使它们在环境温度为 10 ℃～50 ℃时良好地工作。

注 1:GB/T 10682 和 GB/T 17262 所给定的电气特性是采用基准镇流器在其额定电压和频率为 50 Hz 或 60 Hz 时所得到的,在使用高频镇流器时和在上述 5.3 的 b)项中所述条件下工作时的电气特性可能有所不同。

注 2:在某些地区,制定有关于灯具电磁兼容性的法规。灯的控制装置也能使这种电磁兼容性发生变化。参见参考文献。

7 启动条件

当镇流器按照预定使用要求工作时,镇流器应能使灯启动,并且不对灯的性能造成不利的影响。附录 D 对启动条件做了说明。

合格性应按照 7.1～7.3 中所述适用的试验要求进行检验,试验时应使镇流器在其额定值的 92% 和 106% 之间的任一电源电压下工作。

7.1 预热式镇流器的条件

镇流器应按照下述要求以及第 A.3 章的要求进行试验。有关预热的相同要求也适用于在任一调光位置上处于启动状态的可调式镇流器。

灯的参数表给出了与镇流器一起使用的替代电阻 $R_{sub(min)}$,用来检验镇流器在启动时能否产生符合灯的参数表中的最小能量。如果镇流器不能提供灯的参数表规定的最小能量,则该镇流器不合格。需采用另一个替代电阻 $R_{sub(max)}$ 来检验最大能量,该替代电阻对应于上限能量。如果镇流器产生过高的能量，则该镇流器不合格。灯的参数表中也给出了第二个替代电阻值。如没有给出，可先从灯的制造商处获得。

7.1.1　预热能量

在额定电源电压下，镇流器在 t_1 时应至少能提供根据灯的参数表所示时间/能量限值得到的最小总加热能量 $E_{\min}$（见图 1）。按照相应灯的参数表的要求，(t_1，t_2)间隔之内的总加热能量应在最大加热能量 $E_{\max}$ 和最小加热能量 $E_{\min}$ 之间（见图 1）。

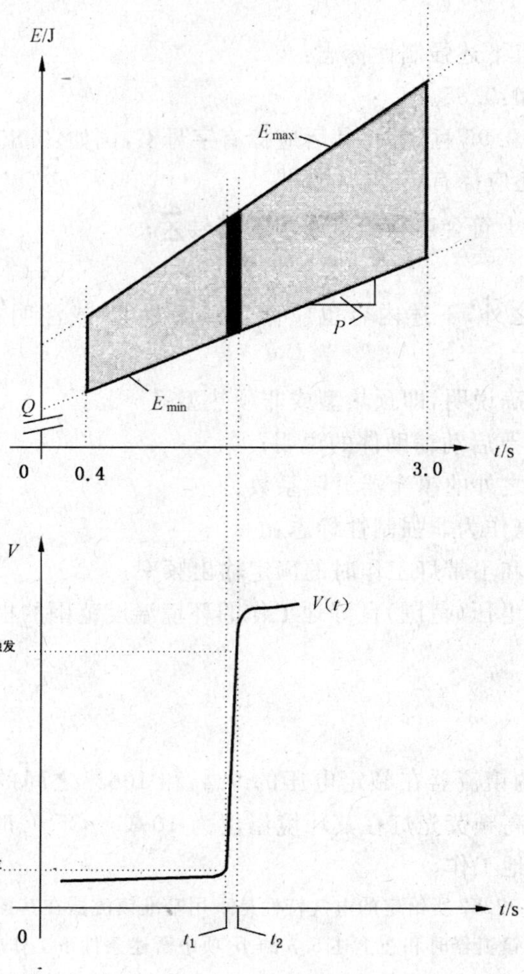

说明：

灰色区：供给阴极所允许的能量；

深灰色区：所允许的触发；

E：提供给电极预热用的能量(J)；

$E_{\min}=Q_{\min}+P_{\min}\cdot t=$ 最小阴极预热能量；

$E_{\max}=Q_{\max}+P_{\max}\cdot t=$ 最大阴极预热能量；

$V(t)=$ 在镇流器的输出端测得的电压；

$t_1=t(V_{非触发})$；

$t_2=t(V_{触发})$。

注：$Q_{\min}$(J)；$Q_{\max}$(J)；$P_{\min}$(W)；$P_{\max}$(W)；$V_{非触发}$(V)；$V_{触发}$(V)见灯的参数表。

图 1　预热和启动所需能量的示意图

在 t_2 之前的任一时间，最大加热能量不应超过相应灯的参数表所规定的极限值。如果 $t_2-t_1<$ 0.1 s，则该间隔不适用此要求。

绝对最小预热时间应为 0.4 s，但相应灯的参数表另有规定时除外。

为了防止产生横向电弧，在 $E<E_{\min}$ 时，施加在替代电阻上的电压应保持在 11 Vrms 以下。

如果灯的参数表未给出任何关于预热能量的参数，且不适用预热电流要求，则灯的制造商应提供相应预热参数。

阴极预热电流是否符合要求由下述试验来检验：

用一对具有相应灯的参数表所规定之值的无感电阻代替灯的每个阴极，镇流器应能提供符合相应灯的参数表所规定的时间/电流限值要求的最小和最大总加热电流。最小预热电流 i_k 被定义为式(1)：

$$i_k = \sqrt{\frac{a}{t_e} + i_m^2} \qquad \cdots\cdots(1)$$

式中：

a——对一特定阴极类型的常数(A^2S)；

i_m——能达到发射的有效加热电流(A)的绝对最小值，如果时间足够长的话(例如从冷态开始≥30 s)；

t_e——达到发射的时间。

注：小于 0.4 s 的预热时间通常是不容许的，因为经验已经证明，在这种情况下，不一定总是能达到所需要的阴极预热。

公式中 a 和 i_m 的值由灯的参数表给出。

在进行测量时，用具有相应灯的参数表所规定值的无感电阻来代替灯的每个阴极并按照阴极预热要求进行试验，在两个或多个灯同时工作的情况下也应如此。

7.1.2　开路电压

在预热期间，任一对替代电阻之间的开路电压不应超过相应灯的参数表所规定的最大值。在预热期之后，此开路电压应为或提升至不小于相应灯的参数表所规定的触发电压。

当两个或更多灯在串联或并联线路中工作时，应依次对每一位置进行测量。对于尚不作测量的位置，应安装上基准灯；对于要作测量的位置，应安装上一对开路电压试验用的替代电阻。

测量替代电阻之间的开路电压，在所有情况下测得的开路电压均应符合同一只灯的参数表所规定的值。

电压峰值应小于等于相关灯的数据活页中规定的开路电压有效值的 1.4 倍。当根据此子条款检测控制装置时，在开始预热后电源电压第一个半周内狭窄的电压峰值应忽略不计。

进行测量时要使用示波器，还要使用相应灯的参数表中规定的用于测试开路电压的无感替代电阻。

在有要求时，镇流器制造商应提供在规定范围内能产生最小触发开路电压的阴极替代电阻的阻值。

开路电压的很小直流抵消并不影响灯的启动电压。

可忽略的具体数值正在考虑中。

7.2　非预热式镇流器的条件

符合 3.11 中定义的镇流器在设计上应能使在启动期间累积的辉光放电时间不超过 100 ms，在测量该值时应使用基准灯，灯的附近不应有任何可能成为启动辅助件的接地金属部件。如果该灯的电流至少为灯额定电流的 80%，则辉光放电期被视为结束。

当镇流器满足下述条件时，该镇流器被视为符合上述要求。

7.2.1　开路电压

使用示波器进行测量，并用具有相应灯的参数表所规定之值的无感替代电阻 R_c 代替灯的每个阴极[见图 2a)]，所测得的开路电压应符合相应灯的参数表所规定的值。

当两个或更多灯串联或并联工作时，应依次对每一位置进行测量。对于尚不作测量的位置，应安装上基准灯；对于要作测量的位置，应安装上一对阴极替代电阻。

然后，在两个替代电阻之间测量开路电压，在所有情况下所测得的开路电压均应符合同一个灯的参数表所规定的值。

注：在启动期间存在补充阴极加热的情况下，较低的值可足以满足要求，但辉光放电的时间应不超过 100 ms。

7.2.2　镇流器阻抗试验

用一具有相应灯的参数表所规定之值的灯的无感替代电阻 R_L 代替灯，再用一对具有相应灯的参数表所规定之值的无感电阻 R_c 代替每个灯的阴极[见图 2b)]，并使电压处于额定电压的 92%。此时，镇流器所提供的电流应不小于相应灯的参数表所规定的最小值。

7.2.3 阴极电流

非预热启动式镇流器在启动期间可为某一阴极提供加热。在图 2c)中,在 M1 和 M2 处测得的较小电流为阴极(加热)电流。

如果存在这种情况,阴极电流应不超过相应灯的参数表所规定的最大值。

进行测量时要使用替代电阻 R_i[见图 2c)],该电阻的值按照式(2)计算得出:

$$R_i = \frac{11V}{2.1 \times I_r} \qquad \cdots\cdots (2)$$

式中:

I_r——灯的额定工作电流。

这个要求也适用于具有不止一个灯的输出端口的电子镇流器。对于尚不作测量的位置,应安装上基准灯;对于要作测量的位置,应安装如图 2c)所示。

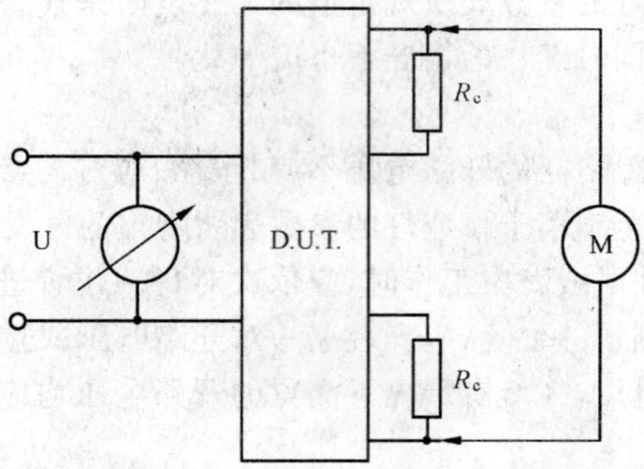

U——电源;

D. U. T. ——受试装置(镇流器);

M——测量装置;

R_c——见 7.2.1。

a) 开路电压试验线路

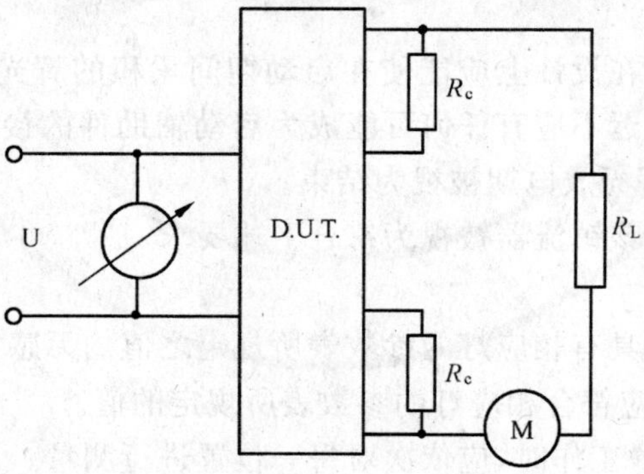

U——电源;

D. U. T. ——受试装置(镇流器);

M——测量装置;

R_c——见 7.2.2;

R_L——见 7.2.2。

b) 镇流器阻抗的试验线路

图 2 非预热启动的试验线路

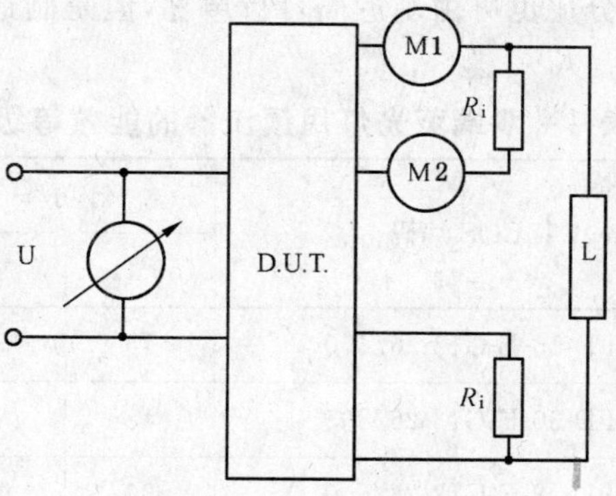

U——电源；

D. U. T. ——受试装置(镇流器)；

M——测量装置；

R_i——见 7.2.3；

L——灯。

c) 阴极电流的试验线路

图 2（续）

7.3 启动辅助件及间隔

与符合本标准的电子镇流器一起工作的灯可使用 GB/T 10682 和 GB/T 17262 规定的启动辅助件。在预热和启动期间，开路电压及启动辅助件上的电压不应超过相应灯的参数表中镇流器设计参数表所规定的极限值。

8 工作条件

8.1 在额定电压和(25±2)℃的环境温度下，镇流器流明系数应不低于制造商宣称值的 95%；如果制造商对此未作规定，该镇流器流明系数应不低于 0.95。

注：灯的光通量通常由积分光度计测得。但由于某一固定测试点的光通量与光强紧密相关，所以在测量该系数时，使用适宜的照度计便足以满足要求。

如果所宣称的镇流器的流明系数低于 0.9，则应提供证据表明灯在和该镇流器一起工作时灯的性能不会受到损害。相应的试验尚在研究之中。

8.2 当镇流器在额定电压下与一只或几只基准灯一起工作时，线路总功率应不大于制造商所宣称值的 110%。

8.3 能效等级

8.3.1 镇流器的能效等级应符合表 1～表 9 的规定。

灯和镇流器回路的补偿后总输入功率定义为镇流器和灯组合的能效指数(Energy Efficiency Index，EEI)。通过能效指数和相应参数表比较得到相关的能效等级。

这个方案的应用仅适用于在环境温度 25 ℃时测得的总回路以 W 为单位电能损耗。当需要考虑光强，光分布，眩光等其他方面时，这个方案不能被用于灯具能效的分级。

电子镇流器能效分级系统存在下列等级：

——等级 A3：电子镇流器；

——等级 A2：减少损耗后电子镇流器；

——等级 A1：调光电子镇流器。

可调光镇流器分级为 A1，如果它们满足下列要求：

——在 100%光输出设置时镇流器至少符合 A3 级的要求；

——在 25%光输出设置时输入总功率小于或等于 100%光输出设置时的 50%；

——镇流器能够减少光输出至最大光输出的 10%或更少；

——镇流器的最小光输出百分比也可由制造商自行声称，但是制造商自行声称的最小光输出百分比应不高于25%。

表1 双端荧光灯用镇流器的能效等级

单位为瓦

灯型号 (T)	ILCOS编码	灯功率		能效等级		
		(50 Hz)	高频	A1	A2	A3
T 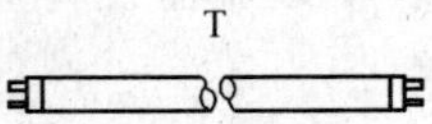	FD-15-E-G13-26/450	15	13.5	9	16	18
	FD-30-E-G13-26/895	18	16	10.5	19	21
	FD-18-E-G13-26/600	30	24	16.5	31	33
	FD-36-E-G13-26/1 200	36	32	19	36	38
	FD-58-E-G13-26/1 500	38	32	20	38	40
	FD-38-E-G13-26/1 047	58	50	29.5	55	59
	FD-70-E-G13-26/1 800	70	60	36	68	72
	FDH-14-G5-L/H-16/550		14	9.5	17	19
	FDH-21-G5-L/H-16/850		21	13	24	26
	FDH-24-G5-L/H-16/550		24	14	26	28
	FDH-28-G5-L/H-16/1 150		28	17	32	34
	FDH-35-G5-L/H-16/1 450		35	21	39	42
	FDH-39-G5-L/H-16/850		39	23	43	46
	FDH-49-G5-L/H-16/1 450		49	29	55	58
	FDH-54-G5-L/H-16/1 150		54	31.5	60	63
	FDH-80-G5-L/H-16/1 150		80	47.5	88	92
	FDH-16-L/P-G13-26/600		16	10.5	19	21
	FDH-23-L/P-G13-26/600		23	14.5	27	29
	FDH-32-L/P-G13-26/1 200		32	19	36	38
	FDH-45-L/P-G13-26/1 200		45	27	51	54

表2 单端双管荧光灯用镇流器的能效等级

单位为瓦

灯型号 (TC-L)	ILCOS编码	灯功率		能效等级		
		(50 Hz)	高频	A1	A2	A3
TC-L 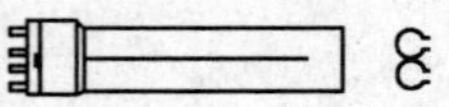	FSD-18-E-2G11	18	16	10.5	19	21
	FSD-24-E-2G11	24	22	13.5	25	27
	FSD-36-E-2G11	36	32	19	36	38
	FCH-40-L/P-2GX13-16		40	24	45	48
	FCH-55-L/P-2GX13-16		55	32.5	61	32

表 3　单端单排四管荧光灯用镇流器的能效等级

单位为瓦

灯型号 (TC-F)	ILCOS 编码	灯功率		能效等级		
		(50 Hz)	高频	A1	A2	A3
TC-F 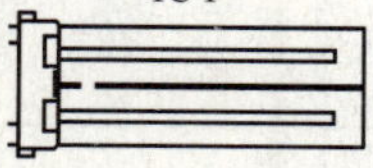	FSS-18-E-2G10	18	16	10.5	19	21
	FSS-24-E-2G10	24	22	13.5	25	27
	FSS-36-E-2G10	36	32	19	36	38

表 4　单端四管荧光灯用镇流器的能效等级

单位为瓦

灯型号 (TC-D/TC-DE)	ILCOS 编码	灯功率		能效等级		
		(50 Hz)	高频	A1	A2	A3
TC-D TC-DE 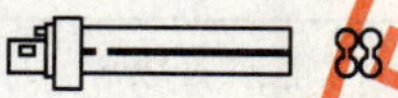	FSQ-10-E-G24q1 FSQ-10-I-G24d1	10	9.5	6.5	11	13
	FSQ-13-E-G24q1 FSQ-13-I-G24d1	13	12.5	8	14	16
	FSQ-18-E-G24q2 FSQ-18-I-G24d2	18	16.5	10.5	19	21
	FSQ-26-E-G24q3 FSQ-26-I-G24d3	26	24	14.5	27	29

表 5　单端六管荧光灯用镇流器的能效等级

单位为瓦

灯型号 (TC-T/TC-TE)	ILCOS 编码	灯功率		能效等级		
		(50 Hz)	高频	A1	A2	A3
TC-T TC-TE 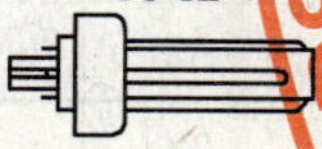	FSM-18-I-GX24d2 FSM-18-E-GX24q2	18	16.5	10.5	19	21
	FSM-26-I-GX24d3 FSM-26-E-GX24q3	26	24	14.5	27	29
	FSMH-32-L/P-GX24q4		32	19.5	36	39
	FSMH-42-L/P-GX24q4		42	25	47	50

表 6　双 D 荧光灯用镇流器的能效等级

单位为瓦

灯型号 (TC-DD/TC-DDE)	ILCOS 编码	灯功率		能效等级		
		(50 Hz)	高频	A1	A2	A3
TC-DD TC-DDE 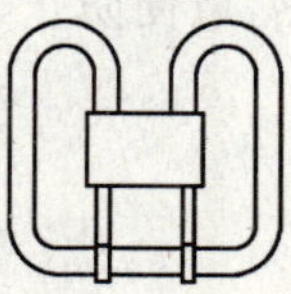	FSS-10-E-GR10q FSS-10-L/P/H-GR10q	10	9	6.5	11	13
	FSS-16-I-GR8 FSS-16-E-GR10q FSS-16-L/P/H-GR10q	16	14	8.5	17	19
	FSS-21-E-GR10q FSS-21-L/P/H-GR10q	21	19	12	22	24
	FSS-28-I-GR8 FSS-28-E-GR10q FSS-28-L/P/H-GR10q	28	25	15.5	29	31
	FSS-38-E-GR10q FSS-38-L/P/H-GR10q	38	34	20	38	40
	FCH-55-L/P-2GX13-16		55	32.5	61	65

表 7 单端双管荧光灯用镇流器的能效等级 单位为瓦

灯型号 (TC)	ILCOS 编码	灯功率		能效等级		
		(50 Hz)	高频	A1	A2	A3
TC 	FSD-5-I-G23 FSD-5-E-2G7	5	4.5	4	7	8
	FSD-7-I-G23 FSD-7-E-2G7	7	6.5	5	9	10
	FSD-9-I-G23 FSD-9-E-2G7	9	8	6	11	12
	FSD-9-I-G23 FSD-9-E-2G7	11	11	7.5	14	15

表 8 双端荧光灯用镇流器的能效等级 单位为瓦

灯型号 (T)	ILCOS 编码	灯功率		能效等级		
		(50 Hz)	高频	A1	A2	A3
T 	FD-4-G5-16/150	4	3.4	3.5	6	7
	FD-6-G5-16/225	6	5.1	4	8	9
	FD-8-G5-16/300	8	6.7	5	11	12
	FD-13-G5-16/526	13	11.8	8	15	16

表 9 环形荧光灯用镇流器的能效等级 单位为瓦

灯型号 (T9-C)	ILCOS 编码	灯功率		能效等级		
		(50 Hz)	高频	A1	A2	A3
T9-C 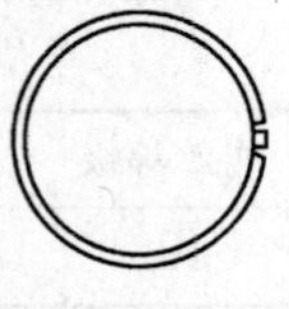	FC-22-E-G-G10q-29	22	19	12	22	24
	FC-32-E-G-G10q-29	32	30	18.5	35	37
	FC-40-E-G-G10q-29	40	32	19.5	37	39
	FCH-22-L/P-2GX13-16		22	14	26	28
	FCH-40-L/P-2GX13-16		40	24	45	48
	FCH-55-L/P-2GX13-16		55	32.5	61	65

8.3.2 镇流器能效等级的检测方法按照第 A.4 章的要求。

8.4 调光要求

8.4.1 灯阴极的加热

当灯以低于设计的最佳流明水平工作时，应注意使镇流器为灯连续提供阴极加热，以便防止灯寿命的降低。

8.4.2 控制接口

此要求由附录 E 规定，并应与镇流器制造商的说明相一致。

目前还存在其他非标准化的接口，这种接口会引起接口之间的互换性问题。应按照制造商的技术规范对其进行试验。

8.5 处于额定电压下的镇流器应能限制提供给基准灯的电流，使该电流不超过该灯与基准镇流器一起工作时的电流值的 115%，但相应灯的参数表另有规定时除外。

9 线路功率因数

当镇流器与一只或几只基准灯一起在其额定电压和频率下工作时，所测得的线路功率因数值与标志值的差异应不超过0.05。

对于可调式镇流器，其功率因数应在满功率条件下进行测量。

10 电源电流

当镇流器在额定电压下与一只或几只基准灯一起工作时，电源电流与镇流器上的标志值或制造商文件中的规定值的差异应不超过±10%。

对于可调式镇流器，按照GB 19510.1的要求，在任一调光位置上，电源电流应不超过镇流器上的标志值的110%。如果提供了最大电源电流值和相应的调光位置，则可取代对于所有调光位置的检测。

11 导入任一阴极引线的最大电流

当电源电压为额定值的92%和106%之间的任一值并处于正常工作状态时，流经任一阴极终端的电流不应超过相应灯的参数表所给定的值。

进行测量时应使用示波器或其他适用的仪器，还应使用基准灯，测量应在灯阴极的所有触点上进行。

12 灯的工作电流波形

应使镇流器在其额定电压下与一只或几只基准灯一起工作。在灯达到稳定状态之后，灯电流的波形应符合下述条件：

a) 在每个连续的半周之内，在电源电压通过零相位之后的同一时间，灯电流的包络波形的差异应不超过4%；

注：本要求的目的是为了避免由于电源半周至电源另外半周时包络波形的不一致而引起的闪烁。

b) 灯电流峰值与有效值的最大比值应不超过1.7。

注：在日本，当采用辅助阴极加热时，波峰系数最大值允许为2.1。

13 声频阻抗

标有声频符号的镇流器(见5.1)应按照第A.2章的要求进行试验。

对于400 Hz和2 000 Hz之间的每一个信号频率，当镇流器在其额定电压和频率下与基准灯一起工作时，其阻抗应是电感性的。该阻抗用欧姆表示，并且应至少等于下述电阻器的电阻值，即其所消耗的功率与该灯/镇流器组合体在其额定功率和频率下所消耗的功率相等的电阻器。镇流器的阻抗应使用一其值等于镇流器额定电源电压的3.5%的信号电压进行测量。

250 Hz和400 Hz之间的阻抗应至少等于400 Hz和2 000 Hz之间的频率所要求的最小值的二分之一。

注：由容量小于0.2 μF(总量)的电容器组成的无线电干扰抑制器可安装在镇流器之内，在进行本试验时可将其断开。

14 异常条件下的工作试验

14.1 灯被断开

当镇流器在110%额定电压下与一只或几只适用的灯一起工作期间，在不关闭电源的情况下使灯与镇流器断开，并持续1 h，然后，将灯重新连接，灯应能正常启动和工作。如果灯不能启动，应将电源关闭1 min，然后再接通电源，此时，灯应能启动。

14.2 灯不能启动

用相应灯的参数表所规定的适用的阴极模拟电阻代替灯的每个阴极，与镇流器连接，并使镇流器在110%额定电压下工作1 h。然后，将该电阻移开。将一只或几只适用的灯与镇流器连接，灯应能正常启动和工作。如果灯不能启动，应将电源关闭1 min，然后再接通电源，此时，灯应能启动。

15 耐久性

15.1 在进行本试验之前，应使镇流器接受下述温度循环试验和开路条件下的开关试验：

a) 温度循环试验：

首先，将镇流器在环境温度的下限值条件下放置1 h，然后将温度升高到 t_c，并持续1 h。如此温度循环要进行五次。如果没有规定温度下限值，则应采用+10 ℃。

b) 开关循环试验：

在额定电源电压下(或在电压范围中最不利的电压下，此电压由制造商给出)将镇流器接通电源30 s，再断开30 s。在输出端处于空载状态下重复此循环1 000次。

15.2 随后，使镇流器与一适用的灯在额定电源电压下和能产生 t_c 值的环境温度下工作200 h，然后，使镇流器冷却至室温。此时，镇流器应能使适用的灯正常启动并工作15 min。在此试验期间，应将灯放置在试验箱之外并且温度为25 ℃±5 ℃的环境中。

15.3 上述 t_c 值指的是在最不利的调光位置上测得的 t_c。此调光位置可与制造商协商后提供。

注：在灯具内测试 t_c 温度时，应采用同一最不利的调光位置。

附　录　A
（规范性附录）
试　　验

A.1　一般要求

各项试验均为型式试验。一个样品应接受所有的试验。

A.1.1　环境温度

各项试验应在无对流风的室内和 20 ℃～27 ℃的环境温度下进行。

对于那些要求灯的性能稳定不变的试验，在进行这些试验期间，灯周围的环境温度应处在 23 ℃～27 ℃之间，其变化应不超过 1 ℃。

A.1.2　电源电压和频率

A.1.2.1　试验电压和频率

受试镇流器应在其额定电压下工作，基准镇流器应在其额定电压和频率下工作，但另有规定时除外。

当镇流器上标有所采用的电源电压范围时，或镇流器具有几种不同的独立额定电源电压时，该镇流器任一预定采用的电压均可被选作额定电压。

A.1.2.2　电源和频率的稳定性

对于大多数试验，电源电压和基准镇流器所适用的频率误差应稳定保持在±0.5%之内。但是，在实际测量期间，电压误差应调整到规定试验值的 0.2%之内。

A.1.2.3　电源电压波形

电源电压的总谐波含量应不超过 3%；谐波含量被定义为各次谐波分量的有效值（r.m.s.）总和，基波定为 100%。

A.1.3　磁效应

在与基准镇流器或受试镇流器的表面相距 25 mm 的范围之内应不存在任何磁性物体，但另有规定时除外。

A.1.4　基准灯的安装与连接

为了确保基准灯的电特性的一致性，基准灯应按照相应灯的参数表的说明进行安装。如果灯的参数表未给出安装说明，应将灯水平安装。

建议将灯持久固定在其试验灯座中。

A.1.5　基准灯的稳定性

A.1.5.1　在进行测量之前，应使灯达到稳定的工作状态。不应出现打旋现象。

A.1.5.2　在按照附录 C 的要求进行每一系列试验之前和之后，均应立即检验灯的特性。

A.1.6　基准镇流器

所用基准镇流器应符合相应灯的参数表的规定。

A.1.7　仪器的特性

a)　电压线路：

流经跨接于灯端的仪器的电压线路的电流应不超过灯标称工作电流的 3%。

b)　电流线路：

与灯串联连接的仪器应具有足够低的阻抗，以使电压降不超过灯的目标电压的 2%。

在将测量仪器串接在并联的加热电路中时，该仪器的总阻抗应不超过 0.5 Ω。

c) 有效值的测量：

测量仪器应基本上不会出现由波形畸变引起的误差，并应与工作频率相适应。

应注意确保测量仪器的对地电容不会干扰受试部件的工作，还应确保受试线路的测量点处于地电位。

A.2 声频阻抗的测量

图 A.1 所示的线路是一用来测定灯/镇流器组合体的声频阻抗 $\mathbf{Z}$ 的电桥。

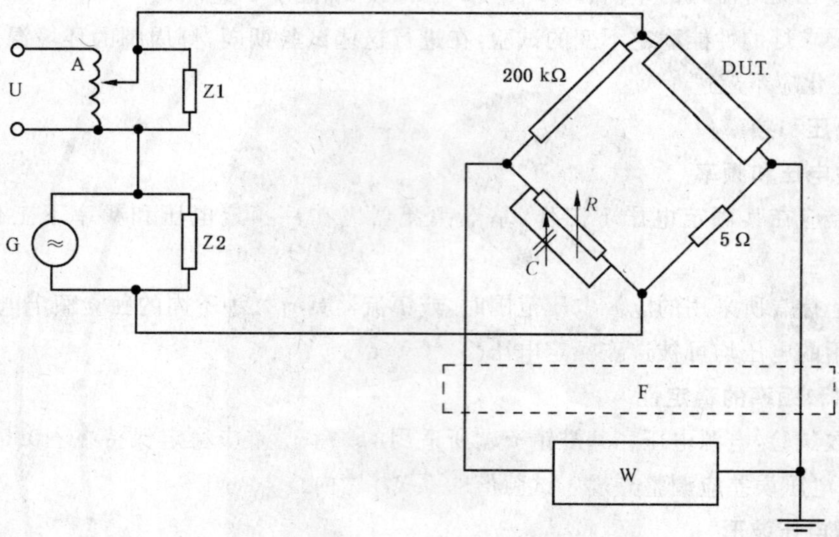

U——50 Hz(60 Hz)电源；

G——250 Hz～2 000 Hz 发生器；

A——50 Hz 或 60 Hz 电源变压器；

D.U.T.——受试装置(镇流器)；

Z1——其值是对于 50 Hz 或 60 Hz 足够高，而对于 250 Hz～2 000 Hz 足够低的阻抗(例如：电阻 15 Ω，电容 16 μF)；

Z2——其值是对于 50 Hz 或 60 Hz 足够低，而对于 250 Hz～2 000 Hz 足够高的阻抗(例如：电感 20 mH)；

F——50 Hz 或 60 Hz 滤波器。

注：对于电桥的一个分支，200 kΩ 不是临界值。

图 A.1 声频阻抗的测量线路

线路图中，代表电阻器的 R' 和 R'' 的值分别为 5 Ω 和 200 000 Ω(至少后者不是临界值)。当调节 R 和 C 时，可使一在波形分析器(或其他适用的选择性探测器)上选定的声频达到一种平衡，通常表示为：

$$\mathbf{Z} = R'R''\left(\frac{1}{R} + j\omega C\right)$$

如果电阻 R' 和 R'' 具有精确的数值，该公式则变为：

$$\mathbf{Z} = 10^6\left(\frac{1}{R} + j\omega C\right)$$

注：如果对于其他源的电流来说，相关的源具有低的内阻抗，则阻抗 Z1 和/或 Z2 就不是必需的。

A.3 预热期间的测量

A.3.1 试验设备和测量程序

试验设备应包括受试镇流器，相应灯的参数表所规定的阴极替代电阻(R)和测量装置。测量装置可以是一装有电压和/或电流探测器的示波器(见图 A.2)。

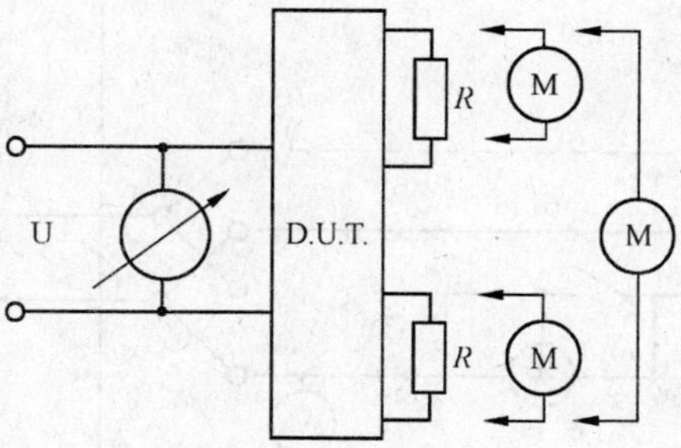

U——电源；

D.U.T.——受试装置(镇流器)；

M——测量装置；

R——阴极预热试验用的替代电阻，见灯的参数表。

图 A.2 预热启动式镇流器的试验线路

必要时，将隔离变压器的隔离输出绕组的次级输出绕组连接在接地的一端。如果镇流器中未装有隔离变压器，那么应在输入端插接上隔离变压器。

总开路电压应在两个阴极替代电阻之间进行测量。

如果装有启动辅助件，其电压应符合规定的电压要求。

A.3.2 用预热线路进行测量和数据处理的特定条件

借助测量装置，可测定加热电流和开路电压，此二值与时间有关。

对于稳定状态的有效值电流或有效值电压来说，要依据对一个单独的能确定实际值和波峰系数的高频周期来测定加热电流/电压的实际值。

可使用适宜的仪器直接测量有效值。

对于变化着的电流，加热电流的实际值被定义为与具有相同加热效果的稳定状态的有效值电流相等的一个值。

借助灯的参数表所给定的公式，可计算出发射时间(见 7.1.1)。

A.4 能效等级的测量

A.4.1 试验要求

试验电压为 220 V，如果镇流器标记了电压范围，则镇流器应在电压范围的中间值进行测量。

高频基准镇流器应符合附录 B 的要求。标准灯应符合附录 C 的要求。

交流电子镇流器—灯电路和基准镇流器—灯电路之间的测量和比较应采用同一个标准灯。

A.4.2 测量方法

采用图 A.3 的试验电路进行测量，在某些场合标准灯的 P_{Lnom} 可以偏离灯的额定值。

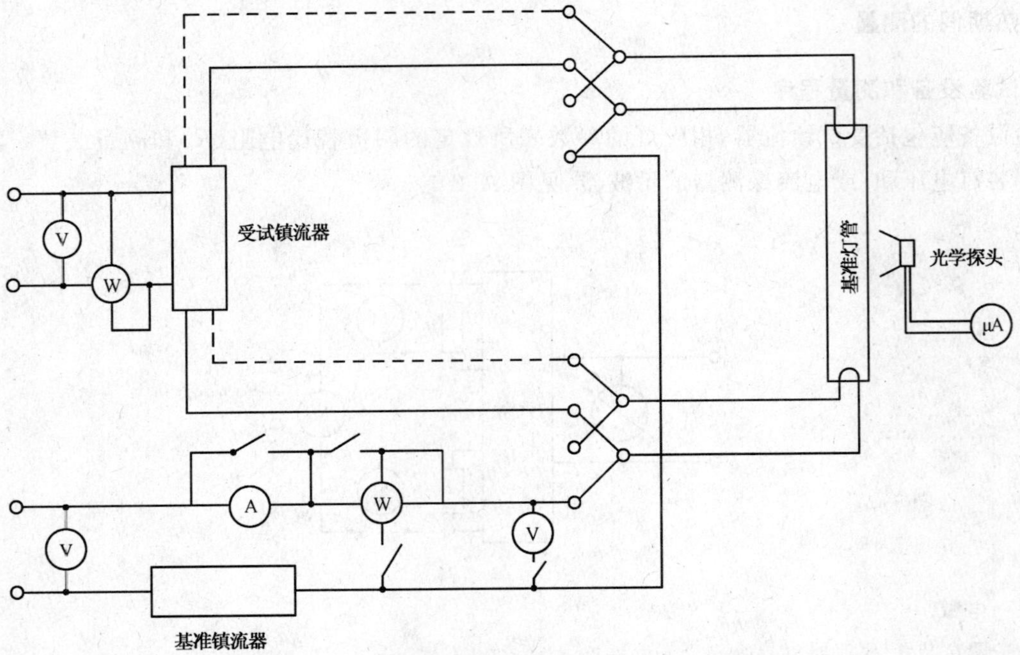

图 A.3　交流电子镇流器　灯电路的测量线路

标准灯应与高频基准镇流器一起工作，应采用在相关的灯标准中规定的高频灯电流。在测量中，测量的高频灯的功率（$P_{\mathrm{Lref.\,meas}}$），应在额定或典型高频功率（P_{Lnom}）的±2.5%范围内。

然后在试验镇流器电源输入条件测量输入总功率（$P_{\mathrm{tot.\,meas}}$）。当达到稳定状态时记录下输入总功率（$P_{\mathrm{tot.\,meas}}$）的值。

A.4.3　流明系数测量

测量灯的光输出的光电探测器的位置如图 A.4 和图 A.5 所示。

单位为毫米

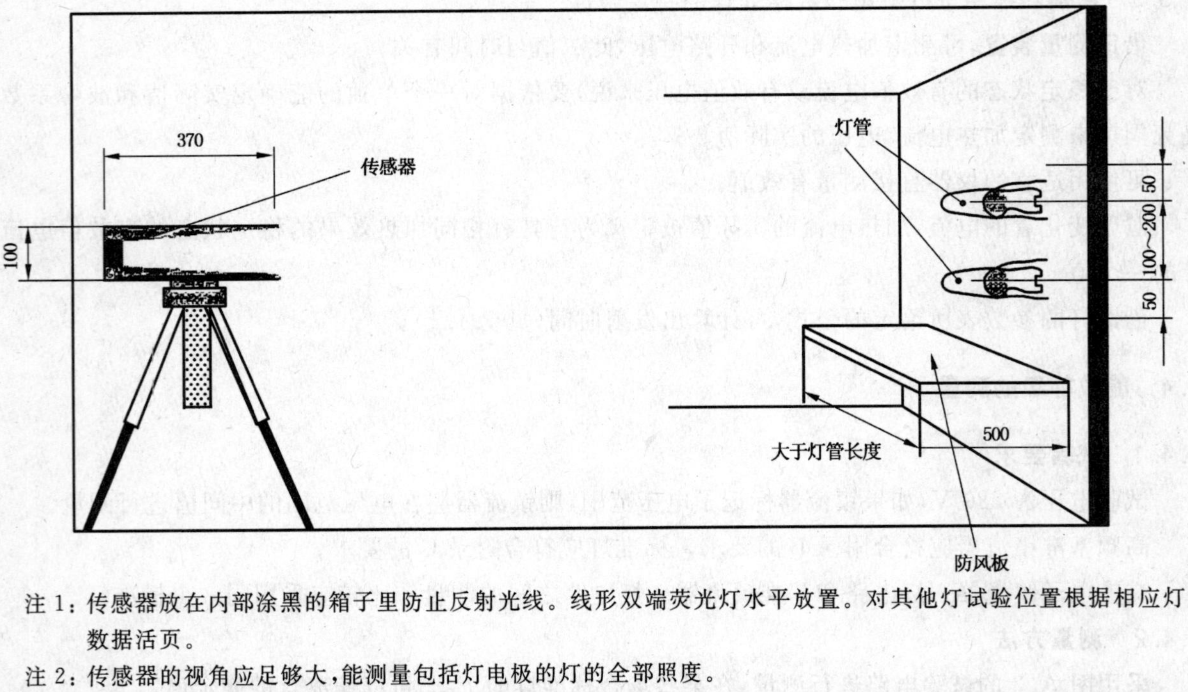

注 1：传感器放在内部涂黑的箱子里防止反射光线。线形双端荧光灯水平放置。对其他灯试验位置根据相应灯的数据活页。

注 2：传感器的视角应足够大，能测量包括灯电极的灯的全部照度。

注 3：传感器与灯的距离应至少是灯长度的两倍以确保由于灯中心和灯末端的光的不同分布产生的误差最大是 0.3%。

图 A.4　光输出测量系统的侧视图

单位为毫米

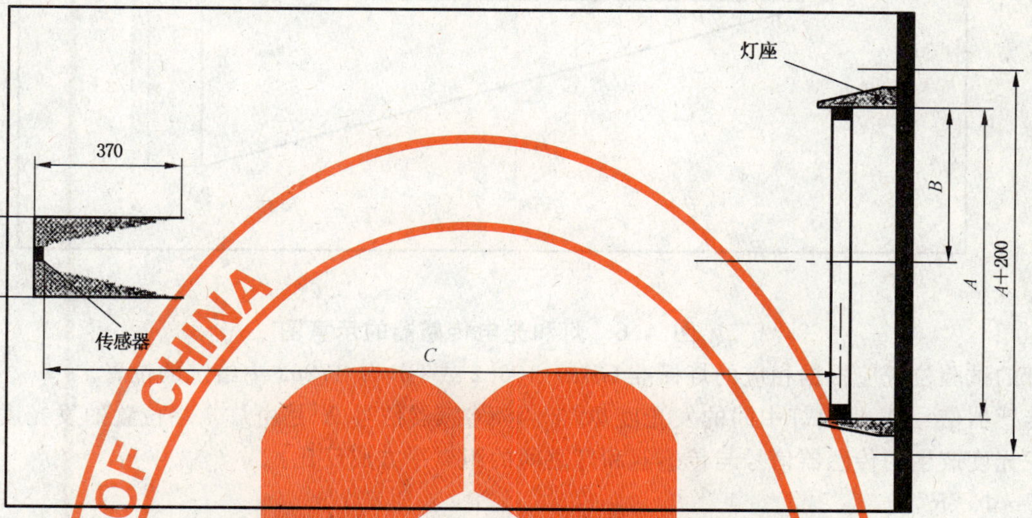

图 A.5 光输出测量系统的顶视图

在达到稳定条件后(镇流器温度和灯电流稳定)把光电探测器的测量值设置成100%。

在相同试验条件下(灯和光电探测器未变化)试验镇流器连接到灯电路中并燃点到再次达到稳定条件。

受试镇流器的流明系数应符合8.1要求。

A.4.4 测量的修正和计算

测量的输入到受试的镇流器—灯电路的输入总功率修正到1.00BLF($Light_{ref}/Light_{test}$)并且将由使用标准灯特性的不同引起的误差最小化($P_{Lnom}/P_{Lref.\,meas}$)。镇流器—灯电路的修正的输入总功率($P_{tot.\,ref}$)由以下方程计算:

方程1:

$$P_{tot.\,ref} = P_{tot.\,meas} \times \frac{P_{Lnom}}{P_{Lref.\,meas}} \times \frac{Light_{ref}}{Light_{test}}$$

式中:

$P_{tot.\,ref}$——修正到可同等的标准条件下的试验镇流器—灯电路的输入总功率,单位为瓦特(W);

$P_{tot.\,meas}$——输入到试验镇流器—灯电路的测得的输入总功率,单位为瓦特(W);

P_{Lnom}——根据灯数据活页的相应的标准灯的额定灯功率,单位为瓦特(W);

$P_{Lref.\,meas}$——带基准镇流器的电路中测量的灯功率,单位为瓦特(W);

$Light_{ref}$——由光电探测仪测量的连接到基准镇流器的标准灯的光输出;

$Light_{test}$——由光电探测仪测量的连接到试验镇流器的标准灯的光输出。

A.4.5 光电检测装置及探测器的位置要求

为了比较带基准镇流器的光输出的测量和带试验镇流器的光输出的测量,光输出的测量应覆盖整个灯的表面。HF(高频)灯可以带"热"或"冷"电极工作。这将导致在灯的末端的光分布的不同。因此,同时测量灯的末端的光和灯的中部的光是很重要的。必要条件是将传感器放在距离灯的正确的位置上。可将传感器放在如图A.6的位置上。

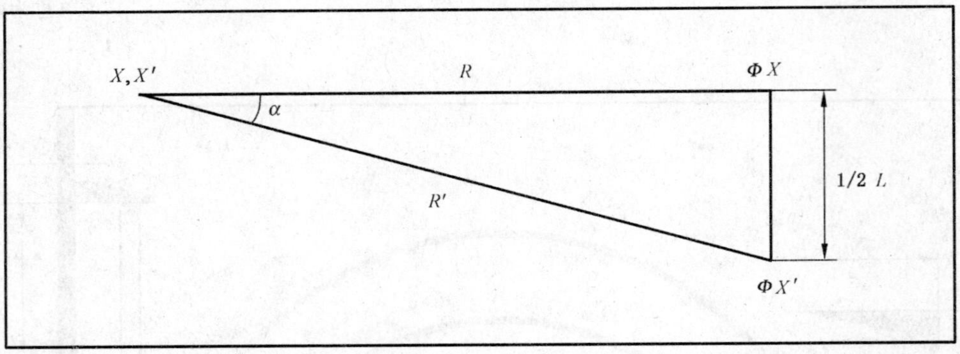

图 A.6 灯和光电传感器的示意图

灯的试验位置应根据相应的灯标准 GB/T 10682 或 GB/T 17262 中给定的位置。

传感器信号 X 是由灯中间的发光度 Φx 产生，传感器信号 X' 是由灯末端位置的发光度 $\Phi x'$ 产生。灯的发光度产生的传感器信号与传感器和灯之间的距离平方成反比：

$X=\Phi x/R^2$

$X'=\Phi x'/R'^2$　　　　　$R'^2=R/\cos\alpha$

由 R 和 R' 之间的差异引起的 X 和 X' 的差异应最小。当灯带“冷”电极工作时，从灯末端发出的光在大于大约 2 cm 距离处明显低于带“热”电极的灯。对于 FD-18-E-G13-26/600 灯（对管形/线形灯最差情况）大概是灯长度的 6%。X 和 X' 5% 差异是可接受的，这将导致 0.3% 系统误差。对于更长的灯误差会更小。

这将导出以下结果：

$X'=(\Phi x'/R^2)\cos^2\alpha$

$\cos^2\alpha>0.95$

$\cos\alpha>0.975$　　　　　$\alpha<13°,\tan\alpha<0.23$

α 是 $13°(R=2L)$

对于传感器来讲，垂直入射的角度对传感器信号强度没有影响（13 以内），因此传感器没有 $\cos\alpha$ 的修正。

当 $R=2L$ 时，光中心和光末端的光分布的不同引起的误差最大为 0.3%。

图 A.4 和图 A.5 对于位置的要求：

a)　图 A.4 和图 A.5 用于单根和两根线形灯镇流器；

b)　符合以下规定的多灯镇流器（三灯或四灯）采用相同参数：

——对于四根灯管的灯的测量位置：两根灯管相邻，另外两根分别在这两根上面

——对于三灯镇流器，测量位置是两根灯管相邻，另一只灯在较低位置的中间部位。

光传感器到灯管的最小距离至少是 0.8 m，但是传感器应“看”见灯长度的 20%。对于汞齐灯应注意基准测量和试验测量应保持在同一个位置。

可以采用直径不小于 3 m 的积分球来测量流明系数，但是有争议时以上述光电检测装置测量的结果为准。

附 录 B
（规范性附录）
基准镇流器

B.1 标志

基准镇流器上应清晰耐久地标有下述标志：

a) “基准镇流器”或“高频基准镇流器”的全称字样；

b) 销售商的标志；

c) 序列号；

d) 灯的额定功率和校准电流；

e) 额定电源电压和频率。

B.2 设计特征

B.2.1 50 Hz 或 60 Hz 频率的镇流器的一般设计特性

基准镇流器是一自感线圈，装有或未装有辅助电阻器，在设计上能提供第 B.3 章所述工作特征。

基准镇流器可用在装有启动器的线路中，或者，在适宜的情况下用在具有加热灯阴极的独立电源的线路中。

B.2.2 25 kHz 频率的高频基准镇流器

高频基准镇流器是按设计要求能提供第 B.4 章所述工作特性的电阻器。

由于此类型的高频镇流器是设计用作永久性的参照基准，所以最重要的是在正常使用条件下这种镇流器的结构应有助于提供稳定的阻抗。

为此，这种镇流器可装有能恢复基准电阻的适用部件。

高频基准镇流器应密封安装在具有机械和电气保护功能的外壳中。但是，应注意对由此造成的功率损耗进行适当的处理。

B.2.3 保护功能

镇流器应具有防磁保护功能，例如，采用适宜的钢制外壳，将一 12.5 mm 厚的普通软钢板置于与镇流器外壳任一表面相距 25 mm 之处，相对于校准电流来说，其电压/电流比的变化应不超过 0.2%。

此外，镇流器应具有防止机械损坏的保护功能。

B.3 频率为 50 Hz 或 60 Hz 的工作特性

B.3.1 额定电源电压和频率

基准镇流器的额定电源电压和频率应符合 GB/T 10682 或 GB/T 17262 中相应灯的参数表所给定的值。

B.3.2 电压/电流比

基准镇流器的电压/电流比应为 GB/T 10682 或 GB/T 17262 中相应灯的参数表所给定的值，并应具有下述公差：

a) 在校准电流下，公差为±0.5%；

b) 在校准电流的 50%～115%之间的任一电流下，公差为±3%。

B.3.3 功率因数

在校准电流下测定的基准镇流器的功率因数应为 GB/T 10682 或 GB/T 17262 中相应灯的参数表所示值，可允许有±0.005 的公差。

B.3.4 温升

当基准镇流器在校准电流和额定频率下以及 20 ℃和 27 ℃之间的环境温度下工作，并达到热稳定之后，用“电阻变化法”测得的镇流器绕组的温升应不超过 25 K。

B.4 频率为 25 kHz 的工作特性

B.4.1 概述

在高频基准镇流器的额定输入电压和额定频率下以及在室内温度为 25 ℃±5 ℃和基准镇流器的温度达到稳定状态的情况下所进行的测量应采用下述技术要求。

B.4.2 阻抗

高频基准镇流器的阻抗应为 GB/T 10682 或 GB/T 17262 中相应灯的参数表所给出的值，并具有下述公差：

±0.5%在校准电流下；

±1%在校准电流的 50%和 115%之间的任一电流下。

B.4.3 串联电感与并联电容

基准镇流器的串联电感应小于 0.1 mH，其并联电容应小于 1 nF。

B.5 频率为 25 kHz 时的线路(见图 B.1)

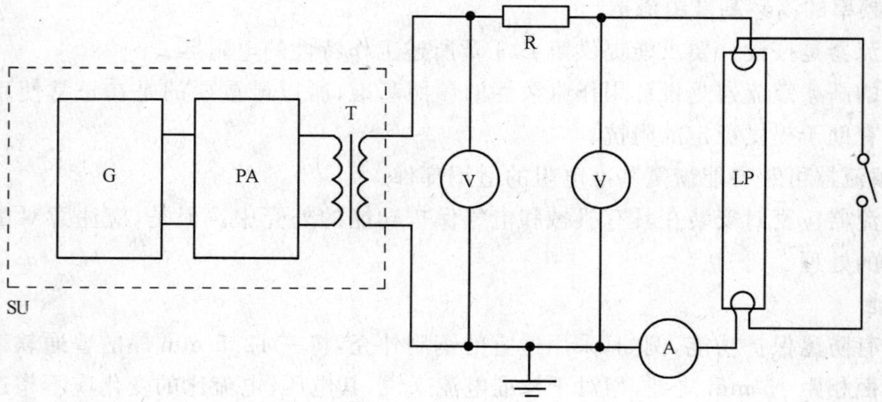

SU——电源；

G——正弦波发生器；

PA——功率放大器；

T——隔离变压器；

R——基准电阻；

LP——灯；

S——启动开关。

图 B.1 高频基准线路

B.5.1 阴极加热

高频镇流器可用在为使灯顺利启动而安装了加热灯阴极用的独立电源的线路中。在测量灯时应将这些电源断开。

B.5.2 电源

用于调整和试验高频基准镇流器的高频电压电源应具有以下特点，即在全负载条件下，谐波含量的有效值之和应不超过基波分量的 3%。

此电源应尽可能地稳定并尽可能不发生突然变化。为获得最佳试验结果，应在 0.2% 的范围内调节电压。

对于电阻型基准镇流器，频率应保持在 2% 范围之内。

B.5.3 仪器

测量高频基准镇流器用的所有仪器均应适用于高频工作。

详细要求尚在研究之中。

B.5.4 引线

连接用的引线应尽可能短且直，以避免互感电容的产生。

与灯并联的互感电容应小于 1 nF。

附 录 C
（规范性附录）
基准灯条件

当一只已老炼了至少 100 h 的灯与一基准镇流器在附录 A 所规定的条件下和 25 ℃的环境温度下一起工作时，如果灯的功率、灯端电压或灯的工作电流与 GB/T 10682 或 GB/T 17262 所给定的相应额定值的差异不超过 2.5%，则该只灯被视为是符合 3.4 所述的基准灯。

对于不用启动器工作的基准灯，如果阴极电阻比灯的参数表所给出的额定值高出 10%以上，则可使用一分流电阻器将其降低。

应始终使用受试镇流器所适用的基准灯。

当基准灯与基准镇流器一起工作并达到稳定状态时，流经基准灯的电流的波形应在连续半周内基本相同。

注：此要求用来限制任何整流效应可能引起的偶次谐波。

附 录 D
（资料性附录）
对启动条件的说明

D.1 引言

第7章所述启动条件要求和有关灯标准中灯的参数表所给出的相关数据均适用于电子镇流器所能采用的不同的灯启动方式。

由于这些启动方式比传统的50 Hz或60 Hz线路所提供的方式更复杂，因此本附录可作为对本标准的此项要求和灯的参数表所规定的数据的补充说明。

D.2 对灯启动有影响的因素

影响荧光灯的启动机理的物理因素主要有五种：

——阴极的加热：用于预热的能量和施加该能量的时间；

——开路电压：在预热期间及灯被触发时灯端和启动辅助件上的电压；

——环境条件：环境温度，相对湿度；

——灯的物理条件：填充气体的类型及其压力，灯的尺寸，包括内部导电涂层；

——电源和灯具条件：工作频率，启动辅助件的尺寸及间距。

所有这些因素都以复杂的形式相互作用，如果对于某一选定的启动方式来说不能使这些因素正确组合，就会使灯的性能降低（例如：灯寿命的降低，在给定灯寿命中启动周期次数的减少，灯末端过度发黑）。

D.3 灯启动的主要方式

50 Hz或60 Hz镇流器传统上主要有两种使荧光灯启动的方法：预热阴极启动和非预热阴极启动。

这两种启动方式都能使用电子镇流器，但是，由于电子镇流器含有较高的技术性能，通常，应采用能对启动特征进行确定、测量和评定的新方式。

虽然电子镇流器以比传统的50 Hz或60 Hz镇流器更复杂的方式提供灯的启动条件，但是为使灯工作性能良好，要采用同样的原理。

D.4 灯启动的特定方式

D.4.1 预热启动

通常采用不同的方式使预热阴极灯启动，但是，所有这些方式可概括为一点，就是应为阴极提供足够的能量。特定的解决办法是可依据大体上稳定的电流或电压来控制预热。

在启动期间，如果要使灯工作性能良好，所有这些启动方式均应满足下述要求：

a) 在阴极达到发射状态之前，灯端的开路电压和/或灯至启动辅助件的开路电压应保持在低于能引起灯辉光电流而损坏阴极的电压水平；

b) 在阴极已经达到发射状态之后，开路电压应足以使灯快速启动，而不致使灯重复启动；

c) 如果为了使灯达到启动而应升高开路电压，那么，应在阴极已经达到发射状态的情况下由低向高提升开路电压，同时阴极仍处在发射温度；

d) 在阴极预热期间，加热电流或电压不应过大过高，以避免阴极上的发射材料由于过度加热而被损坏。

由于预热启动所要求的开路电压相对较低，对于某些类型的灯，可采用多灯串联线路的方法。

在这种线路中，有时采用启动电容器与灯组合体的一部分并联，而对未并联的灯施加全负荷开路电压。启动电容器的量值与启动初期存在的可能会引起故障的辉光电流有关。应注意使启动电容器的量值与启动的顺利程度及灯和镇流器的其他特性保持平衡。

D.4.2 非预热启动

灯的这种启动方式利用了在向灯两端瞬时施加高开路电压时灯的未被加热的阴极上所产生的场发射。

开路电压的范围以及镇流器的源阻抗决定了灯从放电的辉光电流阶段达到完全弧光阶段所需要的时间。

灯的末端过度发黑以及随后发生的灯过早损坏的主要原因之一是在启动过程中辉光放电电流过大和/或持续时间太长。为了将辉光放电电流的危害性降低到最小程度，应确保提供最小值的开路电压，并且镇流器应能驱使灯快速通过此阶段，而不会使灯以 100 ms 以上的时间重复启动。

某些镇流器除了利用灯的阴极电流充分加热阴极之外，还可将此电流用于其他目的(例如：利用已降低的电压维持启动状态)。在这种情况下，应遵守阴极电流的最大极限值要求，以避免阴极过度加热。

D.5 对第 7 章要求以及灯的参数表所给定的数据的说明

D.5.1 预热启动

D.5.1.1 加热能量和预热时间(t_s)

- **加热能量的最小值**

使给定类型的阴极达到最低发射温度所需要的热量可用时间及两个常数 Q 和 P 表示，它们的值均由该给定类型的阴极的物理特性决定。

它们之间的关系可由式(D.1)和式(D.2)表示：

$$E_{min} = Q_{min} + P_{min} \times t \qquad \text{(D.1)}$$

$$E_{max} = Q_{max} + P_{max} \times t \qquad \text{(D.2)}$$

式中：

t——启动时间(s)[1)]，灯的标准采用参数 t_s 作为一确定的特殊的时间测试点。但是实际上该值位于 t_1 和 t_2 之间。该间隔(t_1，t_2)由图 1 表示，$t=t_s$；

[1)] 小于 0.4 s 的预热时间通常是不容许的，经验证明，在这种情况下，不一定总是能达到所需要的阴极预热。

Q_{min}——由阴极的类型所决定的常数，单位为焦耳(J)；

P_{min}——由阴极的类型所决定的常数，单位为瓦特(W)；

E_{min}——加热能量的最小值，单位为焦耳(J)；

Q_{max}——由阴极的类型所决定的常数，单位为焦耳(J)；

P_{max}——由阴极的类型所决定的常数，单位为瓦特(W)；

E_{max}——加热能量的最大值，单位为焦耳(J)。

常数 Q 和 P 的值以及阴极替代电阻的值均在各相应灯的参数表中给出。对于特殊类型的镇流器，如果需要，可通过进行初步计算将能量值换算成电流值或电压值。

将所测得的 t_s 值代入式(D.1)和式(D.2)，可计算得出有效加热能量 E_{min}，每种灯的参数表也给出了此公式。

- **加热能量的最大值**

加热能量的最大值由计算 E_{max} 的公式得出，所需参数以及试验所要求的替代电阻的值均在相应灯的参数表中给出。

这些要求的示意图由图 1 给出。

注：如果预热能量的供给中断，则传输给电极的能量便是零。鉴于图 1 表示所供给的能量(而不是电极的能量)，在能量供给中断时，能量曲线仍旧保持恒定不变，即水平线。电极的能量状态(例如：由于冷却而造成的损耗)，由公式 $E=Q+P\times t$ 中的斜率 P 表示。

D.5.1.2 开路电压

相应灯的参数表中所示开路电压值适用于需要使用启动辅助装置的系统和不需要使用启动辅助装置的系统。在进行试验之前，应确定出适用的系统。

对于某些类型的灯，相应灯的参数表规定了达到时间 t_e 之前的开路电压最大值，该值大于或等于在达到时间 t_e 之后所要求的开路电压最小值。设计用于这类灯的镇流器不一定应升高开路电压才能使这类灯正常启动。

D.5.2 非预热启动

只测量开路电压不一定能确保镇流器使灯完全启动，并使最小辉光电流时间符合要求。某些镇流器从一开始就不能提供使灯快速由辉光状态进入弧光状态所必需的电流。

为了避免这种情况，应使用灯的替代电阻进行镇流器阻抗试验。

灯的替代电阻的值以及该电阻所应获得的最小电流值均由相应灯的参数表给出。

D.6 测量要求

由于电子镇流器的预启动和启动特性不一定能提供稳定状态的电压和电流，因此，应采用与这些条件相适应的测量装置和测量技术。

附 录 E
（规范性附录）
可控镇流器的控制接口

E.1 综述

本附录规定了可控式镇流器的控制接口。通过将控制信号施加在镇流器的控制终端上将电子镇流器的电弧功率控制在最小值/断路和最大值之间。

如果没有接通控制信号，镇流器应给出 GB 19510.1 和 GB 19510.4 所规定的电弧功率最大值，或者给出适用的系统故障电平。

本附录未涉及任何关于控制接口的要求。

E.2 用直流电压进行控制

E.2.1 线路图 直流电压控制的功能要求

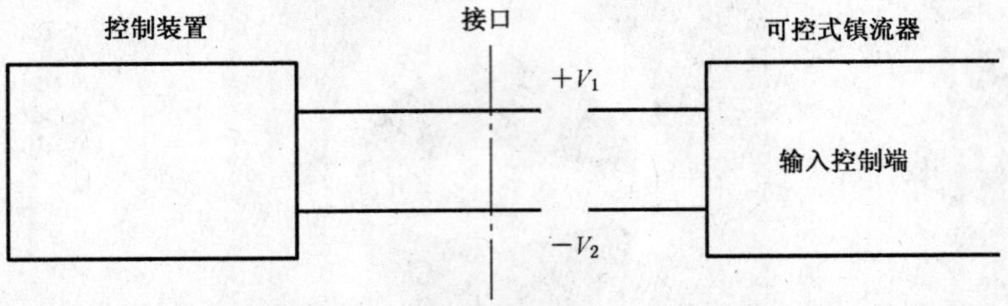

可控式镇流器的电弧功率是用该镇流器的输入控制端上的直流电压加以控制的。该直流电压具有下述特性：

控制信号的范围：

$V_{1,2}$在 10 V 和 11 V 之间时：电弧功率最大值；

$V_{1,2}$在 0 V 和 1 V 之间时：电弧功率最小值/最小光输出；

$V_{1,2}$在 1 V 和 10 V 之间时：电弧功率从最小值上升至最大值；

$V_{1,2}$在 0 V 和 11 V 之间时：灯处于稳定的工作状态和稳定的光输出。

E.2.2 接线图

依据载流能力，按照下述方式将几个可控式镇流器连接到一个控制装置上：

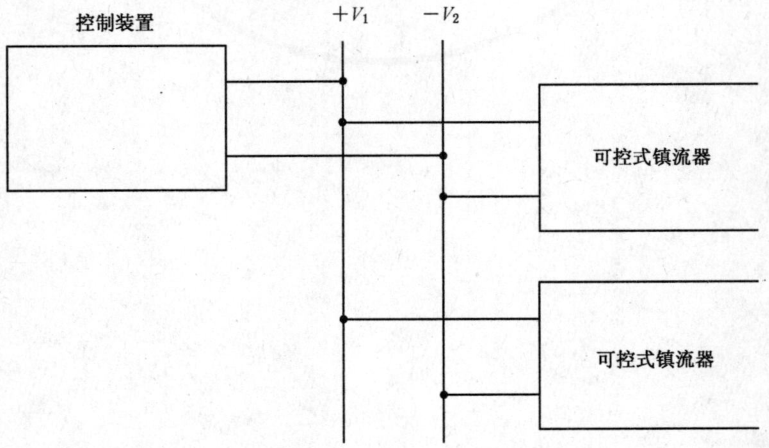

E.2.3 电特性要求

E.2.3.1 可控式镇流器

可控式镇流器是电流的来源。

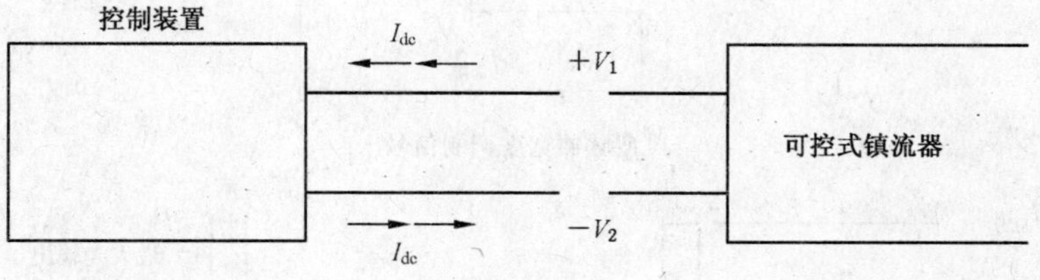

E.2.3.2 控制输入电压极限值

当输入控制端的电压 $V_{1,2}$ 在 −20 V 和 +20 V 之间时，镇流器不应被损坏。

镇流器不应产生超过控制装置的极限值的电压，并且在任何情况下该电压不应超过下述值：

$V_{1,2}$ 在 −20 V 和 +20 V 之间

两控制终端应是极性相反的，并且要受到保护。在这种情况下，镇流器工作并具有最小光输出或者镇流器不工作。

在输入控制端的电压位于 0 V～11 V 之间时，镇流器应具有稳定的光输出。

此要求采用目视法进行检验。

E.2.3.3 控制输入电流极限值

提供给控制装置的控制输入电流的极限值为 10 mA(最小值)和 2 mA(最大值)。

控制输入电流值应标明在镇流器上。

E.2.3.4 接通电源

在任何调光位置上均允许接通电源。

E.3 用脉冲宽度调制(PWM)进行控制

E.3.1 线路图 PWM 控制的功能要求

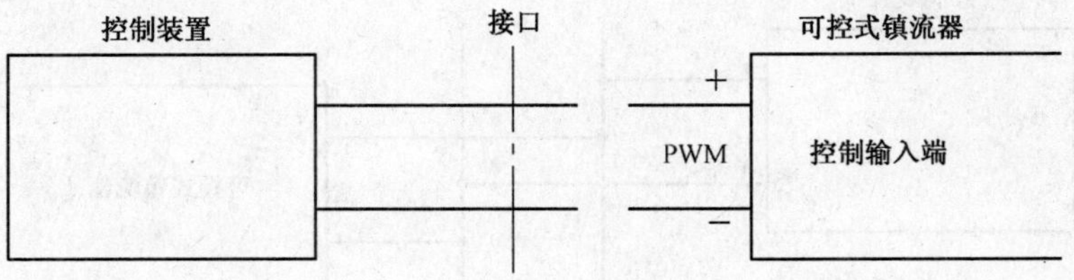

可控式镇流器的电弧功率通过该镇流器的输入控制端上的脉冲宽度调制信号加以控制。改变电压为 $V_{信号}$ 时的脉冲宽度调制信号所持续的时间的比例，可使电弧功率发生变化。脉冲宽度调制信号具有下述特性：

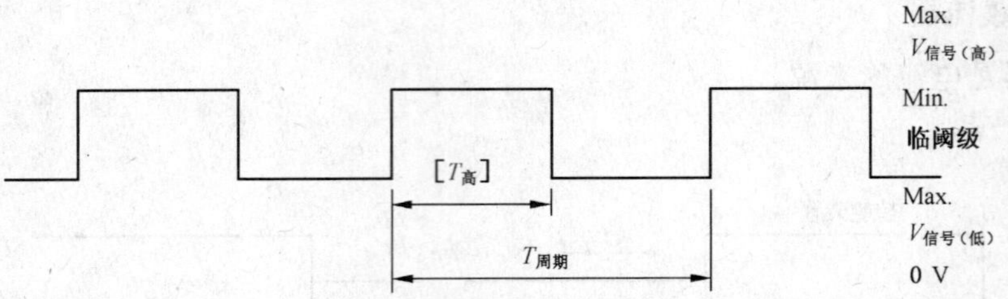

典型脉冲宽度调制信号

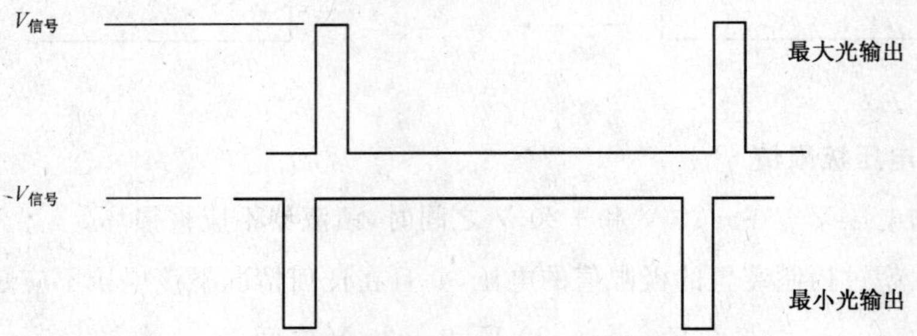

最大和最小光输出的脉冲宽度调制信号

该信号的电压位于 $V_{信号}$(低)和 V 信号(高)之间，其中：

$V_{信号(低)}$ 的最小值是 0 V；

$V_{信号(低)}$ 的最大值是 1.5 V；

$V_{信号(高)}$ 的最小值是 10 V；

$V_{信号(高)}$ 的最大值是 25 V。

$T_{周期}$(循环时间)是 1 ms(最小值)和 10 ms(最大值)。

当信号宽度 $T_{(高)}$ 为 0%～5%±1%时是完全光输出。

当信号宽度 $T_{(高)}$ 为 95%±1%时是 1%或最小光输出。

当信号宽度 $T_{(高)}$ >95%时是断路状态。

注：处于断路状态时保留这部分信号。但是如果镇流器不具备这种特性，其光输出应保持在最小值。

当信号宽度 $T_{(高)}$ <95%时是未断路状态。

E.3.2 接线图

依据载流能力，可按照下述方式将几个可控式镇流器连接在一个控制装置上。

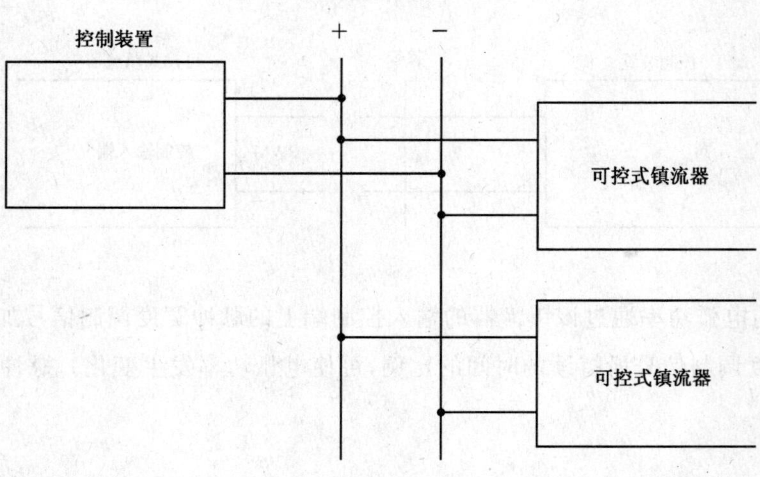

E.3.3 电气特性要求

控制装置是电流的来源，镇流器接收电流。

E.3.3.1 信号电压极限值

当信号电压 $V_{信号}$ 低于 25 V 时，镇流器不应被损坏。

控制终端应是极性相反的，并受到保护。在这种情况下，镇流器不应工作。

E.3.3.2 控制终端的阻抗

控制终端的阻抗应在 1 kΩ 和 10 kΩ 之间。

E.3.3.3 输入电流

处于 12 V（稳定状态）时的输入电流值应标明在镇流器上。

E.3.4 控制特性的范例

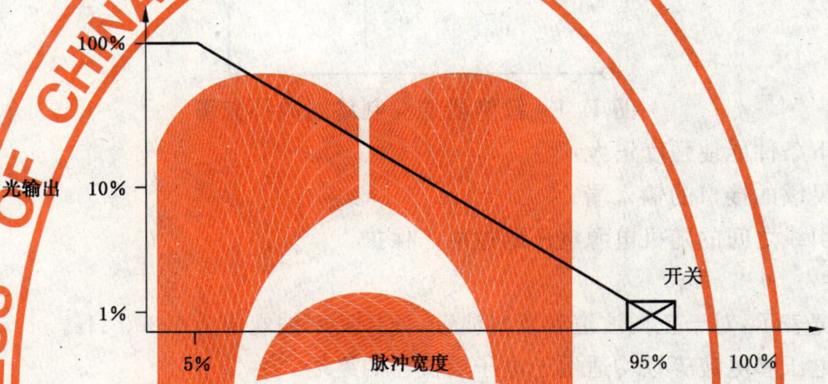

最小光输出为 1% 的镇流器的调光曲线

最小光输出大于 1% 的镇流器的调光曲线

E.4 用数字信号进行控制

对电子镇流器上的“数字信号”控制接口实行标准化，意图是要在使用多个中心控制的建筑管理系统的等级以下使多个经销商在电子镇流器和光源控制器之间实现相互切实可行的经营活动。

因此，该接口具有一全面而有限的技术要求，它给出了确定镇流器的成本以及迅速实现这一成本的最小阈值。在使用中的直接好处主要是：通过控制引线形成回路以及不使用电源开关断电器。

注：这种数字信号接口是有效的范例，实践证明其效果良好。也可使用其他接口。

- **简短技术要求**

——在一个系统内最多有 64 个独立的可寻址镇流器；

——镇流器不能用作中心控制器；

——多个镇流器组合；

——检测误差用的双相编码程序（见 E.4.3.6 的脉冲示意图）；

——非同步起止传输程序；

——低信息率：1 200 个信息单位/s；

——容许电缆电压降：2 V；

——由于镇流器的绝缘，无接地回路。

如果对时间的最小值/最大值未作规定，则本标准中涉及的所有时间要求的公差均应为±10%。

阻抗控制终端（见图 E.1）：在典型的高输入电压下，$R_{输入}\geqslant 8\ k\Omega$（静态），$C_{输入}\leqslant 1\ nF$，$L_{输入}\leqslant 1\ mH$。

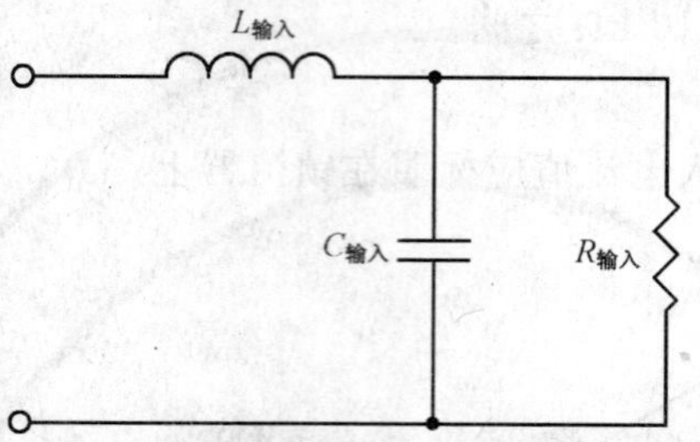

图 E.1 镇流器的控制终端的补充图

随意实现以下条件能使强度增大：

——极性不灵敏的接口的输入端；

——对控制引线之间的随机电源电压的过电压保护。

- **传输特性**

传输率用带宽表示，对于正向波道和反向波道，该传输率被规定为 1 200 Hz。

所有规定的电压和电流等级均适用于电子镇流器的终端。

正向信息帧由 19 个信息单位组成（见 E.4.3.6 的脉冲示意图）：

——1 个开始信息单位；

——1 个地址信息组：1 个或 1 组地址信息单位，6 个地址信息单位，1 个选择信息单位；

——1 个数据信息：8 个数据信息单位；

——2 个停止信息单位。

反向信息帧由 11 个信息单位组成（见 E.4.3.6 的脉冲示意图）：

——1 个开始信息单位；

——1 个数据信息组：8 个数据信息单位；

——2 个停止信息单位。

- **试验条件**

镇流器的试验条件要符合 GB 19510.1—2009 中附录 H 的要求，电源的中断（0.2 s）要符合 IEC 60669-2-1 的要求。

为了保证不同制造商的镇流器的相互操作性，引入了试验程序来试验本标准规定的参数和目标值的正确性。

下述试验程序以流程图的形式加以确定和说明（参见附录 G）：

——G.1"物理工作参数"试验程序；

——G.2"构形指令"试验程序；

——G.3"电弧功率控制指令"试验程序；

——G.4"物理地址分配"试验程序；

——G.5"随机地址分配"试验程序；

——G.6"询问和保留指令"试验程序。

- **终端标志**

接口的两个终端均应标有表明参数的"DA"标志。

如果接口是极性敏感型的，则两个终端应分别用"+"和"−"加以标志。

● 一般说明

在本标准草案中,“灯”一词用来表示一个镇流器使一只或多只灯工作于这样一种使用状态。

如果一只镇流器处于“断路”状态,应假定该镇流器仍在由电源供电,但是处在待机状态。

在本标准未得到官方修改的情况下,不应使用保留指令,只限于0型设备;参见指令272。

E.4.1 电性能要求

E.4.1.1 额定电压

图E.2所规定的信号等级时电子镇流器在镇流器的规定工作温度下的安全可靠工作来说是合理的。

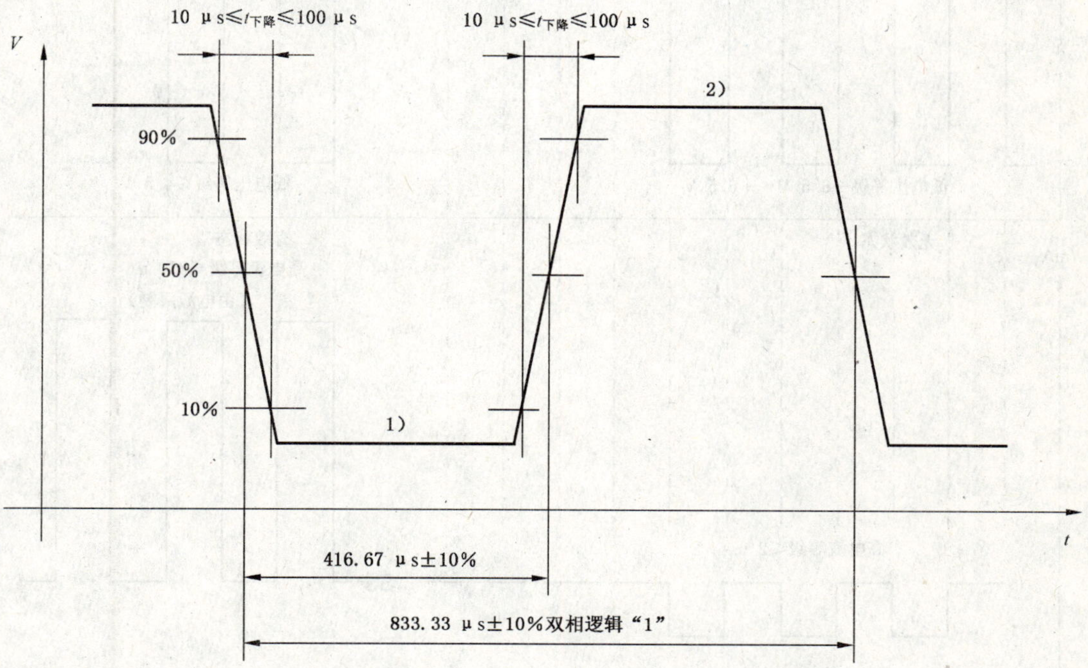

1) 低等级:−6.5 V～+6.5 V 标准0 V

2) 高等级:9.5 V～22.5 V 标准16 V

图E.2 数字接口的镇流器终端的时间要求

通常,如果没有信息出现(空载状态),接口的电压会很高。

在数字接口的镇流器终端上,所接收和传输的数据信号的斜率是10 μs≤$t_{下降}$≤100 μs和10 μs≤$t_{上升}$≤100 μs。

借助各种类型的引线的配位和电缆长度均能达到规定的$t_{下降}$值和$t_{上升}$值。

“高等级”的电压范围应在9.5 V和22.5 V之间;“低等级”的电压范围应在6.5 V和+6.5 V之间。6.5 V和9.5 V之间的电压范围等级尚未制定。

E.4.1.2 电流特性

在非活动状态中,由于每个控制装置的镇流器的实际最大数量的缘故,镇流器的下降电流在电压≤22.5 V时应不超过2 mA。每个镇流器的制造商都应保证做到这一点。

在活动状态中,当电压≤4.5时,镇流器应能够使电流下降250 mA。镇流器应使接口的电压保持在4.5 V以下。

接口的电源在所有情况下应能将电源电流限制在250 mA(最大值)。该电流的限制器的电路应在10 μs之内起作用。

镇流器的终端处的接口的特性是:

——活动状态:低电压等级≤4.5 V,大电流等级≤250 mA(由电源限制);

——非活动状态:高电压等级≤22.5 V,低电压等级≤6.5 V,大电流≤2 mA。

见 E.4.3.9 和图 E.3。

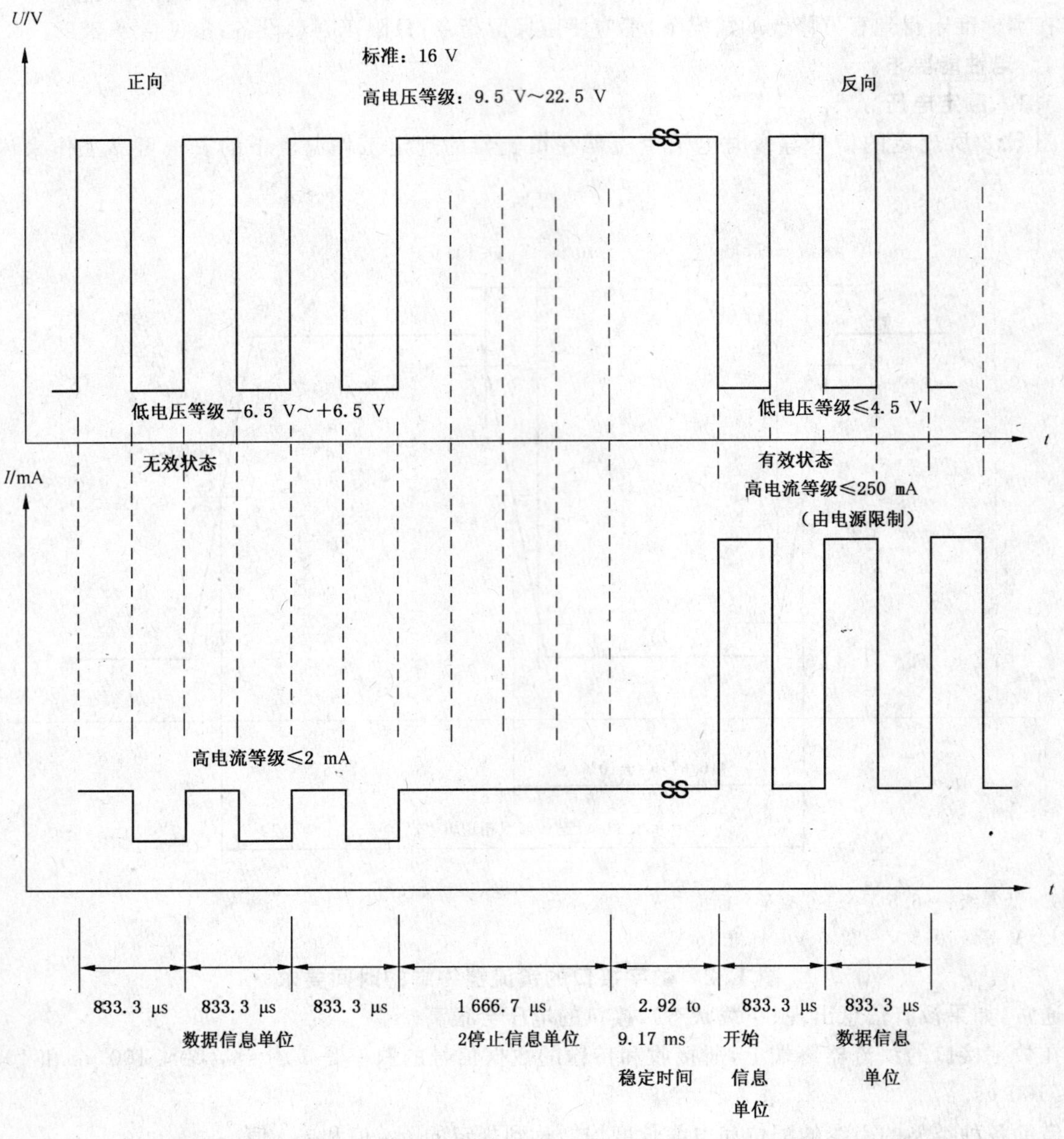

图 E.3　镇流器的数字接口终端的正向和反向多路传输的电压和电流等级

E.4.2　工作要求

E.4.2.1　工作方法

● **工作方式**

镇流器以主导装置——从动装置的方式工作，其中镇流器是从动装置，控制装置是主导装置。因此，镇流器只根据要求传输信息，并且以反向方式镇流器不能提供避免振动的装置或控制振动的方法。

● **对数调光曲线、电弧功率等级及精确度**

镇流器的最低调光等级是 0.1%，并且在 1～254 范围内，该调光等级被耦合至数值 1（绝对调光）。镇流器的最高电弧功率等级（100%）应被耦合至数值 254。从 0.1%～100% 的对数调光曲线已有说明（见 E.4.3.7 和 E.4.3.8）。由于存在许多不同的影响，调光等级只能具有灯的电弧功率等级的意义。

调光曲线的相对精确度应为 ±1/2 级，单调。电弧功率等级的绝对精确度应由镇流器的制造商规定。

- **接通电源**

在“接通电源”之后的 0.5 s 之内应能正常接收到接口信号。

在另一个 0.1 s 之后的最初期，镇流器应通过（适当）预热和触发阶段达到“接通电源等级”。镇流器不应进入重调状态。

如果此“接通电源等级”不是所要求的，那么，在 0.1 s 间隔期间，镇流器应对可接收的指令起反应。

- **接口故障**

在接口空载的情况下，在 500 ms 以上期间，电压要永远低于所规定的接收器高等级范围（见 E.4.3.9），镇流器应检验“系统故障等级”的内容。

如果存储有“掩码”，镇流器应保持在“掩码”所处的状态（不应改变电弧功率等级，不应接通或断开电源）。在存储有任何其他值的情况下，镇流器应未发生衰减就立即达到此电弧功率等级。在空载电压恢复之后，镇流器不应改变其状态。

- **最小等级和最大等级**

在设计实际电弧功率等级以上的“最小等级”和以下的“最大等级”的程序时，应将实际电弧功率等级调节到新的“最小等级”或“最大等级”。在设计实际电弧功率等级以下的“最小等级”和以上的“最大等级”的程序时，不应影响实际电弧功率等级。

所有存储在镇流器中的电弧功率等级均不应被“最小”和“最大等级”的调整所限制。尽管如此，如果所存储的值低于“最小等级”或高于“最大等级”，则这些“等级”会使镇流器在“最小等级”或“最大等级”下工作。

电弧功率等级“0”（“断路”）和“255”（“掩码”）应不受“最小”和“最大等级”的调整的影响。

- **镇流器——灯组合体的反应时间**

如果在一不确定的衰减（<0.707 s）正在进行时接收到一辅助指令，则要确定该辅助指令的最终目标值。

E.4.2.2 传输程序

- **计时**

传输要求，如下所述（见图 E.4）

——两个连续的正向帧之间的稳定时间应为 9.17 ms（最小值），因此，伴随 9.17 ms 周期，4 个正向帧应在 100 ms 之内完全吻合；

——正向帧和反向帧之间的稳定时间应位于 2.92 ms 和 9.17 ms 之间，控制装置应等待至 9.17 ms，如果在 9.17 ms 之后反向帧还未启动，应将此视为无反应；

——正向帧和反向帧之间的稳定时间应至少为 9.17 ms。

在某些情况下，指令重复时间应为 100 ms（100 ms 内有一个正向帧）。在相关的指令上对此有明确的说明。

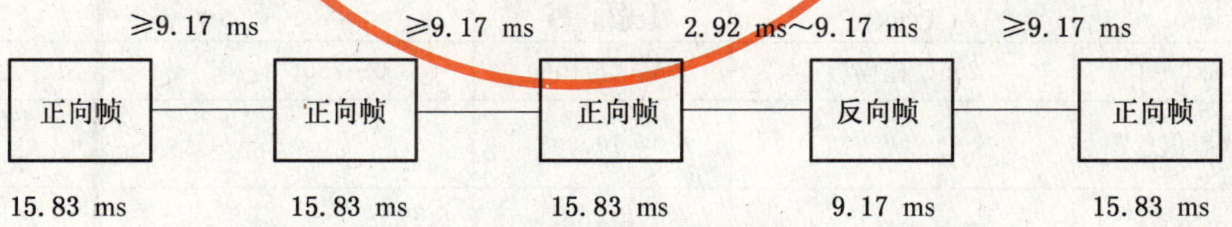

图 E.4 指令重复时间的示例

- **帧结构**

正向帧由双相编码信息单位组成：1 个开始信息单位（逻辑“1”），1 个地址信息组和 1 个数据信息组。此帧应由 2 个停止信息单位（空载）结尾，停止信息单位不包含任何相位的变化（见 E.4.3.6 的脉冲示意图）。

反向帧应由双相编码信息单位组成：1 个开始信息单位（逻辑“1”）和 1 个数字信息组。此帧应由 2 个停止信息单位（空载）结尾。停止信息单位不包含相位的任何变化（见 E.4.3.6 的脉冲示意图）。

帧结构应在接收装置中进行试验。在违反编码的情况下，此帧应被忽略。在发生违反编码之后的1.7 ms时，镇流器应再次准备接收数据。

询问指令应是那种能够用“是”“否”或子个信息单位的信息回答的类型，此种回答也应是双相编码的，但“否”回答除外。

“是”：1111 1111

“否”：镇流器未起反应。

8个信息单位的信息：×××× ××××

E.4.3 指令要求

E.4.3.1 数字指令的结构

每个镇流器应具有1个短式地址，16个组合地址，并应对广播指令起反应。

每个镇流器应能存储16个场面，1个衰减值，1个衰减时间，“最小等级”，“最大等级”，“接通电源等级”和“系统故障等级”。

在有要求时镇流器应能发回信息。

- **变量的说明**

	变量	缺陷值(镇流器出厂)	重调值	有效范围	信息存储[b]
	“实际调光等级”	???? ????	254	0 最小～最大	1个信息组 RAM
a	“电源接通等级”	254	254	1～254	1个信息组
a	“系统故障等级”	254	254	0～255(“掩码”)	1个信息组
	“最小等级”	“物理最小等级”	“物理最小等级”	“物理最小～最大等级”	1个信息组
	“最大等级”	254	254	最小等级～254	1个信息组
	“衰减率”	7 (45级/s)	7 (45级/s)	1～15	4个信息组
	“衰减时间”	0(无衰减)	0(无衰减)	0～15	4个信息组
	“短式地址”	255(“掩码”)无地址	无变化	0～63,255(“掩码”)	1个信息组
	“检索地址”	FF FF FF	FF FF FF	00 00 00- FF FF FF	3个信息组 RAM
	“随机地址”	FF FF FF	FF FF FF	00 00 00- FF FF FF	3个信息组
	“组合0～7”	0000 0000 (无组合)	0000 0000 (无组合)	0～255	1个信息组
	“组合8～15”	0000 0000 (无组合)	0000 0000 (无组合)	0～255	1个信息组
a	“场面0～15”	255(“掩码”)	255(“掩码”)	0～255(“掩码”)	16个信息组
	“状态信息”	???? ????	0? 100???	0～255	1个信息组 RAM
	“版本号”	参见指令151	无变化	0～255	1个信息组 ROM
	“设备型号”	0	0	0～255	1个信息组 ROM
	“物理最小等级”	工厂烧毁 ?	工厂烧毁 ?	1～254	1个信息组 ROM

?表示未确定。

[a] 实际电弧功率应受最小/最大等级范围的限制(见E.4.2.1)。

[b] 如未作另外的说明，则为永久性存储(存储时间无限长)。

E.4.3.2 地址

每一个标准的镇流器都应能对短式地址、16 个组合式地址和广播起反应。应使用下述寻址方案：

地址类型：		地址信息组：
短式地址或组合地址		YAAAAAAS
64 个短式地址	0～63	OAAAAAAS
16 个组合地址	0～15	100AAAAS
广播		1111111S
特殊指令		**地址信息组**
部分地址指令		101CCCC1 和 110CCCC1(见 E.4.3.3.4)

A：有效地址信息单位

S：选择器信息单位：S＝"0"接着是直接电弧功率等级

S＝"1"接着是指令

C：有效"地址指令"信息单位

Y：短式地址或组合地址/广播：Y＝"0"短式地址；

Y＝"1"：组合地址或广播

第一信息组的第 8 个信息单位应当用作选择器信息单位。它描述了一直接电弧功率等级的控制或指令是否在第二信息组中采用。

今后，地址空间的扩展应避免首位的三个最有效的信息单位 101 和 110。这些组合用于特殊的指令(见 E.4.3.3.4)。

当镇流器被装在一个系统上时，它已经具有短式地址，或者它只对广播指令起反应。短式地址由计算机硬件装置给出，或使用规定的指令给出。组合式地址采用规定的指令设计程序。

E.4.3.3 指令设置

在下述指令中，信息组"×"代表"0"和"1"。说明采用斜体字。

每个新的指令应在接收之后立即进行处理，但另有说明时除外。

E.4.3.3.1 电弧功率控制指令

在一连续的衰减过程中所接收的电弧功率控制指令能使衰减过程中止，并应立即被实现。

如果一只正在燃点的灯被断路，在计算衰减时间应将"最小等级"至"断路"的间隔考虑进去。

如果一只灯被触发燃点，并被调光至某一给定的值，则在计算衰减时间时不考虑"断路"至"最小等级"的间隔。

当目标等级低于最小等级时，应采用衰减时间，似乎目标等级就是最小等级。

当目标等级高于最大等级时，应采用衰减时间，似乎目标等级就是最大等级。

注：为达到运转状态的统一，控制装置应考虑到不同类型的镇流器的触发时间的差异。

E.4.3.3.1.1 直接电弧功率控制指令：YAAA AAA0 ×××× ××××

按照下述公式，用实际衰减时间直接调整电弧功率等级：

$$P_{\times\times\times\times\times\times\times\times} \doteq 10^{\left(\frac{\times\times\times\times\times\times\times\times-1}{253/3}\right)} \times \frac{P_{100\%}}{1\ 000}$$

"最大等级"和"最小等级"之外的直接控制指令会导致将电弧功率等级调整到相应的"最大等级"和"最小等级"。如果灯是断路的，应用此指令将灯触发。

有两个具备特殊意义的直接控制指令：

——0000 0000 用实际衰减时间使镇流器调光至"最小等级"并断路；

——1111 1111 的意思是"掩码"或"停止衰减"；该值应继续忽略不计，因此，未存储在存储器中。

如果在预热期间接收到"掩码"，镇流器应保持断路。

E.4.3.3.1.2 间接电弧功率控制指令

指令 0: YAAA AAA1 0000 0000 “断路”

在未发生衰减时立即使灯熄灭。

指令 1: YAAA AAA1 0000 0001 “上升”

使用所选择的“衰减率”向上调光 200 ms(实施时间)。

如果电弧功率输出已处在“最大等级”,则不会发生变化。

如果在实施该指令时又接收到该指令,则此实施时间应重新开始。

此指令只影响带有燃点着的灯的镇流器。用该指令不能使灯触发。

指令 2: YAAA AAA1 0000 0010 “下降”

使用所选择的“衰减率”向下调光 200 ms(实施时间)。

如果电弧功率输出已处在“最小等级”,则没有发生变化。

如果在实施该指令时又接收到该指令,则此实施时间应重新开始。

通过本指令不会使灯断路。

指令 3: YAAA AAA1 0000 0011 “升压”

在未发生衰减时立即将实际电弧功率等级调高一级。

如果电弧功率输出已处于“最大等级”,则没有发生变化。

此指令只影响带有燃点着的灯的镇流器,使用此指令不能使灯触发。

指令 4: YAAA AAA1 0000 0100 “降压”

在未发生衰减时立即将实际电弧功率等级调低一级。

通过本指令不会使灯断路。

如果电弧功率输出已经处于“最小等级”则没有发生变化。

指令 5: YAAA AAA1 0000 0101 “重复最大等级”

未发生衰减,将实际电弧功率等级调至“最大等级”。如果灯是断路的,用本指令使其触发。

指令 6: YAAA AAA1 0000 0110 “重复最小等级”

在未发生衰减时将实际电弧功率等级调至“最小等级”。如果灯是断路的,用本指令使灯触发。

指令 7: YAAA AAA1 0000 0111 “降压并断路”

在未发生衰减时立即将实际电弧功率等级向下调一级。

如果实际电弧功率等级已经处在“最小等级”,应使用本指令使灯断路。

指令 8: YAAA AAA1 0000 1000 “接通电源升高电压”

在未发衰减时立即将实际电弧功率调高一级。

如果灯是断路的,应使用本指令使灯触发,并将其调至“最小等级”。

指令 9～15: YAAA AAA1 0000 1×××

保留至将来需要时使用。

指令 16～31: YAAA AAA1 0001 ×××× “进入场面”

采用实际衰减时间将实际电弧功率等级调至场面××××所存储的数值。

如果镇流器不属于场面××××,则电弧功率等级保持不变。

如果灯是断路的,应使用本指令使其触发。

如果为场面××××所存储的数值为零,并且为正在燃点,那么在衰减时间之后通过本指令使灯断路。

E.4.3.3.2 构形指令

为了提高正常接收的概率,在实施每个构形指令之前临近的 100 ms 之内应能二次接收每个构形指令(32～128)。在两个这类指令之间不应接收至寻址同一镇流器的其他指令，否则，这些指令应被忽略，并且有关的构形程序也将发生故障。

所有数据传输记录器(DTR)的值均应对照 E.4.3.1 中“有效范围”所述之值进行检验，也就是说，如果该值位于 E.4.3.1 所规定的有效范围以上/以下，则应将该值调至极限值以上/以下。

E.4.3.3.2.1　一般构形指令

指令 32：　YAAA AAA1 0010 0000　“重调”

在二次接收该指令之后，应将永久存储器中的变量转变为其原始值。不能保证对本指令起作用的镇流器在临近的 300 ms 之内正确接收任何指令。

指令 33：　YAAA AAA1 0010 0001　“在 DTR 中存储实际等级”

不改变电流光强度，在 DTR 中存储实际电弧功率等级。

注：如果镇流器处在衰减过程之中，那么存储的是瞬时电弧功率等级，而不是目标电弧功率等级。

指令 34～41：　YAAA AAA1 0010 ××××

保留至将来需要时使用。

E.4.3.3.2.2　电弧功率参数的调整

指令 42：　YAAA AAA1 0010 1010　“存入 DTR 作为最大等级”

保存 DTR“数据传输记录器”中的值作为新的“最大等级”。

指令 43：　YAAA AAA1 0010 1011　“存入 DTR 作为最小等级”

将该值存在“数据传输记录器”中作为新的最小等级。如果该值低于镇流器的“物理最小等级”，那么存储该“物理最小等级”作为新的“最小等级”。

指令 44：　YAAA AAA1 0010 1100　“存入 DTR 作为系统故障等级”

保存数据传输记录器中的值作为新的“系统故障等级”。

指令 45：　YAAA AAA1 0010 1101　“存入 DTR 作为接通电源等级”

保存数据传输记录器中的值作为新的“接通电源等级”。

指令 46：　YAAA AAA1 0010 1110　“存入 DTR 作为衰减时间”

调整“衰减时间”至符合下述公式的值：

$$T = \frac{1}{2}\sqrt{2^x}\,\text{s}$$

公式中 $x=1\sim15$。

(公差：$\pm\frac{1}{2}$级，单调)，见 E.4.3.10：衰减时间和衰减值。$x=0$，意味没有衰减(<0.7 s)。

衰减时间规定了电弧功率等级从实际等级向所需要的等级变化的时间。在灯处于断路的情况下，衰减时间中不包括预热时间和触发时间。

新的衰减时间应在接收到下一个电弧功率指令后有效。如果在一个连续的衰减过程期间新的衰减时间是向下输入的，则在使用新的值之前首先完成这一过程。

指令 47：　YAAA AAA1 0010 1111　“存入 DTR 作为衰减率”

将“衰减率”调至符合下述公式的值：

$$F = \frac{506}{\sqrt{2^x}}\text{级}/\text{s}$$

公式中 $x=1\sim15$。

(公差：$\pm\frac{1}{2}$级，单调)，见 E.4.3.10：衰减时间和衰减率。

衰减率规定了改变电弧功率等级时所要求的以级/s 单位的值。

新的衰减率应在接收到下一个电弧功率指令之后有效。如果在一连续的衰减过程期间新的衰减率是向下输入的，则在使用新的值之前应首先完成这一过程。

指令 48～63： **YAAA AAA1 0011 ××××**

保留至将来需要时使用。

指令 64～79： **YAAA AAA1 0100 ××××** **"存入 DTR 作为场面"**

保存"数据传输记录器"中的值作为场面××××的新等级。

E.4.3.3.2.3 系统参数的调整

指令 80～95： **YAAA AAA1 0101 ××××** **"移出场面"**

将镇流器从场面××××中移出。

将镇流器从场面××××中移出意味将 1111 1111（"掩码"或"不应改变"）存入场面记录器××××。

指令 96～111： **YAAA AAA1 0110 ××××** **"加入组合"**

将镇流器加入组合××××。

指令 112～127： **YAAA AAA1 0111 ××××** **"从组合中移出"**

将镇流器从组合××××中移出

将镇流器从组合××××中移出意味着将"0"存入组合记录器。

指令 128： **YAAA AAA1 1000 0000** **"存入 DTR 作为短式地址"**

保存"数据传输记录器"中的值作为新的短式地址。

DTR 的结构应是×××× ××××＝0AAA AAA1 或 1111 1111（"掩码"）。"掩码"应将短式地址消除。

指令 129～143： **YAAA AAA1 1000 ××××**

保留至将来需要时使用。

E.4.3.3.3 询问指令

询问指令用来寻址特殊的优先选用的镇流器。如果向组合或广播寻址，由于所有被寻址的镇流器都会作出反应，则回答信号可能发生重叠。

询问指令应是那种能用"是""否"或 8 个信息单位的信息回答的指令。回答也应是双相编码的，但回答为"否"时除外。

——"是"：1111 1111；

——"否"：镇流器不起反应；

——8 个信息单位的信息：×××× ××××。

E.4.3.3.3.1 有关状态信息的询问

如果 E.4.3.1 所列参数具备它们的重调值，镇流器应处在"重调状态"。

指令 144： **YAAA AAA1 1001 0000** **"询问状态"**

回答是下述状态信息的信息组：

信息单位 0：镇流器的状态，"0"＝OK

信息单位 1：灯故障，"0"＝OK

信息单位 2：灯电弧功率接通，"0"＝断路

信息单位 3：询问极限误差，"0"＝最终要求的电弧功率等级位于"最小等级""最大等级"或"断路"之间。

信息单位 4：衰减准备，"0"＝衰减已准备好。"1"＝衰减正在进行。

信息单位 5：询问重调状态？"0"＝否。

信息单位 6:询问未达到短式地址？“0”＝否。

信息单位 7:询问电源故障？“0”＝否；在最终接通电源之后，已接收到“重调”或电弧功率控制指令。

“状态信息”应按照实际状态在镇流器的 RAM 中采用并定期进行校正。

指令 145： YAAA AAA1 1001 0001 **“询问镇流器”**

询问镇流器是否具有能够进行联系的给定地址。回答应为“是”或“否”。

指令 146： YAAA AAA1 1001 0010 **“询问灯故障”**

询问在给定地址上灯是否有故障。回答应为“是”或“否”。

指令 147： YAAA AAA1 1001 0011 **“询问灯电源接通”**

询问在给定地址灯是否工作？回答应为“是”或“否”。

指令 148： YAAA AAA1 1001 0100 **“询问极限误差”**

询问在给定地址是否达到最终要求的电弧功率等级，因为该等级位于“最大等级”以上或位于“最小等级”以下。回答应为“是”或“否”。

指令 149： YAAA AAA1 1001 0101 **“询问重调状态”**

询问镇流器是否处在“重调状态”，回答应为“是”或“否”。

指令 150： YAAA AAA1 1001 0110 **“询问未达到短式地址”**

询问镇流器是否不具备短式地址，回答应为“是”或“否”。

如果镇流器不具备短式地址，回答应为“是”。

指令 151： YAAA AAA1 1001 0111 **“询问版本号”**

本寻现行镇流器的软件和硬件所符合的 IEC 标准的版本号。“版本号”不应存储在 ROM 中。回答应是作为 8 个信息单位数值“×××× 0000”的版本号。前 4 个信息单位(××××)表示本标准的版本号。

实际的版本号是 0000 0000。

指令 152： YAAA AAA1 1001 1000 **“询问存储信息 DTR”**

回答应是 DTR 的存储信息，形式是 8 个信息单位数值。

指令 153： YAAA AAA1 1001 1001 **“询问设备型号”**

回答应是 8 个信息单位数值(×＝0～255)。标准的设备型号应恢复至回答“0”(此设备型号对采用扩展的指令 224～255 不起反应)。

关于设备型号的清单，参见指令 272。

指令 154： YAAA AAA1 1001 1010 **“询问物理最小等级”**

回答应是形式为 8 个信息单位数量的“物理最小等级”。“物理最小等级”应存储在 ROM 中。

指令 155： YAAA AAA1 1001 1011 **“询问电源故障”**

如果由于最终接通电源，镇流器没有接收到“重调”或下述电弧功率控制指令之一，“直接电弧功率控制”、“断路”、“恢复最大等级”、“恢复最小等级”、“降压至断路”、“接通电源升高电压”、“进入场景”，那么回答应为“是”。

指令 156～159： YAAA AAA1 1001 11××

保留至将来需要时使用。

E.4.3.3.3.2 关于电弧功率参数的调整的询问

指令 160： YAAA AAA1 1010 0000 **“询问实际等级”**

回答应是形式为 8 个信息单位数值的该等级。在预热期间以及如果灯出误差，回答应是“掩码”。

指令 161：　　　　YAAA AAA1 1010 001　　　　"询问最大等级"

回答应是形式为 8 个信息单位数值的该等级。

指令 162：　　　　YAAA AAA1 1010 0010　　　　"询问最小等级"

回答应是形式为 8 个信息单位数值的该等级。

指令 163：　　　　YAAA AAA1 1010 0011　　　　"询问电源接通等级"

回答应是形式为 8 个信息单位数值的该等级。

指令 164：　　　　YAAA AAA1 1010 0100　　　　"询问系统故障等级"

回答应是形式为 8 个信息单位数值的该等级。

指令 165：　　　　YAAA AAA1 1010 0101　　　　"询问衰减时间/衰减值"

回答应是×××× YYYY，其中××××与指令 46 的数值相符合；YYYY 与指令 47 的数值相符合。

已返回的数值应是用于下一个衰减的数值，不一定是正在衰减的数值。

指令 166～175：　　YAAA AAA1 1010 ××××

保留至将来需要时使用。

E.4.3.3.3.3　关于系统参数调整的询问

指令 176～191：　　YAAA AAA1 1011 ××××　　　　"询问场面等级(场面 0～15)"

回答应是形式为 8 个信息单位数值的场面××××的电弧功率等级"。

指令 192：　　　　YAAA AAA1 1100 0000　　　　"询问组合 0～7"

在反向波道数据信息组 Lsb 中，每个组合的一个信息单位＝组合 0。

"0"＝不属于组合；"1"＝属于组合。

指令 193：　　　　YAAA AAA1 1100 0001　　　　"询问组合 8～15"

在反向波道数据信息组 Lsb 中，每个组合的一个信息单位＝组合 8。

"0"＝不属于组合；"1"＝属于组合。

指令 194：　　　　YAAA AAA1 1100 0010　　　　"询问随机地址(H)"

随机地址的 8 个高级信息单位。

指令 195：　　　　YAAA AAA1 1100 0011　　　　"询问随机地址(M)"

随机地址的 8 个中级信息单位。

指令 196：　　　　YAAA AAA1 1100 0100　　　　"询问随机地址(L)"

随机地址的 8 个低级信息单位。

指令 197～223：　　YAAA AAA1 110× ××××

保留至将来需要时使用。

E.4.3.3.3.4　使用扩展的指令

指令 224～255：　　YAAA AAA1 11×× ××××　　　　"询问使用扩展的指令"

这些指令在相关特种类型的设备的附件中加以规定。更进一步的说明参见指令 272。

关于标准的 0 型设备，其指令尚未使用。

E.4.3.3.4　特殊指令

特殊指令应通过广播被所有镇流器接收。这意味着主要地址应是 101C CCC1 或 110C CCC1。CCCC 是明显的"特殊指令"。

E.4.3.3.4.1　中止特殊程序

指令 256：　　　　1010 0001 0000 0000　　　　"中止"

所有特殊形式的程序均应被中止。

E.4.3.3.4.2 向下输入信息给 DTR

指令 257： 1010 0011 ×××× ×××× **“数据传输记录器 DTR”**

将 8 个信息单位数值×××× ××××存入 DTR。

E.4.3.3.4.3 寻址指令

寻址范围应被调至最大 24 个信息单位(3 个信息组)，该范围产生 16777216 个不同的地址。

由于寻址指令是一询问指令，镇流器应对其有反应。

指令 258： 1010 0101 ×××× ×××× **“预置”**

在临近的 100 ms 之内应二次接收此指令。在这两个指令之间应不能接收到寻址同一个镇流器的其他指令，否则，这两个指令和指令 258 会被忽略。

该指令应启动或重新启动一计时器并持续 15 min，寻址指令 259～270 只应在这一期间进行处理。所有其他指令仍应在这一期间进行处理。

此时间期限应使用“终止”指令表示发生故障。

接收此指令的镇流器的反应取决于第 2 信息组的存储信息。

×××× ××××＝0000 0000 所有镇流器都有反应。

×××× ××××＝0AAA AAA1 具有地址 AAA AAA 的镇流器应有反应。

×××× ××××＝1111 1111 不具备短式地址的镇流器应有反应。

指令 259： 0101 0111 0000 0000 **“使随机化”**

在临近的 100 ms 之内应二次接收到此指令。在这两个指令之间应不能接收到寻址同一个镇流器的其他指令，否则，这两个指令和指令 259 会被忽略。

在需要此指令时镇流器应能产生一新的随机地址。

此新的随机地址应在 100 ms 之内采用。

指令 260： 1010 1001 0000 0000 **“比较”**

镇流器应把其随机地址与存储在“寻址 H，寻址 M 和寻址 L”中的组合寻址进行比较。如果其随机地址小于或等于存储在“寻址 H，寻址 M 和寻址 L”中的组合寻址，并且镇流器未被移开，那么该镇流器应发出询问“是”。

指令 261： 1010 1011 0000 0000 **“取消”**

其随机地址等于存储在“寻址 H，寻址 M 和寻址 L”中的组合寻址的镇流器对比较指令不再起反应。不应将该镇流器从“预置”程序中排除。

指令 262： 1010 1101 0000 0000 **保留至将来需要时使用**

指令 263： 1010 1111 0000 0000 **保留至将来需要时使用**

指令 264： 1011 0001 **HHHH HHHH** **“寻址 H”**

检索地址的 8 个高级信息单位。

指令 265： 1011 0011 **MMMM MMMM** **“寻址 M”**

检索地址的 8 个中间信息单位。

指令 266： 1011 0101 **LLLL LLLL** **“寻址 L”**

检索地址的 8 个低级信息单位。

指令 264～266 的三个地址组合表示 24 个信息单位的检索地址：HHHHHHHH MMMMMMMM LLLLLLLL。

指令 267： 1011 0111 0AAA AAA1 **“短式地址编程”**

如果镇流器是经过挑选的，该镇流器应存有所接收的 6 个信息单位的地址作为其短式地址。

“挑选”的意思是：

——镇流器的随机地址应等于存储在“寻址 H，寻址 M 和寻址 L”中的组合寻址；

——镇流器独立寻址的物理选择。如果一只灯在接收指令 270 后与镇流器脱离电连接，则物理选择应由该镇流器查出。

短式地址应由下述完整的指令 267 查出：1011 0111 1111 1111“删除短式地址”。

指令 268： 1011 1001 0AAA AAA1 **“验证短式地址”**

如果镇流器所接收的短式地址等于其本身的短式地址，镇流器应回答“是”。

指令 269： 1011 1011 0000 0000 **“询问短式地址”**

如果随机地址与寻址相同，或者镇流器是用物理方法选择的，镇流器应能发出短式地址。回答的结构应具 0AAA AAA1 的格式。

如果未存入短式地址，应存入“掩码”。

指令 270： 1011 1101 0000 0000 **“物理选择”**

如果一镇流器接收了该指令，该指令应将其物理选择消除，并应将镇流器调整到“物理选择状态”。在这种状态中，不能对“寻址”和“随机地址”进行比较。

注：在发出该指令之前，所有的镇流器都应与接口线路和适用的灯相连接。

指令 271： 1011 1111 ×××× ×××× **“保留至将来需要时使用”**

E.4.3.3.4.4 扩展的特殊指令

指令 272： 1100 0001 ×××× ×××× **“启动×型设备”**

×＝0～255，该指令应在采用扩展的指令(224～255)之前发出。

该指令应在不使用“预置指令”的情况下加以实施。

该指令不应用于“0”型设备，因为扩展的指令 224～255 不用于此型号的设备。

×型设备的清单：

×＝0 荧光灯设备。

对其他标准的建议：

×＝1 应急照明设备；

×＝2 高强度放电灯设备；

×＝3 低丈夫卤钨灯设备；

×＝4 白炽灯调光设备；

×＝5 将第 E.4 章所述数字信号转变成第 E.2 章所述直流信号的设备；

×＝6 发光二级管设备(LED)；

×＝7……255，保留至将来需要时使用。

限制要求：

——一个设备不可以对属于其他设备的“应用扩展指令”的那些指令起反应。

——所有的设备都应能以适宜的方式对标准范围的指令有反应。

注：控制装置应能识别单独的设备，并能将设备的单独地址与设备型号的关系存储在永久存储器中。

指令 273～287： 110× ×××1 ×××× ××××

保留至将来作为特殊指令。

E.4.3.4 寻址指令算法的示例

注：在发出这些指令序列之前，应将所有的镇流器与接口线路和适用的灯相连接。

安装在具有随机地址分配的照明控制系统中的镇流器：

ⅰ. 在“电源接通”之后,所有的镇流器都应具有100%的电弧功率等级(“重调”之后的缺陷值);

ⅱ. 启动具备指令258“预置”的算法,它能使下一个寻址指令启动15 min;

ⅲ. 发出指令259“使随机化”:所有的镇流器选择一二进制随机数(RBN),以便使 $0 \leqslant RBN \leqslant +2^{24}-1$;

ⅳ. 控制装置通过一使用指令264～266和指令260“比较”的算法来检索具有最小RBN的镇流器;

ⅴ. 所找到的镇流器有一单值的采用指令267“短式地址编程”的6个信息单位的“短式地址”;

ⅵ. 用指令268“验证短式地址”来验证所编程的“短式地址”;

ⅶ. 通过指令261“取消”使所找到的镇流器从检索过程中退回;

ⅷ. 如果不能找到所有的镇流器,从第ⅳ步骤开始重复各步骤至不能找出更多的镇流器;

ⅸ. 用指令256“终止”使该过程停止;

ⅹ. 用所使用的短式地址取消最小等级和最大等级,并记录相关镇流器的局部状态;

ⅺ. 在两个或两个以上的镇流器具有相同的短式地址的情况下,只重新报启动那些具有“预置”指令的镇流器的寻址程序(在第二信息组中使用知式地址),这种程序按照第ⅲ～第ⅸ步骤实施,并以第ⅹ步骤结束。

对于简化的寻址方法,只有一个镇流器单独连接在控制装置上:

用指令257“数据传输记录器DTR”首先发出新的短式地址(0AAA AAA1),验证DTR的存储信息,并两次发出指令128“存入DTR作为短式地址”。

通过物理选择进行地址分配的光控系统中的镇流器:

a) 控制装置发出指令258“预置”;

b) 控制装置发出指令270“物理选择”;

c) 控制装置应周期性地重复指令269“询问短式地址”,直至镇流器回答(此镇流器通过物理方法选出);

d) 控制装置应发出包含镇流器地址的指令267“短式地址编程”;

e) 控制装置应使用表示为一段时间的光学反馈的短式地址来发出“恢复最小等级”和“恢复最大等级”的指令;

f) 对所有的镇流器重复b)～e)步骤;

g) 控制装置应发出指令256“终止”。至此,镇流器应脱离“物理选择状态”并返回正常工作。

特种设备型号指令的应用:

ⅰ. 预置程序(启动寻址);

ⅱ. 分配独立地址;

ⅲ. 询问特种的和标准的设备;

ⅳ. 控制装置应发出指令272“启动×型设备”;

ⅴ. 此指令发出之后,实施“应用扩展指令”。

E.4.3.5 指令位置一览表

指令编号	指令代码	指令名称
—	YAAA AAA0 ×××× ××××	直接电弧功率控制
0	YAAA AAA1 0000 0000	断路
1	YAAA AAA1 0000 0001	上升
2	YAAA AAA1 0000 0010	下降
3	YAAA AAA1 0000 0011	升压
4	YAAA AAA1 0000 0100	降压

表续

指令编号	指令代码	指令名称
5	YAAA AAA1 0000 0101	重复最大等级
6	YAAA AAA1 0000 0110	重复最小等级
7	YAAA AAA1 0000 0111	降压并断路
8	YAAA AAA1 0000 1000	接通电源并升压
9～15	YAAA AAA1 0000 1×××	保留备用
16～31	YAAA AAA1 0001 ××××	进入场面
32	YAAA AAA1 0010 0000	重调
33	YAAA AAA1 0010 0001	将实际等级存入 DTR
34～41	YAAA AAA1 0010 ××××	保留备用
42	YAAA AAA1 0010 1010	存入 DTR 作为最大等级
43	YAAA AAA1 0010 1011	存入 DTR 作为最小等级
44	YAAA AAA1 0010 1100	存入 DTR 作为系统故障等级
45	YAAA AAA1 0010 1101	存入 DTR 作为接通电源等级
46	YAAA AAA1 0010 1110	存入 DTR 作为衰减时间
47	YAAA AAA1 0010 1111	存入 DTR 作为衰减值
48～63	YAAA AAA1 0011 ××××	保留备用
64～79	YAAA AAA1 0100 ××××	存入 DTR 作为场面
80～95	YAAA AAA1 0101 ××××	移出场面
96～111	YAAA AAA1 0110 ××××	加入组合
112～127	YAAA AAA1 0111 ××××	移出组合
128	YAAA AAA1 1000 0000	存入 DTR 作为短式地址
129～143	YAAA AAA1 1000 ××××	保留备用
144	YAAA AAA1 1001 0000	询问状态
145	YAAA AAA1 1001 0001	询问镇流器
146	YAAA AAA1 1001 0010	询问灯的故障
147	YAAA AAA1 1001 0011	询问灯电源接通
148	YAAA AAA1 1001 0100	询问极限误差
149	YAAA AAA1 1001 0101	询问重调状态
150	YAAA AAA1 1001 0110	询问空白短式地址
151	YAAA AAA1 1001 0111	询问版本号
152	YAAA AAA1 1001 1000	询问 DTR 存储信息
153	YAAA AAA1 1001 1001	询问设备型号
154	YAAA AAA1 1001 1010	询问物理最小等级

表续

指令编号	指令代码	指令名称
155	YAAA AAA1 1001 1011	询问电源故障
156～159	YAAA AAA1 1001 11××	保留备用
160	YAAA AAA1 1010 0000	询问实际等级
161	YAAA AAA1 1010 0001	询问最大等级
162	YAAA AAA1 1010 0010	询问最小等级
163	YAAA AAA1 1010 0011	询问接通电源等级
164	YAAA AAA1 1010 0100	询问系统故障等级
165	YAAA AAA1 1010 0101	询问衰减时间/衰减值
166～175	YAAA AAA1 1010 ××××	保留备用
176～191	YAAA AAA1 1011 ××××	询问场面等级(场面 0～15)
192	YAAA AAA1 1100 0000	询问组合 0～7
193	YAAA AAA1 1100 0001	询问组合 8～15
194	YAAA AAA1 1100 0010	询问随机地址(H)
195	YAAA AAA1 1100 0011	询问随机地址(M)
196	YAAA AAA1 1100 0100	询问随机地址(L)
197～223	YAAA AAA1 110× ××××	保留备用
224～255	YAAA AAA1 11×× ××××	询问启用扩展指令
256	1010 0001 0000 0000	终止
257	1010 0011 ×××× ××××	数据传输记录器(DTR)
258	1010 0101 ×××× ××××	预置
259	1010 0111 0000 0000	使随机化
260	1010 1001 0000 0000	比较
261	1010 1011 0000 0000	取消
262	1010 1101 0000 0000	保留备用
263	1010 1111 0000 0000	保留备用
264	1011 0001 HHHH HHHH	寻址 H
265	1011 0011 MMMM MMMM	寻址 M
266	1011 0101 LLLL LLLL	寻址 L
267	1011 0111 0AAA AAA1	短式地址编程
268	1011 1001 0AAA AAA1	验证短式地址
269	1011 1011 0000 0000	询问短式地址
270	1011 1101 0000 0000	物理选择
271	1011 1111 ×××× ××××	保留备用
272	1100 0001 ×××× ××××	启动×型设备
273～287	110× ×××1 ×××× ××××	保留备用

E.4.3.6 脉冲示意图

正向

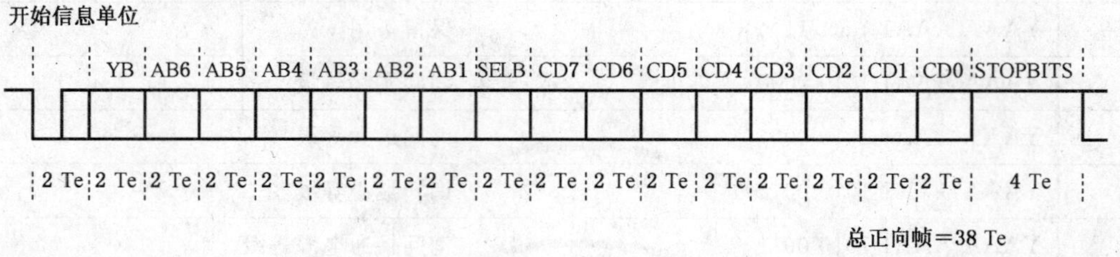

反向

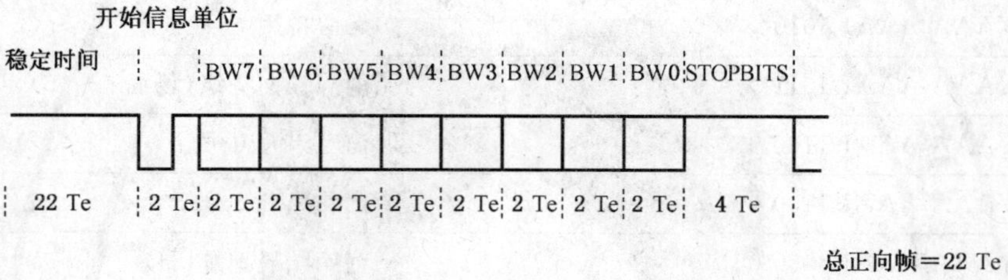

从正向至反向的跃进

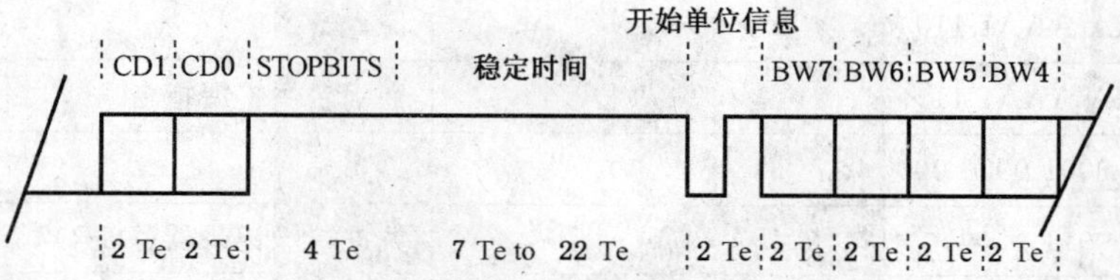

从反向至正向再由正向至反向的跃进

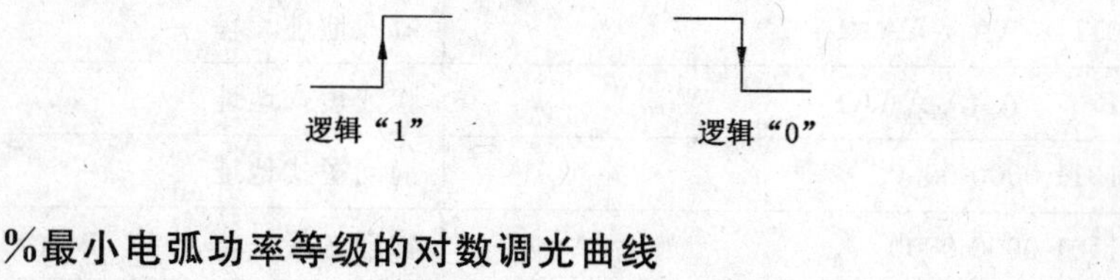

双向等级

E.4.3.7 具有0.1%最小电弧功率等级的对数调光曲线

$$x(n) = 10^{\frac{n-1}{253/3}-1} \qquad \left|\frac{x(n)-x(n+1)}{x(n)}\right| = 常数\ 2.8\%$$

n	x	n	x	n	x	n	x	n	x
1	0.100	52	0.402	103	1.620	154	6.520	205	26.241
2	0.103	53	0.414	104	1.665	155	6.700	206	26.967
3	0.106	54	0.425	105	1.711	156	6.886	207	27.713
4	0.109	55	0.437	106	1.758	157	7.076	208	28.480
5	0.112	56	0.449	107	1.807	158	7.272	209	29.269
6	0.115	57	0.461	108	1.857	159	7.473	210	30.079
7	0.118	58	0.474	109	1.908	160	7.680	211	30.911
8	0.121	59	0.487	110	1.961	161	7.893	212	31.767
9	0.124	60	0.501	111	2.015	162	8.111	213	32.646
10	0.128	61	0.515	112	2.071	163	8.336	214	33.550
11	0.131	62	0.529	113	2.128	164	8.567	215	34.479
12	0.135	63	0.543	114	2.187	165	8.804	216	35.433
13	0.139	64	0.559	115	2.248	166	9.047	217	36.414
14	0.143	65	0.574	116	2.310	167	9.298	218	37.422
15	0.147	66	0.590	117	2.374	168	9.555	219	38.457
16	0.151	67	0.606	118	2.440	169	9.820	220	39.522
17	0.155	68	0.623	119	2.507	170	10.091	221	40.616
18	0.159	69	0.640	120	2.577	171	10.371	222	41.740
19	0.163	70	0.658	121	2.648	172	10.658	223	42.895
20	0.168	71	0.676	122	2.721	173	10.953	224	44.083
21	0.173	72	0.695	123	2.797	174	11.256	225	45.303
22	0.177	73	0.714	124	2.874	175	11.568	226	46.557
23	0.182	74	0.734	125	2.954	176	11.888	227	47.846
24	0.187	75	0.754	126	3.035	177	12.217	228	49.170
25	0.193	76	0.775	127	3.119	178	12.555	229	50.531
26	0.198	77	0.796	128	3.206	179	12.902	230	51.930
27	0.203	78	0.819	129	3.294	180	13.260	231	53.367
28	0.209	79	0.841	130	3.386	181	13.627	232	54.844
29	0.215	80	0.864	131	3.479	182	14.004	233	56.362
30	0.221	81	0.888	132	3.576	183	14.391	234	57.922
31	0.227	82	0.913	133	3.675	184	14.790	235	59.526
32	0.233	83	0.938	134	3.776	185	15.199	236	61.173
33	0.240	84	0.964	135	3.881	186	15.620	237	62.866
34	0.246	85	0.991	136	3.988	187	16.052	238	64.607
35	0.253	86	1.018	137	4.099	188	16.496	239	66.395
36	0.260	87	1.047	138	4.212	189	16.953	240	68.233
37	0.267	88	1.076	139	4.329	190	17.422	241	70.121
38	0.275	89	1.105	140	4.449	191	17.905	242	72.062
39	0.282	90	1.136	141	4.572	192	18.400	243	74.057
40	0.290	91	1.167	142	4.698	193	18.909	244	76.107
41	0.298	92	1.200	143	4.828	194	19.433	245	78.213
42	0.306	93	1.233	144	4.962	195	19.971	246	80.378
43	0.315	94	1.267	145	5.099	196	20.524	247	82.603
44	0.324	95	1.302	146	5.240	197	21.092	248	84.889
45	0.332	96	1.338	147	5.385	198	21.675	249	87.239
46	0.342	97	1.375	148	5.535	199	22.275	250	89.654
47	0.351	98	1.413	149	5.688	200	22.892	251	92.135
48	0.361	99	1.452	150	5.845	201	23.526	252	94.686
49	0.371	100	1.492	151	6.007	202	24.177	253	97.307
50	0.381	101	1.534	152	6.173	203	24.846	254	100.000
51	0.392	102	1.576	153	6.344	204	25.534		

E.4.3.8 具有0.1%最小电弧功率等级的对数调光曲线

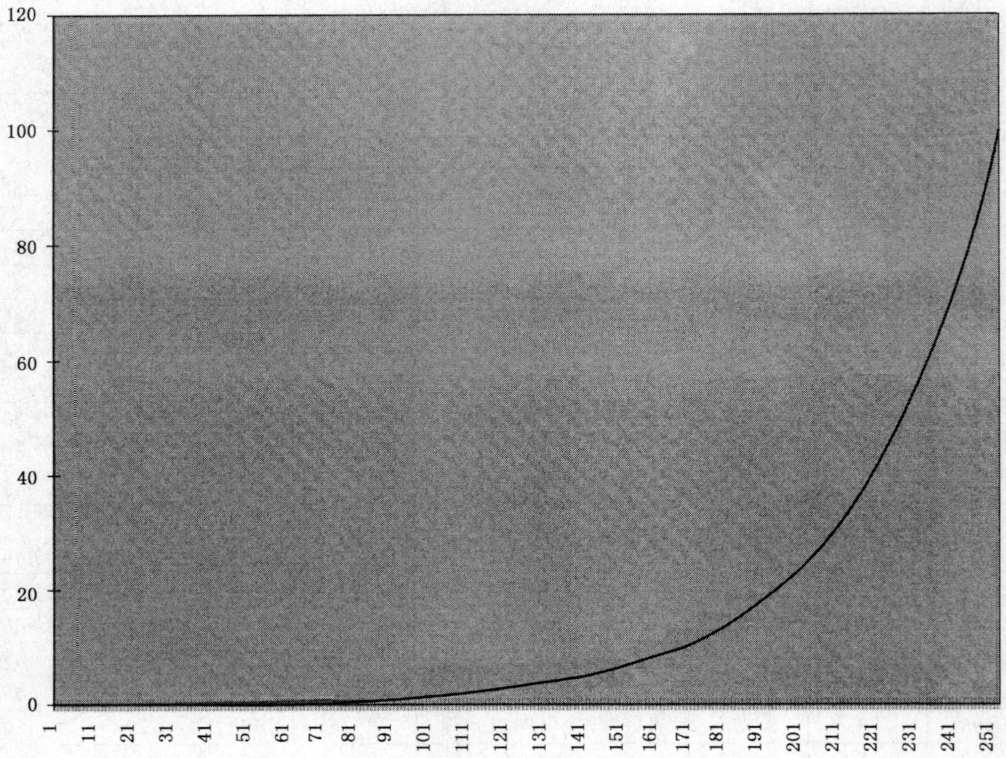

最小调光等级为0.1%的对数调光曲线

E.4.3.9 电压特性

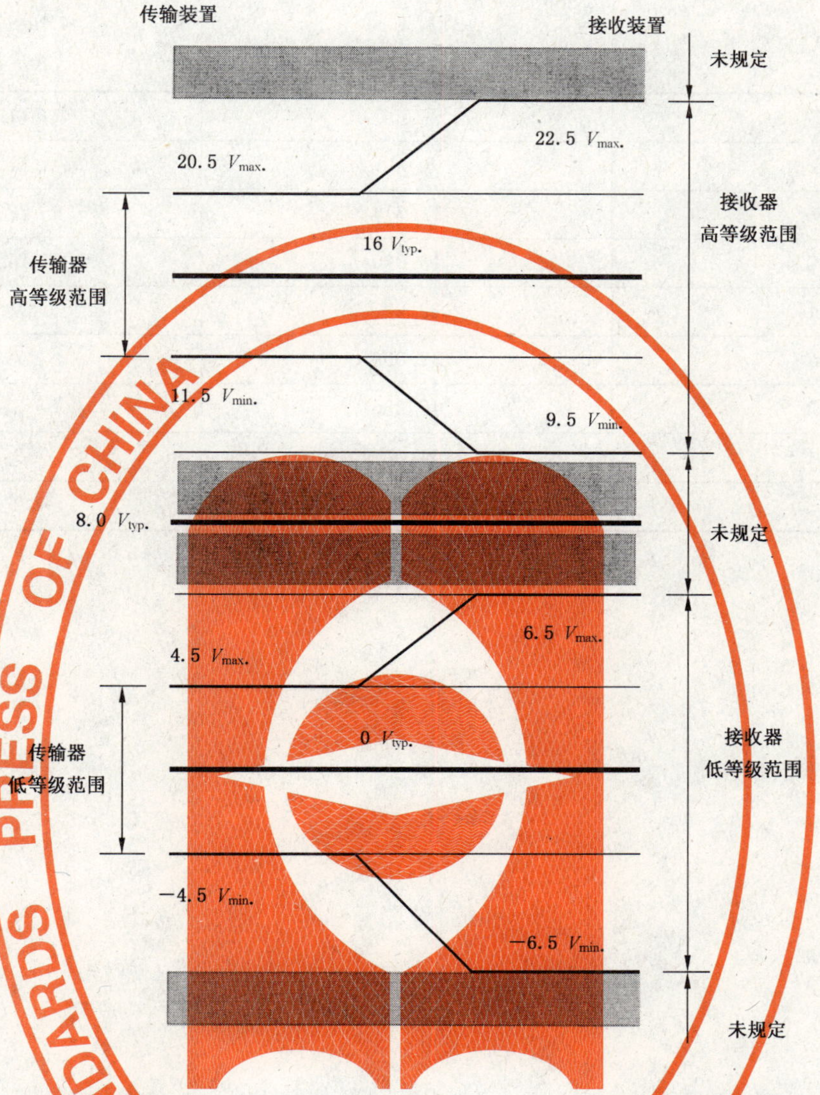

工作方式	正向传输	反向传输
传输装置	控制装置	镇流器
接收装置	镇流器	控制装置

E.4.3.10 衰减时间和衰减率

X	衰减时间/ s	衰减率/ (步长/s)
0	<0.707	不适用
1	0.707	357.796
2	1.000	253.000
3	1.414	178.898
4	2.000	126.500
5	2.828	89.449
6	4.000	63.250

表续

X	衰减时间/ s	衰减率/ (步长/s)
7	5.657	44.725
8	8.000	31.625
9	11.314	22.362
10	16.000	15.813
11	22.627	11.181
12	32.000	7.906
13	45.255	5.591
14	64.000	3.953
15	90.510	2.795

附 录 F
(资料性附录)
产品寿命和失效率的评定方法

F.1 引言

为了使用户能对不同电子产品的寿命和失效率进行有意义的比较,建议制造商在产品目录中提供F.2.1和F.2.2所规定的参数。

F.2 规定的参数

F.2.1 最大表面温度

电子产品的最大表面温度,符号为t_1(t—lifetime),或会影响产品寿命的最大局部温度,这些温度在正常工作条件下以及在标称电压或额定电压范围的最大电压下进行测量,在该温度下产品的寿命应达到50 000 h。

注:在某些国家,例如日本,应达到40 000 h寿命。

F.2.2 失效率

如果失效率是电子产品以最大温度t_1(见F.2.1规定)条件下连续工作时的失效率,则该失效率应表示为单位时间内的失效(fit)。

F.3 使用

对于为获得F.2.1和F.2.2给定的数据所要采用的方法(数学分析法、可靠性试验等),制造商应按照要求提供有关此方法的细节的全部数据资料。

附　录　G
（资料性附录）
装有符合第 E.4 章要求的数字控制接口的镇流器的试验程序

前言

以下论述了应符合第 E.4 章所规定的性能要求的设备的合格性试验。该合格性试验分为几个程序，例如构形指令试验。每个程序由几个指令序列组成。

试验装置由一按照试验程序进行编程的计算机和一硬件转接器构成，它们被连接在受试设备的控制接口上。

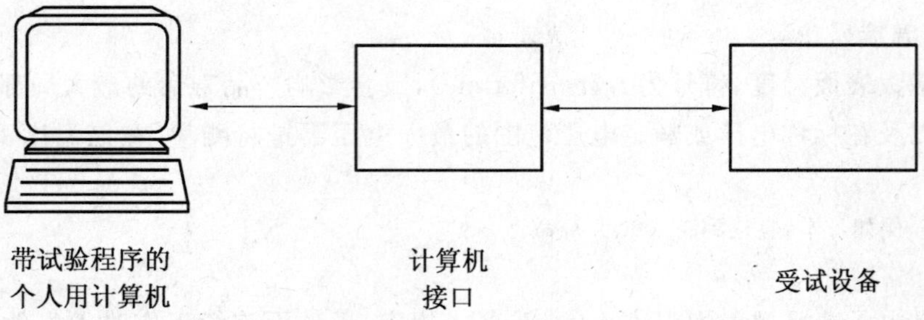

试验指令序列主要由启动阶段（指令输出）和确认阶段构成。在启动阶段试验指令发给受试装置，在确认阶段通过询问指令检验受试装置的内部状态。

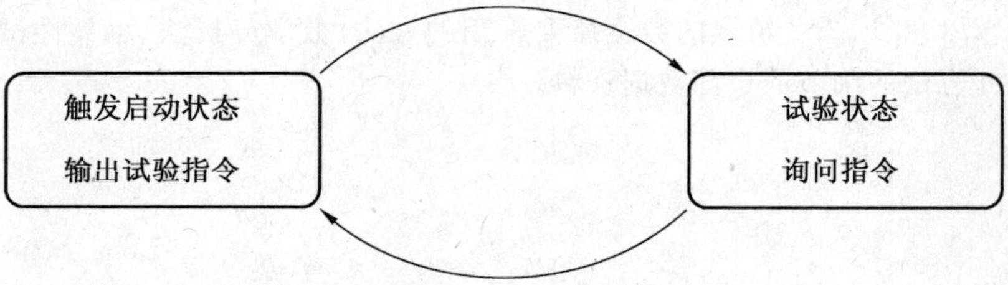

在试验程序开始之前受试装置的初始状态是：

——灯（一只或几只）被连接；

——电源接通（$t_{接通}$≥预热时间）；

——特殊程序结束；

——受试装置不具备短式地址；

——受试装置处于“重调状态”。

试验指令序列相互之间可独立采用。

如果单独采用一个特定的试验指令序列，则应保证受试装置能正确执行“重调”指令（见 G.2.1.1）。

注意，不同的问题可引起错误信息。例如，对指令“询问实际等级”的错误回答可表明该询问的使用是不正确的，或以前发出的电弧功率控制指令不起作用。因此建议要保持该指令序列的顺序。

某些试验的指令序列使用一“预热时间”参数。该预热时间由受试装置的制造商规定。为了获得正确的试验结果，应使预热时间进入试验程序。

SDL（技术语言和图形语言）用于说明试验指令序列；见 ITU-T：Z.100：2002。

数据传输

在每一个指令上，给出了所使用的寻址方式和指令的名称。

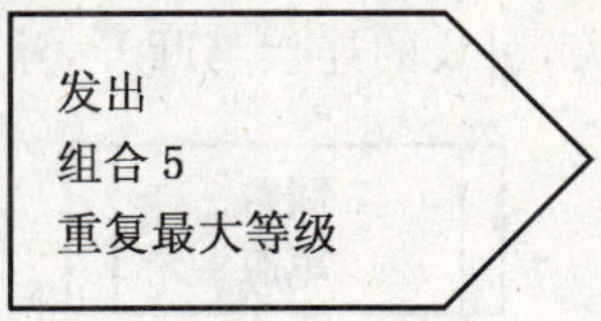

由于在一段 100 ms 的时间间隔内应连续两次接收每一个构形指令，规定子程序《发出两次》用于启动阶段。

以下是子程序《发出两次》的示意图：

在指令置位的《保留字指令》(例如指令 9)采用的是指令编号而不是指令的名称。

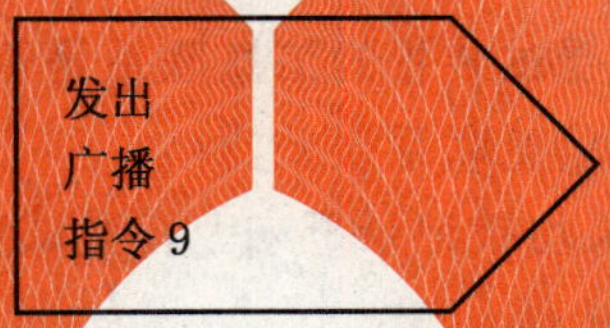

在《保留字指令》的某些序列中，要给出指令编号的两个信息组的值。

将最后两种描述方式加以混合也是可以的。

转换

试验指令序列的转移要与试验参数相符。

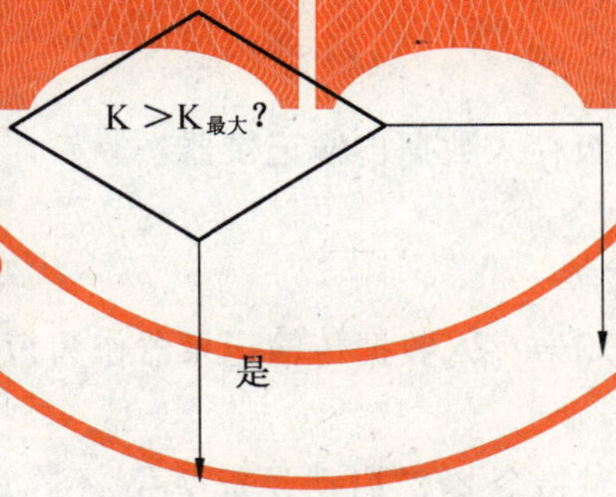

分配

将一个参数调到规定值。

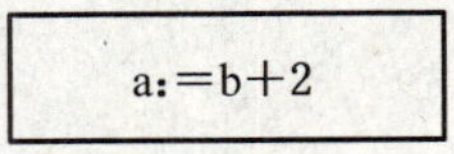

等待

试验指令序列暂停一段规定的时间。

外部程序

外部程序是能被看到的，例如：开关，引线的连接与断开，外部测量等。

信息

像误差或试验结果等信息要显示在信息箱中。

某些指令参数是必需的。将一数值 200 向下输入给 DTR，被打印成下述形式：DTR(200)。

如果参数是一变量，则印刷字体为：DTR(＜变量＞)。

在所有的试验指令序列中，假定与受试装置的信息联系是正常有效的，也就是说，在试验正在进行时，不能因为接口线路上的畸变而出现信息联系误差。

现假定每个指令序列的试验的结果均被记录下来。在受试装置试验失败的那个步骤会显示出故障信息。

数据线路上的电压等级均为标称值($V_{高}=16.0$ V；$V_{低}=0.0$ V；$t_{上升}=t_{下降}$ 50 μs)，但另有规定时除外。

试验指令序列中所使用的所有数字均为十进位数字，但另有说明书时除外。十六进位数字由 0×VV 格式给出，其中 VV 是数值。二进位数字由××××××××b 格式给出，其中×是 0 或 1；在二进位数字上"×"的意思是"自由选取"。

在试验程序中使用下述缩写词。

MC＝中心控制器

IPS＝接口电源

DTR＝数据传输记录器

PHM＝物理最小等级

ST ACT LEV DTR＝将实际等级存入数据传输记录器

SYS FAIL LEV＝系统失败值

POW ON LEVEL＝电源接通等级

STORE DTR AS SHORT ADDR＝存入数据传输记录器作为短式地址。

DAPC＝直接电、弧功率控制

由于没有设备型号指令的定义，对指令 272"启动设备型号"不作试验。

G.1 试验指令序列"物理工作参数"

试验参数(另有规定时除外)

——温度：按照 A.1.1；

——电源：标称电源电压；

——接口电源：确定的值之间的线性电压-电流-特征(见注释)；

——使用典型电压等级 $t_{上升}=t_{下降}=50$ μs；

——用指令 145"询问镇流器"来检验受试设备的指令接收和正确反向波道格式(正确回答：是)；

——电压和电流在镇流器的输出终端测量。

测量精度

——直流电流的测量：精度为1级以上(万用表 RS≤10 Ω)；

——其他：精度在5级以上(示波器 $R_1 \geqslant 1$ MΩ，$C_1 \leqslant 20$ pF，$f_B \geqslant 10$ MHz)。

注释：

(MC)中心控制器

应以与镇流器相同的方式对信息转播通路起反应($I_{最大}=2$ mA)

"接口电源"(IPS)：

按设计要求用于 n 个镇流器+1个中心控制器。

由于传输装置的最小/最大等级被规定为 15 V≤V_{IPS}≤17 V，则 V_{IPS} 的电压等级为：

11.5 V≤V_{IPS}≤22.5 V

I_{IPS}-V_{IPS} 特性：

当 $I_{IPS} \leqslant (n+1) \times 2$ mA 时(最大静态电流的高等级)，则 $V_{IPS} \geqslant 11.5$ V；

当 $I_{IPS} \geqslant 2 \times 0.9 \times (n+1) \times 2$ mA 时(双重最大电流的低等级，降低10%公差)，则 $I_{IPS} \leqslant 4.5$ V；

电流限制器线路的反应时间<10 μs。

G.1.1 试验指令序列"波形"

G.1.1.1 试验指令序列"电流特性"

将接口电源设定为 $V_{IPS}=22.5$ V。中心控制器未启动(未与受试装置发生联系)。

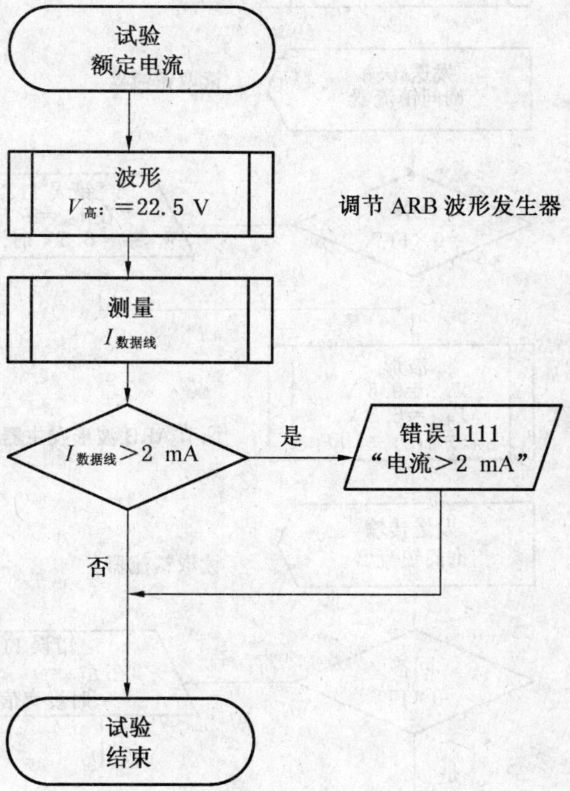

G.1.1.2 试验指令序列"电压特性"

在 $V_{高}$、$V_{低}$，$t_{上升}/t_{下降}$ 的三个不同的组合上试验与受试设备的信息联系：

$V_{高}=22.5$ V；$V_{低}=-6.5$ V；$t_{上升}=t_{下降}=10$ μs

$V_{高}=9.5$ V；$V_{低}=6.5$ V；$t_{上升}=t_{下降}=10$ μs

$V_{高}=9.5$ V；$V_{低}=6.5$ V；$t_{上升}=t_{下降}=100$ μs

试验中使用指令145"询问镇流器"，正确回答为"是"(0×FF)。

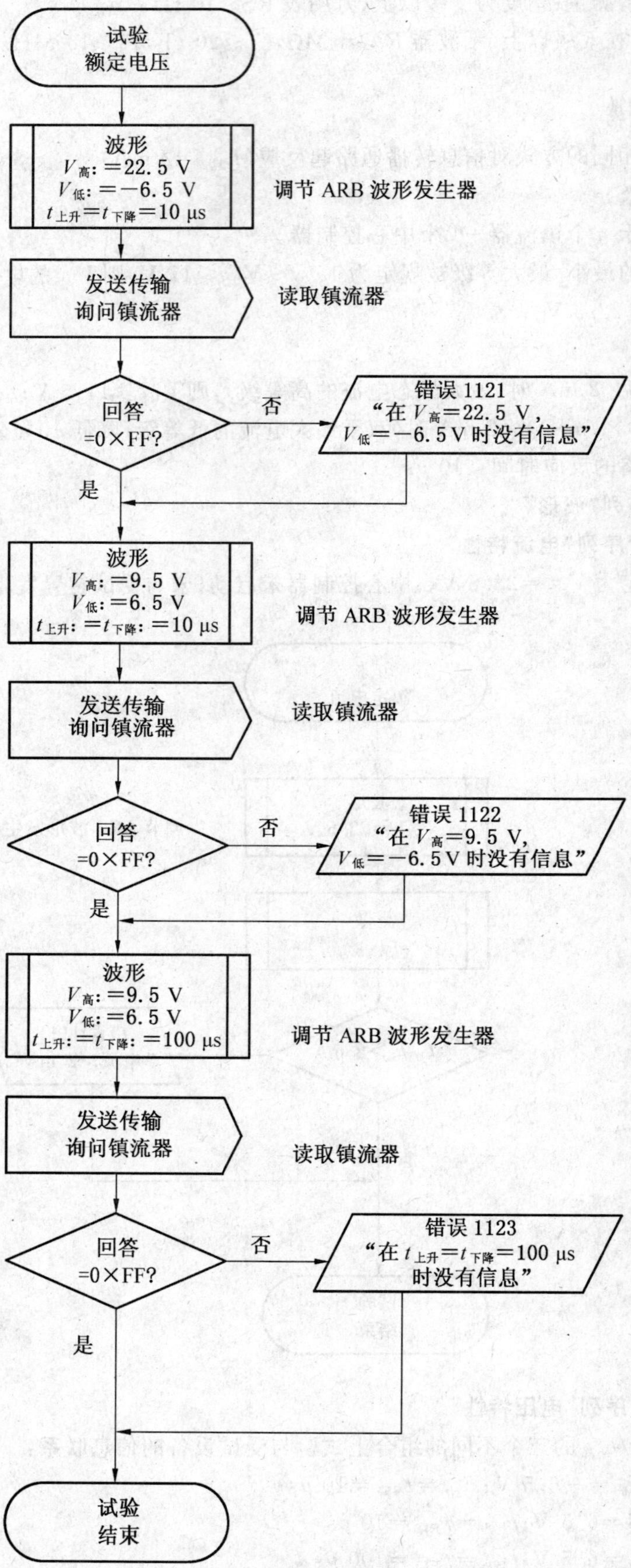
试验
额定电压
波形
V高:=22.5 V
V低:=−6.5 V
t上升=t下降=10 μs
调节 ARB 波形发生器
发送传输
询问镇流器
读取镇流器
回答
=0×FF?
否
错误 1121
“在 V高=22.5 V,
V低=−6.5 V 时没有信息”
是
波形
V高:=9.5 V
V低:=6.5 V
t上升:=t下降:=10 μs
调节 ARB 波形发生器
发送传输
询问镇流器
读取镇流器
回答
=0×FF?
否
错误 1122
“在 V高=9.5 V,
V低=−6.5 V 时没有信息”
是
波形
V高:=9.5 V
V低:=6.5 V
t上升:=t下降:=100 μs
调节 ARB 波形发生器
发送传输
询问镇流器
读取镇流器
回答
=0×FF?
否
错误 1123
“在 t上升=t下降=100 μs
时没有信息”
是
试验
结束

G.1.1.3 试验指令序列“反向波道上升时间/下降时间”

用 V_{IPS} 和 I_{IPS} 的两个不同组合，试验与受试设备的信息联系：

$V_{高}$=17.0 V；$V_{低}$=0.0 V；$t_{上升}$=$t_{下降}$=50 μs；I_{IPS}=250 mA(最大)

$V_{高}$=15.0 V；$V_{低}$=0.0 V；$t_{上升}$=$t_{下降}$=50 μs；I_{IPS}=8 mA(最大)

在两种情况下都要检验受试设备的反向波道回答的物理参数：

$V_{高}$>11.5 V；$V_{低}$<4.5 V；10 μs<$t_{上升}$<100 μs；10 μs<$t_{下降}$<100 μs

试验时使用指令 145“询问镇流器”，正确回答为“是”(0×FF)。

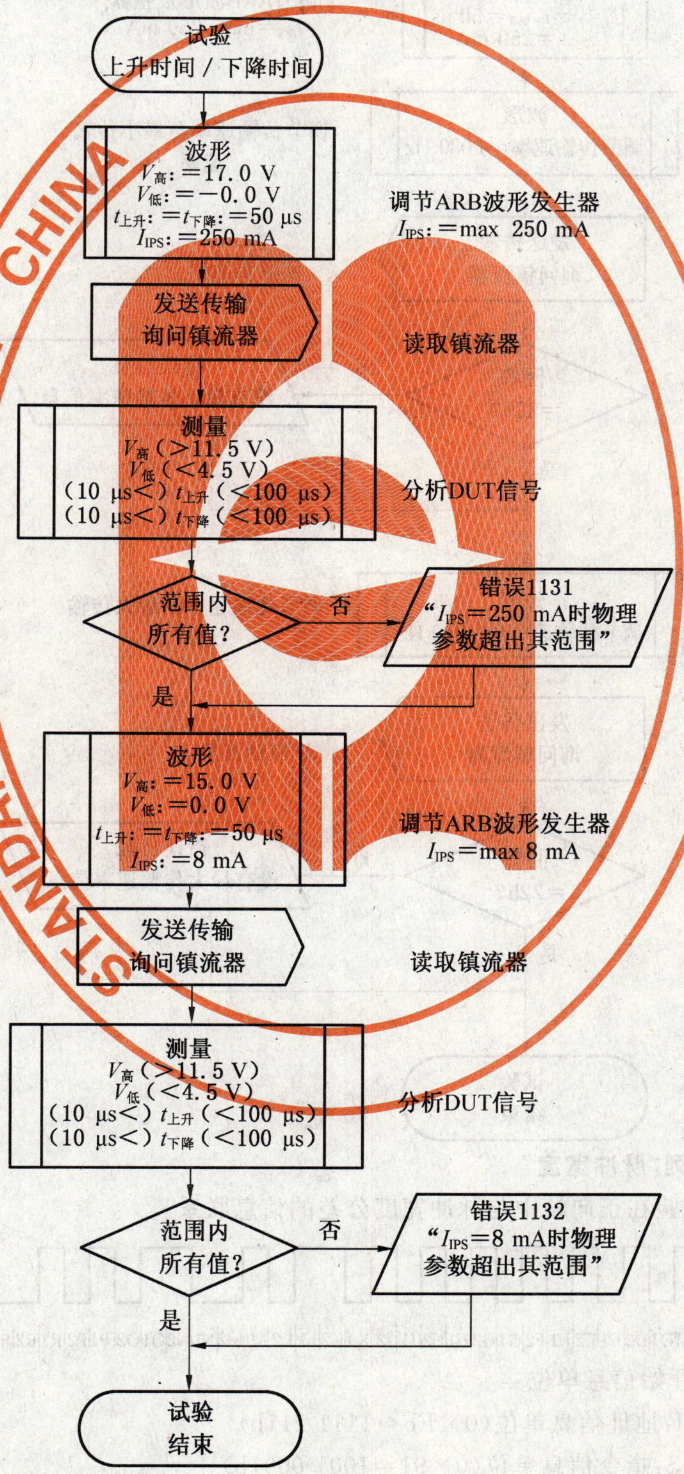

G.1.1.4 试验指令序列“传输速率”

下述指令序列用来试验在最小和最大传输速率(1 200 Hz±10%)下与受试设备的信息联系。

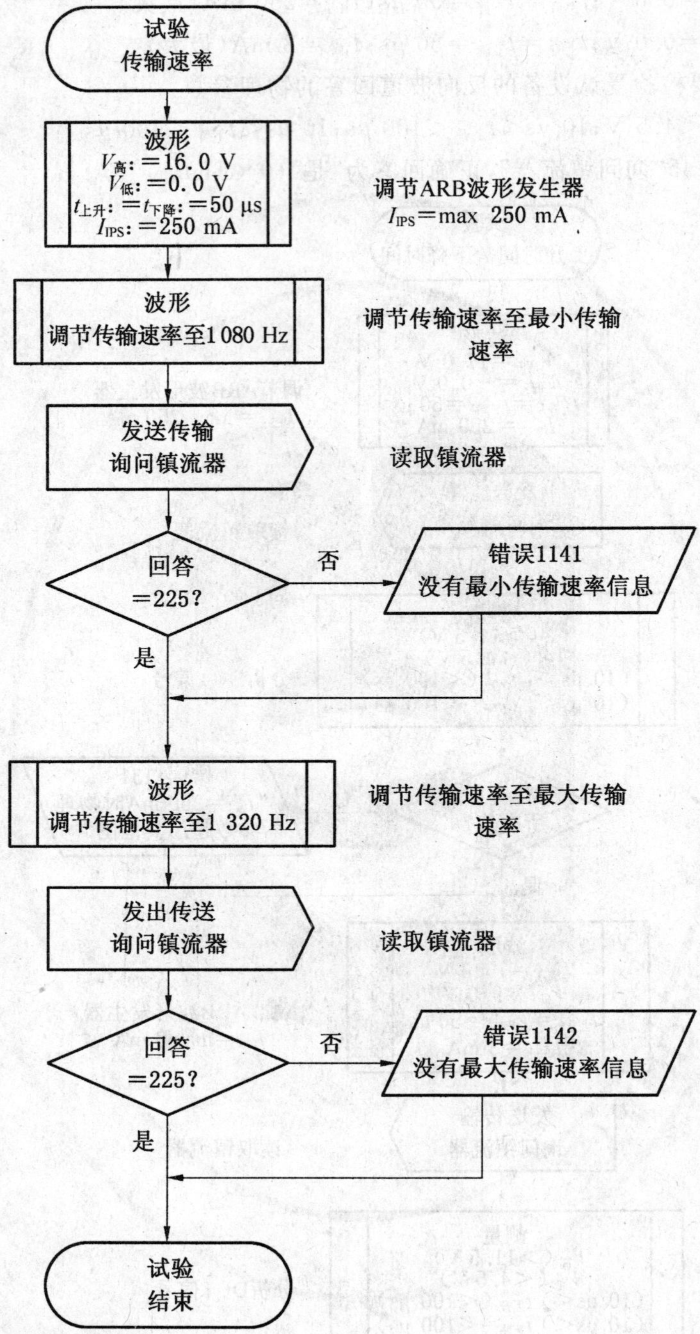

G.1.1.5 试验指令序列“脉冲宽度”

该指令序列用来试验在正向帧中与脉冲宽度公差的信息联系。

信息单位元件 A:开始信息单位

信息单位元件 B~I:地址信息单位(0×FF=1111 111b)

信息单位元件 K~S:指令信息单位(0×91=1001 0001b)

信息单位元件 T、U:停止信息单位

$T_e-10\%$ 375.0 μs	$T_e+10\%$ 458.3 μs	$2\cdot T_e-10\%$ 750.0 μs	$2\cdot T_e\pm0\%$ 833.3 μs	$2\cdot T_e+10\%$ 916.7 μs
	A1			A1+A2
	B1			B1+B2
C1			C1+C2	
	D1			D1+D2
	E1		E1+E2	
F1		F1+F2		
G1			G1+G2	
H1		H1+H2		
I1		I1+I2		
	K1		K1+K2	
L1			L1+L2	
M1			M1+M2	
	N1			N1+N2
	O1		O1+O2	
	P1		P1+P2	
R1		R1+R2		
S1			S1+S2	
			T1+T2	
			U1+U2	

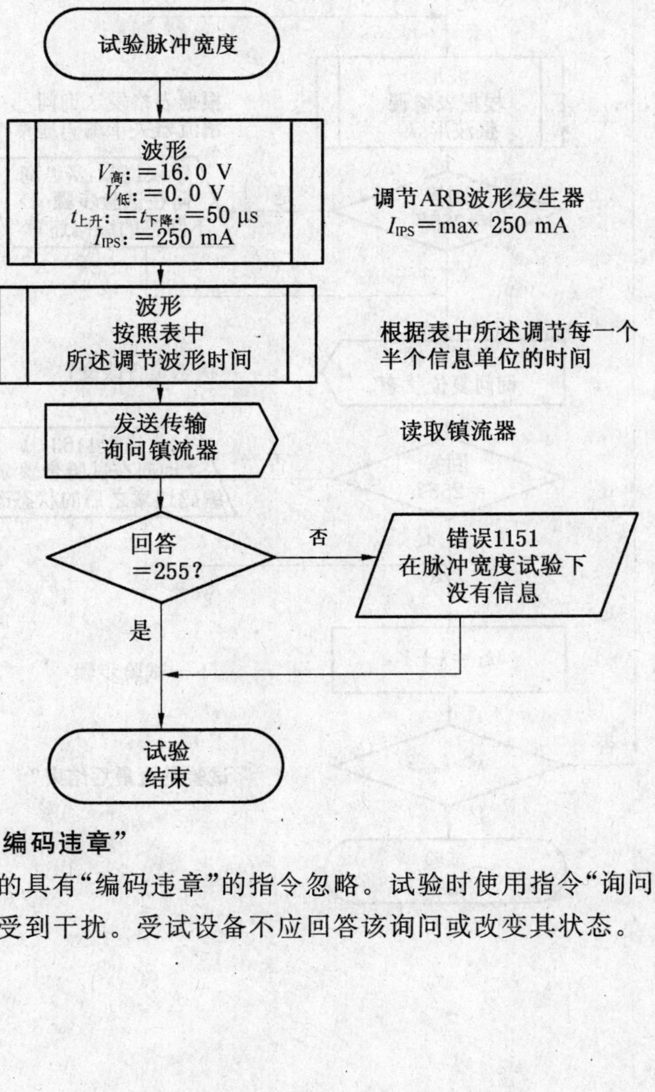

G.1.1.6 试验指令序列"编码违章"

受试设备应将所接收的具有"编码违章"的指令忽略。试验时使用指令"询问镇流器"。在每个试验阶段都有另一个信息单位受到干扰。受试设备不应回答该询问或改变其状态。

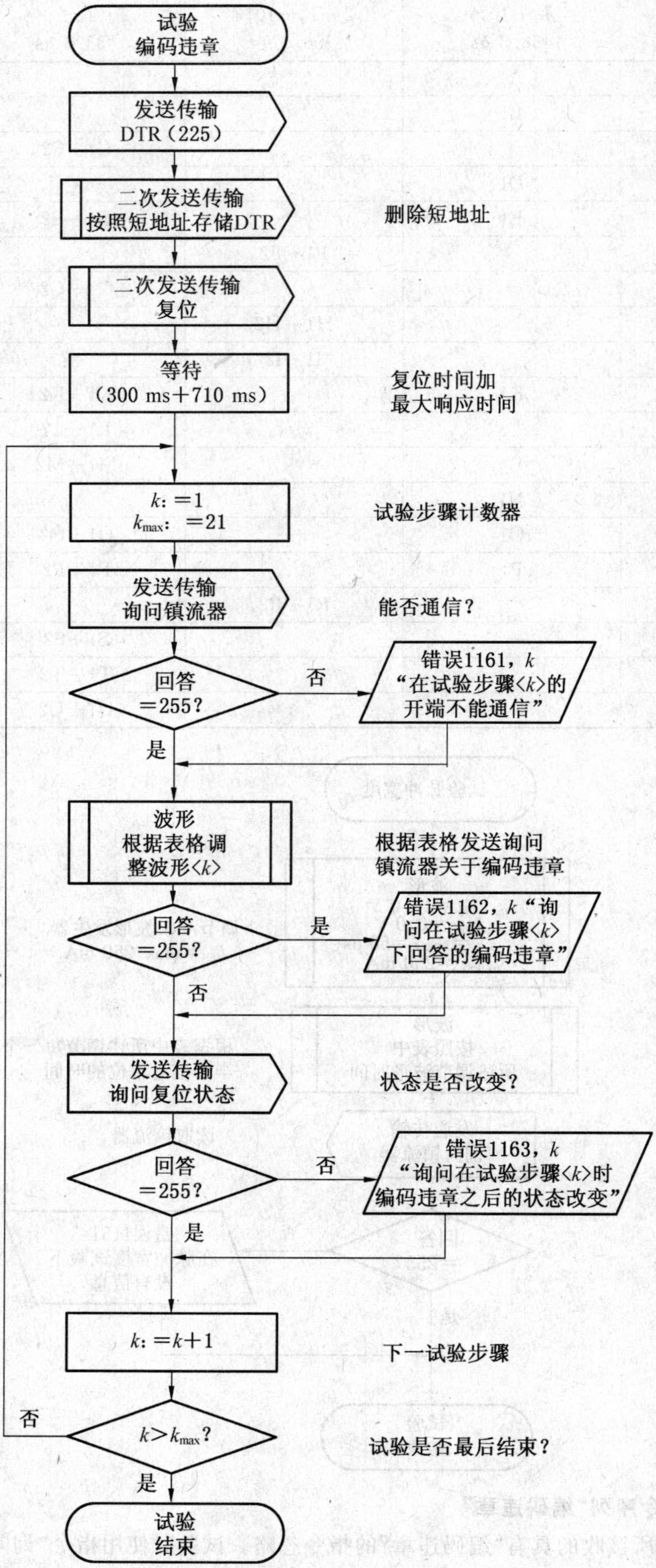
试验
编码违章
发送传输
DTR（225）
二次发送传输
按照短地址存储DTR
删除短地址
二次发送传输
复位
等待
（300 ms＋710 ms）
复位时间加
最大响应时间
k：＝1
kmax：＝21
试验步骤计数器
发送传输
询问镇流器
能否通信？
回答
＝255？
否
错误1161，k
“在试验步骤〈k〉的
开端不能通信”
是
波形
根据表格调
整波形〈k〉
根据表格发送询问
镇流器关于编码违章
回答
＝255？
是
错误1162，k“询
问在试验步骤〈k〉
下回答的编码违章”
否
发送传输
询问复位状态
状态是否改变？
回答
＝255？
否
错误1163，k
“询问在试验步骤〈k〉时
编码违章之后的状态改变”
是
k：＝k＋1
下一试验步骤
否
k＞kmax？
试验是否最后结束？
是
试验
结束

注：波形图见下页。

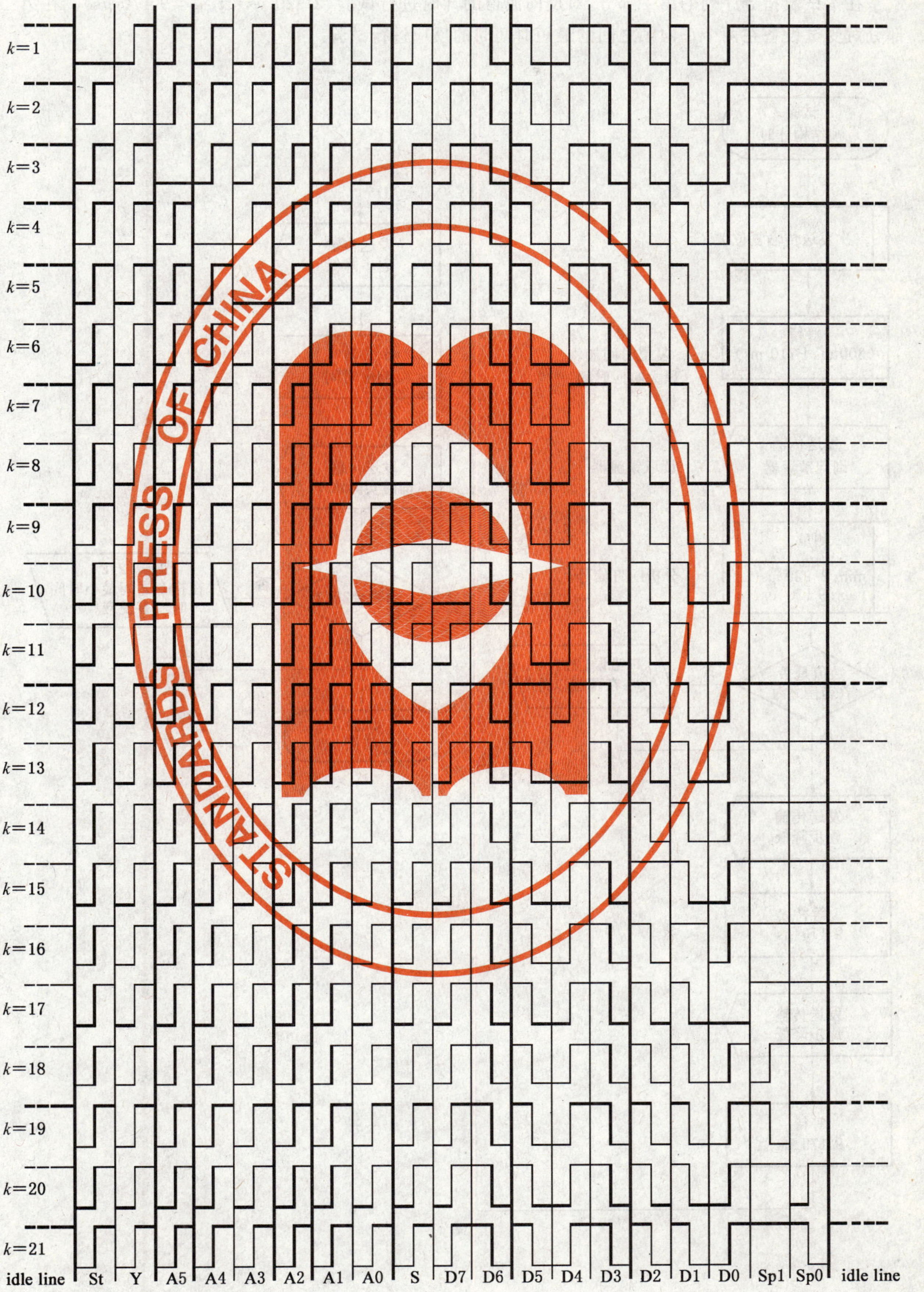
k=1
k=2
k=3
k=4
k=5
k=6
k=7
k=8
k=9
k=10
k=11
k=12
k=13
k=14
k=15
k=16
k=17
k=18
k=19
k=20
k=21
idle line
St
Y
A5
A4
A3
A2
A1
A0
S
D7
D6
D5
D4
D3
D2
D1
D0
Sp1
Sp0
idle line

G.1.2 试验指令序列“帧结构计时”

在本试验指令序列的第一部分，对反向波道的计时进行试验（2 920 μs<$t_{回答}$<9 170 μs）。在第二部分对受试设备在两个正向帧之间的最短时间时的反应进行试验。

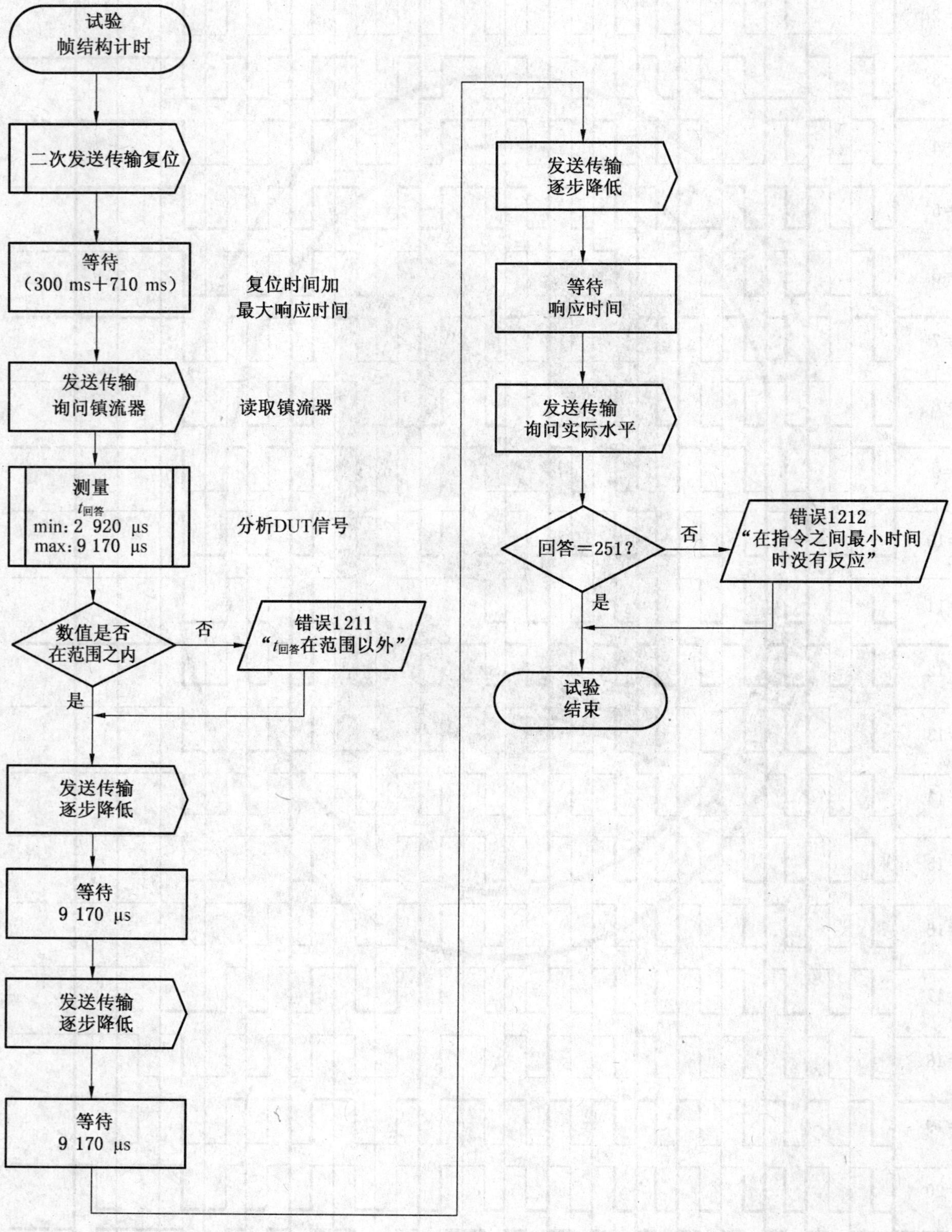

G.1.3 绝缘试验

试验按照 GB 19510.1 和 GB 19510.4(基本绝缘)的要求进行:

对靠近 a)短路电源和灯的终端,b)接地位的控制终端进行绝缘性能试验。

G.1.4 随机试验指令序列

G.1.4.1 试验指令序列"极性"

对于数据线路的两个极性,都要试验与受试设备的信息联系。

试验时使用试验指令 145"询问镇流器"。正确回答为"是"(0×FF)。

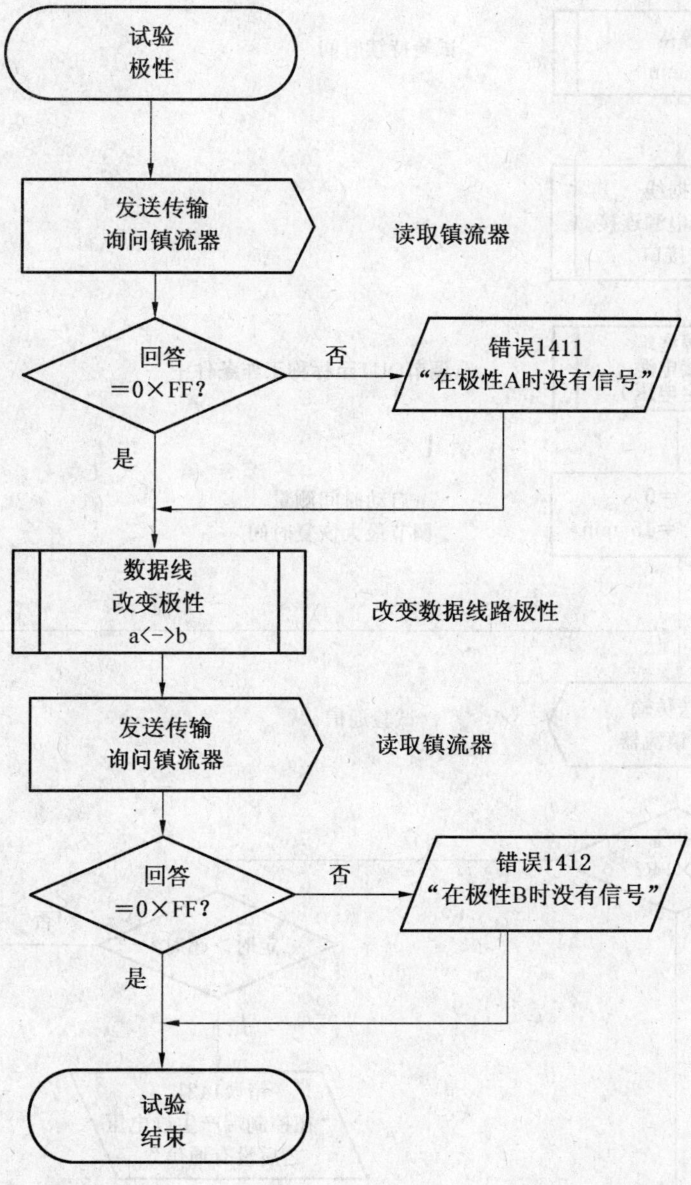

G.1.4.2 试验指令序列"过电压保护"

在进行此项试验时,电源不应与受试设备的电源终端相连接。

将受试设备的控制端连接在一能提供受试设备的额定电源电压的电源上,持续 1 min。在 15 min 的恢复时间过去之后,使用指令 145"询问镇流器"来试验与受试镇流器的信息联系。正确回答为"是"(0×FF)。

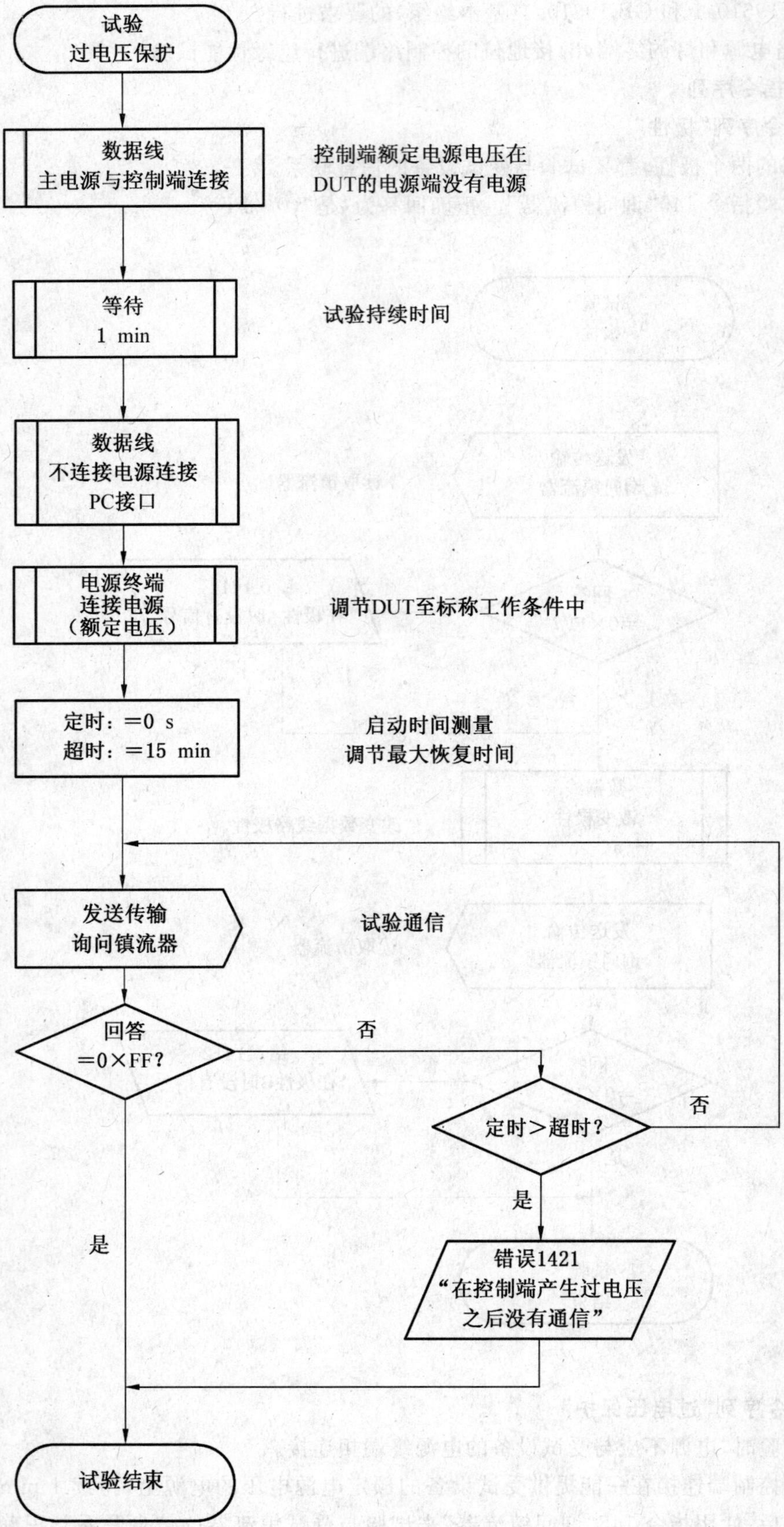
试验
过电压保护
数据线
主电源与控制端连接
控制端额定电源电压在
DUT的电源端没有电源
等待
1 min
试验持续时间
数据线
不连接电源连接
PC接口
电源终端
连接电源
（额定电压）
调节DUT至标称工作条件中
定时：＝0 s
超时：＝15 min
启动时间测量
调节最大恢复时间
发送传输
询问镇流器
试验通信
回答
＝0×FF？
否
定时＞超时？
否
是
是
错误1421
“在控制端产生过电压
之后没有通信”
试验结束

G.1.5 试验指令序列“反应时间”

反应时间被规定为在所设计的“衰减时间”为0时将光输出从“最大等级”转变为“最小等级”所用的时间。该时间对其他试验指令序列也很重要。

要使用一与光度计的模拟输出猴相连接的示波器进行测量。

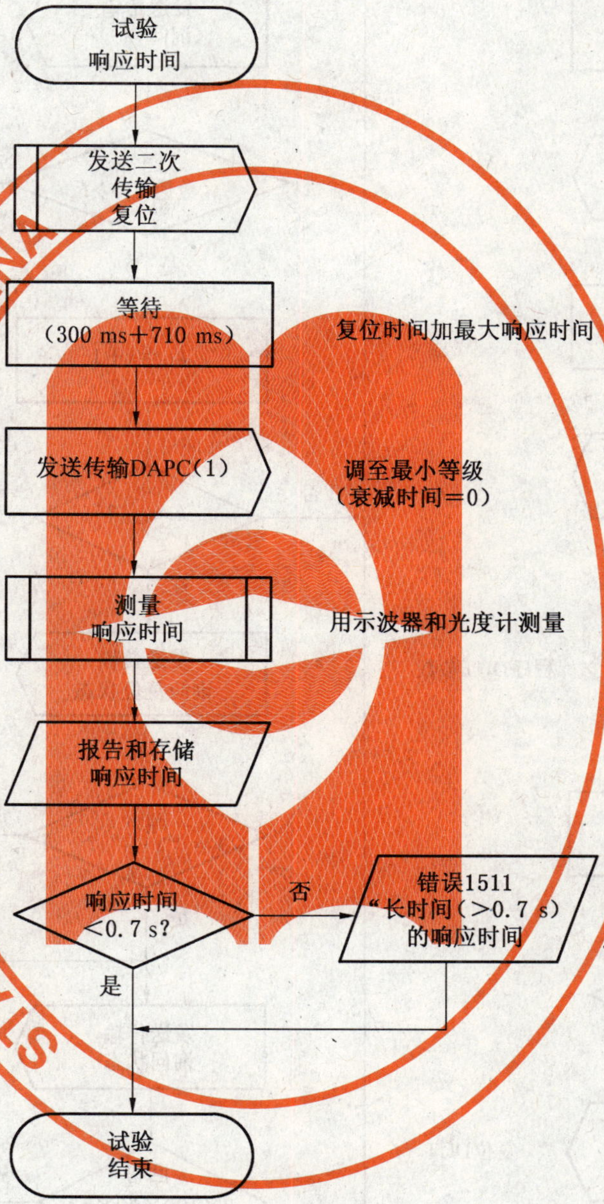

G.2 试验指令序列“构形指令”

G.2.1 试验指令序列“一般构形指令”

为了保证试验程序的结果的正确，首先对指令“重调”进行试验。

G.2.1.1 试验指令序列“重调”

在此试验指令序列中，将受试设备的所有用户可编程参数均调至“非重调值”。在发出重调指令之后，检验这些参数的“重调值”。“随机地址”的重调值在指令序列G.5.2.1中进行试验。“检索地址”的重调值在试验指令序列G.5.4.4中进行检验。

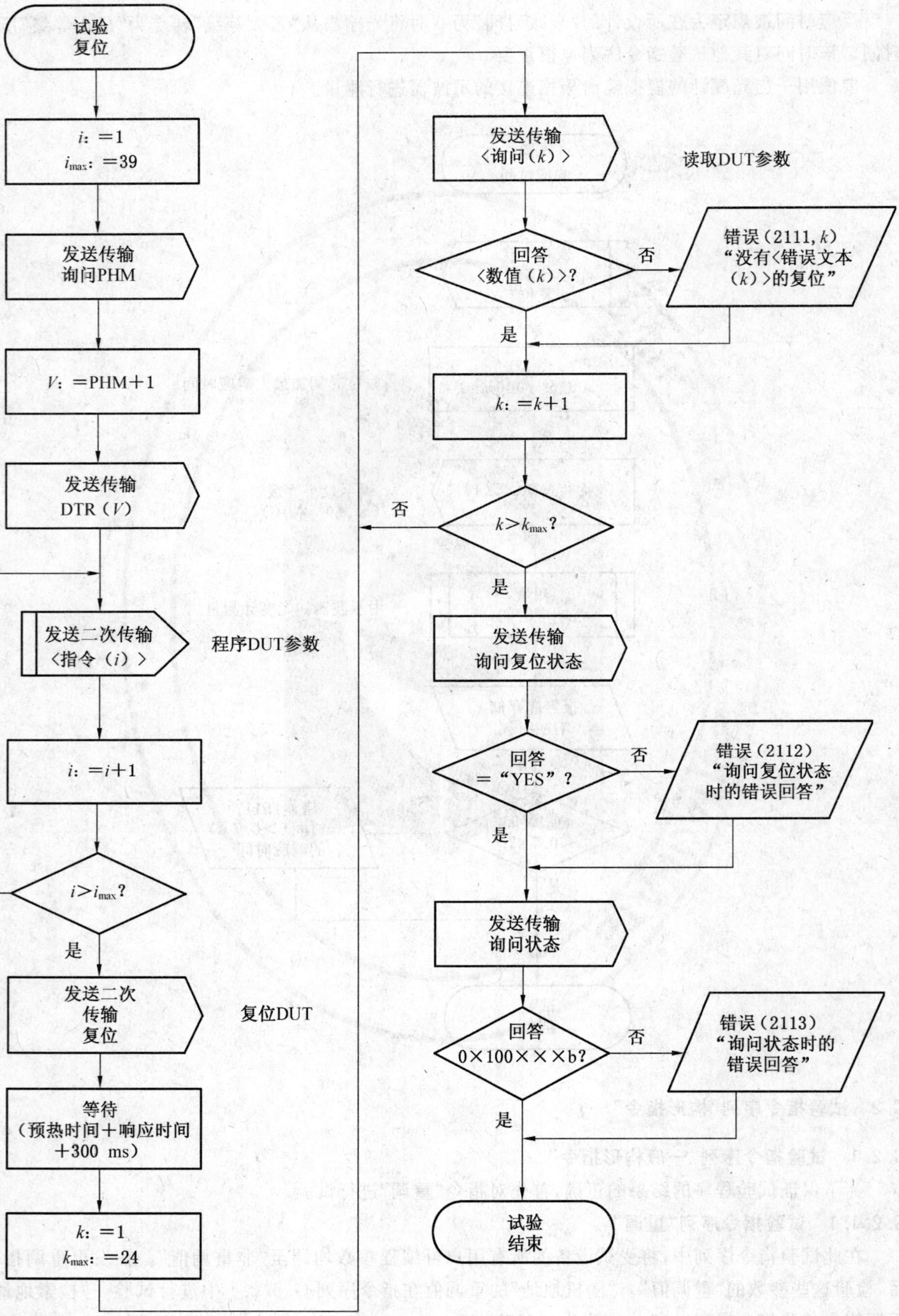
试验
复位
i：=1
i_{max}：=39
发送传输
询问PHM
V：=PHM+1
发送传输
DTR（V）
发送二次传输
〈指令（i）〉
程序DUT参数
否
i：=i+1
i>i_{max}？
是
发送二次
传输
复位
复位DUT
等待
（预热时间+响应时间
+300 ms）
k：=1
k_{max}：=24
发送传输
〈询问（k）〉
读取DUT参数
回答
〈数值（k）〉？
否
错误（2111，k）
"没有〈错误文本
（k）〉的复位"
是
k：=k+1
k>k_{max}？
否
是
发送传输
询问复位状态
回答
="YES"？
否
错误（2112）
"询问复位状态
时的错误回答"
是
发送传输
询问状态
回答
0×100×××b？
否
错误（2113）
"询问状态时的
错误回答"
是
试验
结束

注：参数表见下页。

“重调”试验的参数

i	〈指令(*i*)〉
1	加入组合 0
2	加入组合 1
3	加入组合 2
4	加入组合 3
5	加入组合 4
6	加入组合 5
7	加入组合 6
8	加入组合 7
9	加入组合 8
10	加入组合 9
11	加入组合 10
12	加入组合 11
13	加入组合 12
14	加入组合 13
15	加入组合 14
16	加入组合 15
17	存入 DTR 作为场面 0
18	存入 DTR 作为场面 1
19	存入 DTR 作为场面 2
20	存入 DTR 作为场面 3
21	存入 DTR 作为场面 4
22	存入 DTR 作为场面 5
23	存入 DTR 作为场面 6
24	存入 DTR 作为场面 7
25	存入 DTR 作为场面 8
26	存入 DTR 作为场面 9
27	存入 DTR 作为场面 10
28	存入 DTR 作为场面 11
29	存入 DTR 作为场面 12
30	存入 DTR 作为场面 13
31	存入 DTR 作为场面 14
32	存入 DTR 作为场面 15
33	存入 DTR 作为最大等级
34	存入 DTR 作为最小等级
35	存入 DTR 作为系统故障等级
36	存入 DTR 作为电源接通等级
37	存入 DTR 作为衰减时间
38	存入 DTR 作为衰减值
39	断路

k	〈询问(*k*)〉	〈数值(*k*)〉	〈误差状况(*k*)〉
1	询问组合 0～7	0×00	组合 0～7
2	询问组合 8～15	0×00	组合 8～15
3	询问场面等级 0	255	场面 0
4	询问场面等级 1	255	场面 1
5	询问场面等级 2	255	场面 2
6	询问场面等级 3	255	场面 3
7	询问场面等级 4	255	场面 4
8	询问场面等级 5	255	场面 5
9	询问场面等级 6	255	场面 6
10	询问场面等级 7	255	场面 7
11	询问场面等级 8	255	场面 8
12	询问场面等级 9	255	场面 9
13	询问场面等级 10	255	场面 10
14	询问场面等级 11	255	场面 11
15	询问场面等级 12	255	场面 12
16	询问场面等级 13	255	场面 13
17	询问场面等级 14	255	场面 14
18	询问场面等级 15	255	场面 15
19	询问最大等级	254	最大等级
20	询问最小等级	PHM	最小等级
21	询问系统故障等级	254	系统故障等级
22	询问电源接通等级	254	电源接通等级
23	询问衰减时间/衰减值	0×07	衰减时间/衰减值
24	询问实际等级	254	实际等级

G.2.1.2 试验指令序列"重调",暂停/中间指令

只有在 100 ms 期间两次接收到"重调"指令时才应执行该指令。在这两个重调指令之间不允许进出向同一镇流器寻址的其他指令,否则,这两个"重调"指令和其他指令都会被抹煞。这三个指令应在 100 ms 期间发出。

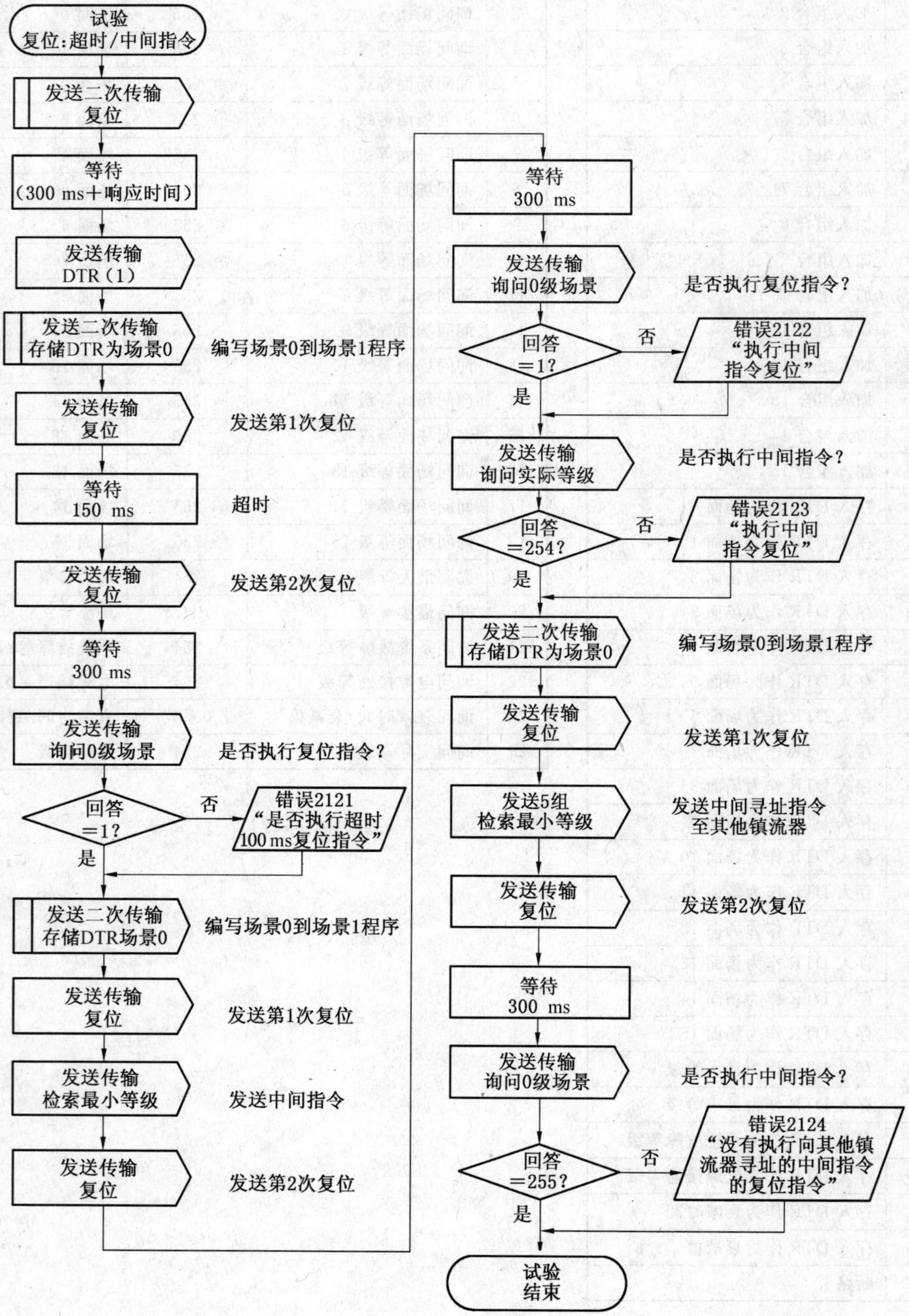

G.2.1.3 **试验指令序列"100 ms—暂停"。**

在此试验指令序列中要努力用一具备150 ms暂停时间的"构形"指令将受试设备的所有用户可编程参数调至(PHM+1)。该参数不应因为暂停而出现任何变化。

"100 ms—暂停"试验参数

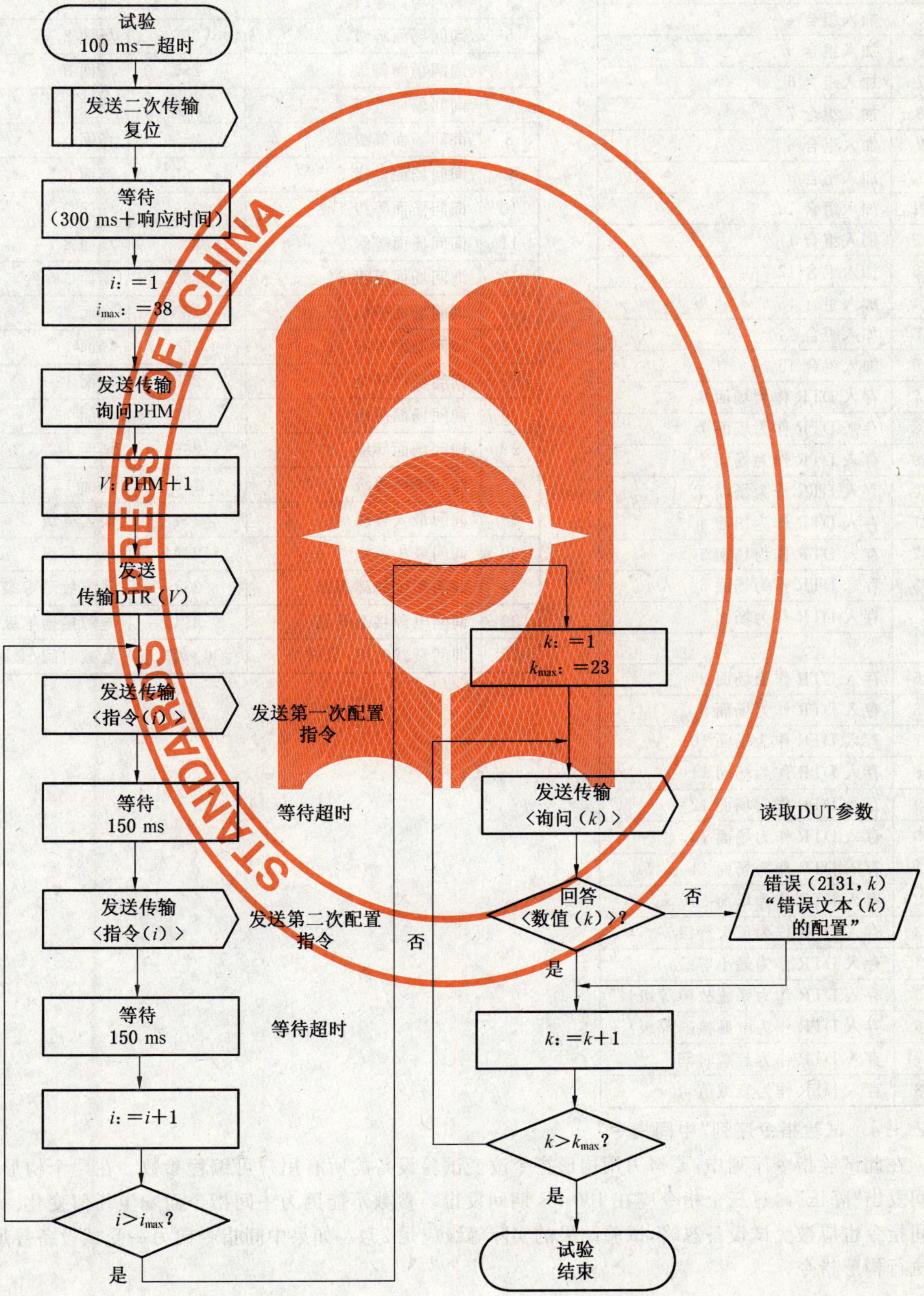

i	〈指令(i)〉
1	加入组合 0
2	加入组合 1
3	加入组合 2
4	加入组合 3
5	加入组合 4
6	加入组合 5
7	加入组合 6
8	加入组合 7
9	加入组合 8
10	加入组合 9
11	加入组合 10
12	加入组合 11
13	加入组合 12
14	加入组合 13
15	加入组合 14
16	加入组合 15
17	存入 DTR 作为场面 0
18	存入 DTR 作为场面 1
19	存入 DTR 作为场面 2
20	存入 DTR 作为场面 3
21	存入 DTR 作为场面 4
22	存入 DTR 作为场面 5
23	存入 DTR 作为场面 6
24	存入 DTR 作为场面 7
25	存入 DTR 作为场面 8
26	存入 DTR 作为场面 9
27	存入 DTR 作为场面 10
28	存入 DTR 作为场面 11
29	存入 DTR 作为场面 12
30	存入 DTR 作为场面 13
31	存入 DTR 作为场面 14
32	存入 DTR 作为场面 15
33	存入 DTR 作为最大等级
34	存入 DTR 作为最小等级
35	存入 DTR 作为系统故障等级
36	存入 DTR 作为电源接通等级
37	存入 DTR 作为衰减时间
38	存入 DTR 作为衰减值

k	〈询问(k)〉	〈数值(k)〉	〈误差状况(k)〉
1	询问组合 0～7	0×00	组合 0～7
2	询问组合 8～15	0×00	组合 8～15
3	询问场面等级 0	255	场面 0
4	询问场面等级 1	255	场面 1
5	询问场面等级 2	255	场面 2
6	询问场面等级 3	255	场面 3
7	询问场面等级 4	255	场面 4
8	询问场面等级 5	255	场面 5
9	询问场面等级 6	255	场面 6
10	询问场面等级 7	255	场面 7
11	询问场面等级 8	255	场面 8
12	询问场面等级 9	255	场面 9
13	询问场面等级 10	255	场面 10
14	询问场面等级 11	255	场面 11
15	询问场面等级 12	255	场面 12
16	询问场面等级 13	255	场面 13
17	询问场面等级 14	255	场面 14
18	询问场面等级 15	255	场面 15
19	询问最大等级	254	最大等级
20	询问最小等级	PHM	最小等级
21	询问系统故障等级	254	系统故障等级
22	询问电源接通等级	254	电源接通等级
23	询问衰减时间/衰减值	0×07	衰减时间/衰减值

G.2.1.4　试验指令序列“中间指令”

在此试验指令序列中，要努力用构形指令改变试验设备的所有用户可编程参数。在两个构形指令之间发出“降压”。这三个指令应在 100 ms 期间发出。参数不能因为中间指令而发生任何变化。由于中间指令也应被受试设备忽略，试验结果的实际等级应是 254。如果中间指令向另一受试设备寻址，则应执行构形指令。

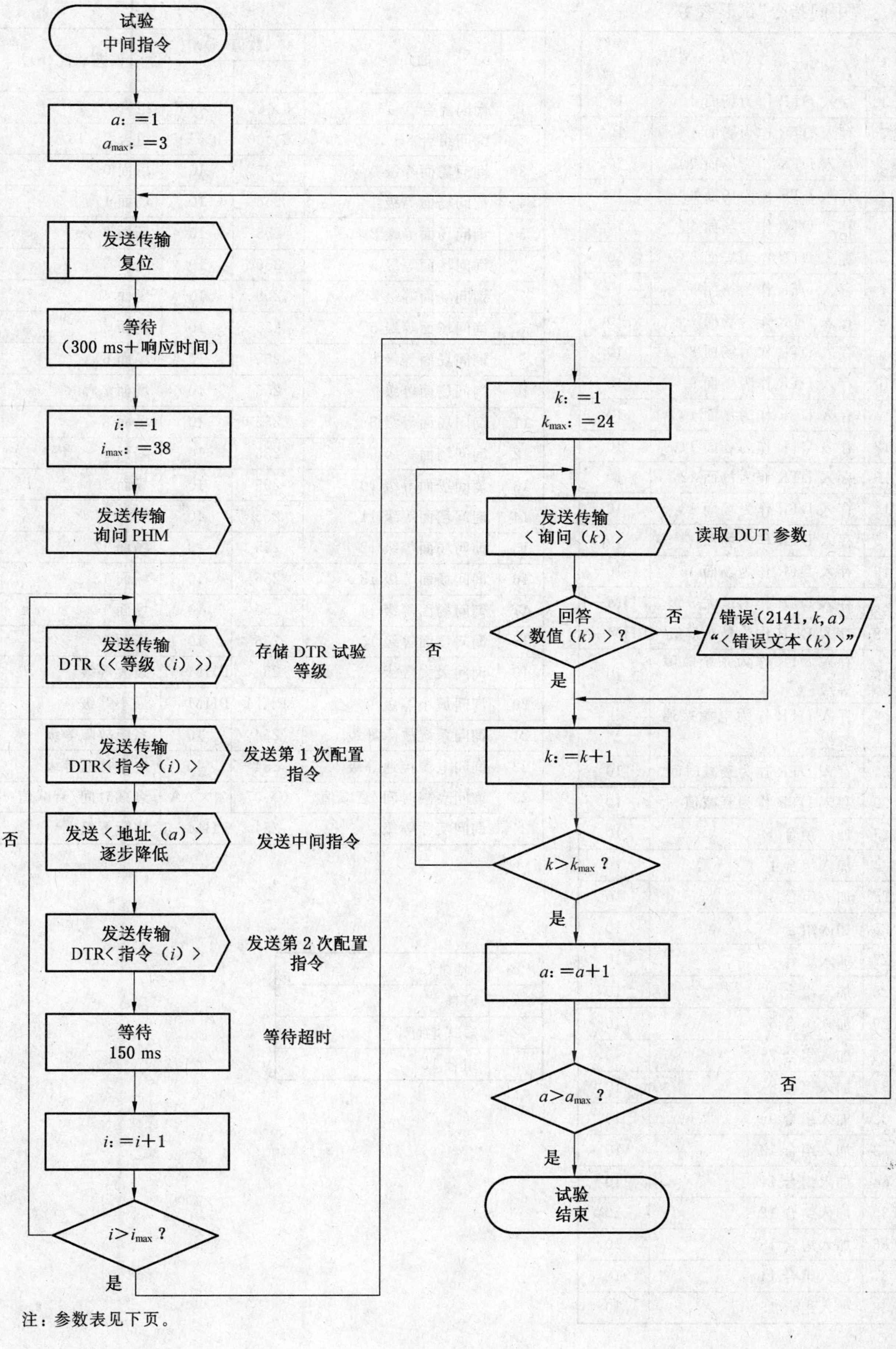
试验
中间指令
a：=1
amax：=3
发送传输
复位
等待
（300 ms＋响应时间）
i：=1
imax：=38
发送传输
询问 PHM
发送传输
DTR（＜等级（i）＞）
存储 DTR 试验
等级
发送传输
DTR＜指令（i）＞
发送第 1 次配置
指令
发送＜地址（a）＞
逐步降低
发送中间指令
否
发送传输
DTR＜指令（i）＞
发送第 2 次配置
指令
等待
150 ms
等待超时
i：=i+1
i＞imax？
是
k：=1
kmax：=24
发送传输
＜询问（k）＞
读取 DUT 参数
回答
＜数值（k）＞？
否
错误（2141，k，a）
"＜错误文本（k）＞"
是
否
k：=k+1
k＞kmax？
是
a：=a+1
a＞amax？
否
是
试验
结束

注：参数表见下页。

"中间指令"试验参数：

i	〈指令(i)〉	〈等级(i)〉
1	存入 DTR 作为场面 0	10
2	存入 DTR 作为场面 1	10
3	存入 DTR 作为场面 2	10
4	存入 DTR 作为场面 3	10
5	存入 DTR 作为场面 4	10
6	存入 DTR 作为场面 5	10
7	存入 DTR 作为场面 6	10
8	存入 DTR 作为场面 7	10
9	存入 DTR 作为场面 8	10
10	存入 DTR 作为场面 9	10
11	存入 DTR 作为场面 10	10
12	存入 DTR 作为场面 11	10
13	存入 DTR 作为场面 12	10
14	存入 DTR 作为场面 13	10
15	存入 DTR 作为场面 14	10
16	存入 DTR 作为场面 15	10
17	存入 DTR 作为最大等级	PHM+1
18	存入 DTR 作为最小等级	PHM+1
19	存入 DTR 作为系统故障等级	10
20	存入 DTR 作为电源接通等级	10
21	存入 DTR 作为衰减时间	10
22	存入 DTR 作为衰减值	10
23	加入组合 0	10
24	加入组合 1	10
25	加入组合 2	10
26	加入组合 3	10
27	加入组合 4	10
28	加入组合 5	10
29	加入组合 6	10
30	加入组合 7	10
31	加入组合 8	10
32	加入组合 9	10
33	加入组合 10	10
34	加入组合 11	10
35	加入组合 12	10
36	加入组合 13	10
37	加入组合 14	10
38	加入组合 15	10

k	〈询问(k)〉	〈数值(k)〉		〈误差状况(k)〉
		a=1	a≠1	
1	询问组合 0～7	0×00	0×FF	组合 0～7
2	询问组合 8～15	0×00	0×FF	组合 8～15
3	询问场面等级 0	255	10	场面 0
4	询问场面等级 1	255	10	场面 1
5	询问场面等级 2	255	10	场面 2
6	询问场面等级 3	255	10	场面 3
7	询问场面等级 4	255	10	场面 4
8	询问场面等级 5	255	10	场面 5
9	询问场面等级 6	255	10	场面 6
10	询问场面等级 7	255	10	场面 7
11	询问场面等级 8	255	10	场面 8
12	询问场面等级 9	255	10	场面 9
13	询问场面等级 10	255	10	场面 10
14	询问场面等级 11	255	10	场面 11
15	询问场面等级 12	255	10	场面 12
16	询问场面等级 13	255	10	场面 13
17	询问场面等级 14	255	10	场面 14
18	询问场面等级 15	255	10	场面 15
19	询问最大等级	254	PHM+1	最大等级
20	询问最小等级	PHM	PHM+1	最小等级
21	询问系统故障等级	254	10	系统故障等级
22	询问电源接通等级	254	10	电源接通等级
23	询问衰减时间/衰减值	0×07	0×AA	衰减时间/衰减值
24	询问实际等级	254	PHM+1	实际等级

a	〈地址(a)〉
1	广播
2	短式地址 5
3	组合 15

G.2.1.5 试验指令序列的"询问号"

读出受试设备的"版本号"。

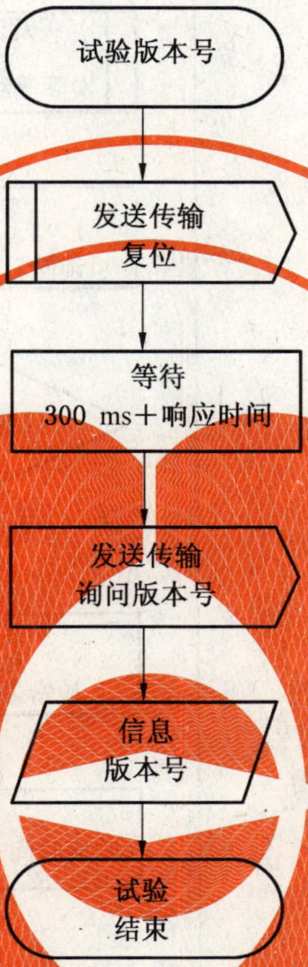

G.2.1.6 试验指令序列"将实际等级存入 DTR"。

该指令在受试设备的三种不同状态下进行试验：最大等级，最小等级和断路。

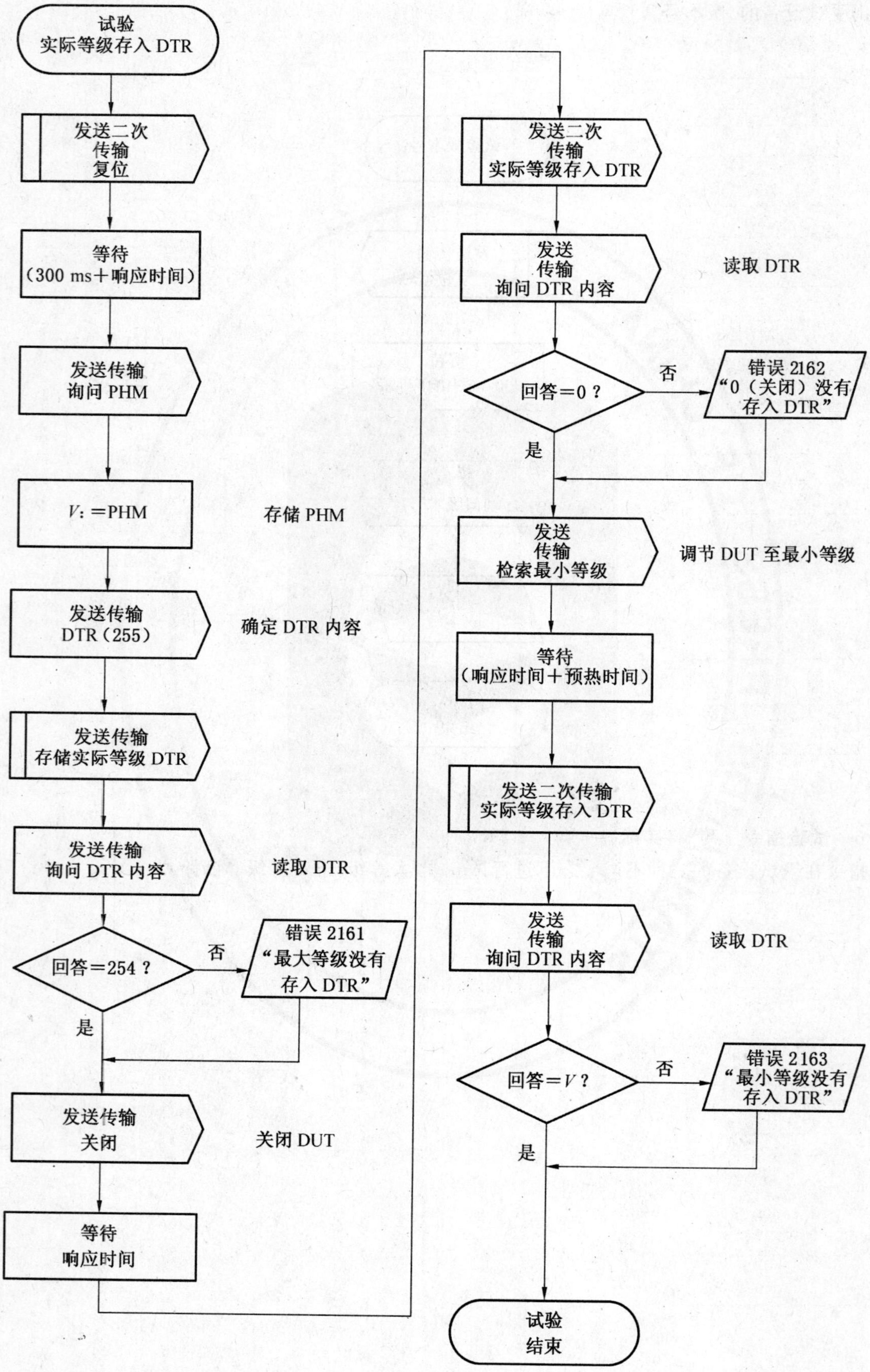
试验
实际等级存入 DTR
发送二次
传输
复位
等待
（300 ms＋响应时间）
发送传输
询问 PHM
V: ＝PHM
存储 PHM
发送传输
DTR（255）
确定 DTR 内容
发送传输
存储实际等级 DTR
发送传输
询问 DTR 内容
读取 DTR
回答＝254？
否
错误 2161
“最大等级没有
存入 DTR”
是
发送传输
关闭
关闭 DUT
等待
响应时间
发送二次
传输
实际等级存入 DTR
发送
传输
询问 DTR 内容
读取 DTR
回答＝0？
否
错误 2162
“0（关闭）没有
存入 DTR”
是
发送
传输
检索最小等级
调节 DUT 至最小等级
等待
（响应时间＋预热时间）
发送二次传输
实际等级存入 DTR
发送
传输
询问 DTR 内容
读取 DTR
回答＝V？
否
错误 2163
“最小等级没有
存入 DTR”
是
试验
结束

G.2.1.7　试验指令序列“持久存储”

在此试验指令序列中试验受试设备的持久存储功能。所有的可编程参数都被改变(包括短式地址)。在检验参数之前将电源中断5 s。“重调”指令不应将短式地址移开。

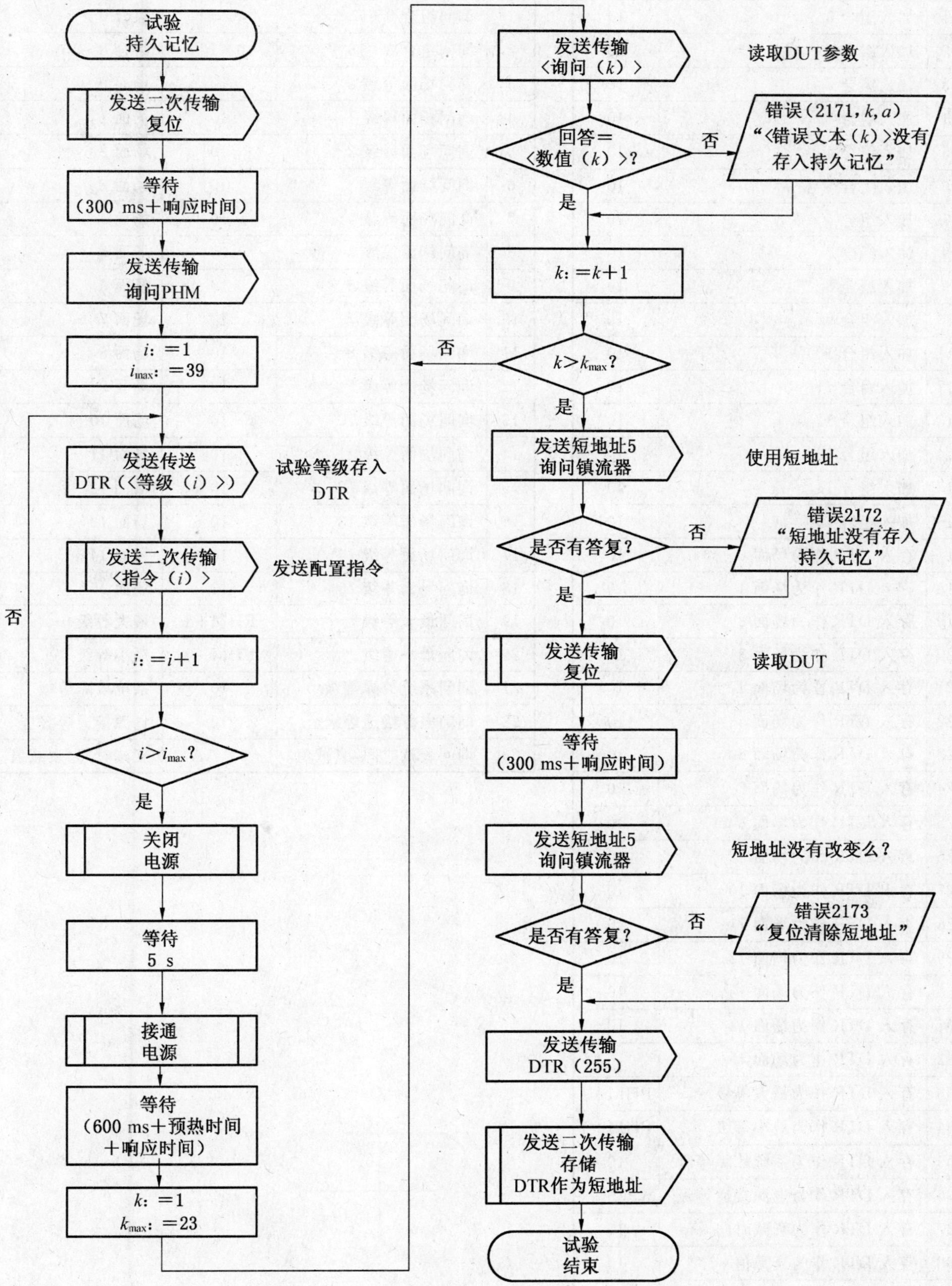

持久存储试验的参数

i	〈指令(i)〉	〈等级(i)〉
1	加入组合 0	10
2	加入组合 1	10
3	加入组合 2	10
4	加入组合 3	10
5	加入组合 4	10
6	加入组合 5	10
7	加入组合 6	10
8	加入组合 7	10
9	加入组合 8	10
10	加入组合 9	10
11	加入组合 10	10
12	加入组合 11	10
13	加入组合 12	10
14	加入组合 13	10
15	加入组合 14	10
16	加入组合 15	10
17	存入 DTR 作为场面 0	10
18	存入 DTR 作为场面 1	10
19	存入 DTR 作为场面 2	10
20	存入 DTR 作为场面 3	10
21	存入 DTR 作为场面 4	10
22	存入 DTR 作为场面 5	10
23	存入 DTR 作为场面 6	10
24	存入 DTR 作为场面 7	10
25	存入 DTR 作为场面 8	10
26	存入 DTR 作为场面 9	10
27	存入 DTR 作为场面 10	10
28	存入 DTR 作为场面 11	10
29	存入 DTR 作为场面 12	10
30	存入 DTR 作为场面 13	10
31	存入 DTR 作为场面 14	10
32	存入 DTR 作为场面 15	10
33	存入 DTR 作为最大等级	PHM+1
34	存入 DTR 作为最小等级	PHM+1
35	存入 DTR 作为系统故障等级	10
36	存入 DTR 作为电源接通等级	10
37	存入 DTR 作为衰减时间	10
38	存入 DTR 作为衰减值	10
39	存入 DTR 作为短式地址	11

k	〈询问(k)〉	〈数值(k1)〉	〈误差状况(k)〉
1	询问组合 0～7	0×FF	组合 0～7
2	询问组合 8～15	0×FF	组合 8～15
3	询问场面等级 0	10	场面 0
4	询问场面等级 1	10	场面 1
5	询问场面等级 2	10	场面 2
6	询问场面等级 3	10	场面 3
7	询问场面等级 4	10	场面 4
8	询问场面等级 5	10	场面 5
9	询问场面等级 6	10	场面 6
10	询问场面等级 7	10	场面 7
11	询问场面等级 8	10	场面 8
12	询问场面等级 9	10	场面 9
13	询问场面等级 10	10	场面 10
14	询问场面等级 11	10	场面 11
15	询问场面等级 12	10	场面 12
16	询问场面等级 13	10	场面 13
17	询问场面等级 14	10	场面 14
18	询问场面等级 15	10	场面 15
19	询问最大等级	PHM+1	最大等级
20	询问最小等级	PHM+1	最小等级
21	询问系统故障等级	10	系统故障等级
22	询问电源接通等级	10	电源接通等级
23	询问衰减时间/衰减值	0×AA	衰减时间/衰减值

G.2.2 试验指令序列“电弧功率参数调整”

在下述试验指令序列中，将试验值向下输入给 DTR，然后用构形指令将 DTR 的存储信息存入“受试设备”的相关内部参数，并通过询问指令使其有效。

G.2.2.1 试验指令序列“存入 DTR 作为最大等级”

用三个试验值进行该项试验

试验步骤 0：试验等级＞最大等级

试验步骤 1：试验等级＜最小等级

试验步骤 2：最小等级＜试验等级＜最大等级。

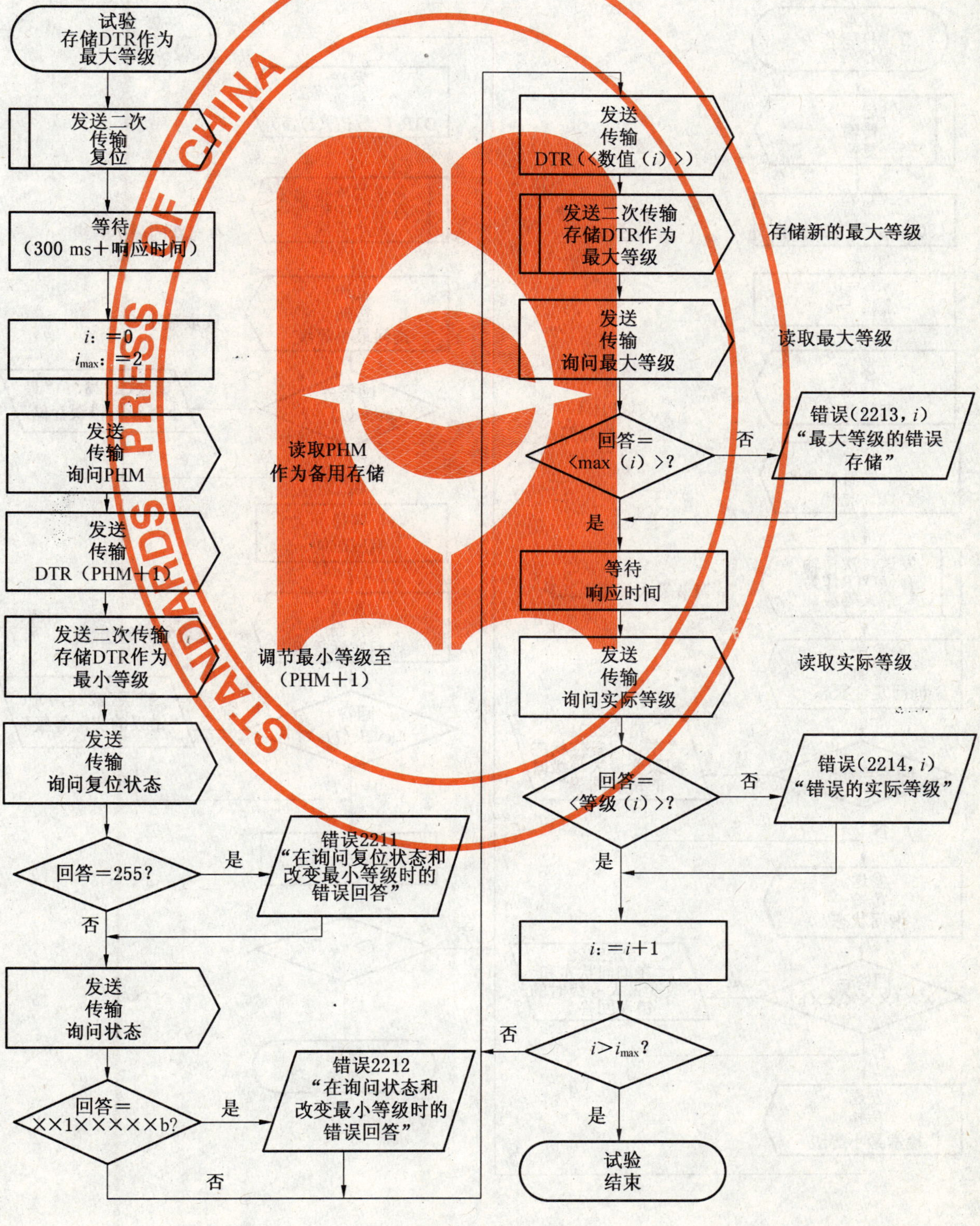

试验步骤 i	〈数值 (i)〉	〈max(i)〉	〈等级 (i)〉
0	255	254	254
1	0	PHM+1	PHM+1
2	253	253	PHM+1

G.2.2.2　试验指令序列"存入 DTR 作为最小等级"

用三个试验值进行该项试验：

试验步骤 0：物理最小等级＜试验等级＜最大等级

试验步骤 1：试验等级＞最大等级

试验步骤 2：试验等级＜物理最小等级

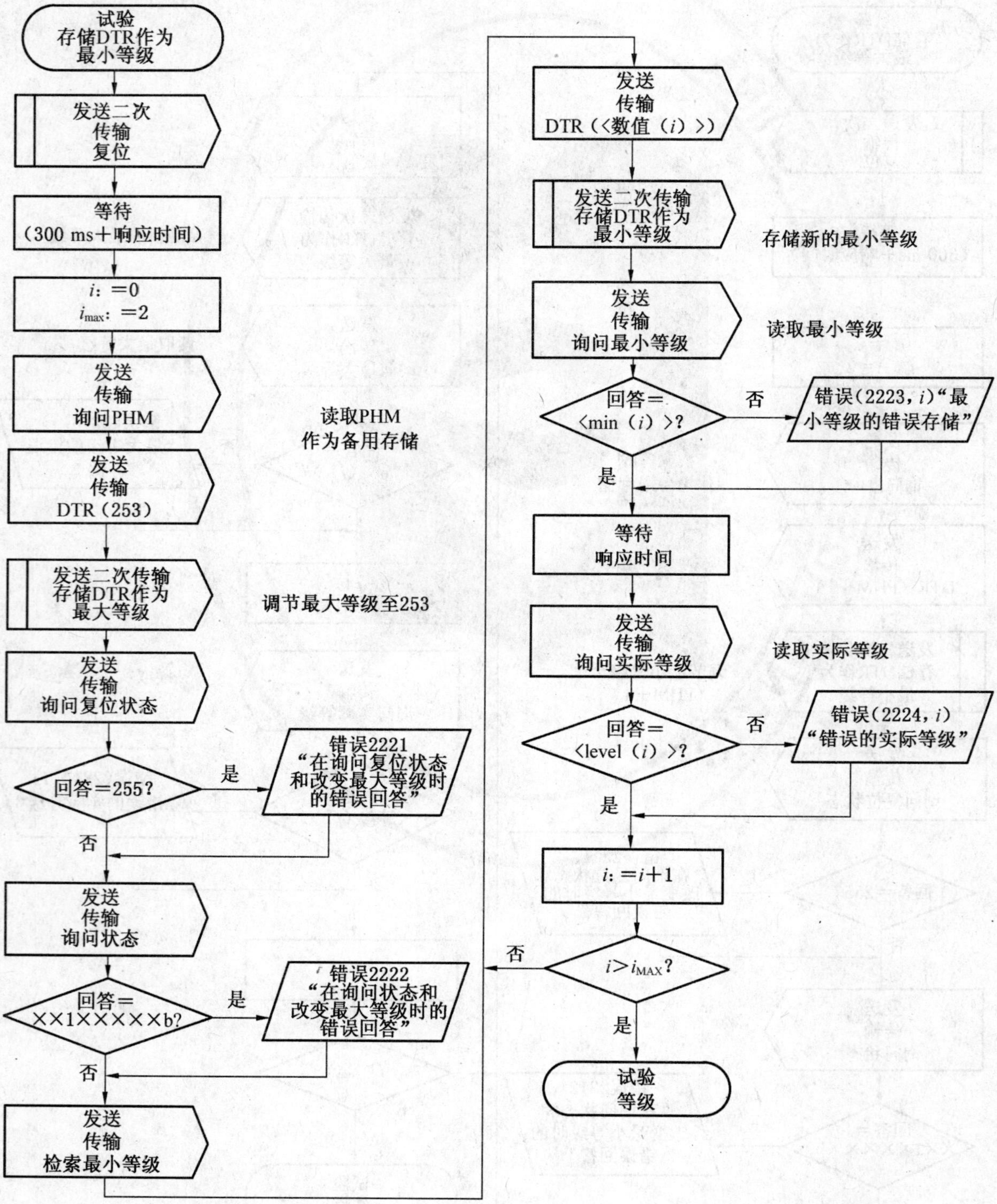

试验步骤 i	〈数值 (i)〉	〈min (i)〉	〈等级 (i)〉
0	PHM+1	PHM+1	PHM+1
1	254	253	253
2	0	PHM	253

G.2.2.3 试验指令序列“存入 DTR 作为系统故障等级”

在此指令序列中，对“系统故障等级”的程序设计进行试验。在出现系统故障的情况下，还要检验受试设备的正常工作。

应使用 5 个试验值进行此项试验： 试验步骤 0：最小等级＜试验等级＜最大等级
试验步骤 1：试验等级＝“掩码”
试验步骤 2：试验等级＞最大等级
试验步骤 3：试验等级＝断路
试验步骤 4：试验等级＜物理最小等级

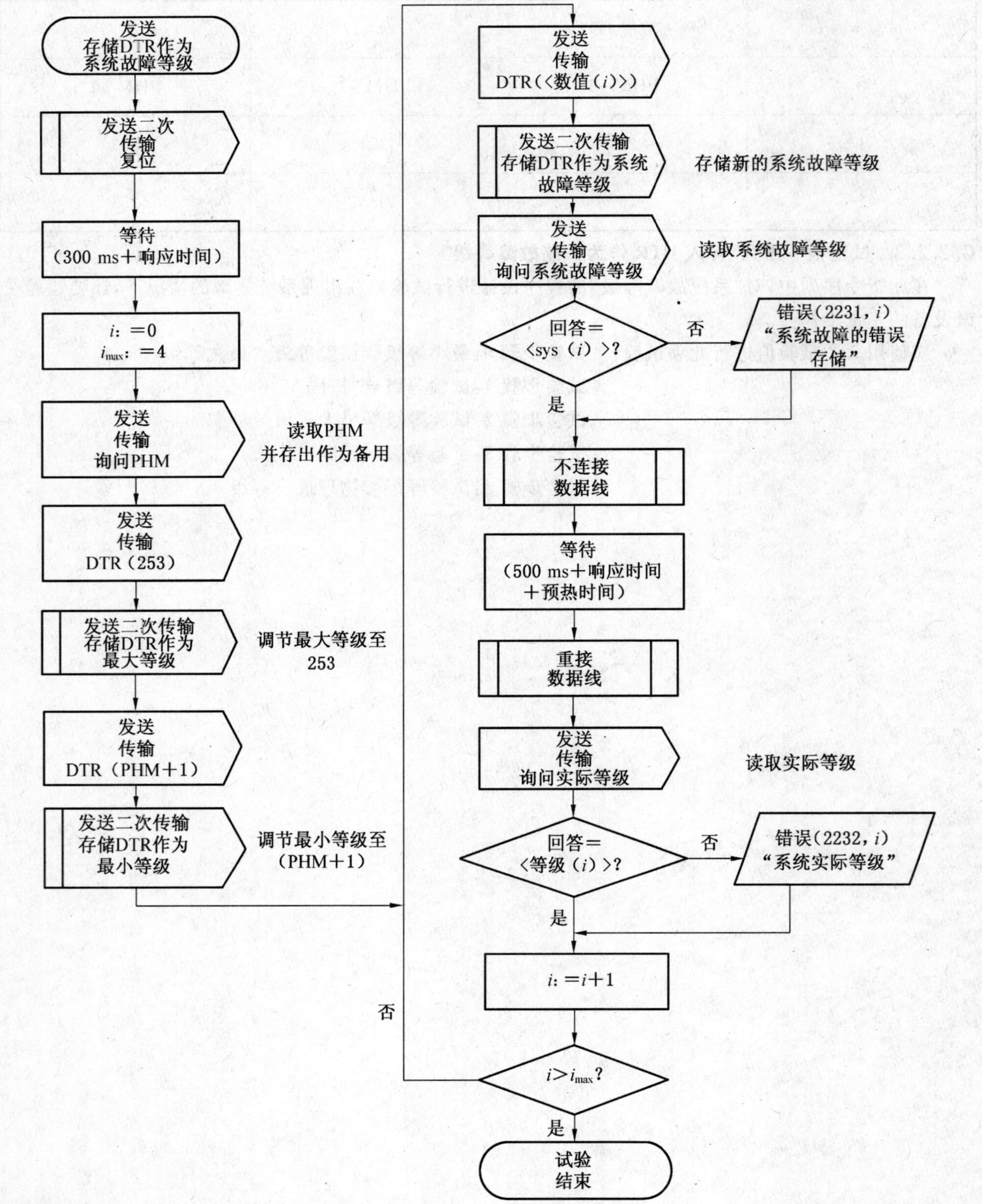

试验步骤 i	〈数值(i)〉	〈系统(i)〉	〈等级(i)〉
0	252	252	252
1	255	255	252
2	254	254	253
3	0	0	0
4	1	1	PHM＋1

G.2.2.4 试验指令序列"存入 DTR 作为电源接通等级"

在此指令序列中，对电源接通等级的程序进行试验。在电源接通的情况下，还要检验受试设备的正常工作。

此试验用三个试验值进行：　试验步骤 0：最小等级＜试验等级＜最大等级

试验步骤 1：试验等级＞最大等级

试验步骤 2：试验等级＜物理最小等级

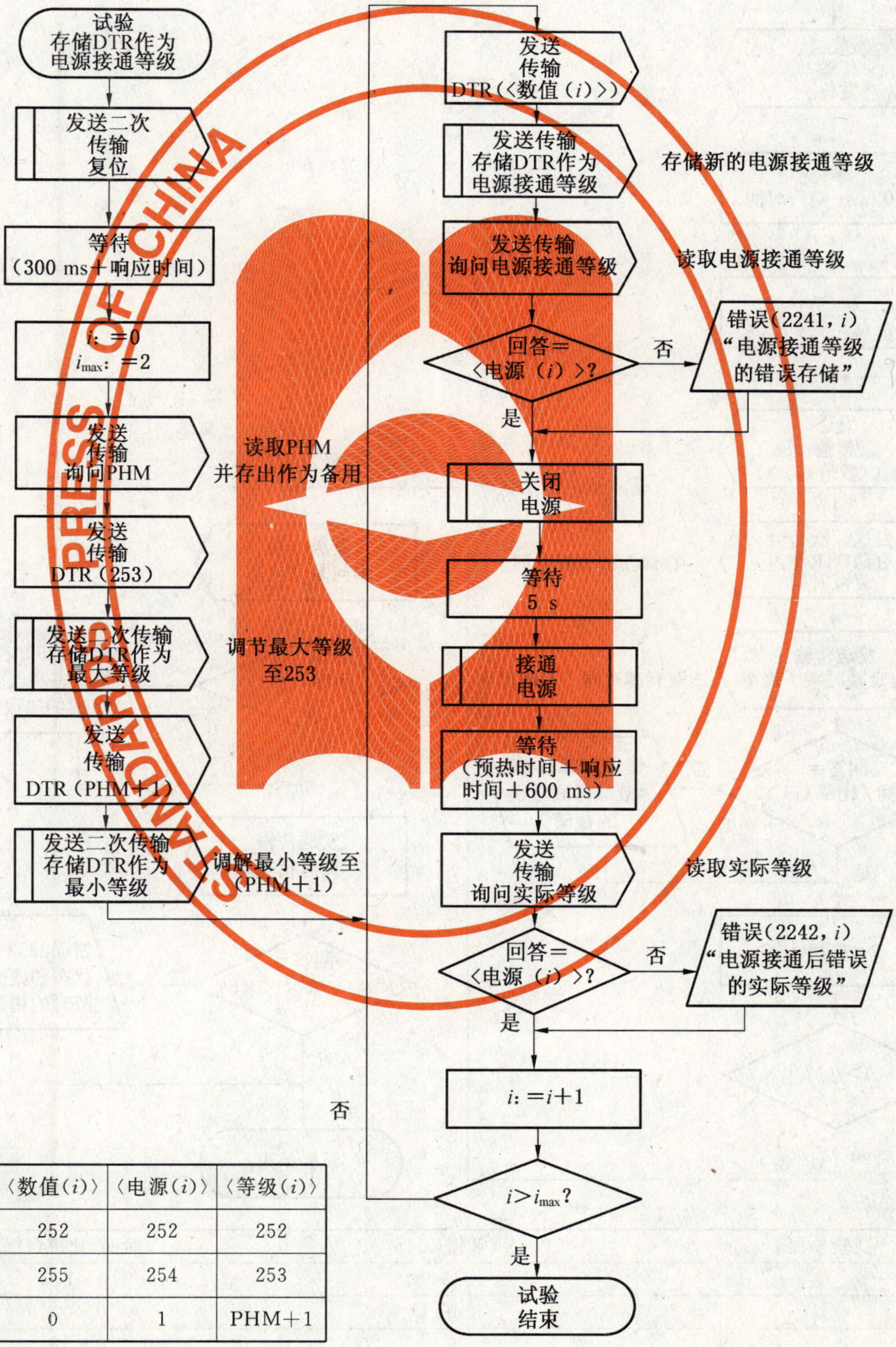

试验步骤 i	〈数值（i）〉	〈电源（i）〉	〈等级（i）〉
0	252	252	252
1	255	254	253
2	0	1	PHM＋1

G.2.2.5 试验指令序列"存入 DTR 作为衰减时间"

衰减时间应在 0～15 范围之内。

采用 4 个试验值进行此项试验：

试验步骤 0：试验值＝15；

试验步骤 1：试验值＝0；

试验步骤 2：0＜试验值＜15；

试验步骤 3：试验值＞15；

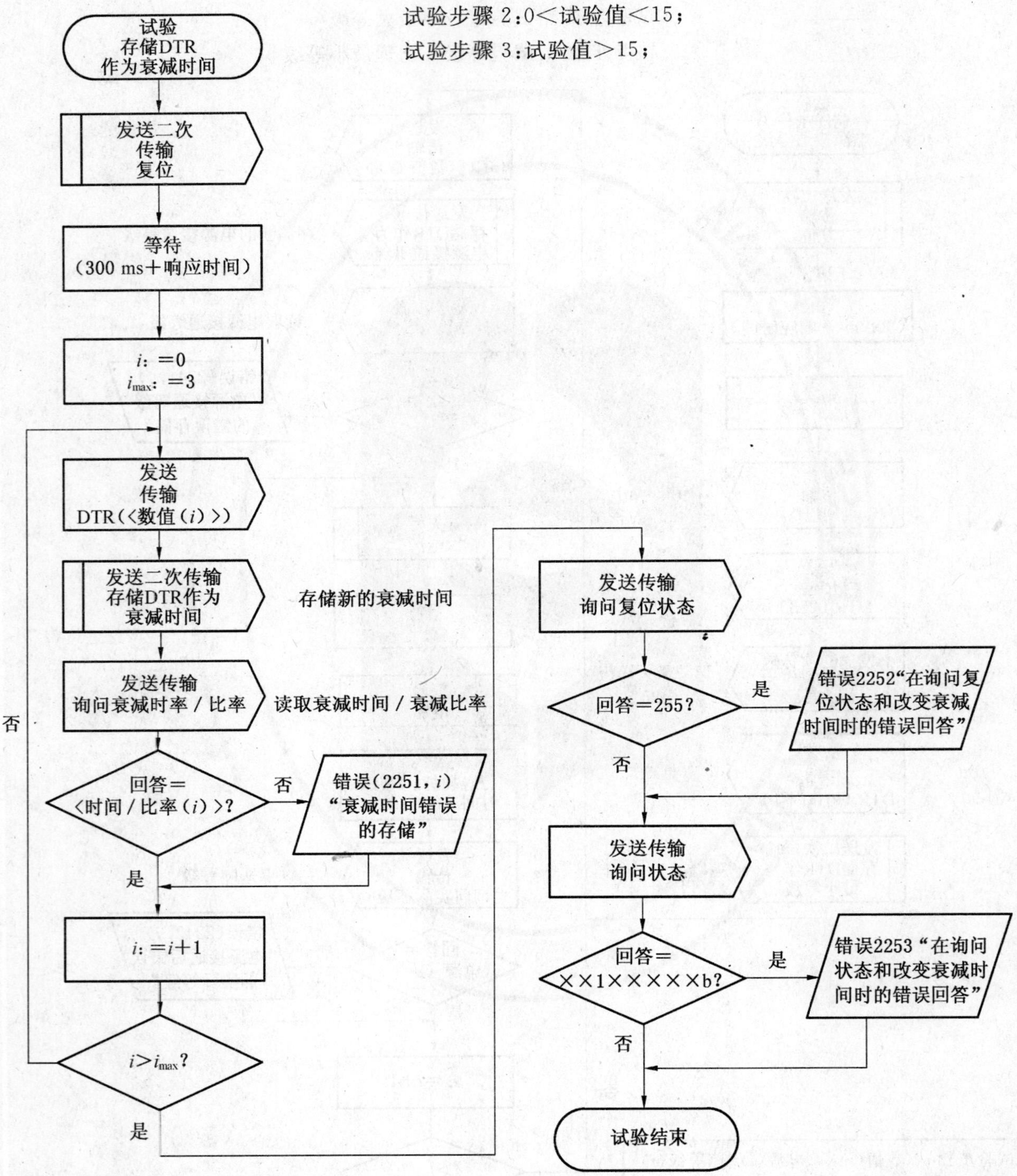

试验步骤 i	〈数值(i)〉	〈时间/比率(i)〉
0	15	0×F7
1	0	0×07
2	5	0×57
3	128	0×F7

G.2.2.6　试验指令序列"存入 DTR 作为衰减值"

衰减值应在 1～15 范围之内。

采用 5 个试验值进行此项试验：　试验步骤 0:试验值＝15

试验步骤 1:试验值＝0

试验步骤 2:1＜试验值＜15

试验步骤 3:试验值＞15

试验步骤 4:试验值＝1

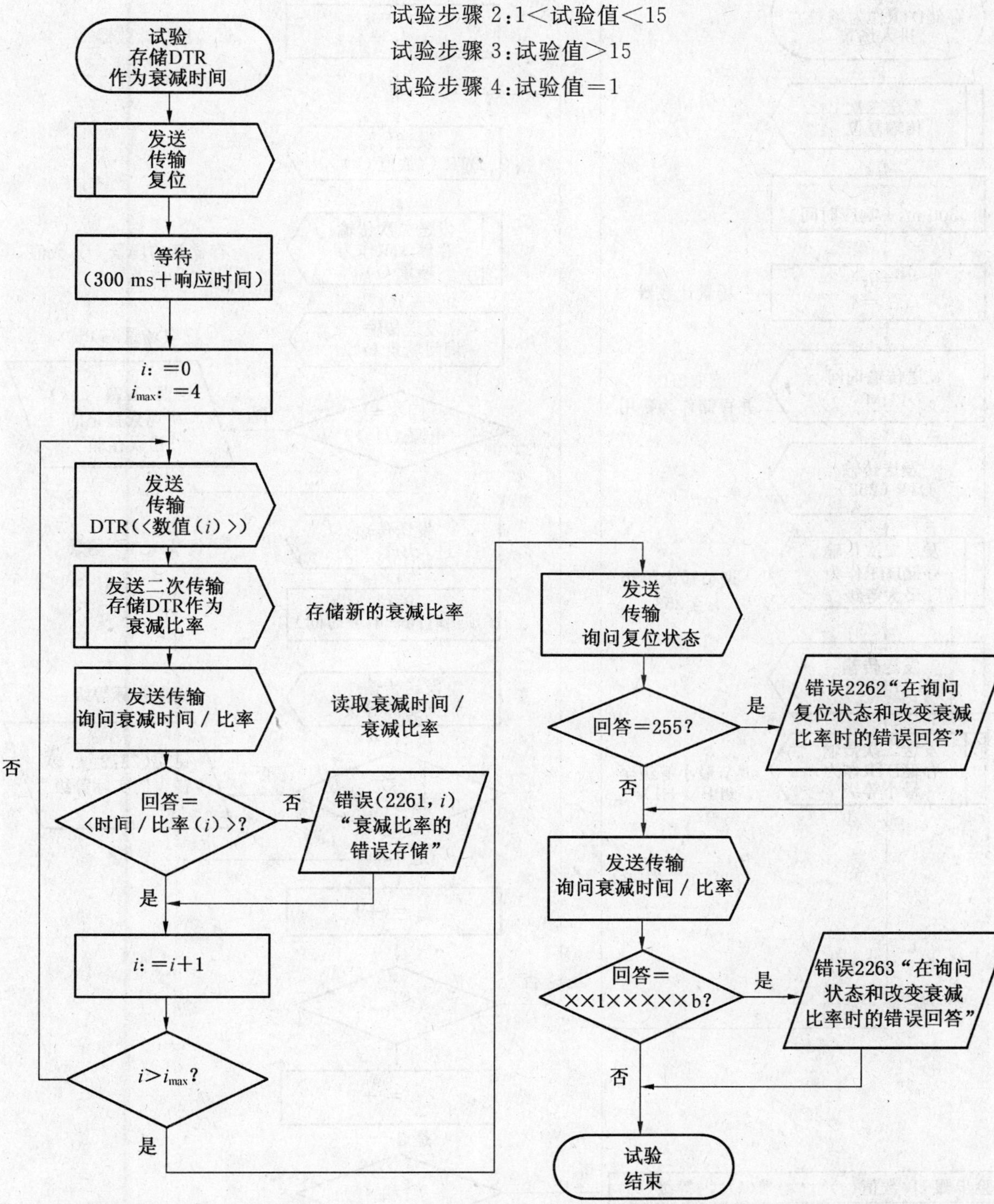

试验步骤 i	〈数值(i)〉	〈时间/比率(i)〉
0	15	0×0F
1	0	0×01
2	5	0×05
3	128	0×0F
4	1	0×01

G.2.2.7 试验指令序列“存入 DTR 作为场面”/“进入场面”

在此试验指令序列中，将不同的值存入受试设备的场面记录器。要检验场面记录器的存储信息，用“进入场面”来检验该场面。

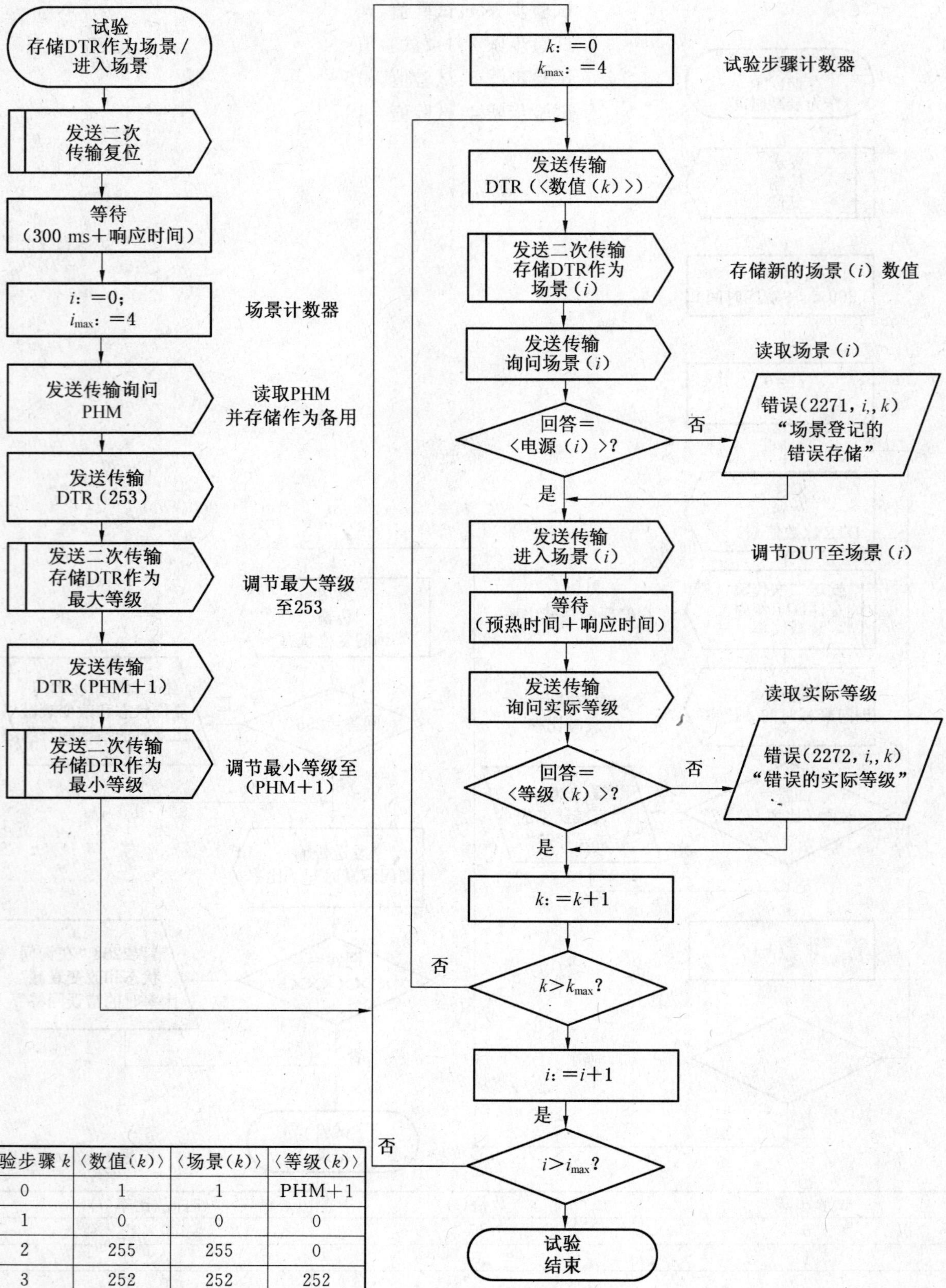

试验步骤 k	〈数值(k)〉	〈场景(k)〉	〈等级(k)〉
0	1	1	PHM＋1
1	0	0	0
2	255	255	0
3	252	252	252
4	254	254	253

G.2.3 试验指令序列"系统参数调整"

G.2.3.1 试验指令序列"移出场面"

将数值 127 存入受试设备的每个场面记录器,然后发出"移出场面"。还要试验"询问重调状况"和"询问状态"的正常功能。

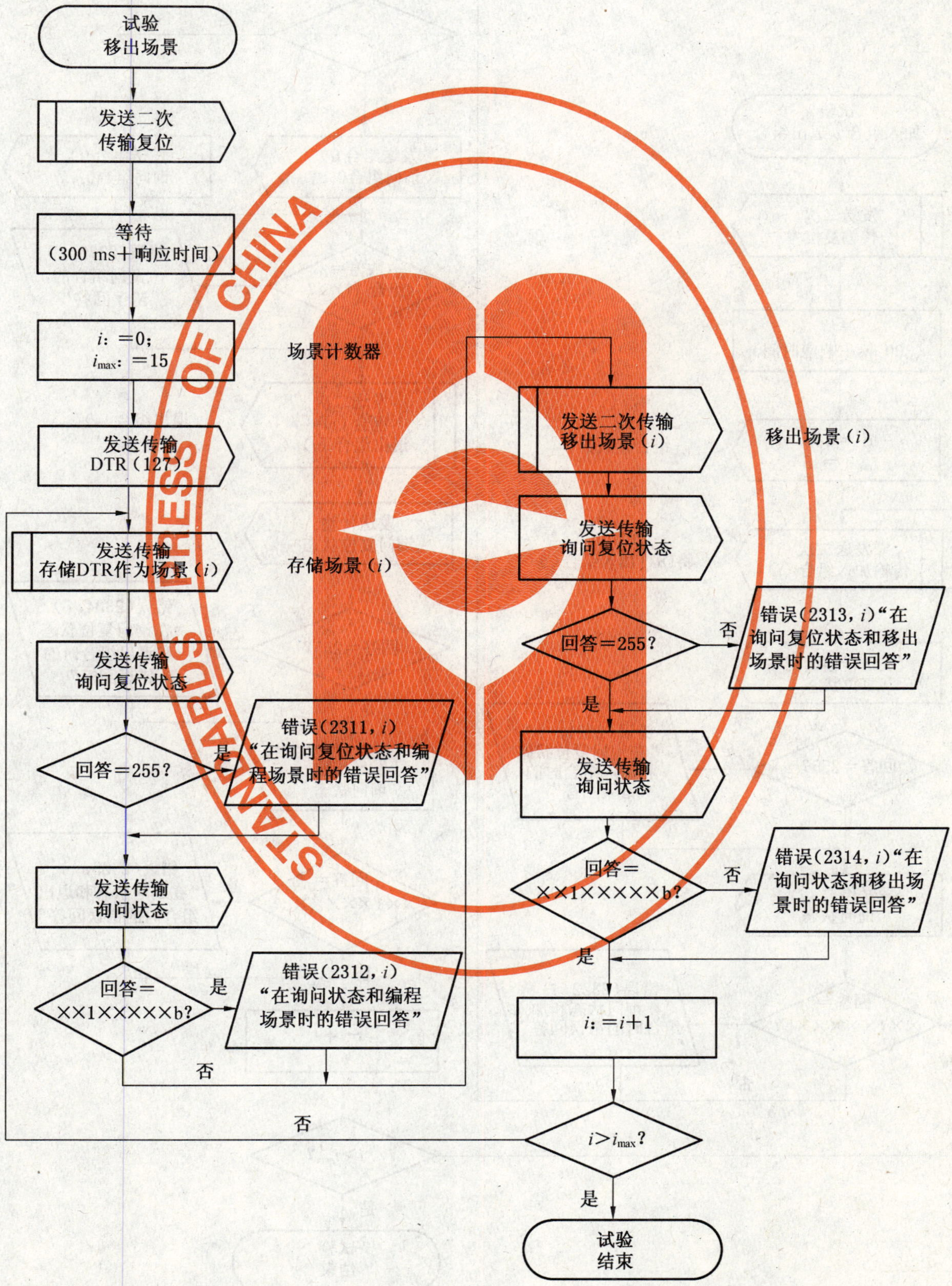

G.2.3.2 试验指令序列“加入组合”/“退出组合”

对每个组合都进行此项试验。将镇流器加入组合，然后试验“询问重调状态”和“询问状态”的正常功能。试验之后，用该组合地址使镇流器从组合中退出。

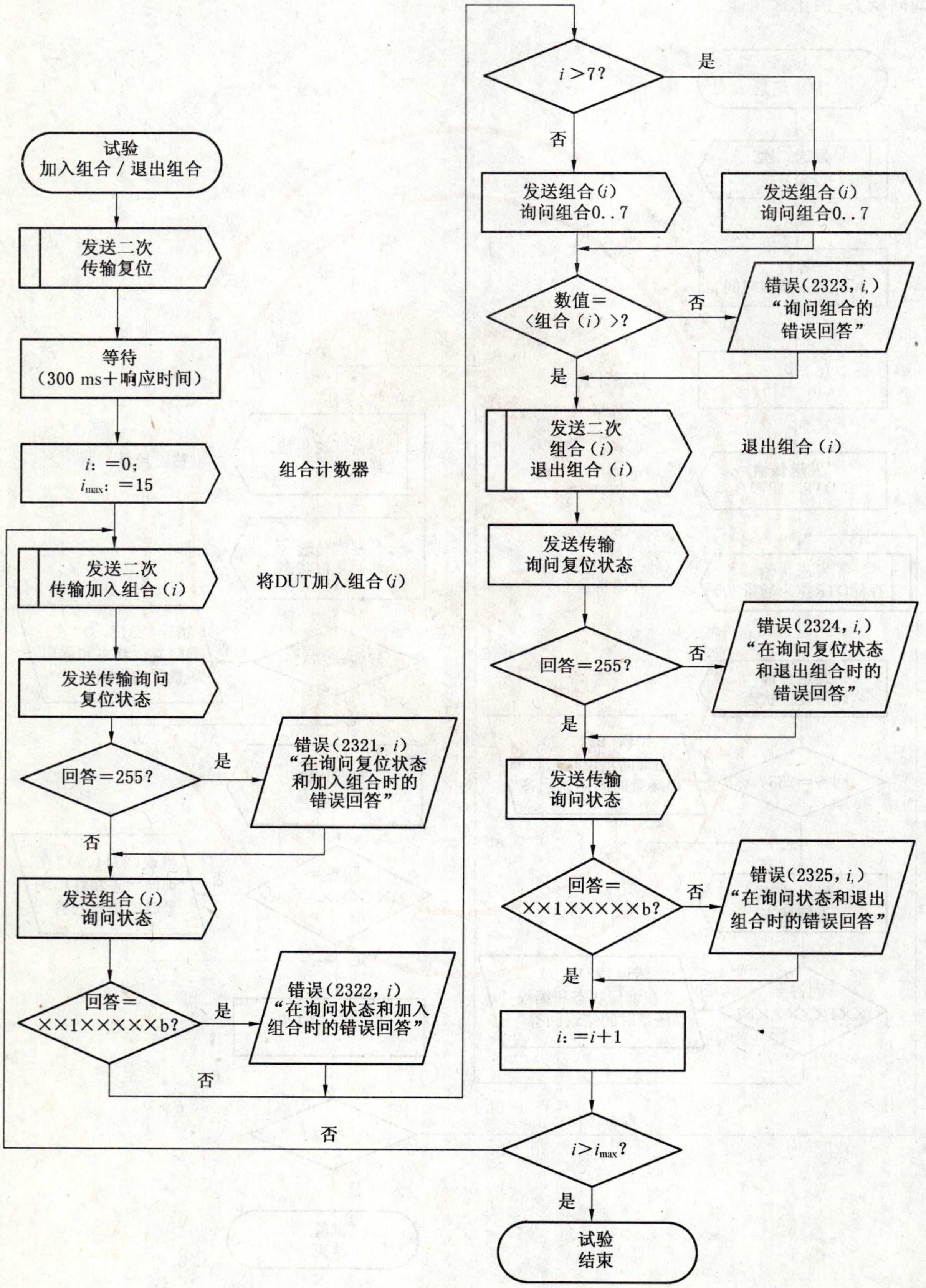

试验步骤 i	0	1	2	3	4	5	6	7	8	9	10	11	12	13	14	15
〈组合(i)〉	1	2	4	8	16	32	64	128	1	2	4	8	16	32	64	128

G.2.3.3 试验指令序列“存入 DTR 作为短式地址”

在此试验指令序列中，使用在以前的步骤中编程的短式地址对不同的短式地址编制程序。还要试验“询问失踪短式地址”和短式地址信息单位的“询问状态”的回答。两个指令“存入 DTR 作为短式地址”和中间指令应在 100 ms 时间之内发出。

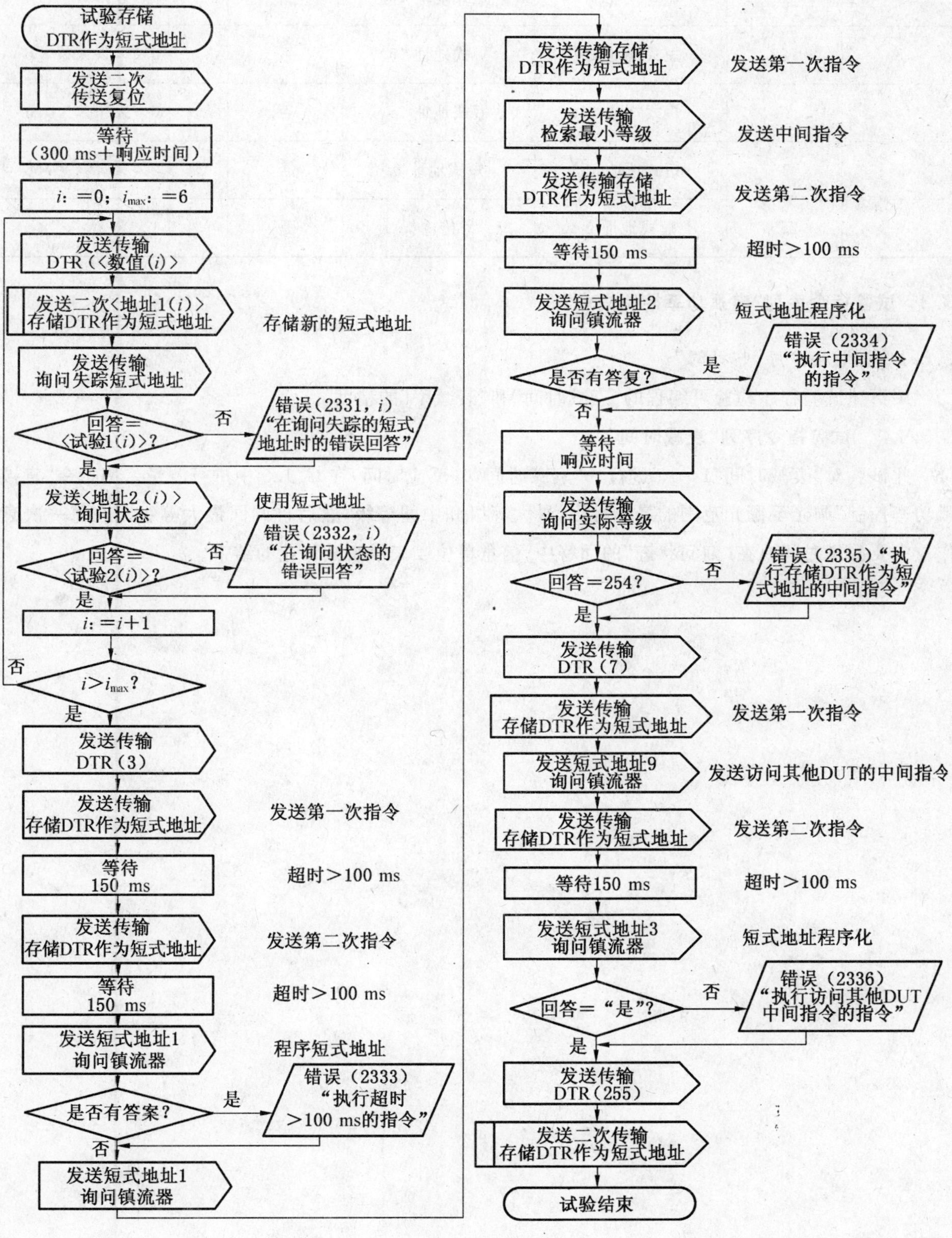

试验步骤 i	〈数值(i)〉	〈地址 1(i)〉	〈试验 2(i)〉	〈试验 1(i)〉	〈test 2(i)〉
0	3	传输	短式地址 1	否	×0××××××b
1	127	短式地址 1	短式地址 63	否	×0××××××b
2	31	短式地址 63	短式地址 15	否	×0××××××b
3	129	短式地址 15	短式地址 15	否	×0××××××b
4	30	短式地址 15	短式地址 15	否	×0××××××b
5	1	短式地址 15	短式地址 0	否	×0××××××b
6	255	短式地址 0	传输	是	×1××××××b

G.3 试验指令序列“电弧功率控制指令”

G.3.1 试验指令序列“计时”

用下述试验程序检验可编程的“衰减时间”和“衰减率”的精度。

G.3.1.1 试验指令序列“衰减时间”

此试验对“衰减时间”1～15 进行。“衰减时间”0(反应时间)在 G.1.5 中进行测量。用指令“直接电弧功率控制”调光至调光范围的最小等级,最大等级和中间等级,然后再调回最大等级。在每一次衰减作业中要测量时间。在“询问状态”的回答中,信息单位 4 表示衰减作业的结束。

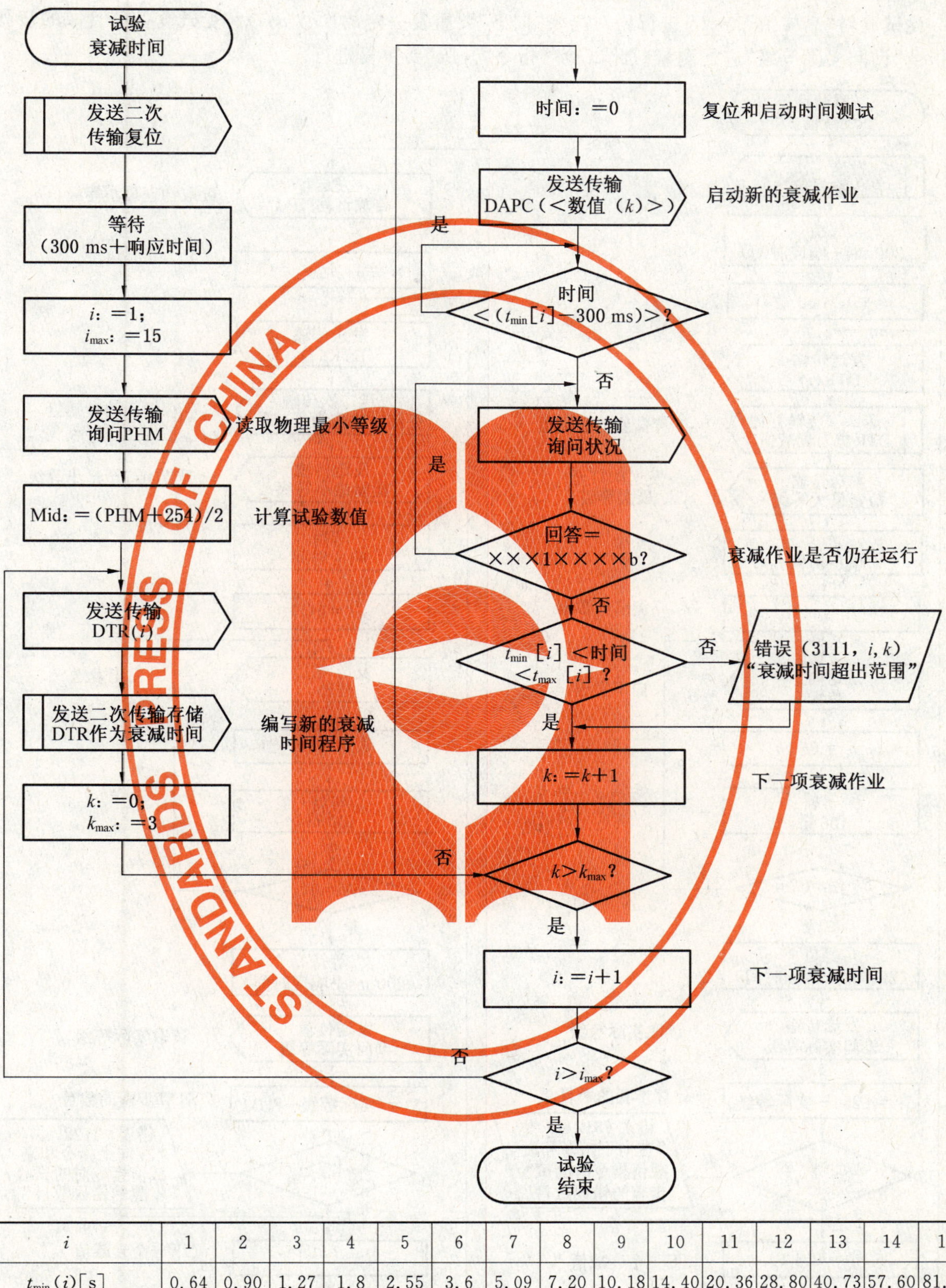

i	1	2	3	4	5	6	7	8	9	10	11	12	13	14	15
$t_{min}(i)$[s]	0.64	0.90	1.27	1.8	2.55	3.6	5.09	7.20	10.18	14.40	20.36	28.80	40.73	57.60	81.46
$t_{max}(i)$[s]	0.78	1.1	1.56	2.20	3.11	4.40	6.22	8.80	12.45	17.60	24.89	35.20	49.78	70.40	99.56

试验步骤 k	0	1	2	3
〈数值(k)〉	1	254	Mid	254

G.3.1.2 试验指令序列“衰减值”

此试验对“衰减值”1～15 进行。对指令“向下”要重复一定的次数 $n(i)$。受试设备已衰减的步骤数用指令“询问实际等级”进行测量。此试验对指令“升压”要重复进行。

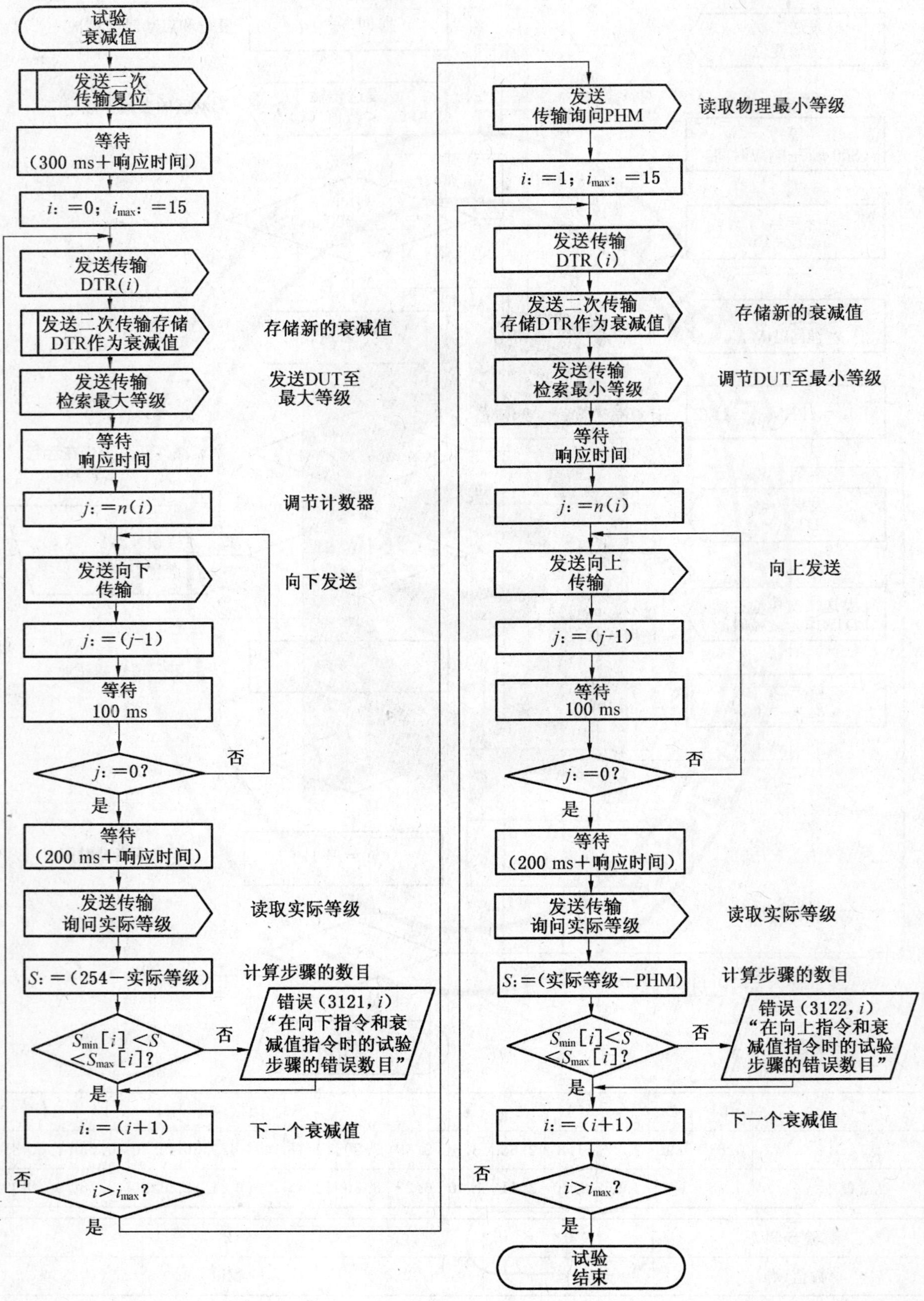

i	1	2	3	4	5	6	7	8	9	10	11	12	13	14	15
$n(i)$	1	2	3	5	7	11	15	22	31	45	63	90	127	181	255
$S_{min}(i)$	64	68	64	68	64	67	63	64	62	63	61	60	58	55	51
$S_{max}(i)$	78	83	78	83	79	84	79	81	80	82	81	83	85	88	91

G.3.2　试验指令序列"调光曲线"

此试验的目的是用来检验对数调光曲线。

为了测量受试设备的调光曲线，要测量与受试设备相连接的灯的光输出的变化。在进行测量时，要使用连接有数字存储示波器并具备模拟光输出的光度计。在开始测量之前，要使受试设备在"最大等级"工作至少 10 min。在最大等级上光度计的读数被规定为 100%。

G.3.2.1　试验指令序列"对数调光曲线"

在此项试验中，要在一定的电弧功率等级测量光输出。所测得的值应位于给定的公差范围之内。

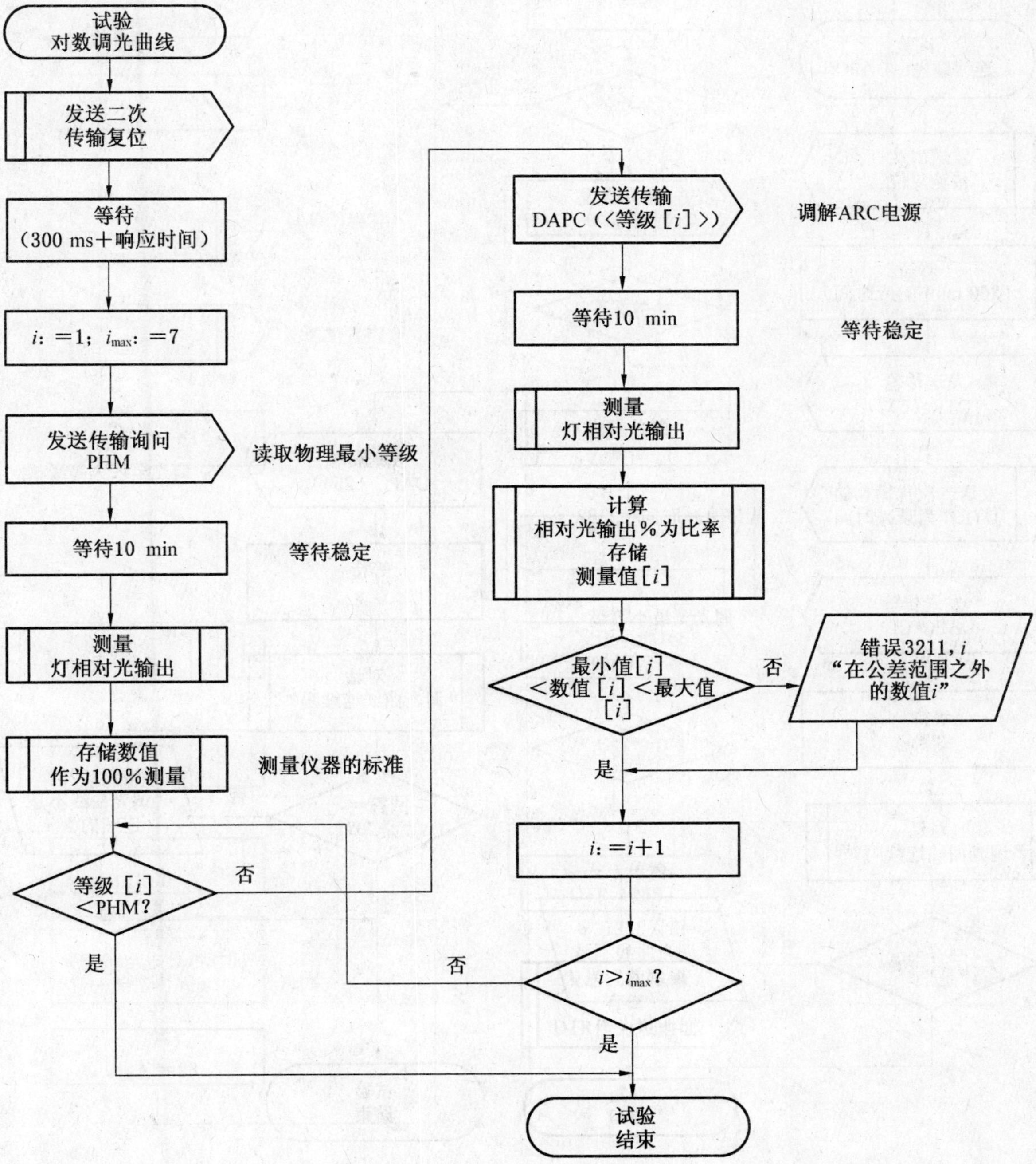

试验步骤 i	等级[i]	最小值[i]	标称值[i]	最大值[i]
1	229	40%	50%	71%
2	195	15%	20%	30%
3	170	7.0%	10%	15%
4	126	2.0%	3.0%	4.5%
5	85	0.5%	1.0%	2.0%
6	60	0.25%	0.5%	1.0%
7	1	>0%	0.1%	0.2%

G.3.2.2 试验指令序列"调光曲线:直接电弧功率控制"

对受试设备用 2.82 s 的"衰减时间"进行编程。通过发生"直接电弧功率控制"指令可使受试设备调光至"最小等级",然后调光至"最大等级"。调光曲线应是连续的。

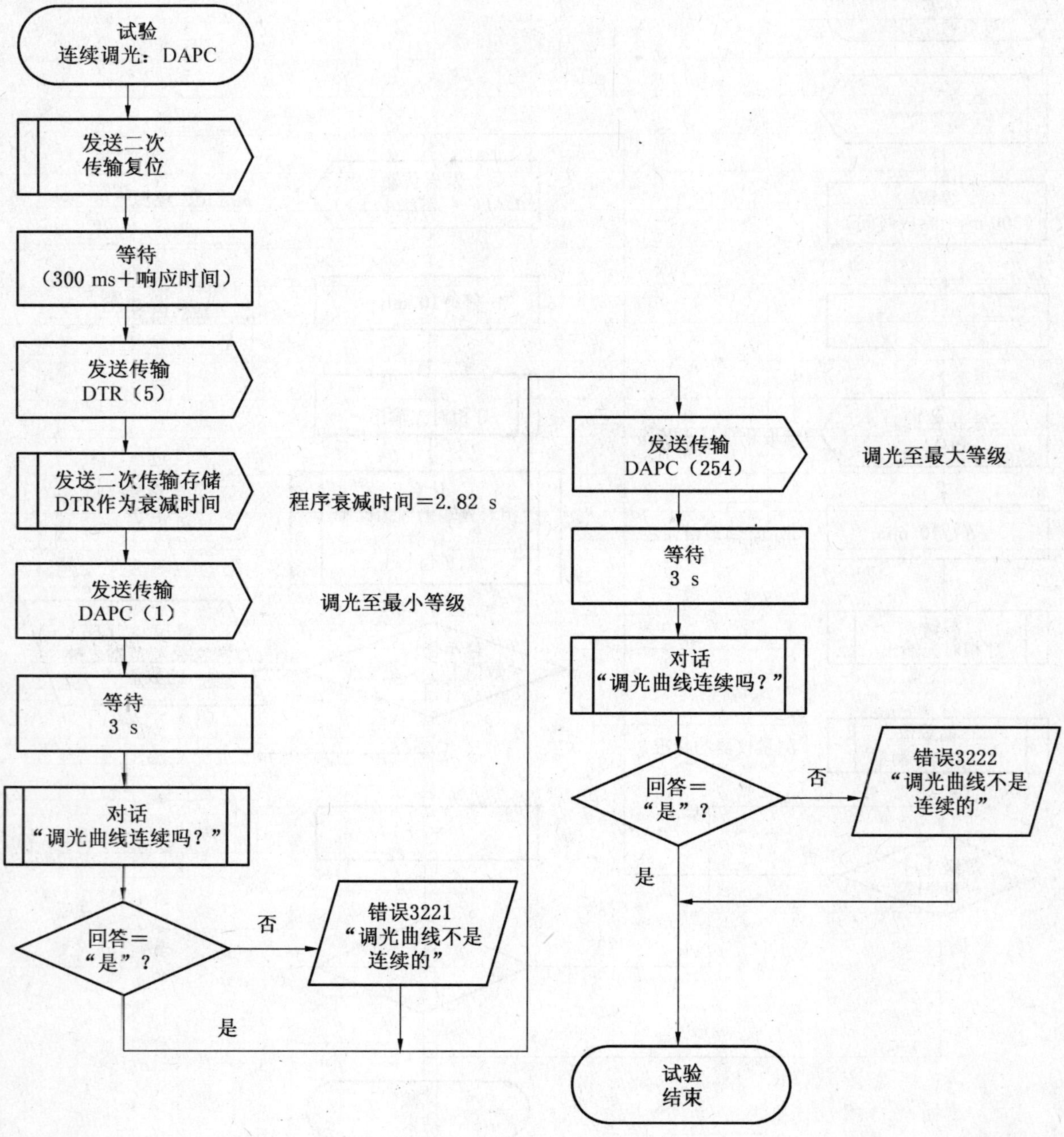

G.3.2.3 试验指令序列“调光曲线:向上/向下”

用两个指令间的100 ms的时间发出“向下(向上)”61次,将受试设备调光至“最小等级(最大等级)”调光曲线应是连续的。

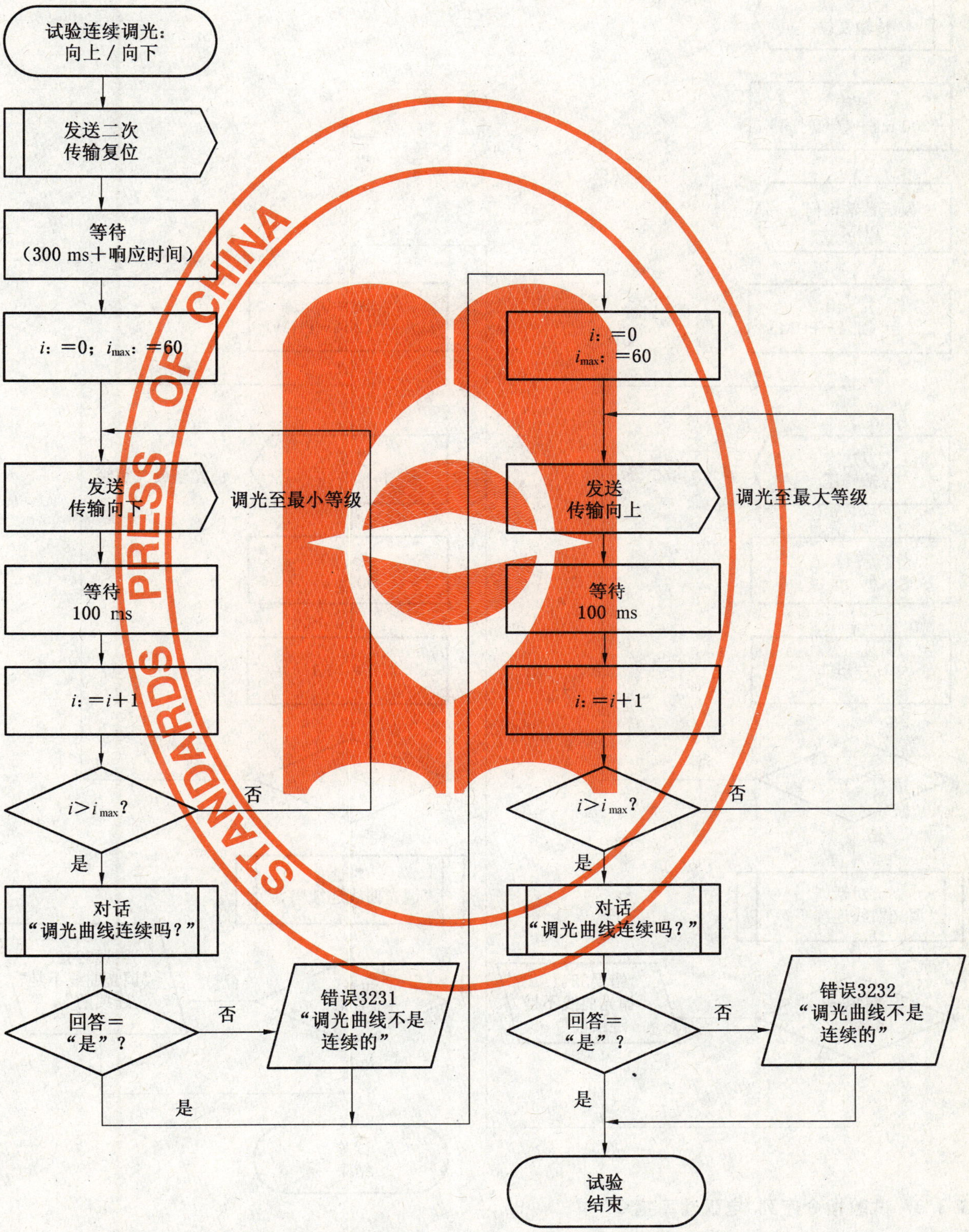

G.3.2.4 试验指令序列“调光曲线:升压/降压”

通过重复“降压”指令将受试设备从“最大等级”调光至“最小等级”,然后再用“升压”指令将受试设备调光至“最大等级”。调光曲线应是连续的。

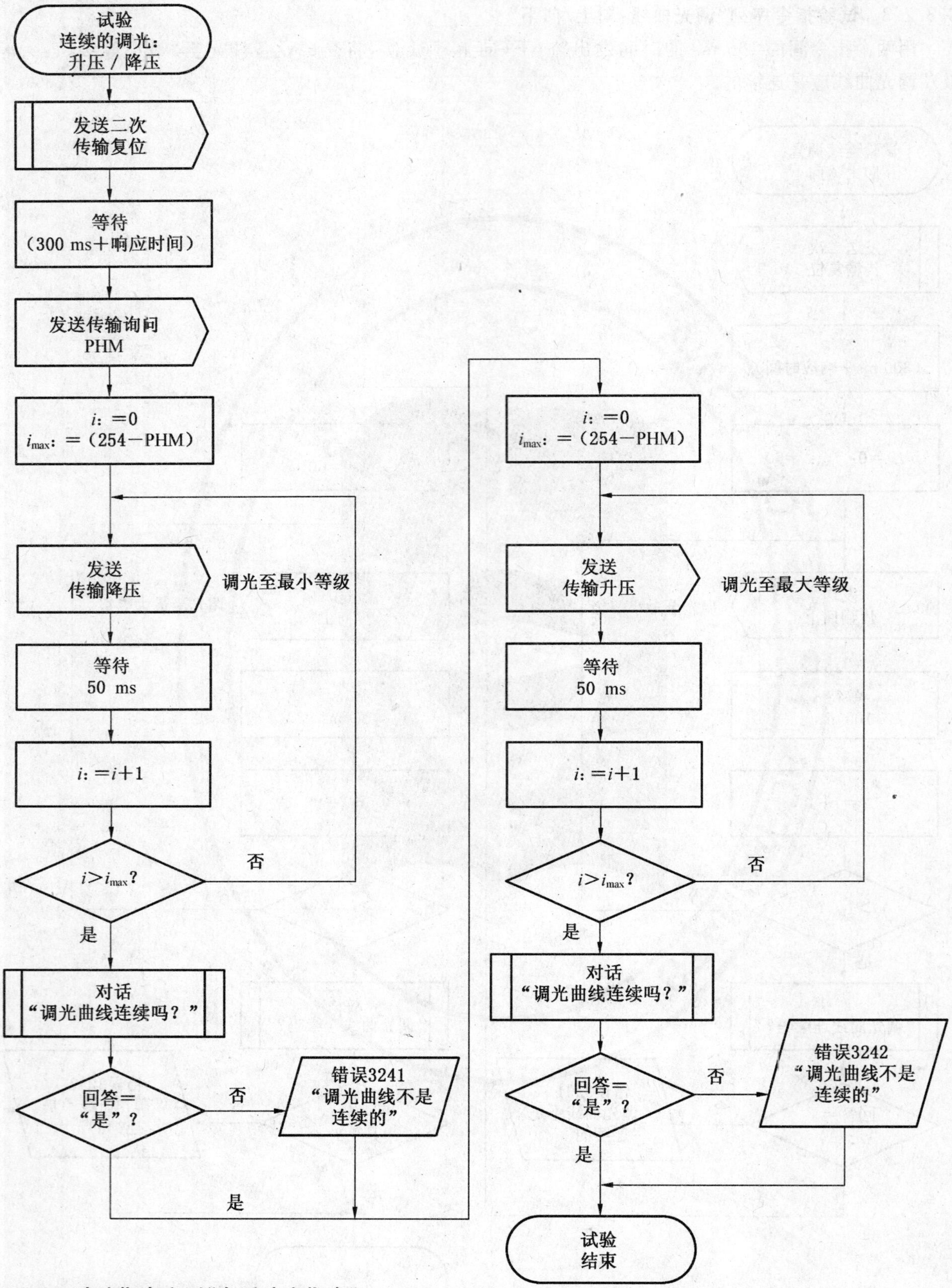

G.3.3 试验指令序列“电弧功率指令”

下述试验指令序列用来检验那些直接影响电弧功率而在其他程序之前不用进行试验的指令。

G.3.3.1 试验指令序列“断路”

将指令“断路”发送给受试设备。然后检验“状态”指令，并试验“询问实际等级”的回答，正确值为0。

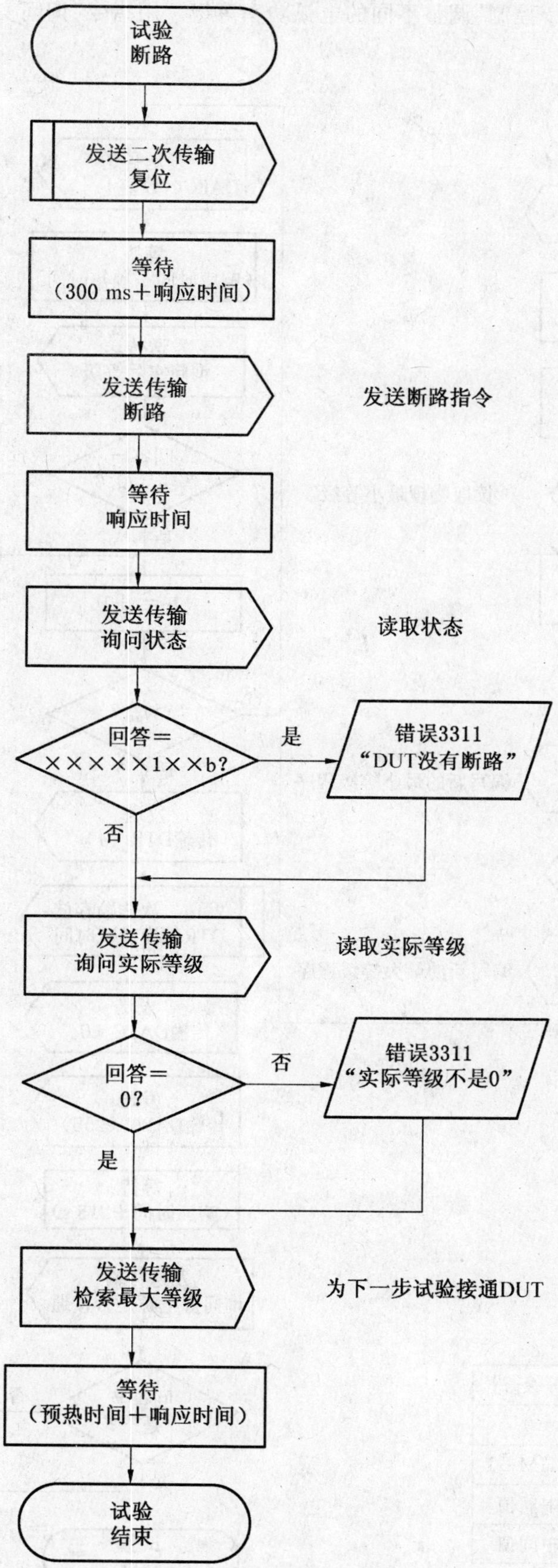
试验
断路
发送二次传输
复位
等待
（300 ms＋响应时间）
发送传输
断路
发送断路指令
等待
响应时间
发送传输
询问状态
读取状态
回答＝
×××××1××b?
是
错误3311
“DUT没有断路”
否
发送传输
询问实际等级
读取实际等级
回答＝
0?
否
错误3311
“实际等级不是0”
是
发送传输
检索最大等级
为下一步试验接通DUT
等待
（预热时间＋响应时间）
试验
结束

G.3.3.2 试验指令序列“直接电弧功率控制”

用指令“直接电弧功率控制”调整不同的电弧功率等级。用指令“询问实际等级”试验该指令的正常功能。

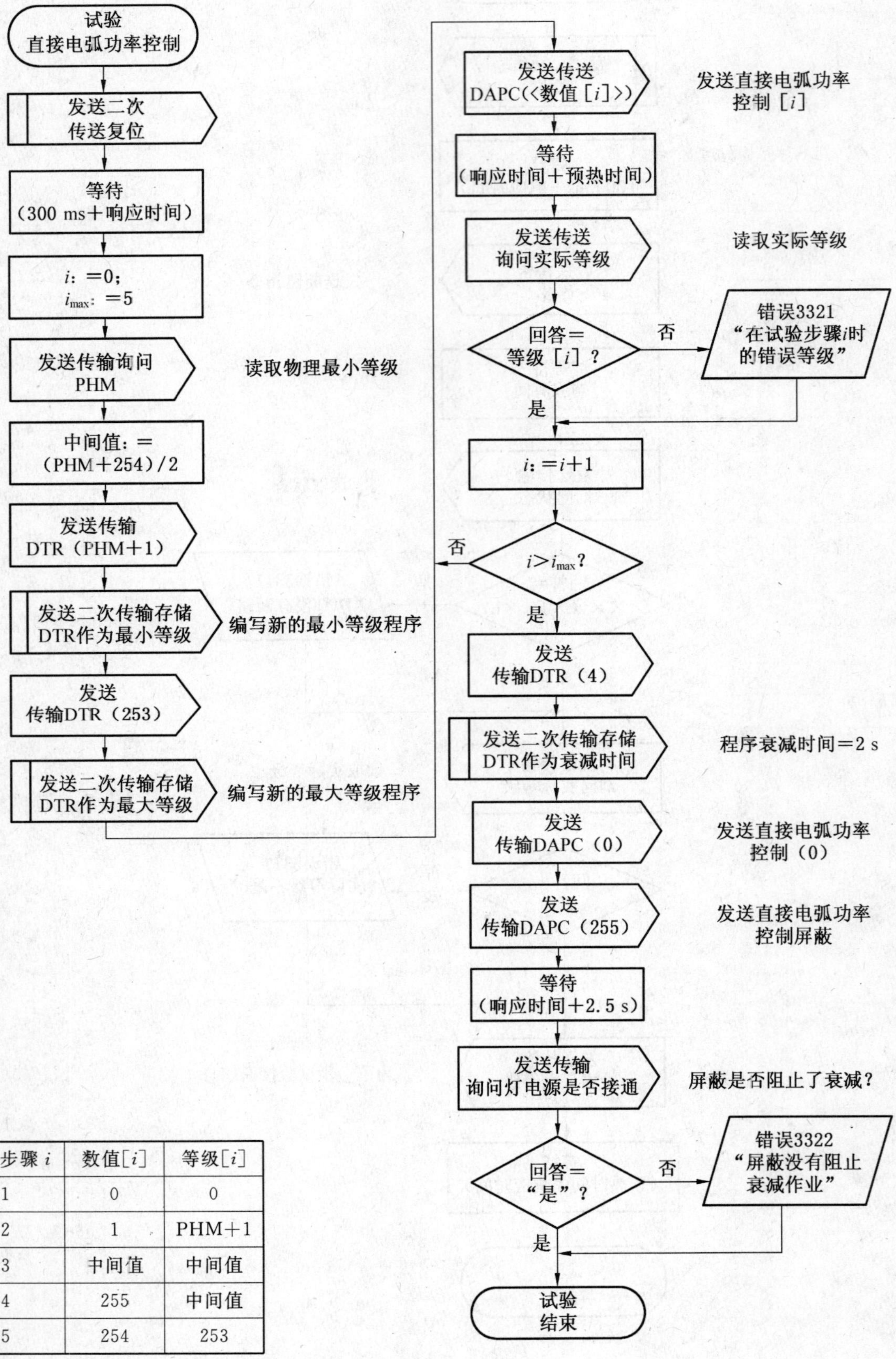

试验步骤 i	数值［i］	等级［i］
1	0	0
2	1	PHM＋1
3	中间值	中间值
4	255	中间值
5	254	253

G.3.3.3 试验指令序列“向上”

在“最大等级”和“最小等级”对指令“向上”进行试验。还要试验“向上”指令是否能“接通/断开”受试设备。指令“询问状态”和“询问实际等级”用来试验指令“向上”的正常功能。

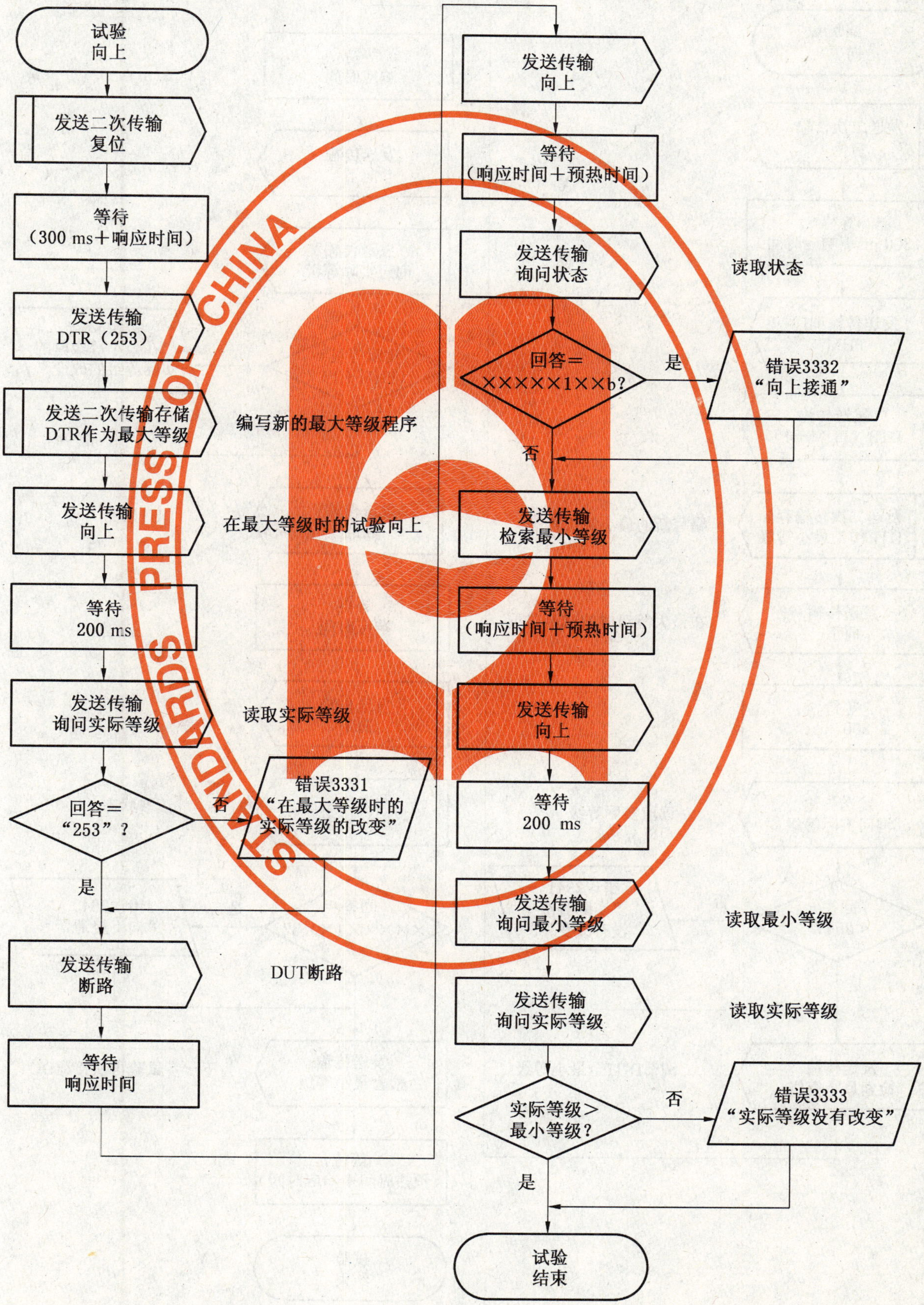

G.3.3.4 试验指令序列“向下”

在“最大等级”和“最小等级”对指令“向下”进行试验。还要试验“向下”指令是否能“接通/断开”受试设备。指令“询问状态”和“询问实际等级”用来试验“向下”指令的正常功能。

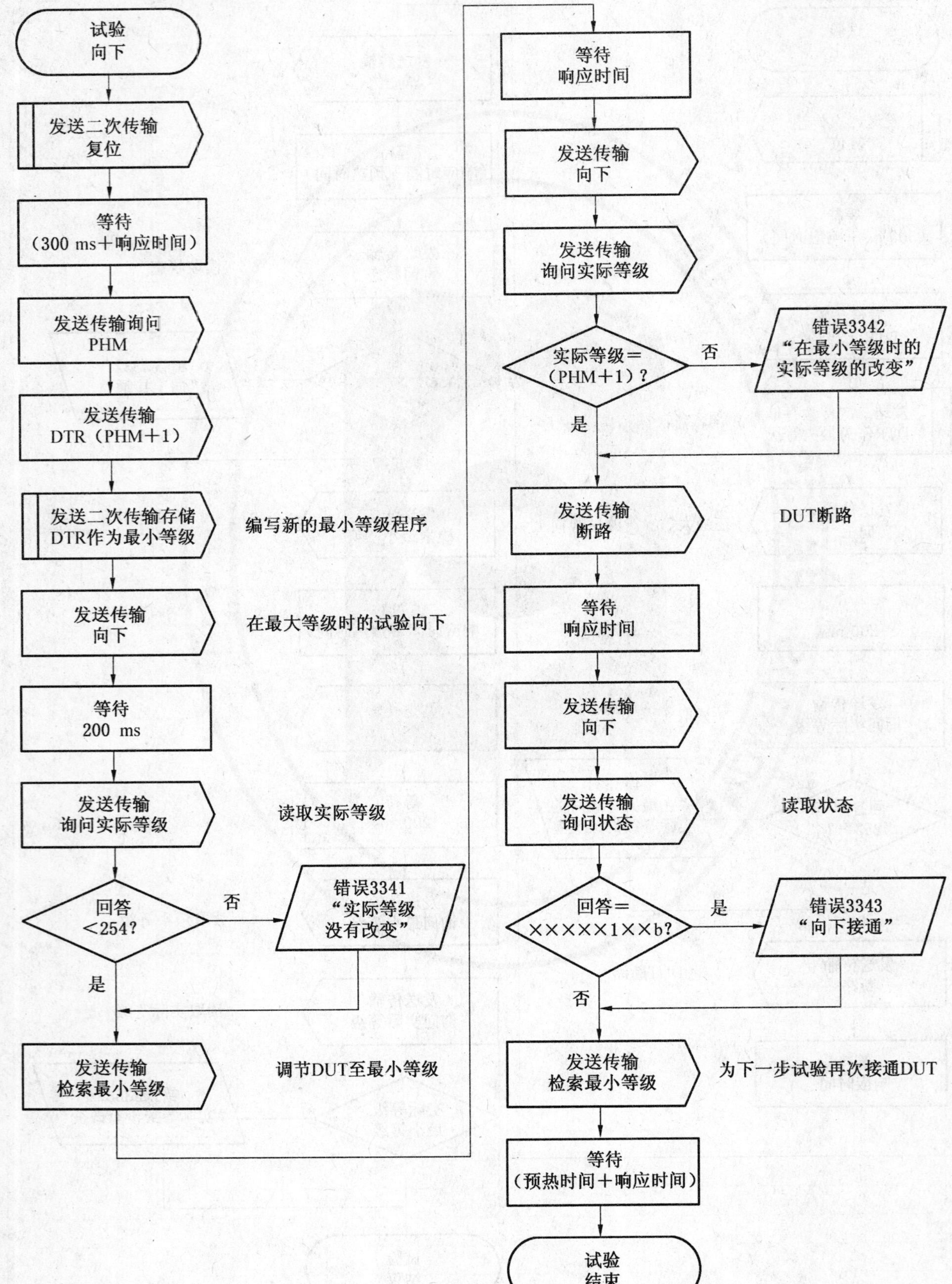

G.3.3.5 试验指令序列“升压”

在“最大等级”和“最小等级”对指令“升压”进行试验。还要试验“升压”指令是否能“接通/断开”受试设备。指令“询问状态”和“询问实际等级”用来试验“升压”指令的正常功能。

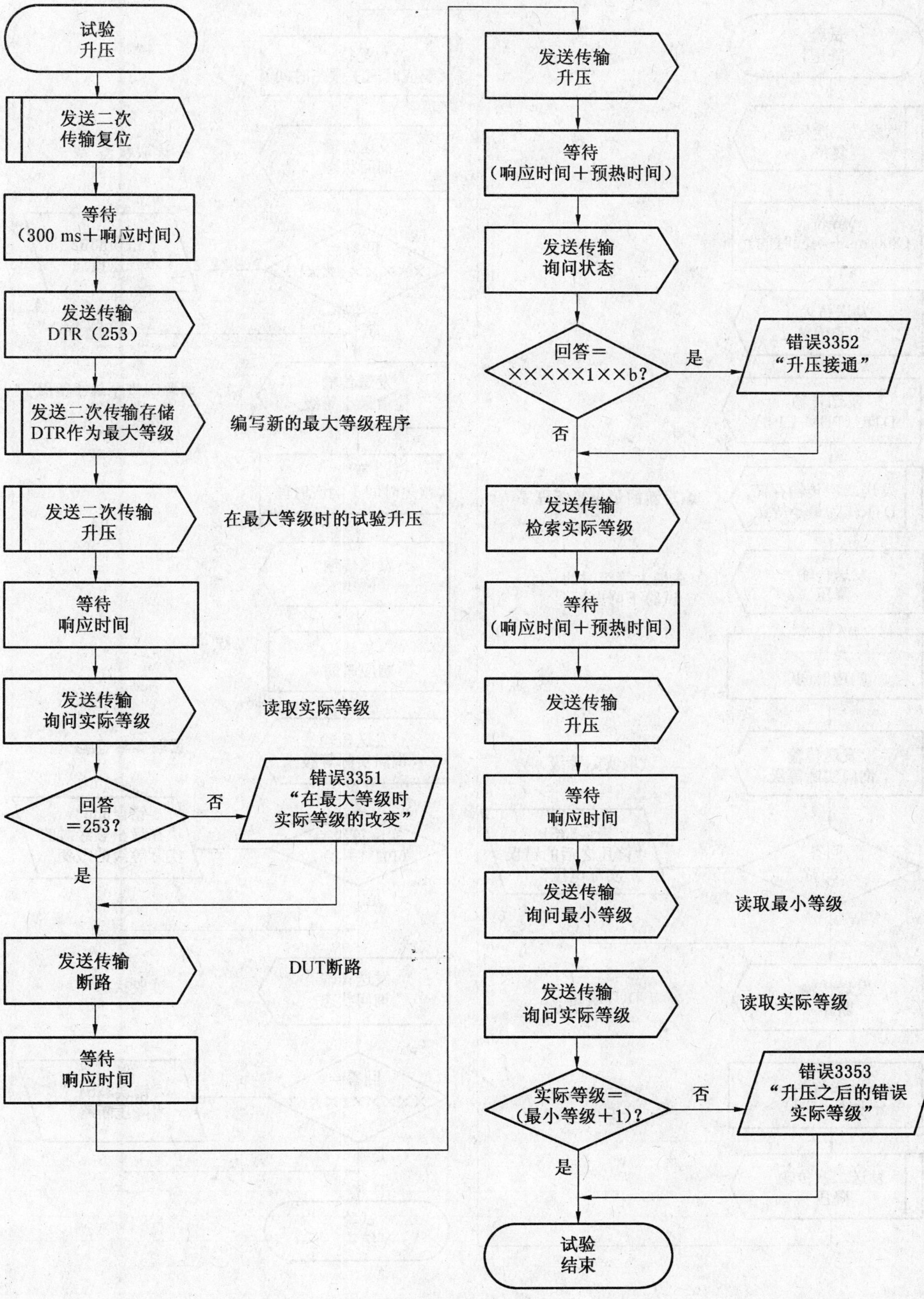

G.3.3.6 试验指令序列"降压"

在"最大等级"和"最小等级"对指令"降压"进行试验。还要试验"降压"指令是否能"接通/断开"受试设备。用指令"询问状态"和"询问实际等级"来试验"降压"指令正常功能。

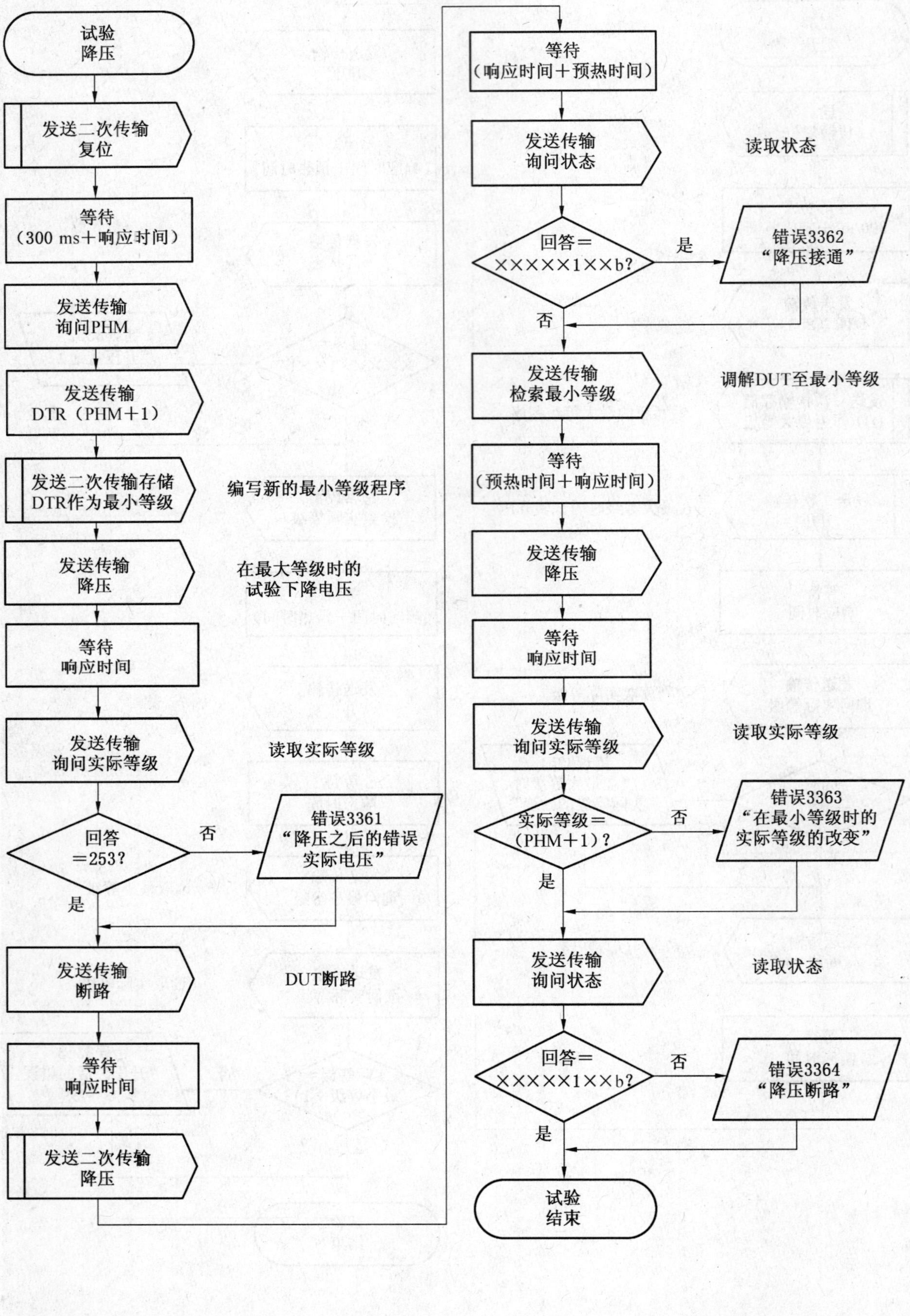

G.3.3.7 **试验指令序列“重复最大等级”**

本试验用来检验指令“重复最大等级”的正常功能。在开始末指令序列之时,对具有 253 的“最大等级”编制程序。该指令的正常功能用指令“询问状态”和“询问实际等级”进行检验。

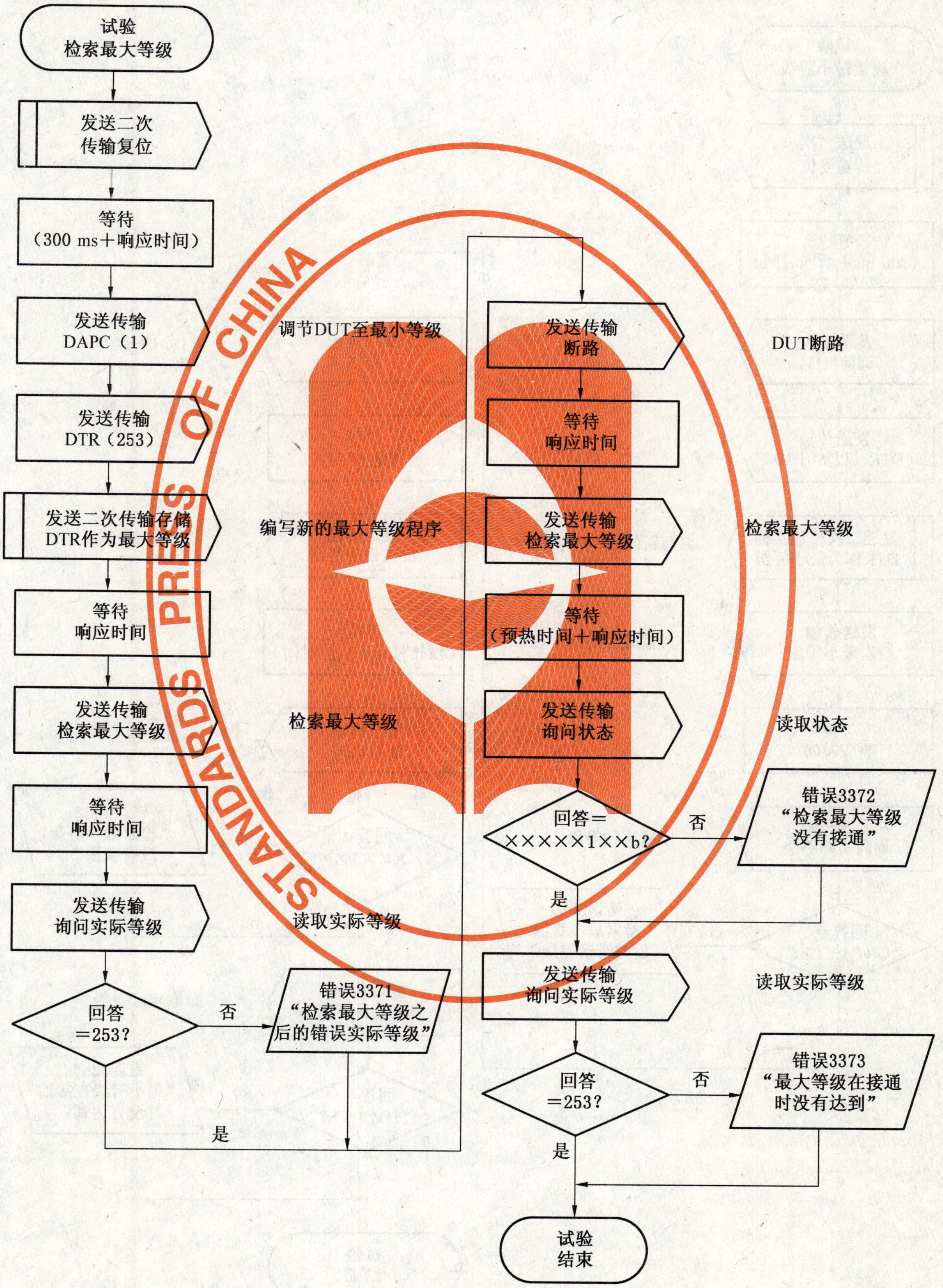

G.3.3.8　试验指令序列“重复最小等级”

本试验用来检验指令“重复最小等级”的正常功能。在开始本指令序列时，对具有(物理最小等级+1)的“最小等级”编制程序。该指令的正常功能用指令“询问状态”和“询问实际等级”进行检验。

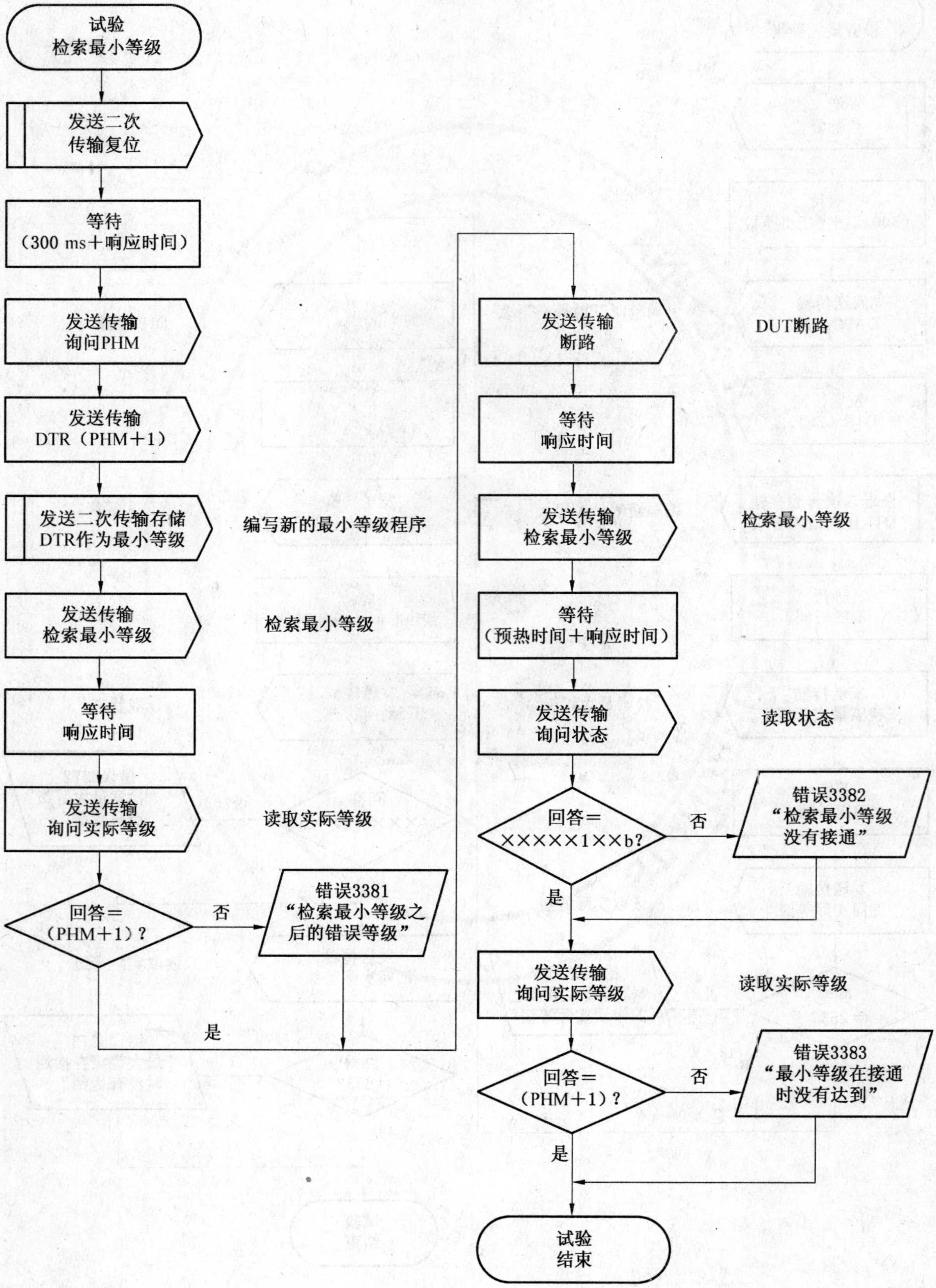

G.3.3.9 试验指令序列"接通电源和升高电压"

在"最大等级""最小等级"以及在受试设备处于断路状态时，对指令"接通电源升高电压"进行试验。用指令"询问状态"和"询问实际等级"来检验指令"接通电源升高电压"的正常功能。

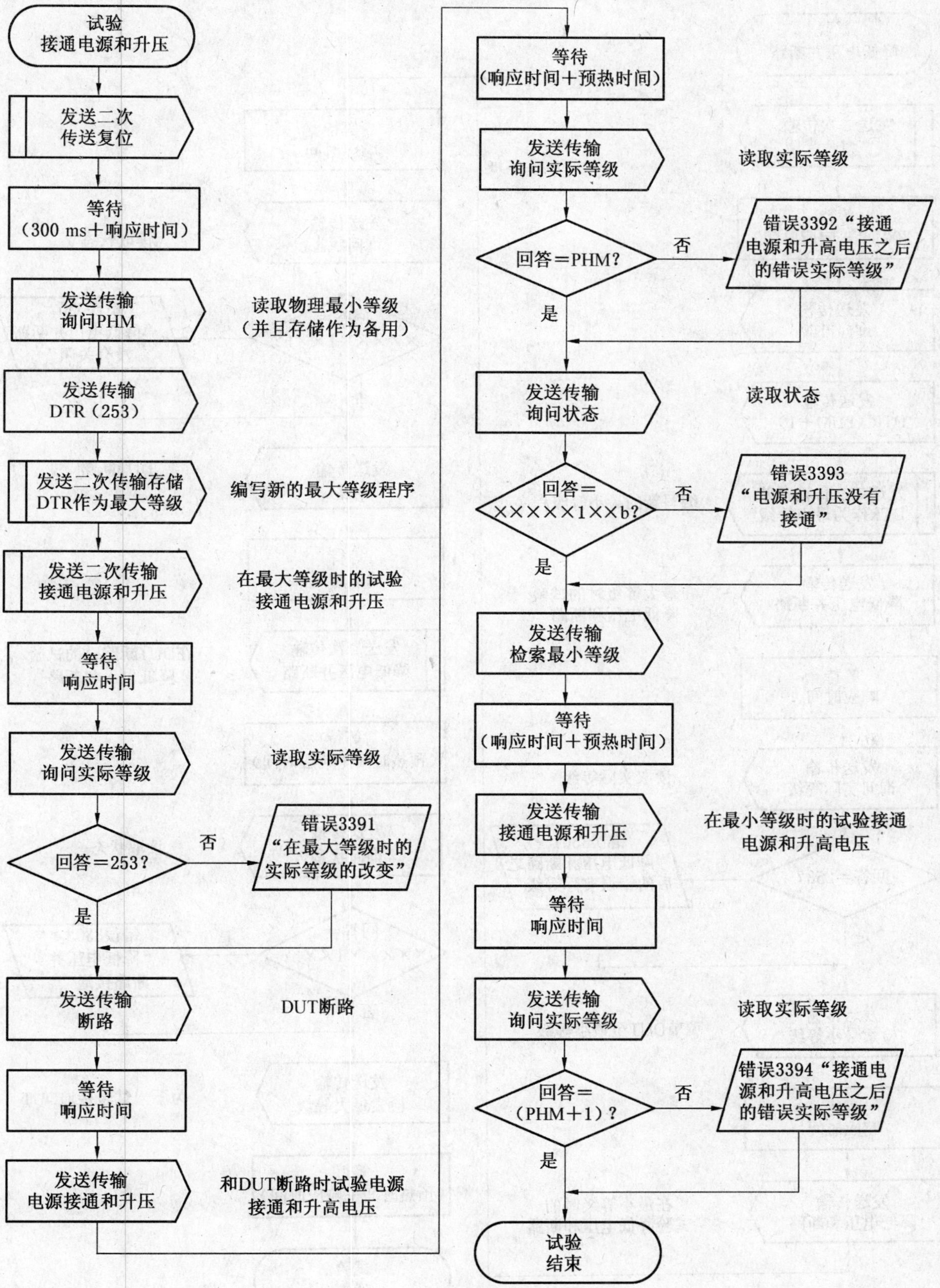

G.3.3.10　试验指令序列"降低电压并断路"

在"最大等级""最小等级"以及在受试设备处于断路状时对指令降低电压并断路进行试验。用指令"询问状态"和"询问实际等级"来检验指令"降低电压并断路"的正常功能。

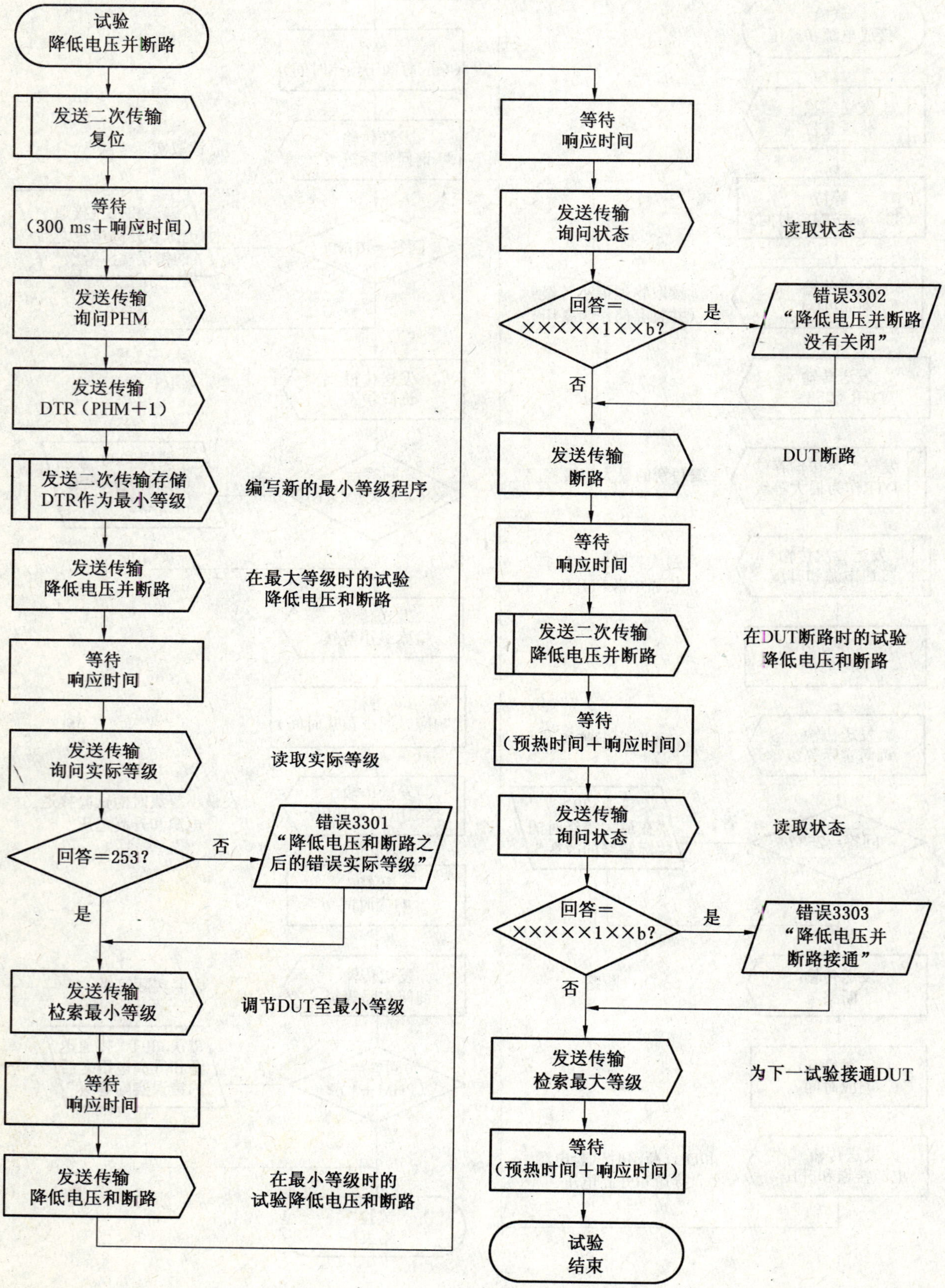

G.4 试验指令序列“物理地址分配”

在本指令序列中要通过受试设备的物理选择来试验“短式地址”的编程。

在本指令序列中使用指令“预置”、“物理选择”、“询问短式地址”、“短式地址编程”和“结束”。

在本指令序列中要试验“询问镇流器”指令，因为该指令用来表明短式地址编程成功。

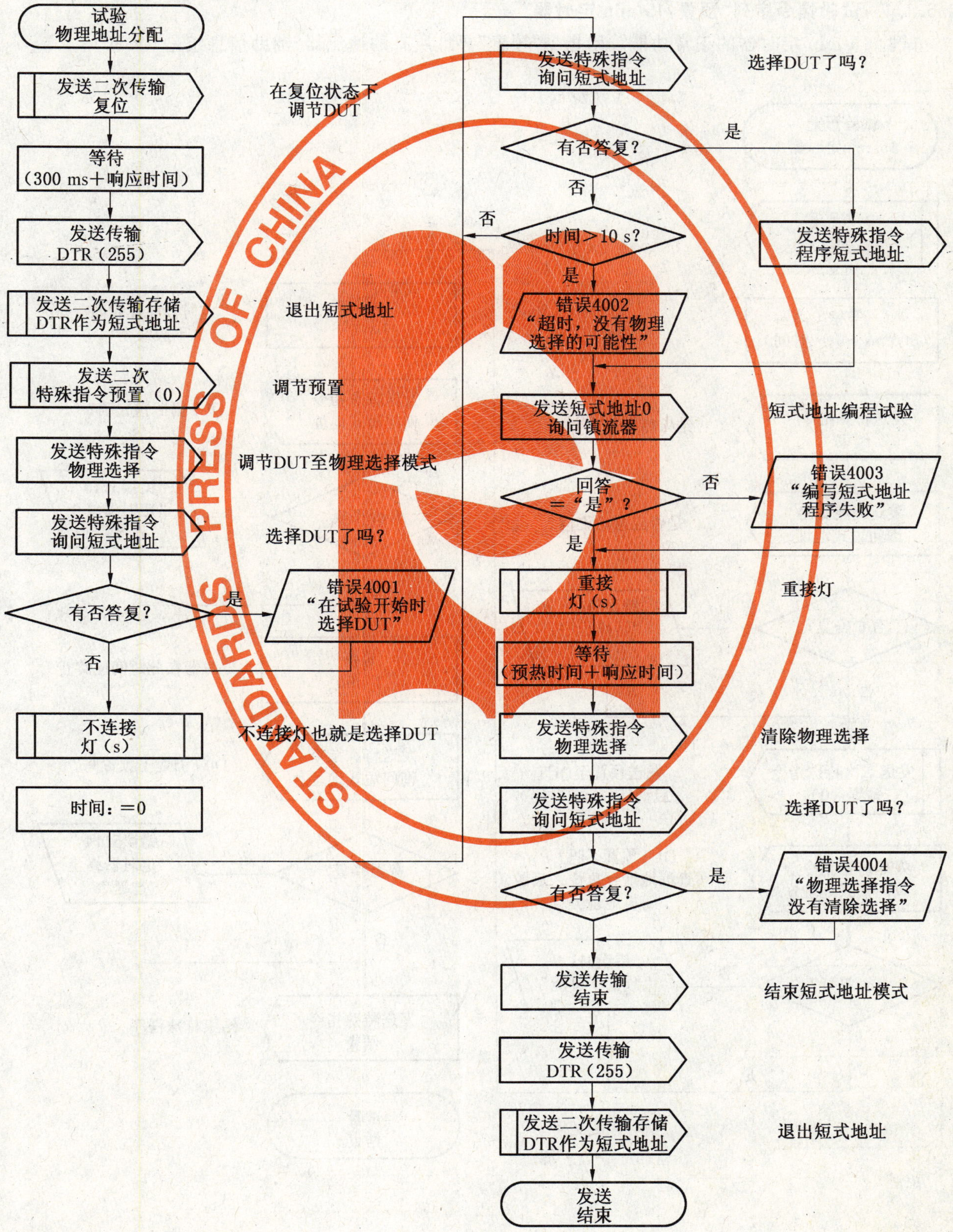

G.5 试验指令序列“随机地址分配”

下述指令序列用来试验随机地址分配指令。

G.5.1 试验指令序列“预置/结束”

指令“预置”和“结束”以及 15 min 预置定时器均采用下述指令序列进行试验。

G.5.1.1 试验指令序列“预置:15 min 定时器”

试验 15 min 定时器的正常功能。用指令“预置”寻址所有的镇流器(辅助信息组是 0×00)

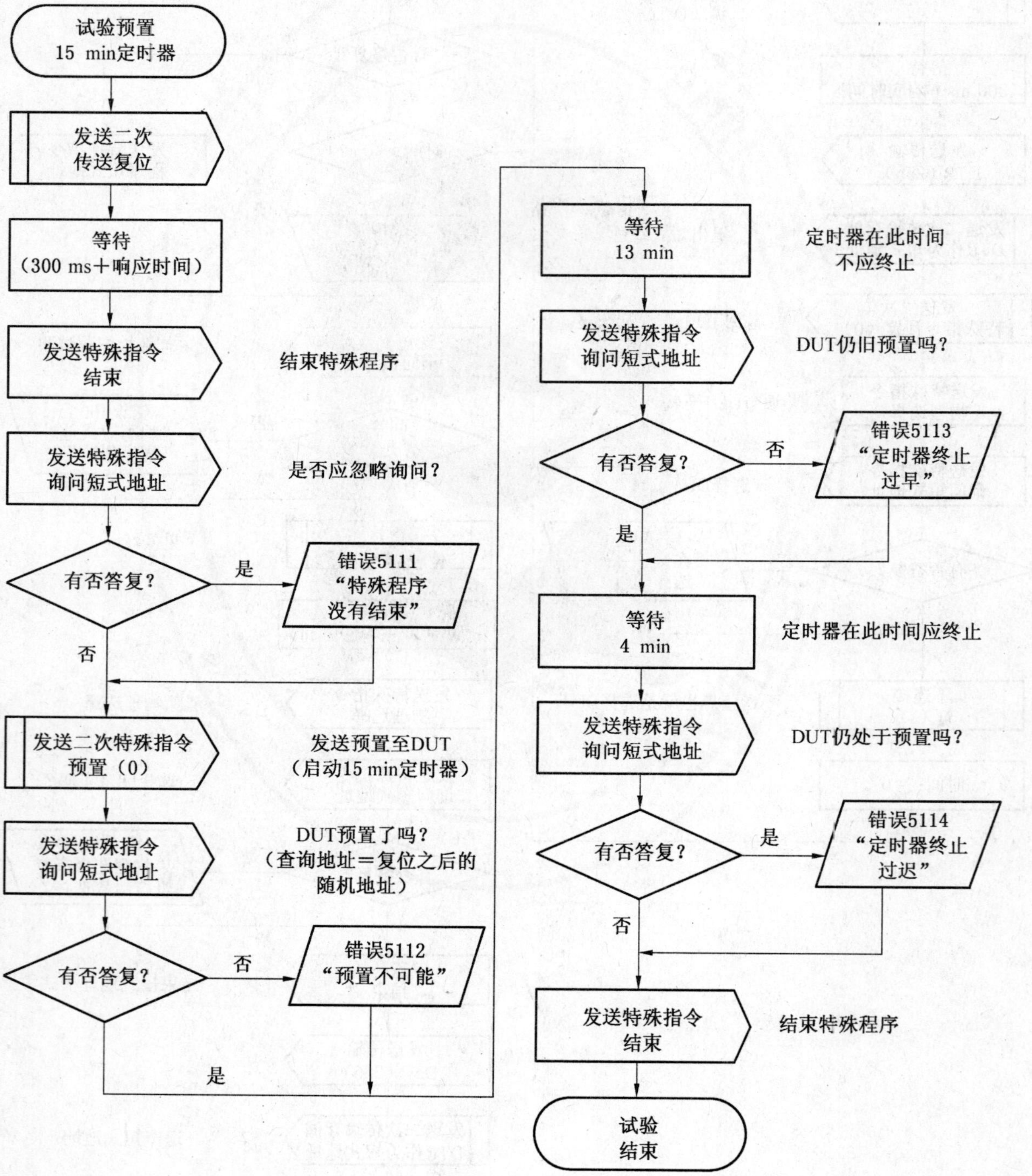

G.5.1.2 试验指令序列“结束”

“结束”指令采用下述试验指令序列进行试验。

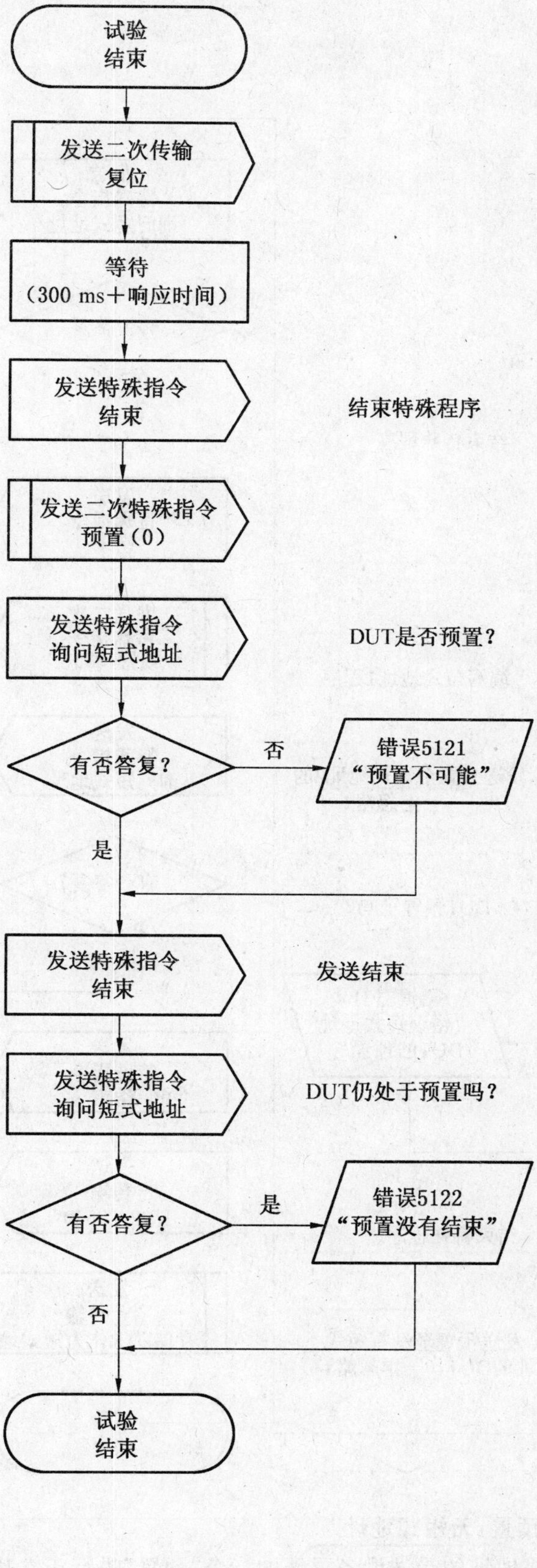

G.5.1.3 试验指令序列"预置:短式地址"

用来试验能向具有规定短式地址的受试设备寻址的指令"预置"的正常功能。

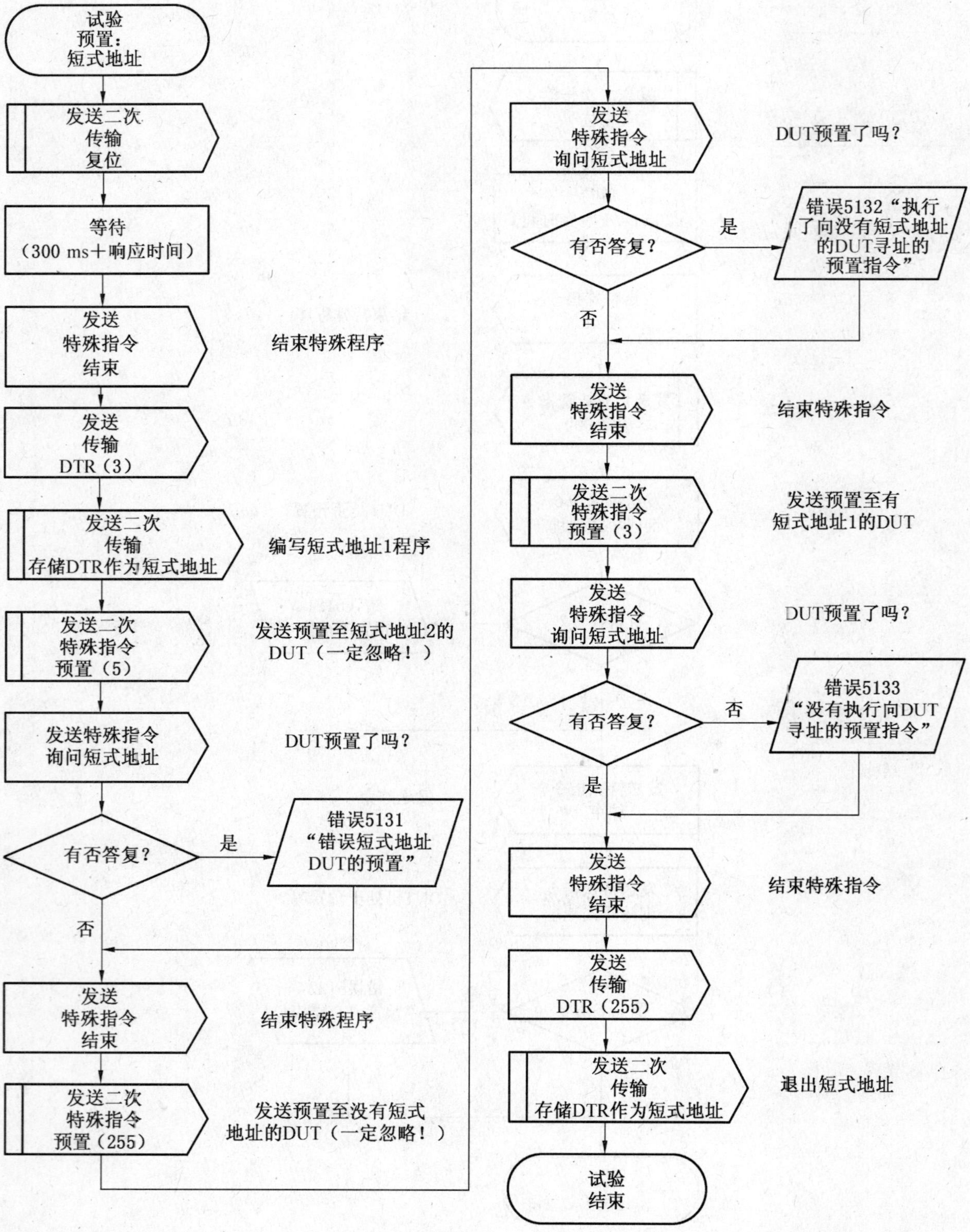

G.5.1.4 试验指令序列"预置:无短式地址"

用来对能向不具备短式地址的受试设备寻址的指令"预置"进行正常功能试验。

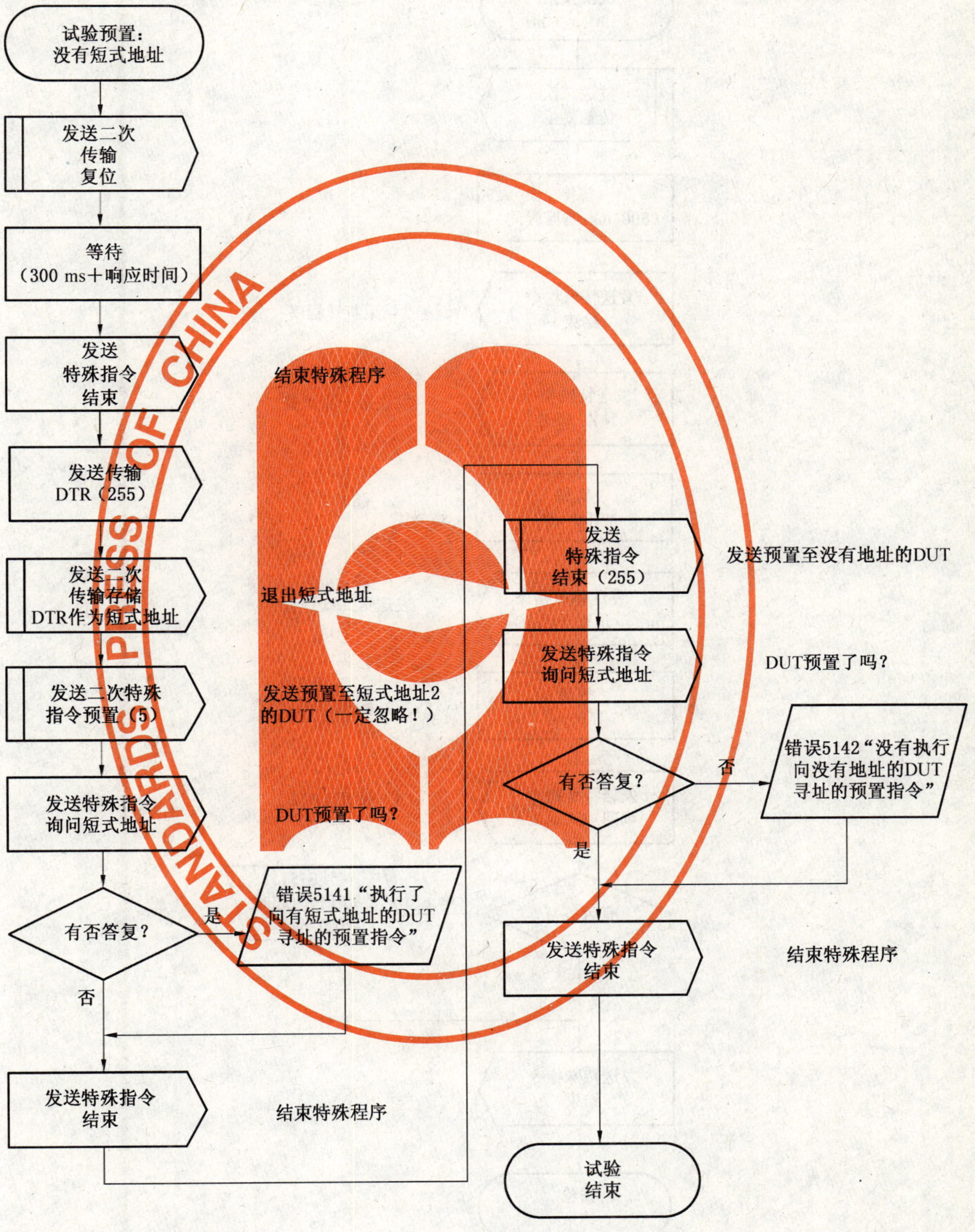

G.5.1.5 试验指令序列“预置：100 ms 暂停”

在执行“预置”指令之前，应在100 ms之内两次接收到该指令。本指令序列用来试验用于暂停的定时器。

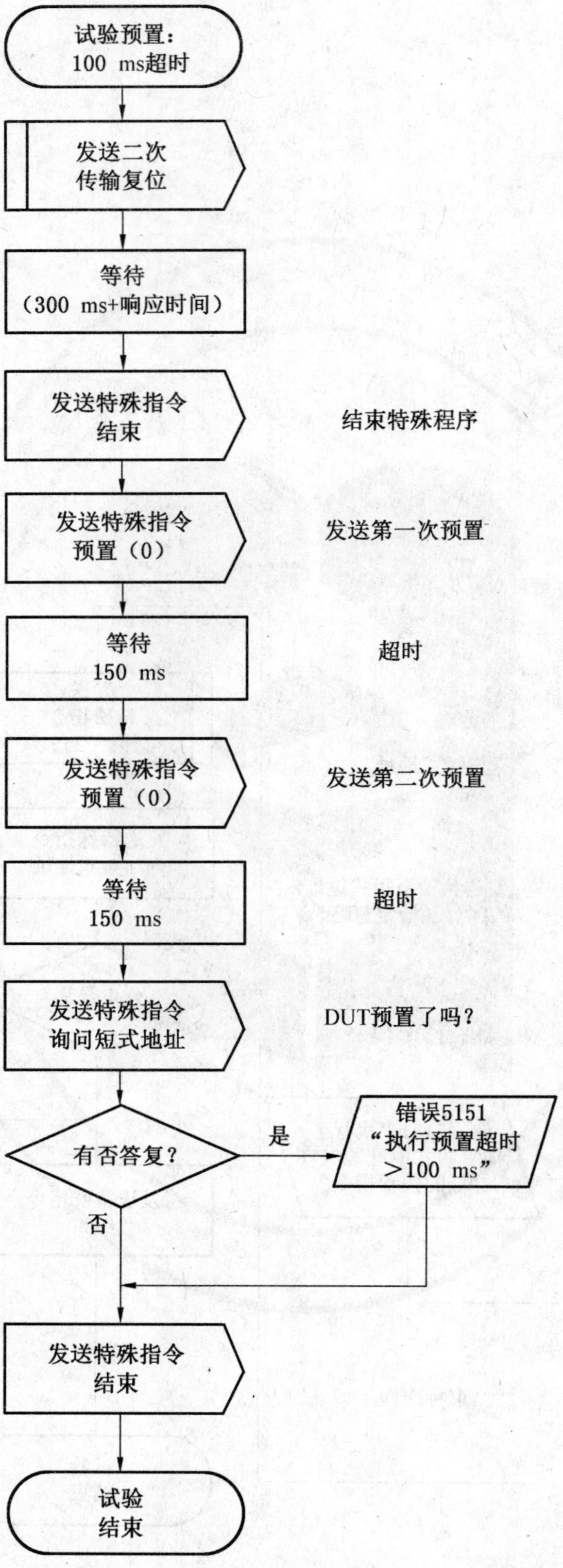

G.5.1.6 试验指令序列“预置；中间指令”

在执行“预置”指令之前应在100 ms之内两次接收到该指令。在此中间不允许有其他指令，否则，两个“预置”指令和其他指令都要被抹煞。在这种情况下，本试验指令序列用来检验受试设备的正常功能。这三个指令应在100 ms之内发出。

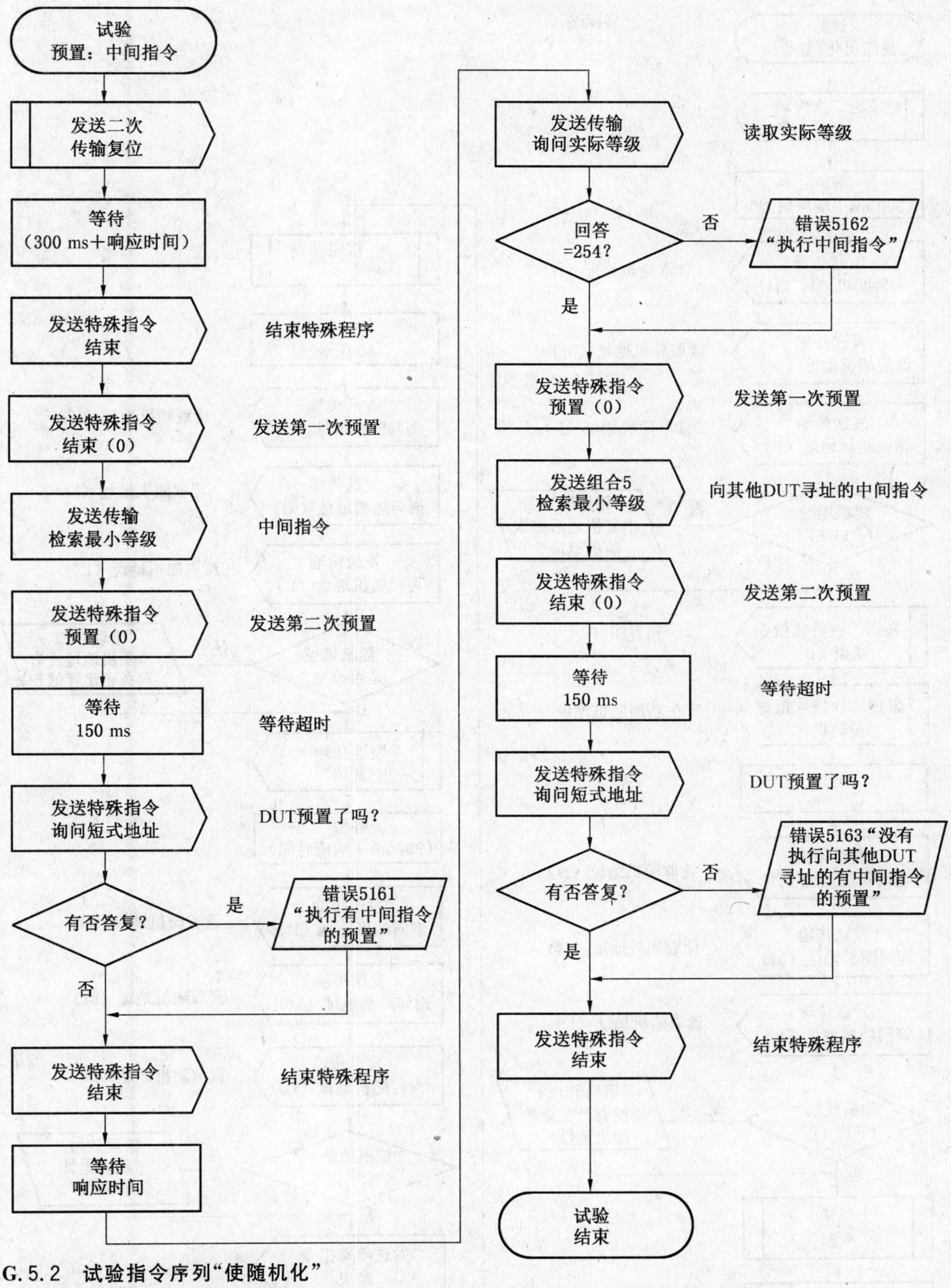

G.5.2 试验指令序列“使随机化”

用下述指令序列来试验随机地址的功能及其重调值以及随机地址的持久存储。

G.5.2.1 试验指令序列“使随机化：重调值”

对指令“使随机化”以及指令“询问随机地址(H)”、“询问随机地址(M)”和“询问随机地址(L)”的正常功能进行试验。

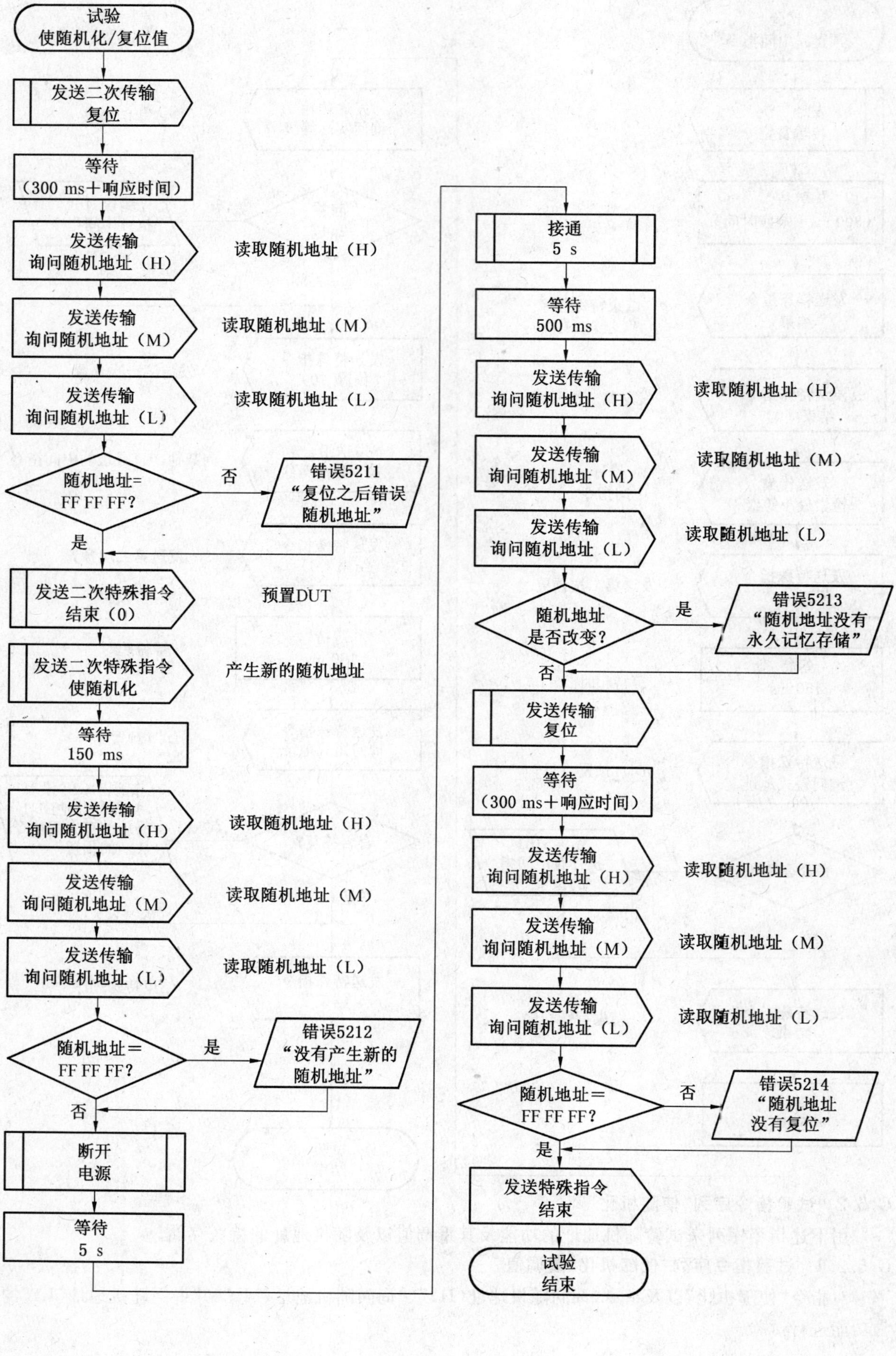
试验
使随机化/复位值
发送二次传输
复位
等待
（300 ms＋响应时间）
发送传输
询问随机地址（H）
读取随机地址（H）
发送传输
询问随机地址（M）
读取随机地址（M）
发送传输
询问随机地址（L）
读取随机地址（L）
随机地址=
FF FF FF?
否
错误5211
“复位之后错误
随机地址”
是
发送二次特殊指令
结束（0）
预置DUT
发送二次特殊指令
使随机化
产生新的随机地址
等待
150 ms
发送传输
询问随机地址（H）
读取随机地址（H）
发送传输
询问随机地址（M）
读取随机地址（M）
发送传输
询问随机地址（L）
读取随机地址（L）
随机地址＝
FF FF FF?
是
错误5212
“没有产生新的
随机地址”
否
断开
电源
等待
5 s
接通
5 s
等待
500 ms
发送传输
询问随机地址（H）
读取随机地址（H）
发送传输
询问随机地址（M）
读取随机地址（M）
发送传输
询问随机地址（L）
读取随机地址（L）
随机地址
是否改变?
是
错误5213
“随机地址没有
永久记忆存储”
否
发送传输
复位
等待
（300 ms＋响应时间）
发送传输
询问随机地址（H）
读取随机地址（H）
发送传输
询问随机地址（M）
读取随机地址（M）
发送传输
询问随机地址（L）
读取随机地址（L）
随机地址＝
FF FF FF?
否
错误5214
“随机地址
没有复位”
是
发送特殊指令
结束
试验
结束

G.5.2.2 试验指令序列"使随机化:100 ms 暂停"

在执行指令"使随机化"之前应在 100 ms 之内两次接收到该指令。此指令序列用于试验暂停用的定时器。

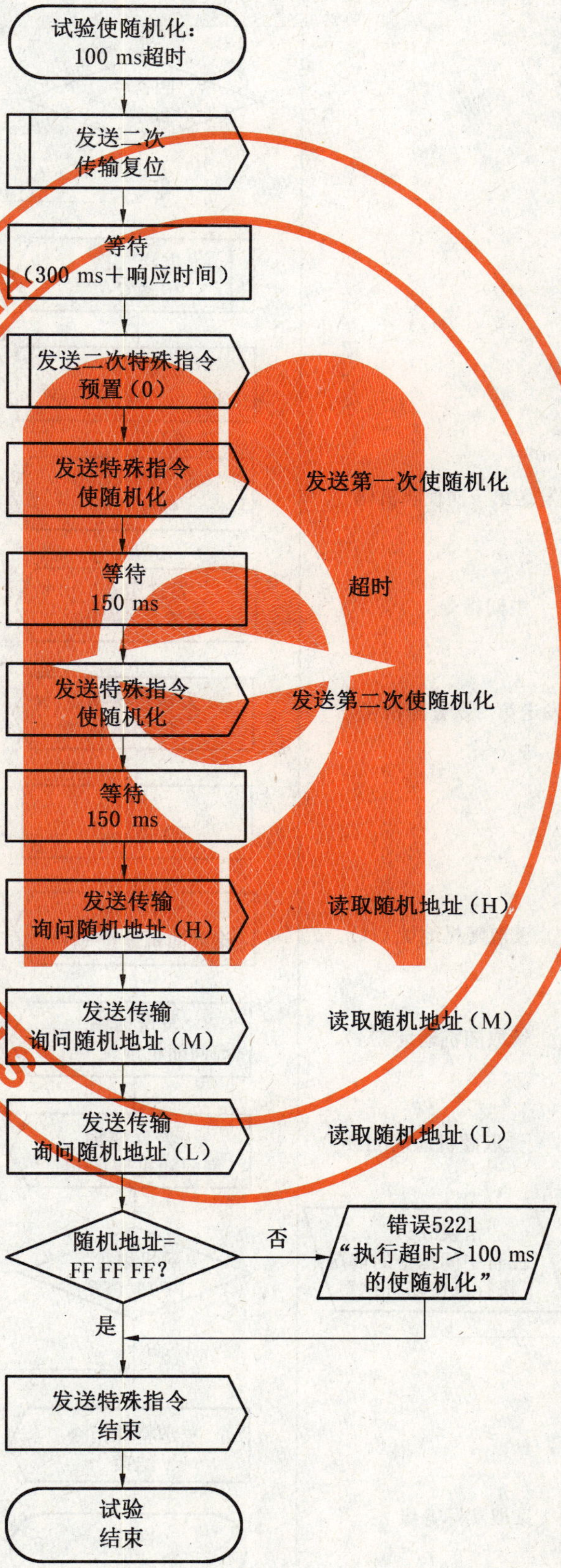

G.5.2.3 试验指令序列"使随机化:中间指令"

在执行"使随机化"指令之前应在100 ms之内两次接收到该指令。在此中间不允许有其他指令,否则,这两个"使随机化"指令和其他指令都要被抹煞。在这种情况下,本试验指令序列用来检验受试设备的正常功能。这三个指令应在100 ms之内发出。

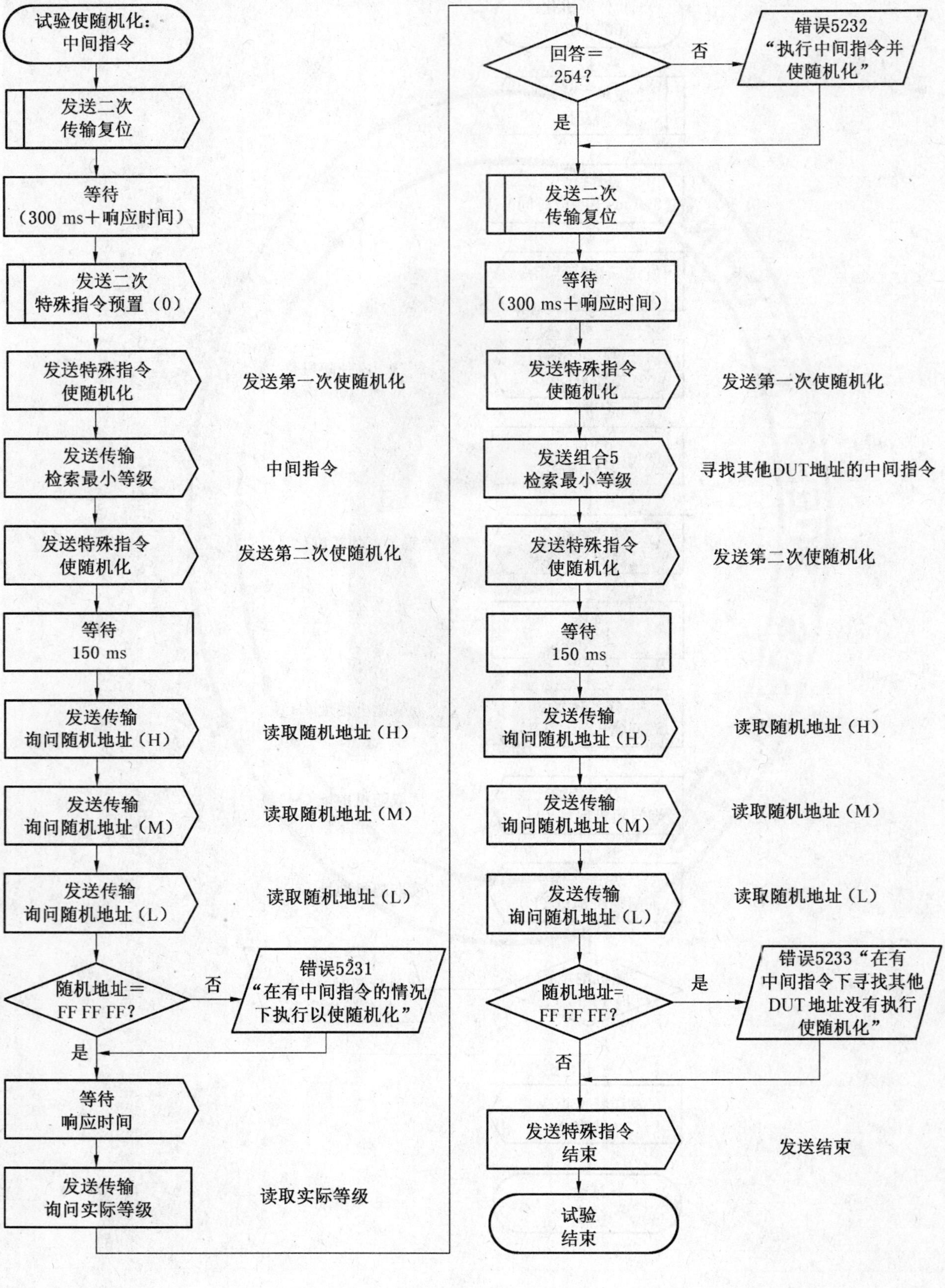

G.5.3　试验指令序列“比较/取消”

用下述指令序列对指令“比较”和指令“取消”的正常功能进行试验。

G.5.3.1　试验指令序列“比较”

本试验用来检验指令“比较”的正常功能。

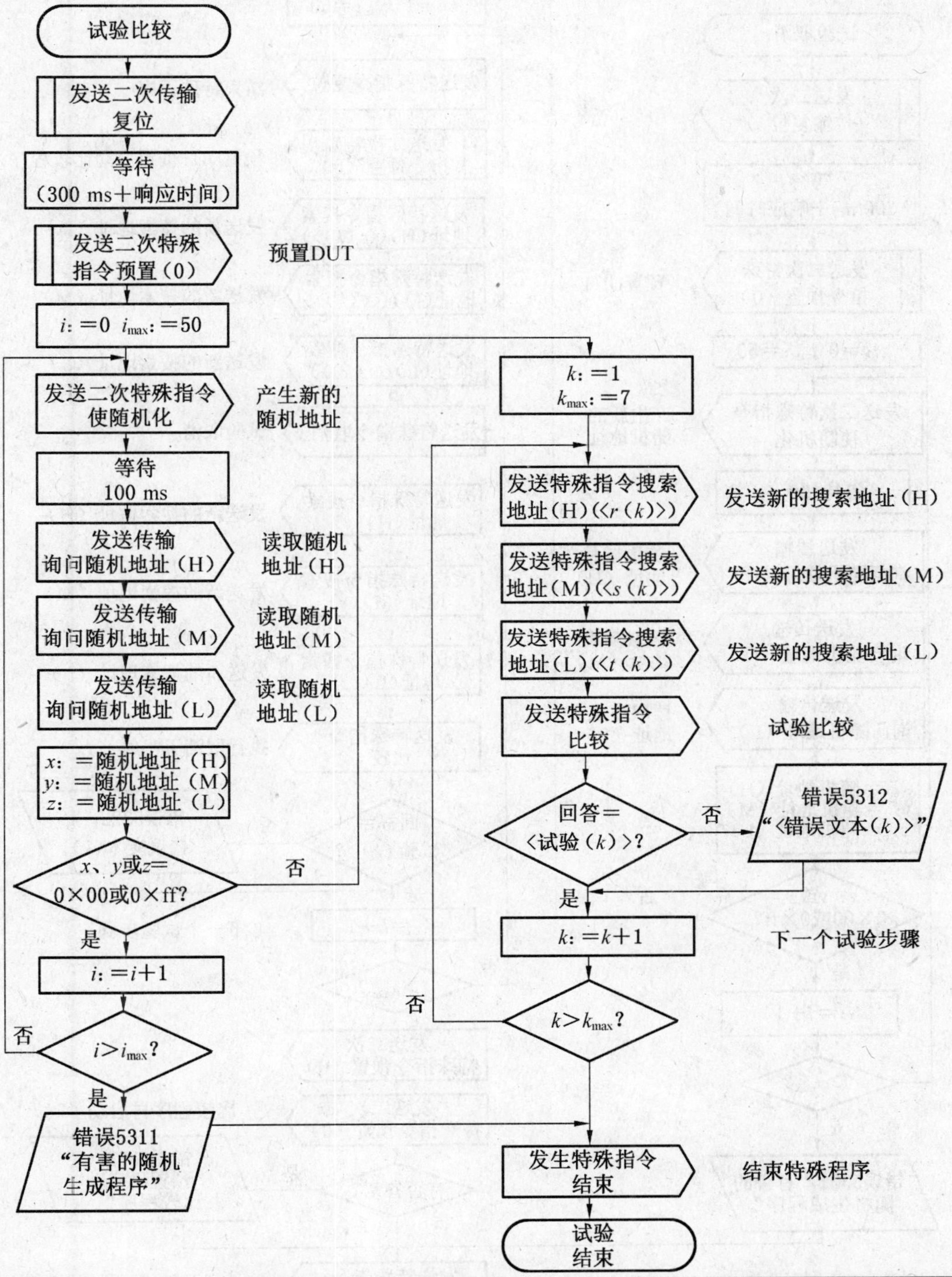

k	〈$r(k)$〉	〈$s(k)$〉	〈$t(k)$〉	〈试验(k)〉	〈错误文本(k)〉
1	$x+1$	y	z	是	寻址无响应＞随机寻址
2	x	$y+1$	z	是	寻址无响应＞随机寻址
3	x	y	$z+1$	是	寻址无响应＞随机寻址
4	$x-1$	y	z	否	寻址时响应＜随机寻址
5	x	$y-1$	z	否	寻址时响应＜随机寻址
6	x	y	$z-1$	否	寻址时响应＜随机寻址
7	x	y	z	是	寻址无响应＝随机寻址

G.5.3.2 试验指令序列“取消”

本试验用来检验“取消”指令的正常功能。“预置”指令不应使“比较”指令序列重新启动，否则，预置定时器的重新启动会干扰检索过程。对这一点也要进行试验。

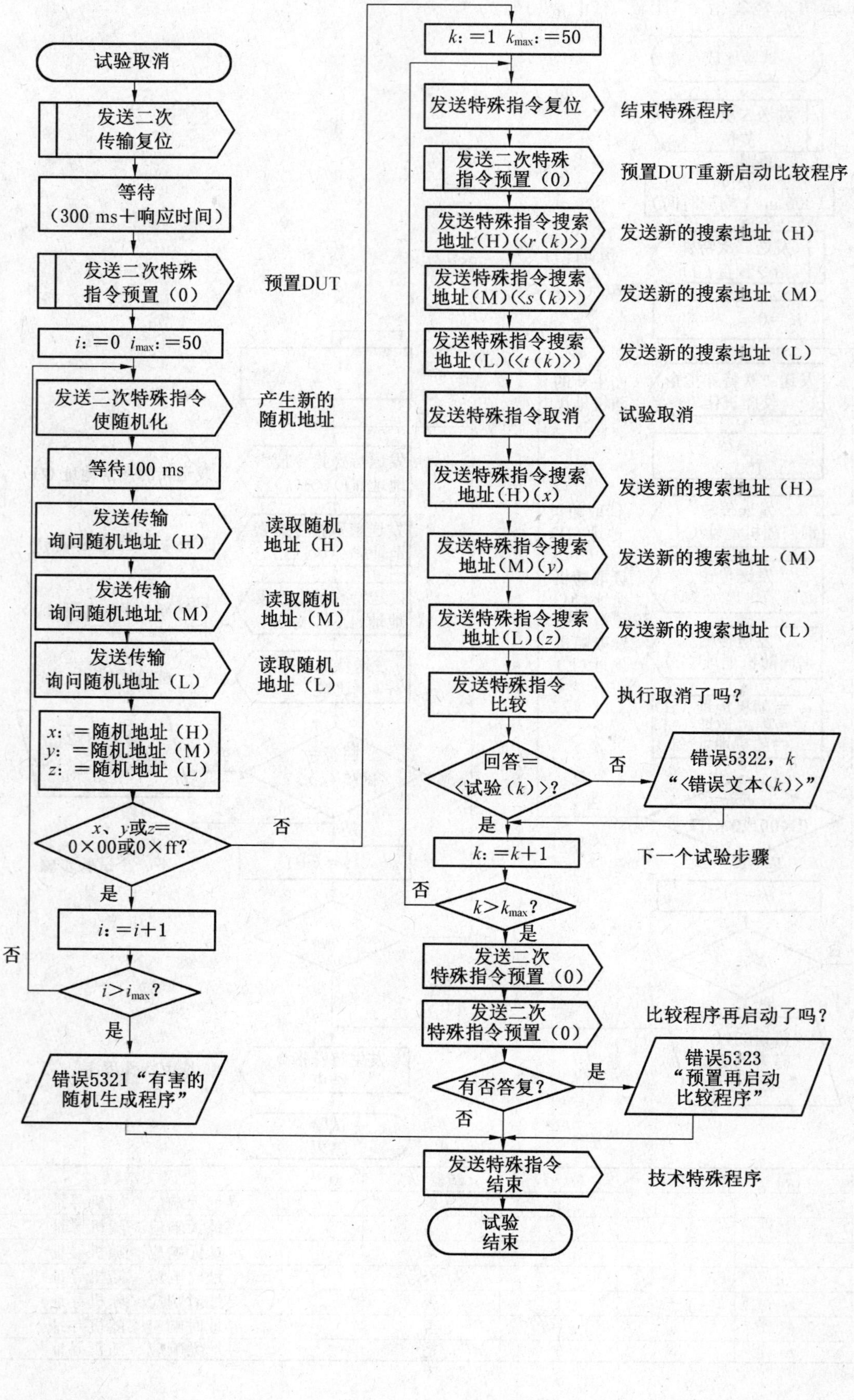

k	〈$r(k)$〉	〈$s(k)$〉	〈$t(k)$〉	〈试验(k)〉	〈错误文本(k)〉
1	$x+1$	y	z	是	在“寻址”时执行撤消＞随机寻址
2	x	$y+1$	z	是	在“寻址”时执行撤消＞随机寻址
3	x	y	$z+1$	是	在“寻址”时执行撤消＞随机寻址
4	$x-1$	y	z	是	在“寻址”时执行撤消＜随机寻址
5	x	$y-1$	z	是	在“寻址”时执行撤消＜随机寻址
6	x	y	$z-1$	是	在“寻址”时执行撤消＜随机寻址
7	x	y	z	否	在“寻址”时不执行撤消＝随机寻址

G.5.4　试验指令序列“设计验证/询问短式地址”

用下述指令序列来试验指令“设计短式地址”“验证短式地址”和“询问短式地址”的正常功能。

G.5.4.1　试验指令序列“设计短式地址”

试验“设计短式地址”指令的正常功能。

k	〈$r(k)$〉	〈$s(k)$〉	〈$t(k)$〉	〈试验(k)〉	〈误差内容(k)〉
1	$x+1$	y	z	否	在“寻址”时执行指令＞随机地址
2	x	$y+1$	z	否	在“寻址”时执行指令＞随机地址
3	x	y	$z+1$	否	在“寻址”时执行指令＞随机地址
4	$x-1$	y	z	否	在“寻址”时执行指令＜随机地址
5	x	$y-1$	z	否	在“寻址”时执行指令＜随机地址
6	x	y	$z-1$	否	在“寻址”时执行指令＜随机地址
7	x	y	z	是	在“寻址”时不执行指令＝随机地址

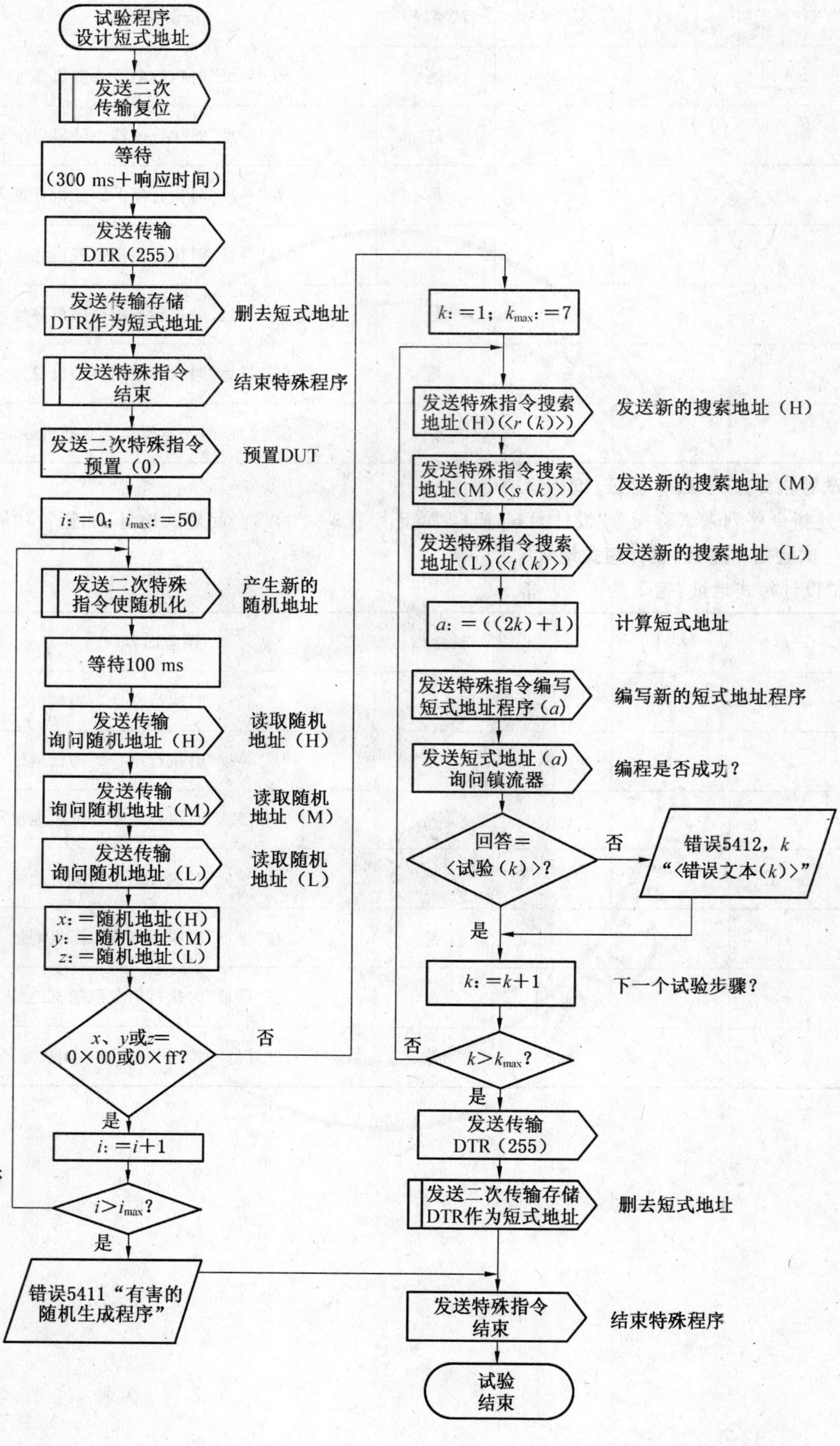
试验程序
设计短式地址
发送二次
传输复位
等待
（300 ms＋响应时间）
发送传输
DTR（255）
发送传输存储
DTR作为短式地址
删去短式地址
发送特殊指令
结束
结束特殊程序
发送二次特殊指令
预置（0）
预置DUT
i：＝0；i_max：＝50
发送二次特殊
指令使随机化
产生新的
随机地址
等待100 ms
发送传输
询问随机地址（H）
读取随机
地址（H）
发送传输
询问随机地址（M）
读取随机
地址（M）
发送传输
询问随机地址（L）
读取随机
地址（L）
x：＝随机地址（H）
y：＝随机地址（M）
z：＝随机地址（L）
x、y或z＝
0×00或0×ff?
否
是
i：＝i＋1
否
i＞i_max？
是
错误5411“有害的
随机生成程序”
k：＝1；k_max：＝7
发送特殊指令搜索
地址（H）（〈r（k）〉）
发送新的搜索地址（H）
发送特殊指令搜索
地址（M）（〈s（k）〉）
发送新的搜索地址（M）
发送特殊指令搜索
地址（L）（〈t（k）〉）
发送新的搜索地址（L）
a：＝（（2k）＋1）
计算短式地址
发送特殊指令编写
短式地址程序（a）
编写新的短式地址程序
发送短式地址（a）
询问镇流器
编程是否成功？
回答＝
〈试验（k）〉？
否
错误5412，k
“〈错误文本（k）〉”
是
k：＝k＋1
下一个试验步骤？
否
k＞k_max？
是
发送传输
DTR（255）
发送二次传输存储
DTR作为短式地址
删去短式地址
发送特殊指令
结束
结束特殊程序
试验
结束

G.5.4.2 试验指令序列“验证短式地址”

对指令“验证短式地址”的正常功能进行试验。

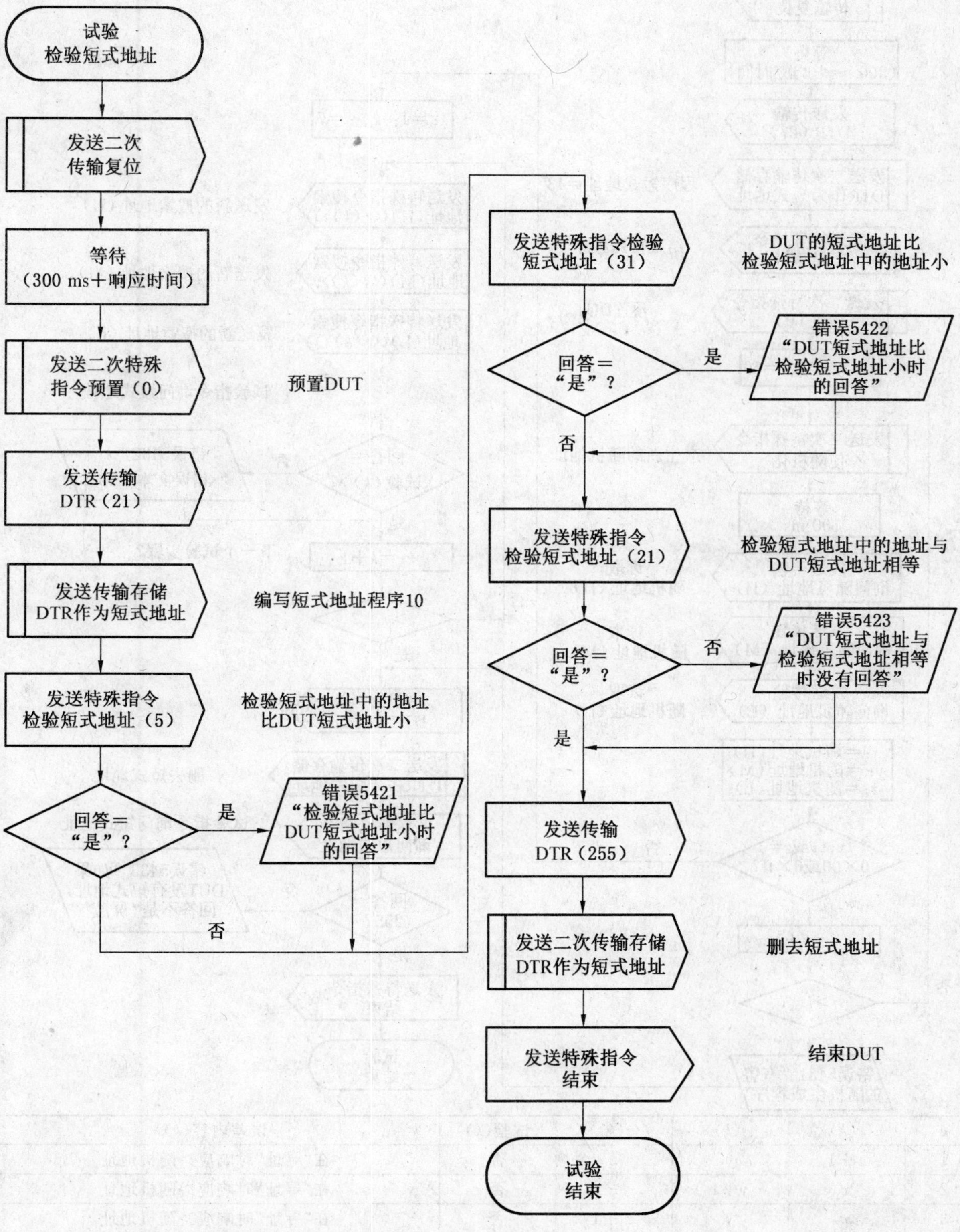

G.5.4.3 试验指令序列“询问短式地址”

对指令“询问短式地址”的正常功能进行试验。

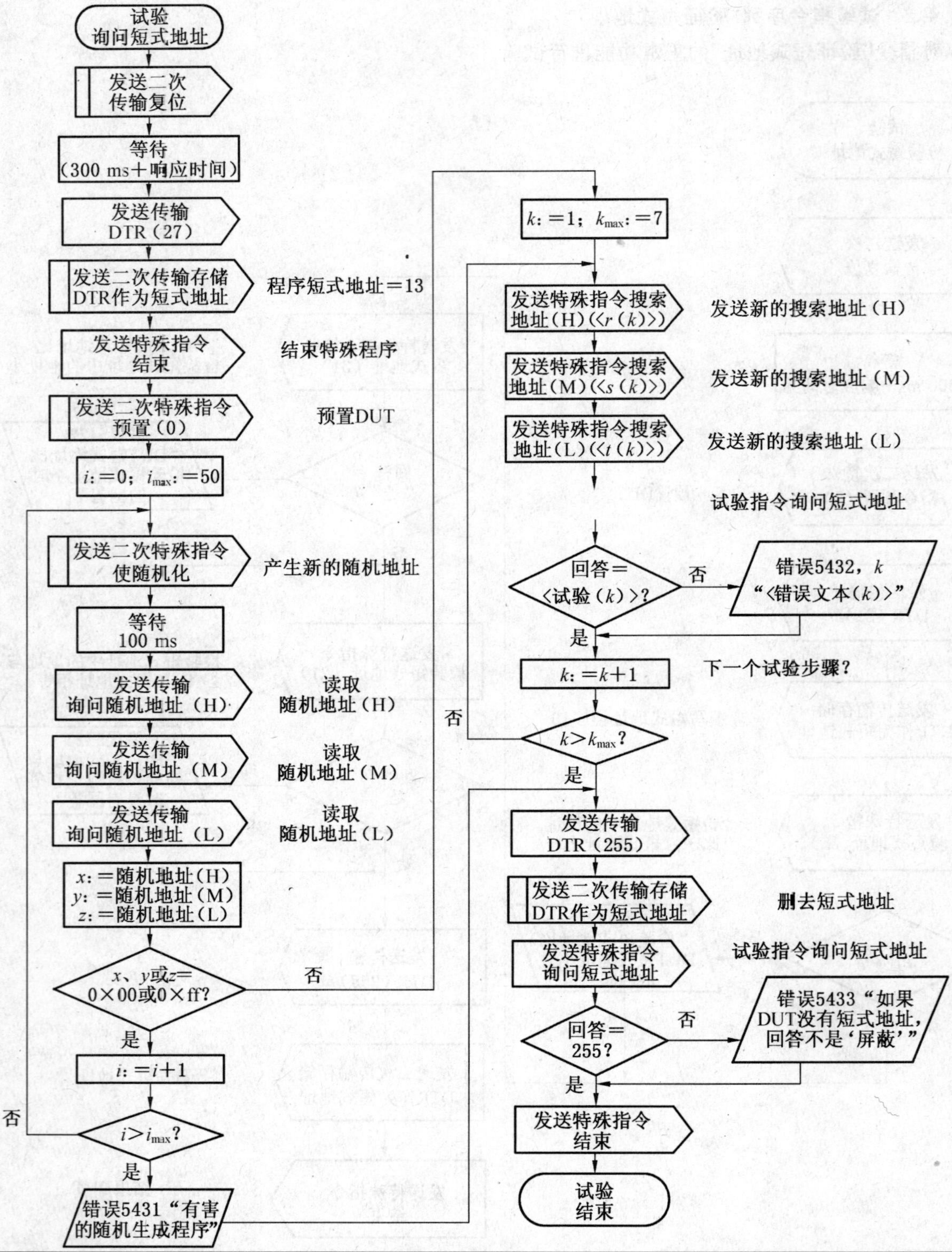

k	〈r(k)〉	〈s(k)〉	〈t(k)〉	〈试验(k)〉	〈误差内容(k)〉
1	$x+1$	y	z	否	在“寻址”时响应>随机地址
2	x	$y+1$	z	否	在“寻址”时响应>随机地址
3	x	y	$z+1$	否	在“寻址”时响应>随机地址
4	$x-1$	y	z	否	在“寻址”时响应<随机地址
5	x	$y-1$	z	否	在“寻址”时响应<随机地址
6	x	y	$z-1$	否	在“寻址”时响应<随机地址
7	x	y	z	27	在“寻址”时不响应=随机地址

G.5.4.4 试验指令序列“寻址:重调值”

本试验用来检验“寻址”的重调值。

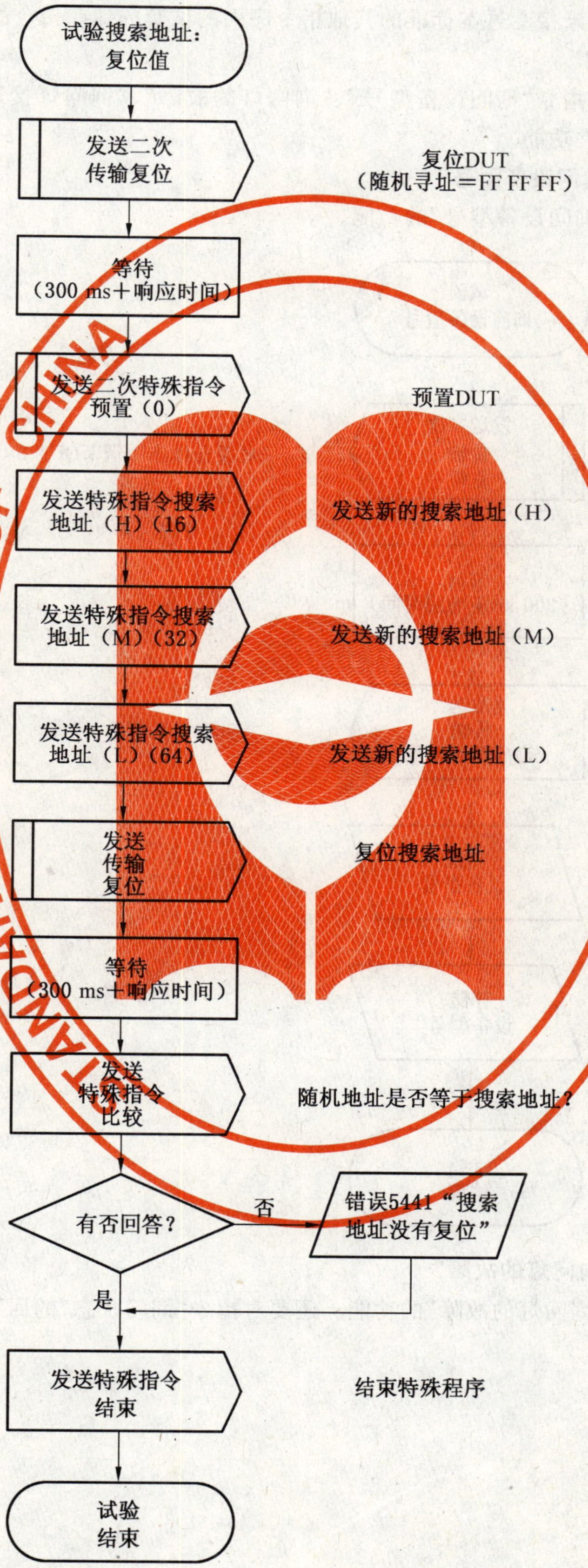

G.6 试验指令序列“询问和保留指令”

下述指令序列用来试验未接受过本标准的其他指令序列的试验的那些指令的正常功能。

G.6.1 试验指令序列“询问”

用下述指令序列来试验指令“询问设备型号”、“询问灯的故障”、“询问灯接通电源”、“询问极限误差”和“询问电源故障”的正常功能。

G.6.1.1 试验指令序列“询问设备型号”

本试验用来检验指令“询问设备型号”的功能。

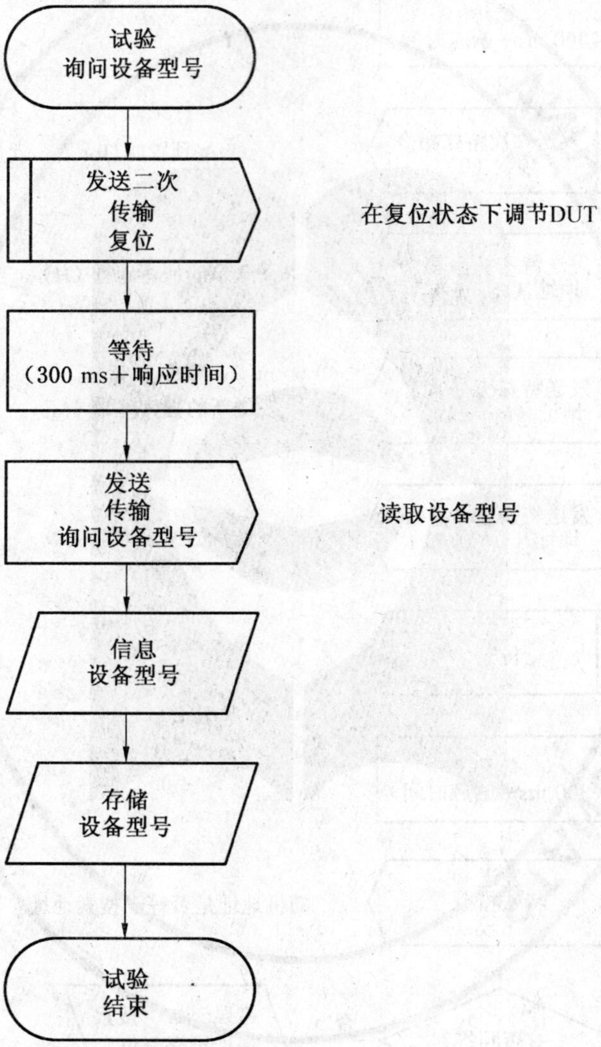

G.6.1.2 试验指令序列“询问灯的故障”

本试验用来检验指令“询问灯的故障”的功能。还要对指令“询问状态”的回答中的相应信息单位进行试验。

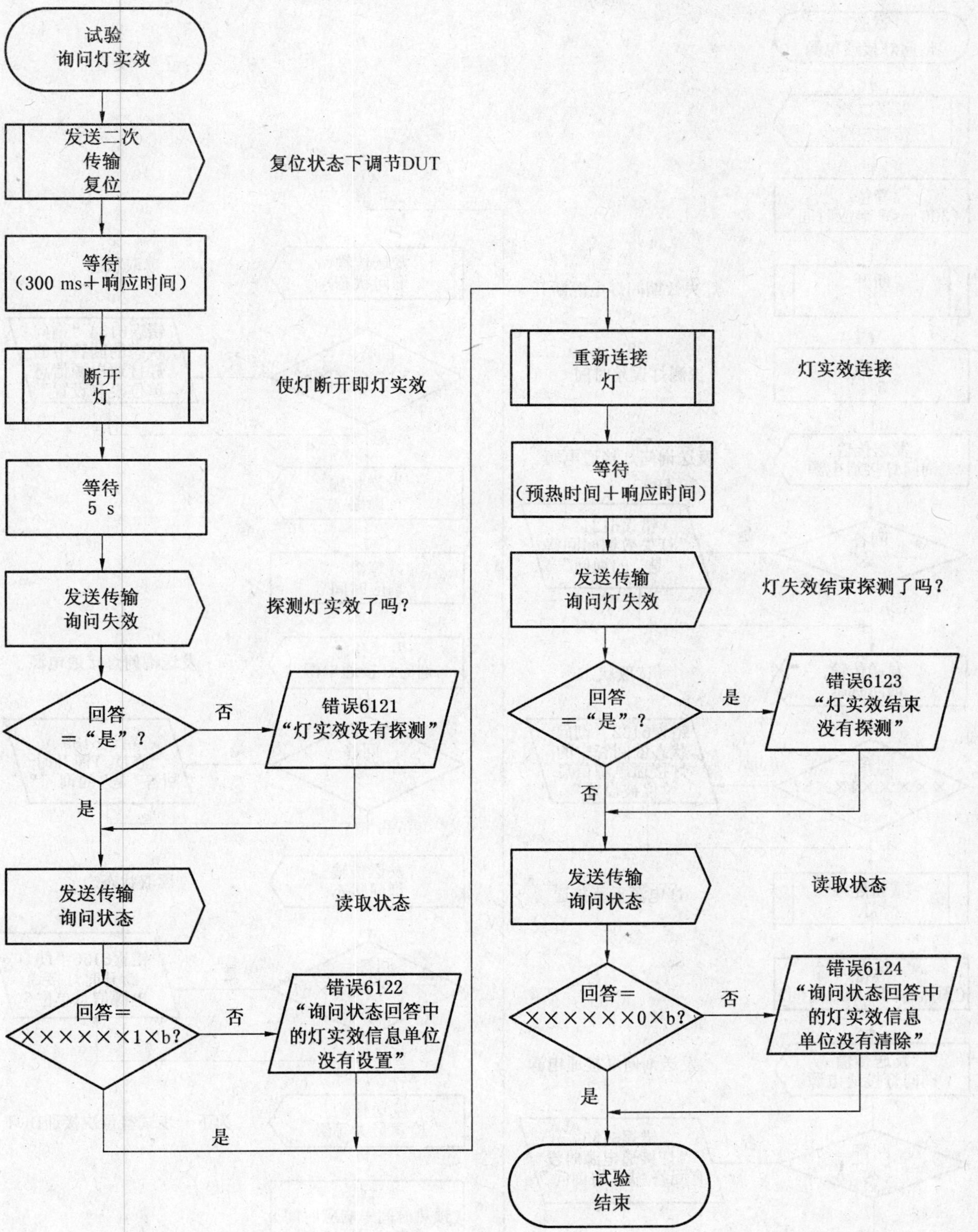

G.6.1.3　试验指令序列“询问灯接通电源”

本试验用来检验指令“询问灯接通电源”的功能。还要对指令“询问状态”的回答中的相关信息单位进行试验。

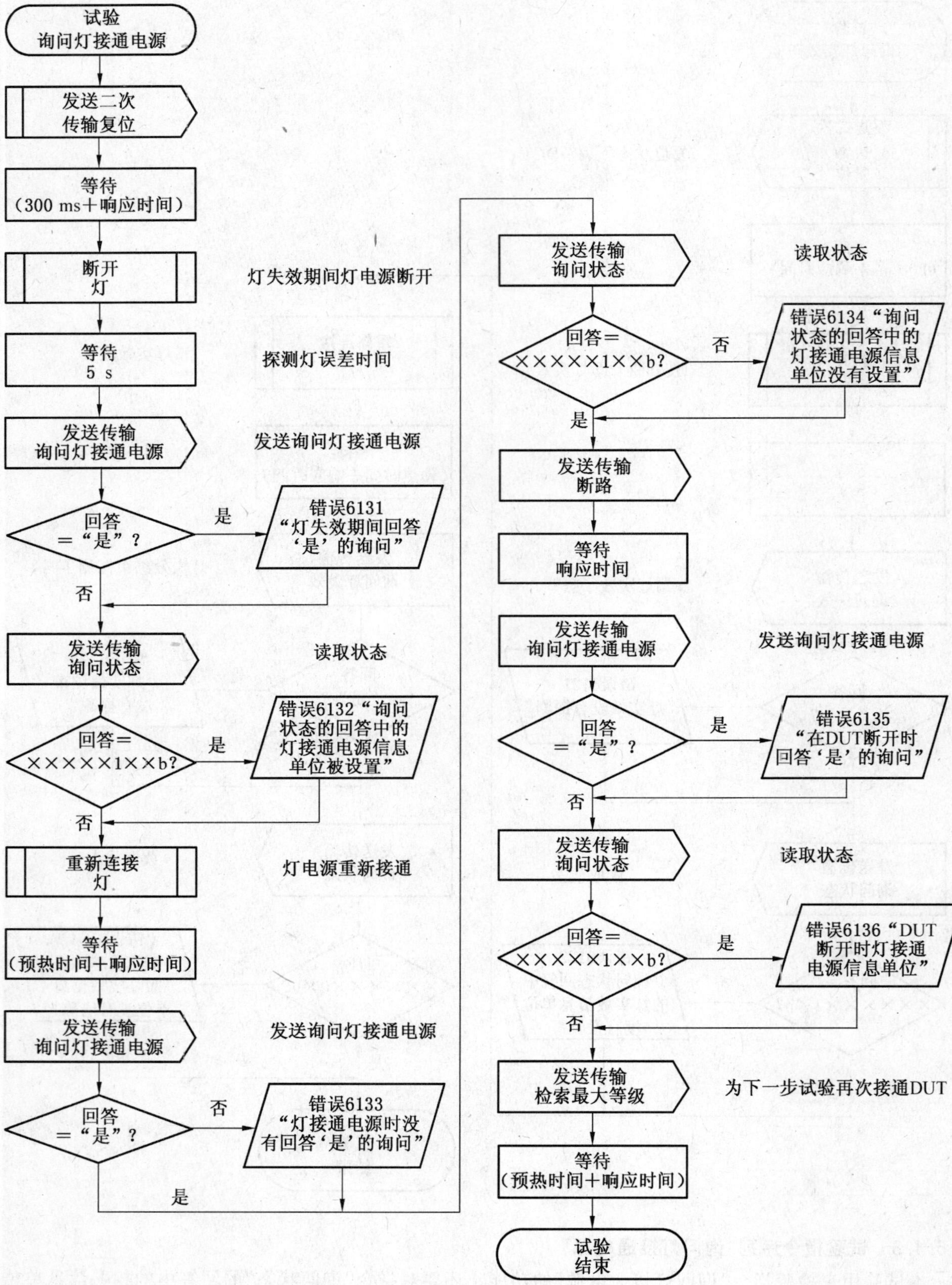

G.6.1.4 试验指令序列“询问极限误差”

本试验用来检验指令“询问极限误差”的功能。还要对指令“询问状态”的回答中的相关信息单位进行试验。

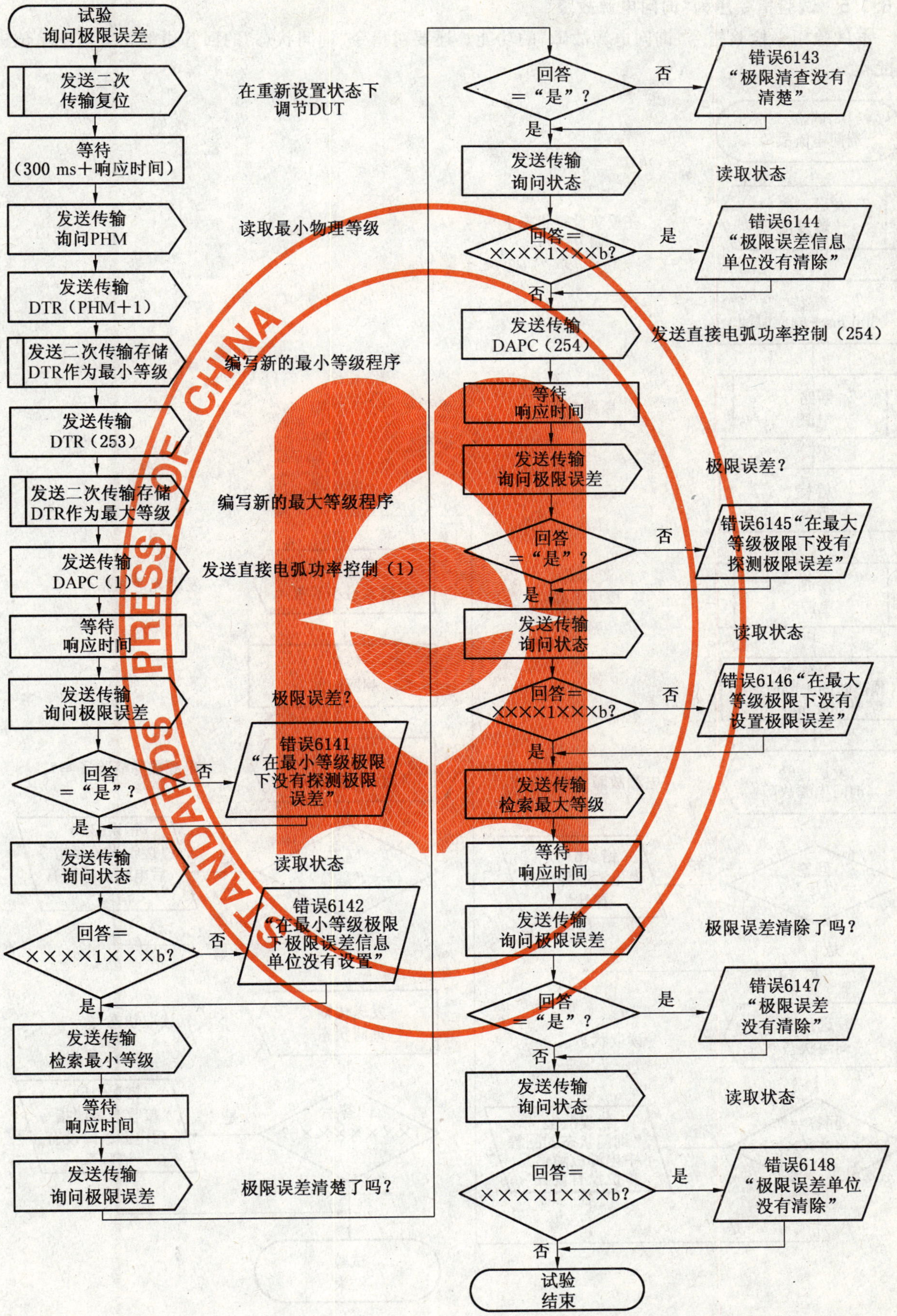

试验 询问极限误差
发送二次传输复位
在重新设置状态下调节DUT
等待（300 ms＋响应时间）
发送传输询问PHM
读取最小物理等级
发送传输DTR（PHM＋1）
发送二次传输存储DTR作为最小等级
编写新的最小等级程序
发送传输DTR（253）
发送二次传输存储DTR作为最大等级
编写新的最大等级程序
发送传输DAPC（1）
发送直接电弧功率控制（1）
等待响应时间
发送传输询问极限误差
极限误差?
回答＝“是”?
否
错误6141“在最小等级极限下没有探测极限误差”
是
发送传输询问状态
读取状态
回答＝××××1×××b?
否
错误6142“在最小等级极限下极限误差信息单位没有设置”
是
发送传输检索最小等级
等待响应时间
发送传输询问极限误差
极限误差清楚了吗?
回答＝“是”?
否
错误6143“极限清查没有清楚”
是
发送传输询问状态
读取状态
回答＝××××1×××b?
是
错误6144“极限误差信息单位没有清除”
否
发送传输DAPC（254）
发送直接电弧功率控制（254）
等待响应时间
发送传输询问极限误差
极限误差?
回答＝“是”?
否
错误6145“在最大等级极限下没有探测极限误差”
是
发送传输询问状态
读取状态
回答＝××××1×××b?
否
错误6146“在最大等级极限下没有设置极限误差”
是
发送传输检索最大等级
等待响应时间
发送传输询问极限误差
极限误差清除了吗?
回答＝“是”?
是
错误6147“极限误差没有清除”
否
发送传输询问状态
读取状态
回答＝××××1×××b?
是
错误6148“极限误差单位没有清除”
否
试验结束

G.6.1.5 试验指令序列“询问电源故障”

本试验用来检验指令“询问电源故障”的功能。还要对指令“询问状态”的回答中的相关信息单位进行试验。

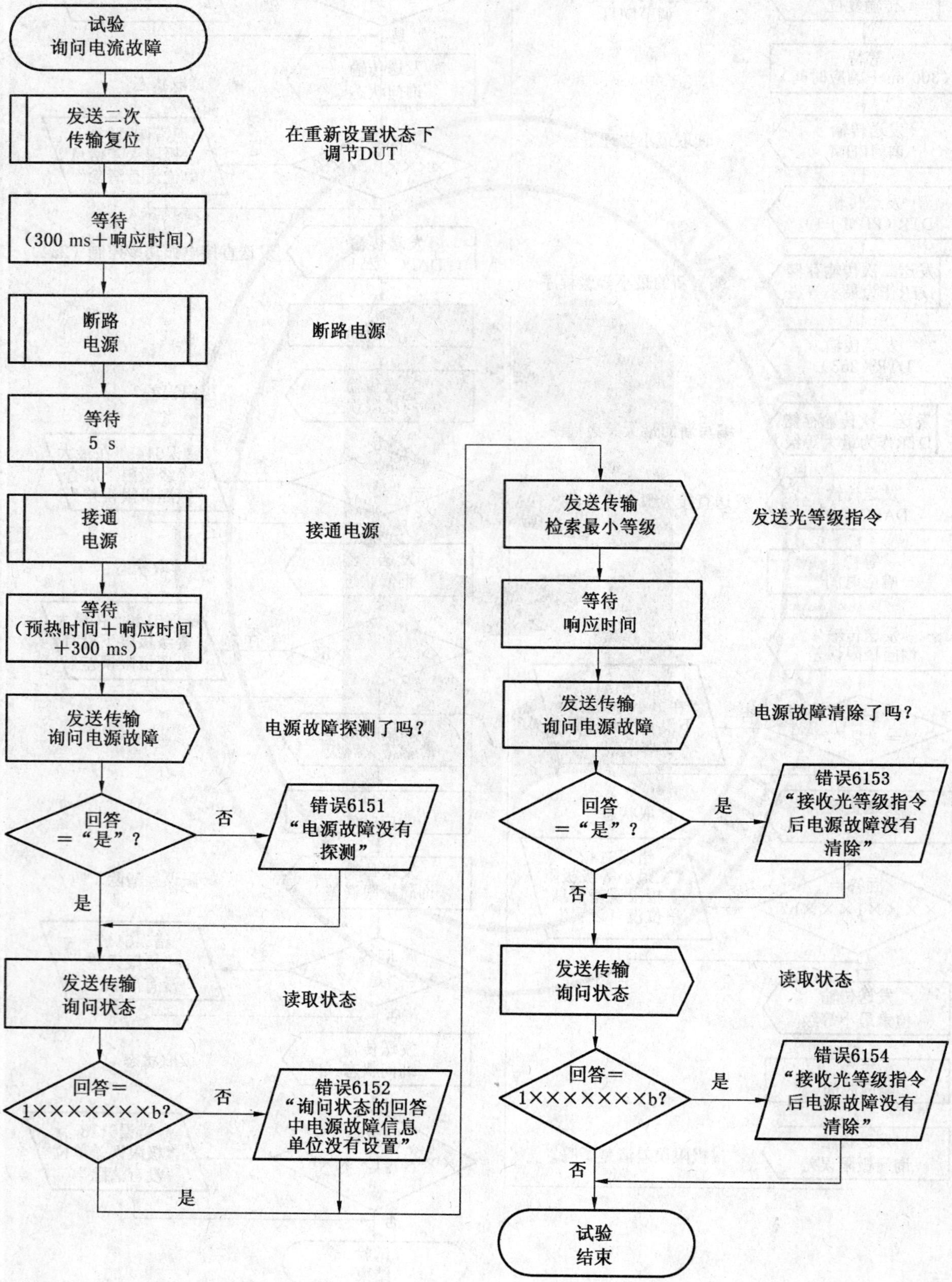

G.6.1.6 试验指令序列"询问状态:镇流器良好"

本试验用来检验指令"询问状态"的回答中"镇流器良好",信息单位"0"的状态。

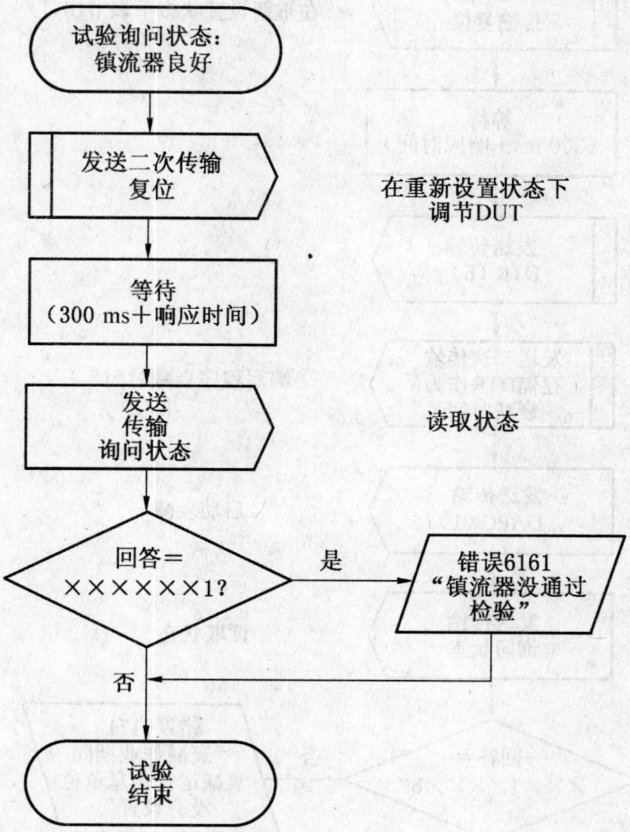

G.6.1.7 试验指令序列"询问状态:衰减进行"

本试验用来检验指令"询问状态"的回答中的"衰减进行"信息单位"4"的正常功能。

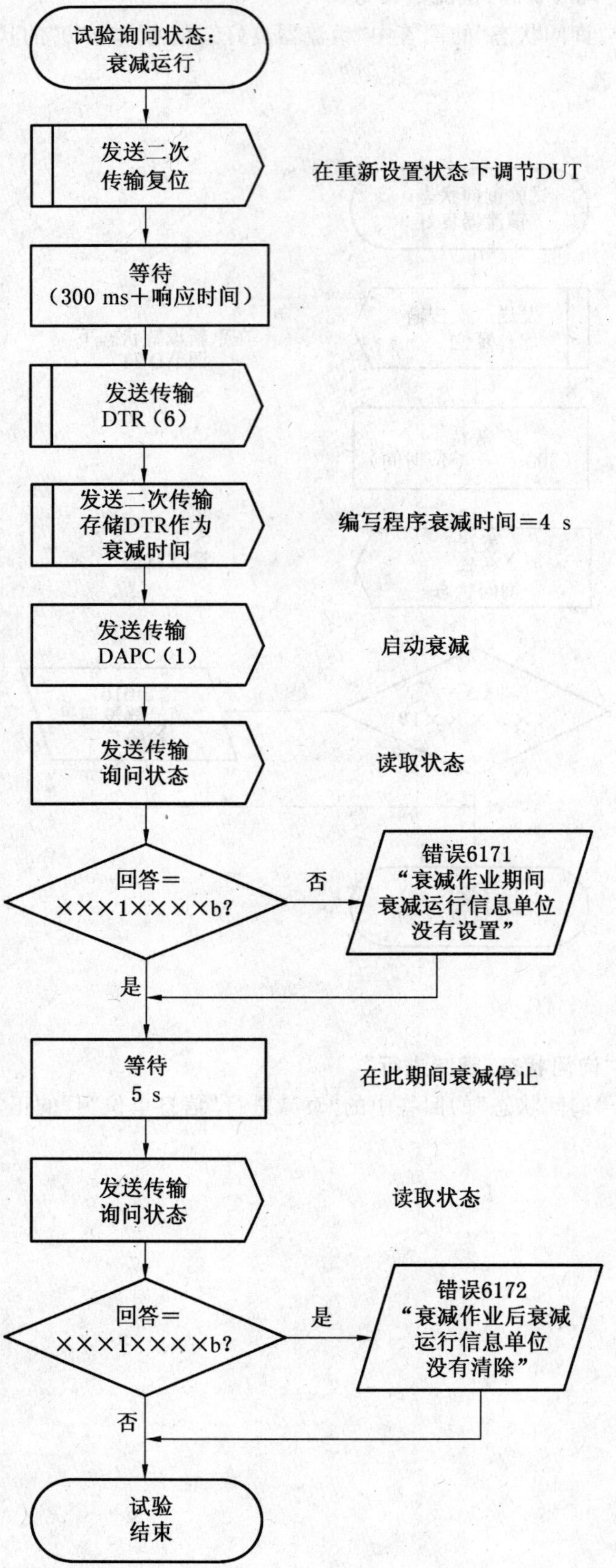

G.6.2 试验指令序列“保留指令”

下述指令序列用来试验未曾使用过的指令置位中的“保留指令”。镇流器不应回答“保留指令”而应保持在重调状态。

G.6.2.1 试验指令序列“保留:标准指令”

本指令序列用来试验指令 9～15,34～41,48～63,129～143,156～159,166～175 和 197～223。

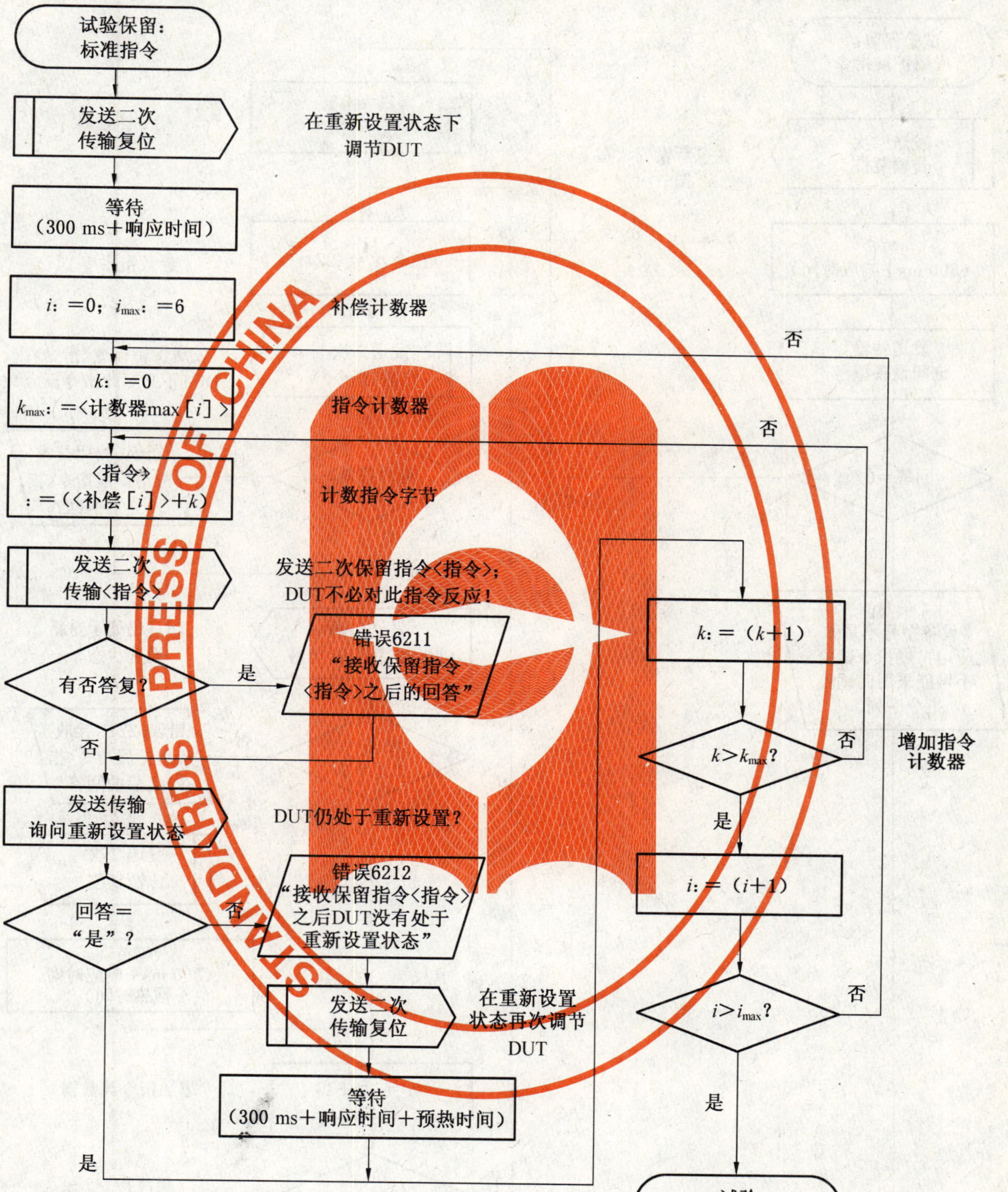

试验步骤 i	〈补偿[i]〉	〈计数器 max[i]〉
0	9	6
1	34	7
2	48	15
3	129	14
4	156	3
5	166	9
6	197	26

G.6.2.2 试验指令序列“保留:应用扩展指令”

本指令序列用来试验指令 224～255。“设备型号”＝0 的受试设备不必对这些指令起反应。

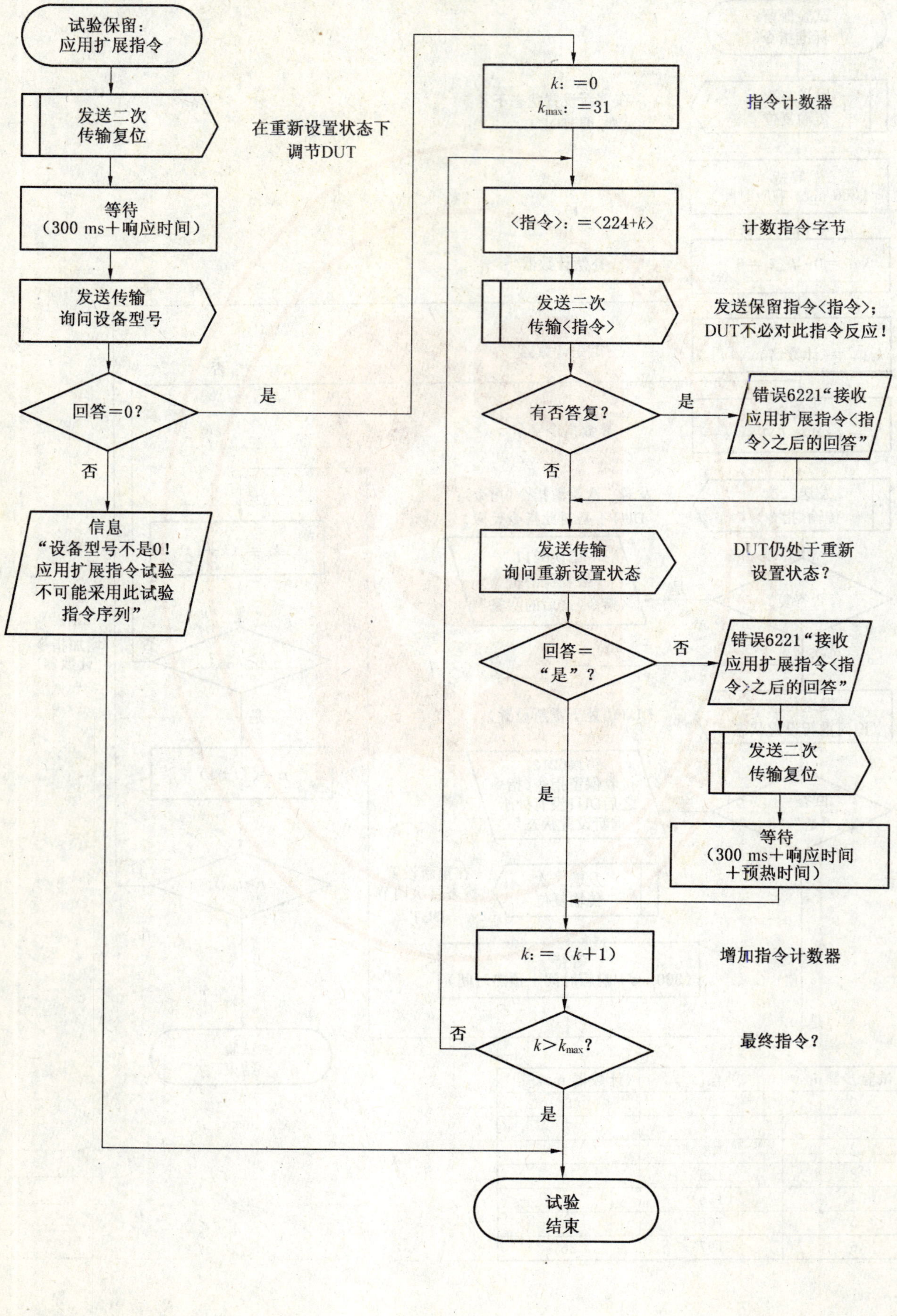

G.6.2.3 试验指令序列“保留特殊指令”

本指令序列用来试验指令 262、263、271 以及 273～287。

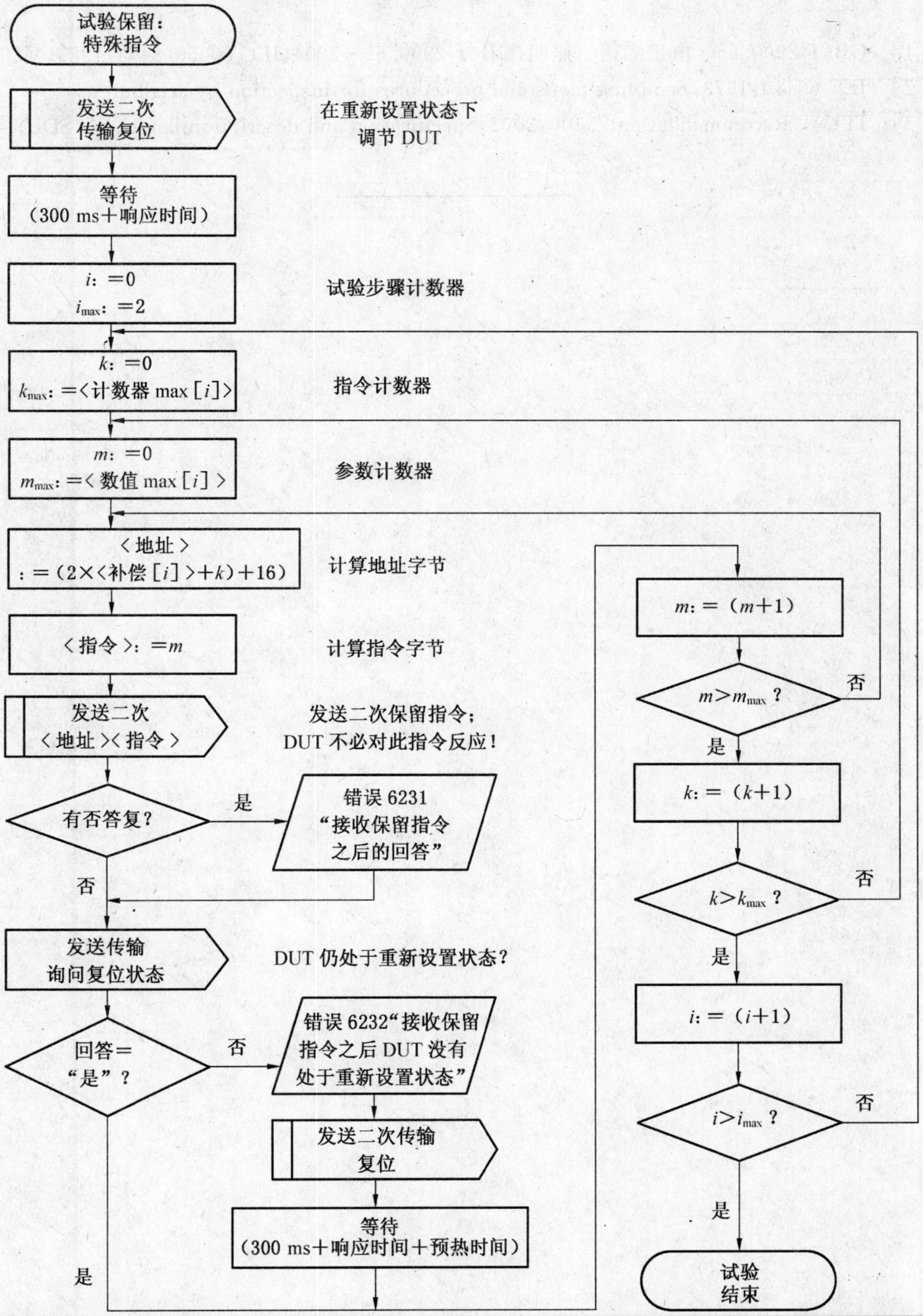

试验步骤 i	〈补偿[i]〉	〈计数器 max[i]〉	〈数值 max[i]〉
0	6	1	0
1	15	0	255
2	17	14	255

参 考 文 献

［1］ GB/T 2900.65 电工术语 照明(GB/T 2900.65—2004,IEC 60050(845):1987,MOD)

［2］ IEC 60410:1973,Sampling plans and procedures for inspection by attributes

［3］ ITU-T Recommendation Z.100:2002,Specification and description language (SDL)